中国轻工业"十三五"规划教材

普通高等教育茶学专业教材

中国轻工业优秀教材三等奖

茶叶生物技术

李远华 主编

中国轻工业出版社

图书在版编目（CIP）数据

茶叶生物技术/李远华主编 . —北京：中国轻工业
出版社，2024.1
普通高等教育"十三五"规划教材　普通高等教育茶
学专业教材
ISBN 978-7-5184-1369-0

Ⅰ.①茶…　Ⅱ.①李…　Ⅲ.①茶叶—生物工程—高等
学校—教材　Ⅳ.①TS272

中国版本图书馆 CIP 数据核字（2017）第 077414 号

责任编辑：贾　磊　　责任终审：孟寿萱　　封面设计：锋尚设计
版式设计：宋振全　　责任校对：晋　洁　　责任监印：张京华

出版发行：中国轻工业出版社（北京鲁谷东街 5 号，邮编：100040）
印　　刷：北京君升印刷有限公司
经　　销：各地新华书店
版　　次：2024 年 1 月第 1 版第 4 次印刷
开　　本：787×1092　1/16　印张：18.75
字　　数：410 千字
书　　号：ISBN 978-7-5184-1369-0　定价：44.00 元
邮购电话：010-85119873
发行电话：010-85119832　010-85119912
网　　址：http://www.chlip.com.cn
Email：club@chlip.com.cn

本书编写人员

主　编

　　　　李远华（武夷学院）

副主编

　　　　陆建良（浙江大学）

　　　　黄友谊（华中农业大学）

参　编（按姓氏笔画排序）

　　　　叶江华（武夷学院）

　　　　朱旭君（南京农业大学）

　　　　李亚莉（云南农业大学）

　　　　袁连玉（西南大学）

　　　　郭玉琼（福建农林大学）

　　　　蒋家月（安徽农业大学）

　　　　曾　亮（西南大学）

前　言

我国是世界第一大产茶国，为茶产业培养优秀人才是茶学学科教学的重要责任。茶学学科属应用型学科，可从农学延伸到文化精神和市场营销。茶学学科不仅涉及农学，还涉及医学、药学、天然产物化学、功能食品学和软饮料科学等非茶学学科。茶叶产业链也由传统的育种、栽培、加工、贸易延伸到药业、生物化学、分子生物学、保健品、功能食品、食品添加剂、饮料工业、日化工业等多个新型产业领域。

茶叶生物技术是顺应茶学学科发展的新时代产物，是茶学与生物技术相结合的交叉学科，目的是利用生物技术解决茶产业面临的问题。目前我国未见专门的此类著作，与其他学科相比较为滞后，迫切需要编撰出版。为此，本人组织了国内开设有茶学学科的相关高校教师编写本书，编者全部是具有博士学位的茶学骨干教师，很多人具有国际学术交流背景。他们认真阅览了国内外先进的生物技术相关论文和书籍，结合茶产业的发展现状，撰写了具有很强专业性、学术性、权威性的章节。本书填补了茶学学科生物技术方面的空白，是一本很有突破性的新教材，适合我国各高等院校茶学专业的本科生和研究生使用，也可供相关研究工作者参考，对茶产业爱好者而言也是一本很好的专业阅读书籍。

本书由李远华担任主编并统稿。编写分工：武夷学院李远华、叶江华编写第一章绪论；安徽农业大学蒋家月编写第二章茶树细胞工程；华中农业大学黄友谊编写第三章茶叶酶工程；云南农业大学李亚莉编写第四章茶叶发酵工程；浙江大学陆建良编写第五章茶树基因工程；西南大学袁连玉编写第六章茶树基因组学；西南大学曾亮编写第七章茶树蛋白质组学；南京农业大学朱旭君编写第八章茶叶生物信息学；福建农林大学郭玉琼编写第九章茶叶生物技术安全性评价。

虽然编者尽了努力，但错漏之处在所难免，恳请广大读者批评指正，以便再版时修正和提高。

李远华

2016 年 10 月 28 日

目 录

第一章　绪论

第一节　茶叶生物技术及其特点

生物技术（Biotechnology）按内容可分为细胞工程、酶工程、发酵工程、基因工程和蛋白质工程。生物技术最早由匈牙利工程师 Karl Ereky 在 1917 年提出，1982 年国际经济合作及发展组织（OECD）将其定义为应用自然科学及工程学的原理、依靠生物作用剂的作用将物料进行加工以提供产品或用于为社会服务的技术。现代生物技术正在推动新的科技革命的形成，基因组学、后基因组学、蛋白质组学、干细胞技术和组织工程学、系统生物学、植物转基因技术、体细胞克隆、生物芯片、基因治疗、生物药物等技术将发挥主导作用。

茶叶生物技术是茶学与生物技术相结合的交叉学科，是利用生物技术解决茶产业面临的问题的应用型学科。20 世纪 60 年代末，英国剑桥大学化学系对茶树幼茎切片进行培养，探讨咖啡因合成途径。20 世纪 70 年代，Takino 等以及施兆鹏分别研究了单宁酶和果胶酶提高速溶茶制率、减少冷后浑及改善速溶茶汤色。利用发酵技术还可开发具有特殊风味及营养保健功效的新型茶叶制品（如红茶菌、茶酒）。茶叶生物技术研究虽然起步较晚，但进展较快，当前已是茶学学科的热点之一，特别是基因工程技术在茶叶中的应用发展突飞猛进，如茶叶基因的分离转化、茶树基因组学研究等，中国农业科学院茶叶研究所、安徽农业大学茶树生物学与资源利用国家重点实验室、浙江大学茶叶研究所等在此方面都取得了可喜成就。

茶叶生物技术综合了微生物学、细胞生物学、遗传学、植物生理学、生物化学、分子生物学、基因工程、细胞工程、微生物工程、生化工程、生物工程下游技术、发酵工程设备以及茶学等多个学科知识，是典型的智力密集型产业，需要高投入和高科技人才，具有高风险、研发和产业化周期长、对资源依赖性强和对人才实验操作技能要求高等特征。我国茶叶生物技术研发应由积极跟踪为主转变为自主创新为主，切实提高自主创新能力，缩小与其他学科生物技术研究水平的差距，使我国拥有一批具有自主知识产权的专利与标准；由以单一技术突破为主转变为单一技术突破与多项技术的集成相结合，全面提高我国茶叶生物技术及产业的整体水平；由立足国内市场转变为面向国际市场，充分发挥我国是世界茶叶原产地优势，加速茶产业标准化、市场化、国际化进程；由研究开发为主转变为研究开发与产业化协调，加速培育新的茶叶经济增长点。从事茶叶生物技术工作，必须了解和掌握国家生物技术产业政策、知识产权及生物工程安全条例等有关政策和法规。学好茶叶生物技术，是成为从事茶学与生物技术有关的应用研究、技术开发、生产管理和行政管理等工作的高级专门人才的必备条件。

第二节　我国茶叶生物技术发展现状与展望

茶是源于我国、遍布世界的无酒精饮料之一。饮茶对人体有保健作用，《本草纲目》中就有茶叶药用功能的记载。现代科学研究也表明，茶是健康饮品，含有茶多酚、咖啡碱、茶多糖、茶氨酸、茶色素等生物活性物质，具有抑菌、抗病毒、防癌抗癌等多种保健功能。植物生物技术可从其研究对象上分为三个层次，即分子水平上的植物基因工程技术、细胞及亚细胞水平上的植物细胞工程技术以及器官水平上的植物组织培养技术。近年来，传统的茶叶育种与繁殖技术为茶叶产量的提高和品质的改善做出了较大贡献，然而由于传统技术自身的局限及对产品更高的需求，许多问题用传统的茶叶技术已无法解决。现代生物技术的应用可有望解决传统茶产业面临的许多难题，这样就产生了传统茶学与现代生物技术结合的新学科——茶叶生物技术，该技术将给茶学注入新的活力。

一、茶叶生物技术的研究现状

植物生物技术在植物繁殖方面已取得了巨大的成功，但由于种种原因，茶叶生物技术的许多研究目前还远远落后于其他作物。目前应用于茶学领域的生物技术主要有酶工程、基因工程、细胞工程、发酵工程等。

（一）酶工程在茶学领域中的应用

茶叶酶工程的重要内容是利用酶的高效生物催化功能促进茶叶内不利及无效成分的有益转化，改善茶叶的色香味形及营养价值等综合品质。目前主要有多酚氧化酶、果胶酶、多糖水解酶、单宁酶、蛋白酶、β-葡萄糖苷酶、纤维素酶等酶制剂已应用于茶学领域。

多酚氧化酶主要用于催化茶叶中多酚类氧化生成茶黄素和茶红素，同时使香气前体物质发生偶联氧化，产生各种香气成分，形成红茶基本风味。付赢萱等利用多酚氧化酶进行为期18d的普洱茶渥堆发酵，茶多酚、茶褐素等成分的变化差异显著，且在酶浓度为1.6、3.2U/g时，普洱茶达到了陈年普洱茶品质，汤色呈深橙红色、明亮，滋味醇厚回甘。

多糖水解酶水解叶组织细胞壁中不溶性多糖产生的生化破损作用，可使发酵茶坯酸化，提高多酚氧化酶活力，促使茶黄素形成及叶绿素降解。外源多糖水解酶可使红碎茶水浸出物、茶色素等品质成分含量增加，外形色泽和颗粒明显改善，从而较全面地改善红茶内、外品质。

单宁酶主要用于处理在速溶茶和液体茶饮料生产中出现的"冷后浑"现象。

蛋白酶主要用于降解茶叶中蛋白质而生成各种氨基酸，从而改善茶叶的香气和鲜爽度，在红碎茶加工中添加蛋白酶可使氨基酸、茶红素含量提高，茶褐素明显下降，滋味增强，汤色变亮，香气变好；夏季绿茶加工过程中添加木瓜蛋白酶（Papain）能明显提高茶汤中氨基酸的含量，从而有效降低夏茶的苦涩味。

β-葡萄糖苷酶是将茶鲜叶中香气前体物质转化成游离态香气成分的关键酶，从茶叶中提取的β-葡萄糖苷酶粗品可使夏季烘青绿茶中香叶醇的含量提高1~3倍，明显改善夏季绿茶香气。另有研究表明，外源单宁酶、果胶酶的加入能有效提高微滤功效和微滤液的生化产品得率，加酶微滤的平均膜通量提高30mL/min；同时，微滤中的水浸出物、茶多酚、氨基酸、咖啡碱、糖、儿茶素的得率都有较大提高。苏二正等使用海藻酸钠固定化单宁酶和β-葡萄糖苷酶处理绿茶提取液，结果表明，5~30℃经酶处理过的提取液澄清度显著高于对照，且室温下贮藏三个月以上澄清度基本不变。

梁靖等研究纤维素酶的加入量、酶解温度、酶解时间对速溶茶提取率的影响，结果显示，使用纤维素酶可以有效提高速溶茶的提取率，其最佳工艺参数为酶量0.15U/mL、温度45℃、时间60min。

谭淑宜等研究了果胶酶提取和蛋白酶提取分别对红碎茶和绿茶提取液中茶多酚、氨基酸、咖啡碱及水浸出物含量的影响，结果表明，果胶酶对红碎茶和绿茶的提取均有一定的效果，水浸出物含量均有所提高；红碎茶和绿茶经蛋白酶提取，其提取液中氨基酸提取率分别比对照高196.8%和72.8%，可见蛋白酶有利于提高速溶茶滋味品质。

酶技术应用于速溶茶加工工艺取得了初步进展，在生产速溶茶时添加酶制剂对提高其感官品质、浸提率、冷溶性、茶叶利用率等方面都有较好的效果。酶反应条件要求严格，反应温度、pH、酶加入量、双酶或多酶组合配比等都影响酶的活力和酶作用的发挥，速溶茶不同的加工方法和加工工艺要求有不同的生化环境，所以具体应用时，需研究相关的配套工艺技术参数，以充分发挥酶的作用效果。岳鹏翔采用较低温度的水对茶叶进行长时间的提取，并在提取时加入果胶酶和单宁酶进行酶解，使茶叶中难溶于冷水的成分大量被提取出来或分解成可溶于冷水的成分，而对风味不产生影响，制得能完全溶解于5℃的水中且风味优良的速溶茶。王家建等以绿茶为原料，通过酶法辅助提取技术，研究纤维素酶和果胶酶双酶组合对速溶绿茶提取率及品质的影响，结果表明，酶法提取速溶茶中游离氨基酸、咖啡碱和茶多酚提取率均高于沸水提取，与日常泡茶相近，同时对沸水提取、酶法提取、沸水冲泡制得速溶茶进行感官评定比较，结果酶法制取的速溶茶在色泽、气味、口感等方面均优于沸水提取即传统提取工艺，更接近沸水冲泡即日常泡茶的品质。赵文净等分别以乌龙茶（八仙）和绿茶（梅占）为原料，研究添加不同浓度木瓜蛋白酶对速溶茶产品酯型儿茶素以及表没食子儿茶素没食子酸酯（EGCG）含量的影响，结果表明添加茶叶量1.5‰和2.0‰的木瓜蛋白酶可以极显著提高速溶乌龙茶（八仙）中酯型儿茶素以及EGCG含量，而添加1.0‰和2.0‰的木瓜蛋白酶可以极显著提高速溶绿茶（梅占）中酯型儿茶素以及EGCE含量，表明在此实验条件下木瓜蛋白酶分解了蛋白质，减少了"茶乳酪"的形成，从而减少了茶多酚中酯型儿茶素以及EGCG的损失。

目前茶浓缩汁或茶饮料生产企业主要采用物理去除法对待茶沉淀，即先对茶汤或茶浓缩汁进行冷藏处理，让其充分产生沉淀，然后再通过高速离心或者超滤膜将沉淀与澄清液分离，最后把茶沉淀丢弃，获得澄清的茶汤或浓缩汁。这种方法获得的澄清茶汤，后期不容易再产生沉淀，但是会损失一部分产品得率，也会在一定程度上影响产品的风味品质。通过对分离得到的茶沉淀进行单宁酶处理，然后再将其回填到原有茶汤中，充分利用沉淀的有效成分，可以减少茶风味品质和有效成分的损失。茶饮料浑浊、沉淀一直是困扰茶饮料行业的技术难题，目前主要采用的是物理去除或化学转溶等以牺牲茶饮料产品中茶叶成分的得率和风味品质的处理方法。许勇泉等采用单宁酶处理茶汤沉淀，可有效促进茶汤沉淀的复溶及回收利用，随着酶添加量的增加和酶解时间的延长，沉淀复溶程度逐步提高，可水解98%的酯型儿茶素，减少82%的再沉淀，最优参数：酶添加量为固形物总量的2.0%，酶解温度35℃，酶解时间150min。Lu等研究表明，单宁酶能将酯型儿茶素水解成简单儿茶素，从而有效降低茶汤沉淀的形成量，提高茶汤澄清度。李永福等采用外源酶改善发酵茶品质的研究表明，采用纤维素酶占鲜叶重7.5‰、发酵温度42℃、发酵时间5h的工艺能有效提高茶多酚、总黄酮、总多糖、游离氨基酸等影响茶叶品质的主要成分的含量。

随着茶叶加工的不断深入和酶技术的发展，根据酶具有专一性强、反应条件温和、催化效率高等优点，在基本不影响其他品质的前提下利用外源酶或酶制剂，有针对性地改善茶叶中某一类特定物质的含量，进而提高茶制品的品质与产量，已成为茶叶加工的一大研究主题。纤维素酶和半纤维素酶属于多糖水解酶类，可催化纤维素水解成小分子的糖类物质，从而增加茶汤的甜醇度；蛋白酶可将茶叶中的蛋白质水解成各种氨基酸，不仅能改善茶叶的香气和鲜爽度，而且可减少不溶性复合物的产生，提高茶汤的质量；酵母菌分泌的胞外酶，可使茶叶中含量较高的茶多酚、蛋白质、碳水化合物发生一系列的化学反应。康燕山等在研究普洱茶发酵过程中添加外源酶和外源酵母对其主要成分的影响中认为，添加外源酶（纤维素酶、半纤维素酶、蛋白酶）及外源酵母可以提高普洱茶游离氨基酸含量49.0%，降低茶多酚含量28.6%。于春花等研究了外源酶对普洱生茶浸提液品质的影响，结果显示3种酶对茶褐素氧化贡献由大到小的顺序为漆酶、蛋白酶、单宁酶；3种酶最优配比为0.15%、0.05%、0.03%，此条件下，茶多酚含量为28.71%，与酶处理前比较降低了8.45%，可溶性糖、氨基酸、茶褐素含量分别为11.97%、3.58%、8.60%，是酶处理前的3.49倍、1.10倍、4.32倍。

目前，酶技术在渥堆发酵中的应用研究越来越多，其目的主要是缩短发酵周期及改善茶叶品质。李中皓等研究表明，蛋白酶用于普洱茶样品可以促进茶叶内含成分转化，改变内含成分间的比例，使茶汤滋味转为醇厚且甘甜。杨富亚等研究表明，一定浓度的单宁酶、蛋白酶、多酚氧化酶等复合酶制剂处理普洱茶样后可以明显改变内含成分含量，进而改善茶叶品质。还有研究表明，将多酚氧化酶喷洒于普洱茶样，经40d渥堆发酵后，茶多酚含量由原来的10.15%下降到8.03%，茶褐素由13.34%上升到13.60%，改善了茶叶品质。罗晶晶等研究指出，在夏季金观音鲜叶萎凋过程中添加纤维素酶、木瓜蛋白酶和木聚糖酶能显著提高茶红素、茶黄素和水浸出物，其中添加纤维素酶的效果最好，可使茶黄素含量达到0.57%，茶红素含量达10.93%，水浸出物含量达 34.53%。

酶工程还可用于茶氨酸的合成和茶色素的生产。目前合成茶氨酸最有效的方法是建立在化学合成法和微生物发酵法基础上的酶转化法。汪东风等适当改进茶多酚工业化生产设备，运用酶技术成功实现了天然茶色素的工业化生产。酶传感器的应用也有报道，曾盔等从鲜叶中提取多酚氧化酶，与氧电极耦合制成酶传感器，用于茶叶样品与茶多酚制品中茶多酚含量的测定，其结果与国家标准方法测定的结果相符，从而为茶多酚含量的测定建立了一种生物传感新方法。酶的固定化技术也取得了很大的进展。屠幼英等探讨了固定化多酚氧化酶膜催化儿茶素生产茶黄素的最佳反应条件，确定了酶膜法生产高纯度茶黄素的 5 个重要因素及最佳组合。关于 β - 葡萄糖苷酶、单宁酶、多酚氧化酶的固定化技术的研究也有报道，李荣林等利用海藻酸钠包埋和戊二醛交联两种固定化技术共同作用对多酚氧化酶进行固定，并对其化学性质进行研究。程琦等采用自制的壳聚糖为载体对单宁酶（TA）固定化处理，酶活力回收率、偶联效率均较高。刘如石等采用海藻酸钙凝胶对单宁酶进行固定化，酶活力回收率高达 60.6%，对固定化单宁酶酶促反应的最适 pH、最适温度等性质的研究结果表明，其稳定性优于单宁酶。

（二）基因工程在茶学领域中的应用

基因工程是在分子水平上对基因进行操作的复杂技术，是将外源基因通过体外重组后导入受体细胞内，使这个基因能在受体细胞内复制、转录、翻译表达的操作。它是根据人类的特殊需要，用人为的方法将具有遗传性的目的基因（DNA 片段）提取出来，在离体条件下用适当的工具酶进行切割、组合、拼接，然后与载体一起导入受体细胞中，以让外源物质在其中"安家落户"，进行正常的复制和表达，从而获得人类所需要的产品或组建成新的生物类型的一种新技术。目前应用于茶学领域的基因工程主要有以下几方面。

1. DNA 分子标记技术

脱氧核糖核酸（DNA）是生物最基本的遗传物质，DNA 分子标记技术对揭示茶树遗传变异规律、茶树种质资源的亲缘关系、起源、进化和分类等都有非常重要的意义。目前，DNA 分子标记系统已得到了长足发展，已发展了 10 多种 DNA 分子标记：限制性片段长度多态性（Restriction Fragment Length Polymorphism，RFLP），随机扩增多态性 DNA（Random Amplified Polymorphic DNA，RAPD），扩增片段长度多态性（Amplified Fragment Length Polymorphism，AFLP），简单重复序列（Simple Sequence Repeat，SSR），测定序列标签位点（Sequence-Tagged Sites，STS），序列特异性扩增区域（Sequence Characterized Amplified Region，SCAR），扩增多态性条带限制酶处理（Cleaved Amplified Polymorphic Sequences，CAPS），表达序列标签（Expressed Sequence Tag，EST）等。分子标记有诸多自身特异的优势：①不受实验组织类型和发育时间等方面的影响，实验个体的任何组织器官在各种时期都可能进行分析实验；②可完全不受环境因素的影响。环境的改变不能决定 DNA 的结构，即 DNA 的核苷酸序列是固定不变的；③标识的数目庞大，可覆盖全部的基因组；④遗传多态性高，因此具有大量变异的等位基因，也各不相同；⑤有很多标识为共显性，可有效地辨别出纯合 DNA 型及杂合

DNA 型，收集全部的 DNA 遗传信息；⑥DNA 分子标记技术更加简单、快捷、自动化；⑦通过实验提取出的 DNA，在合适条件下能长时间地进行保存，这在进行物种或者基因的起源及决定性的鉴定上有利。因 DNA 分子标记技术具有高速、简便、高效等特点，已用于茶树的亲缘关系鉴别、遗传多样性分析、分子遗传图谱的构建、种质资源的分子鉴定等方面。

现代生物技术的迅猛发展为茶树次生代谢的研究提供了重要的技术手段和方法。虽然茶树次级代谢的分子生物学研究起步较晚，但目前是茶叶学科中最活跃和进展最快的一个领域。在此领域中业已分离和筛选出茶树特征性次级代谢物的相关功能基因，并对其功能进行了研究。在茶树分子生物学研究中，各种技术已成功应用于茶树 DNA 分子标记，构建了茶树次级代谢物差减杂交 cDNA 文库、龙井 43 新梢和幼根的 cDNA 文库和阿萨姆杂交种 TV－1 嫩梢的 cDNA 文库；并利用 cDNA 芯片技术获得了安吉白茶不同白化期的 671 个差异表达基因。Wu 等利用 454 测序技术对茶树叶部的转录组进行研究，获得了 25637 个编码基因（Unigene）和 3767 个 EST－SSRs 标记。李娜娜等利用 Solexa 法对福鼎大白茶和小雪芽品种叶部的转录组进行研究，获得了 79797 个编码基因和 6439 个 SSRs 标记。

对茶树种质的遗传特性进行有效的鉴定和评价，有利于提高茶树种质资源研究与利用的水平。分子标记技术可用于研究茶树基因遗传变异情况、茶树居群分布及其进化关系，可增加茶树育种的针对性，提高育种效率。在茶树种质遗传多样性和种质亲缘关系研究方面，DNA 分子标记技术有着广泛的应用，并以其扩增多态性丰富、准确性高、重复性好，不受器官发育时期的特异性以及环境影响且易于分析等特点，在种质鉴定和遗传基础分析等研究领域具有较大潜力。

扩增片段长度多态性技术是由 Zabeau 等于 1993 年发明的分子标记技术。扩增片段长度多态性是基于（聚合酶链式反应）（PCR）技术扩增基因组 DNA 限制性酶切片段，并结合了限制性片段长度多态性和 PCR 技术特点，具有多态性高、重复性好、假阳性低、所需模板 DNA 量少等特点，非常适合在分子生物学基础相对薄弱的茶树研究中应用。目前扩增片段长度多态性技术在茶树研究中主要应用于遗传多样性分析及分子连锁图谱构建等方面。吴扬等应用扩增片段长度多态性技术分析黄金茶群体 111 个株系的遗传多样性与亲缘关系。选用多态性高、分辨力强的引物组合 E37M32、E41M33 与 E41M42 分别扩增样品基因组 DNA，共得到 229 条清晰条带，其中多态性条带 186 条，多态位点百分比为 81.22%，反映了样品基因组 DNA 具有较高的多态性。111 个样品得出的平均有效等位基因数（Ne）为 1.42 ± 0.35，平均奈氏基因多样性（H）为 0.25 ± 0.18，平均香农（Shannon）信息指数（I）为 0.38 ± 0.25。应用 NTSY Spc2.1 软件计算得到 111 个样品间的相似系数为 0.65～0.99，平均为 0.76。根据（非加权组平均法）（UPGMA）法，将 111 个株系分成 8 大类群，绘制样品扩增片段长度多态性聚类树状图。该研究为黄金茶种质资源的保护及利用，从分子水平提供了一定的依据。

Matsumoto 等运用限制性片段长度多态性技术，以苯丙氨酸解氨酶（PAL）作为 DNA 标记，对日本绿茶栽培种和 463 个本地茶树的遗传分化进行分析，表明绿茶栽培种和本地茶树具有相同的起源。黄建安应用扩增片段长度多态性方法对 40 个茶树品种及株系的遗传亲缘关系进行分析，仅用3对引物，就获得了226条清晰的扩增片段长度多态性条带，其中多态性带207条，多态性程度达到91.59%，40个品种的遗传距离在0.13~0.48。聚类分析结果表明，40个供试样品种可分成4个类群，与形态分类学上理论预期结果一致。

田中淳一用茶树品种"薮北"及其育成品系"静一印杂131"的F₁个体，经随机扩增多态性DNA标记，使用166个引物，检出105个标记。其中，在F₁世代观察到分离的有82个标记。从"薮北"和"静一印杂131"分别检出6个连锁群，同时还存在许多独立的标记，并绘制了"薮北"与"静一印杂131"的部分遗传连锁图。黎星辉等利用随机扩增多态性DNA标记技术对人工杂交获得的F₁代植株进行亲子鉴定，结果表明，3个供试杂交后代确实来源于供试亲本云南大叶茶和汝城白毛茶。陈亮等利用随机扩增多态性DNA标记技术对中国的茶树优质资源进行分析，其多态性达84.9%，这表明中国茶树具有丰富的遗传多态性，这与我国是茶树的原产地和起源中心有密切的关系。陈志丹等利用随机扩增多态性DNA分子标记技术构建了30份闽南乌龙茶茶树种质的DNA指纹图谱，研究结果表明使用同一扩增引物的特异谱带类型和不同扩增引物的谱带类型组合可以有效鉴别闽南乌龙茶茶树种质资源；10条随机扩增多态性DNA引物共扩增出103条谱带，其中80条具有多态性，占77.67%，通过UPGMA法聚类分析，30份茶树种质被聚为2个类群，供试种质间的平均遗传相似系数为0.603，遗传关系树状图在分子水平上清楚地显示了闽南乌龙茶茶树种质资源间的亲缘关系，为评估供试样品的遗传演化地位并从中选择适宜种质作为亲本进行茶树育种研究提供了依据。

黄福平等用14条简单重复区间序列标记（ISSR）引物、20条随机扩增多态性DNA引物，首次对茶树回交1代群体的分离模式进行了初步研究，将符合1:1、3:1和1:3分离比例的126个随机扩增多态性DNA和简单重复区间序列标记构建"福鼎大白茶"回交1代分子连锁遗传图谱，其中62个分子标记被归纳到7个连锁群，这些为进一步克隆和转移这些目的基因奠定了科学基础。汪云冈等对所选取的佛香茶与拟似亲本的15份供试材料进行了简单重复区间序列标记亲缘关系的实验分析，结果表明：云抗10号与福鼎大白茶是佛香一号的亲本；而福鼎大白茶的亲本则为佛香2号、佛香4号；佛香3号、佛香5号的亲本是长叶白毫与福鼎大白茶。谭和平等使用加拿大公布的100个ISSR引物对所选取的32个茶树样品提取出的DNA进行扩增反应。根据其中所选出的2个引物的多态性可将32个茶树供试样品进行有效的鉴定，并初步建立了这32个供试材料的简单重复区间序列标记分子指纹图谱。

2009年，安徽农业大学茶学重点实验室启动茶树基因组研究计划，对2个栽培种和1个古茶树进行了45倍深度基因组测序，获得了基因和分子标记信息，为茶树基因组测序方法和材料选择提供了重要依据；同时进行了茶树全器官转录组与功能表达谱研究；以茶树带芽茎段为外植体建立了离体再生体系。这些研究结果为进一步揭示茶树优质、高产和抗逆的分子机理提供了重要的基础数据与平台。

2. 基因克隆和表达

茶树基因的分离和克隆是茶树生物技术研究的重要内容之一，也是茶树种质资源改良和利用以及茶树生物反应器研究的基础。重要功能基因的分离和克隆研究已有报道。自 1994 年 Takeuchi 等报道了第一条茶树基因 *CHS*（查尔酮合成酶）序列以来，茶树基因克隆表达取得了较快的发展。

李远华等采用抑制性差减杂交（SSH）技术分析了 VA（泡囊-丛枝）菌根处理后福鼎大白茶根系基因差异表达情况，克隆了 *HMGR* 基因（GenBank 登录号 KJ946250）、*GAGP* 基因（GenBank，登录号 KJ946251）、*Actin* 基因（GenBank 登录号 KJ946252），并进行了表达分析。获得了 *HMGR* 基因全长序列 2420bp，HMGR 蛋白分子质量约63.5ku，等电点为 6.8，定位于线粒体膜或者内质网膜。研究还显示，*HMGR* 在茶树叶片中表达强度存在明显的品种差异，同时对生物性和非生物性胁迫均有明显响应。获得的 *GAGP* 基因全长 3146bp，GAGP 蛋白分子质量约 106.9ku，等电点为 8.42，定位于线粒体内。定量 PCR 分析表明，*GAGP* 在茶树叶片中表达强度存在明显的品种差异，对生物性和非生物性胁迫均有明显响应。获得的 *Actin* 基因长 1606bp，Actin 蛋白分子质量约 30.69ku，等电点为 5.27，定位于细胞核等亚细胞区位。研究还显示，*Actin* 在不同品种中表达无显著差异，对非生物性胁迫响应也较弱。

在红茶制造过程中，茶叶中的多酚氧化酶（Polyphenol Oxidase，PPO）活力的高低对成茶品质具有特别重要的意义。根据发表的多酚氧化酶基因中的保守序列，设计兼并引物，利用巢式 PCR（nest-PCR）技术，克隆了茶树多酚氧化酶基因。在此基础上，陈忠正等分别以适制红茶、适制绿茶的品种以及南昆山毛叶茶为研究材料，克隆 *PPO* 基因全长序列，分析 *PPO* 基因的本质差别。Misako Kato 等首次对咖啡碱合成酶（TCS）进行了纯化，并对其相关性质进行了研究，且成功地克隆了咖啡碱合成酶基因。余有本等通过 RT-PCR（反转录 PCR）法扩增出茶树咖啡碱合酶 cDNA 编码区全序列，并成功地使其在大肠杆菌中高效表达，发现表达的融合蛋白主要在细胞质中以可溶的形式进行表达，有少量在外周质中表达。李远华研究表明咖啡碱合成酶基因 mRNA 在叶片栅栏组织中表达信号强。Rawat 等于 2006 年从印度茶树中获得了与茶叶香气形成有关的 β-葡萄糖苷酶基因的部分序列（登录号 AM285295）。李远华研究 β-葡萄糖苷酶基因 mRNA 主要在茶树叶片栅栏组织、叶主脉的薄壁组织表达；不同品种之间的表达位置基本相似，但表达信号却有差异。奚彪等利用农杆菌介导，成功地进行了茶树遗传基因的转化。以 *GUS* 为报告基因，比较了农杆菌法（AGR）、基因枪法（BOM）及农杆菌与基因枪结合法（BTA、BPA 和 BOA）等对茶树遗传转化效率的影响。结果显示，农杆菌与基因枪结合使用比两种方法单独使用更有助于提高转化的效率。王丽鸳等将 *E. coli* DH5a 的 γ-谷氨酰转肽酶基因转入到表达载体 pET. 32a 中，构建了具有较高茶氨酸生物合成能力的基因工程菌，研究了不同诱导条件对基因工程菌催化合成茶氨酸的影响。这些研究将为茶树基因工程育种从根本上解决茶叶产量、质量问题提供理论依据和应用基础。

Singh 等克隆出茶树 *F3H* 基因，并发现 *F3H* 基因能够编码 368 个氨基酸多肽。在茶树不同的发育时期，叶子 *F3H* 的表达量与儿茶素含量呈现正相关关系。Singh 等还发现儿茶素的量反馈调控 *F3H* 基因的表达，当茶树嫩梢中儿茶素含量为 $50 \sim 100 \mu mol/L$ 时，*F3H* 基因出现下调表达。Takeuchi 等从茶树嫩叶中分离获得 3 种均具有编码 389 个氨基酸残基的开放阅读框（ORF）的 *CHS* 基因：*CHS*1、*CHS*2 和 *CHS*3，其长度分别为

1390bp、1405bp 和 1425bp；*CHS* 同时具有较保守的编码区，不同科之间的氨基酸同源性在 80% 以上。*CHS* 在植物器官中特异表达，有的在生殖器官中表达，有的则在营养器官中表达，这些表达的差异可能与器官形态建成、功能分化有一定的关系。马春雷等对茶树中 *CHI* 基因进行克隆并得出全长，并预测其具有 29.17% 的 α - 螺旋和 24.17% 的 β - 折叠的二级结构的编码蛋白不是球蛋白。由于 *CHS* 基因与 *CHI* 基因 mR-NA 协同表达导致其在植物的花冠、花药与球茎的发育过程中存在协同积累和消失现象并受光调控和紫外辐射诱导。孙美莲等同时对 4 个常用的管家基因在茶树中的应用进行分析，得出 *GAPDH* 基因在不同生长发育期的茶叶中最稳定表达，由此可见，在实际研究中的内参基因只是在细胞处于特定条件下才相对地稳定表达。

安徽农业大学研究人员发现相关转录因子 MYB、WD40 和 bHLH 等参与了茶树中多酚类物质的代谢调控。此外，还对茶树发育相关和组织特异性相关的酚类物质积累模式、63 个酚类物质合成相关结构基因和转录因子基因表达模式进行了相关分析。利用体外表达手段（原核与真核），对酚类物质合成关键酶基因 *CAD*（肉桂醇脱氢酶）、*ANR1*、*ANR2*、*DFR1*、*DFR2*、*LCR1*、*F3H*、*F3′5′H*、*MYB5* 功能进行了有效鉴定。Umar 等利用茶树 *F3H*、*DFR* 和 *LCR* 构建了大肠杆菌基因工程菌，以圣草酚（3′，4′，5，7 - 四羟基黄烷酮）为底物合成了 EC、ECG、（ + ）- C 和 CG。

由于一些特殊人群对咖啡碱敏感，低咖啡碱茶树品种的选育一直是科研工作者的目标之一。Mohanpuria 等采用 RNA 干扰（RNAi）技术培育出 *TCS* 基因沉默的转基因茶树植株，咖啡碱和可可碱的含量与对照组相比分别下降了 44% ~61% 和 46% ~67%；同时，还利用农杆菌侵染导入 RNAi 片段，使得茶树幼苗新梢中咖啡碱和可可碱含量最高分别下降了 67% 和 61%。咖啡碱（1，3，7 - 三甲基黄嘌呤）代谢与腺嘌呤核苷酸代谢密切相关。茶树咖啡碱主要在幼嫩叶片和茶花中进行生物合成，合成部位可能在叶绿体。Kato 等从茶树叶片中纯化出咖啡碱生物合成关键酶咖啡碱合成酶（3 - NMT + 7 - NMT），并对该酶基因进行克隆和测序。植物体内咖啡碱生物合成的核心途径为：黄嘌呤核苷→7 - 甲基黄嘌呤核苷→7 - 甲基黄嘌呤→可可碱→咖啡碱，其中包括 3 步由 N - 甲基转移酶催化的转甲基化反应和 1 步由核糖核苷水解酶催化的脱核苷反应；而咖啡碱的降解主要路径为咖啡碱→茶叶碱→3 - 甲基黄嘌呤→黄嘌呤→尿酸→尿囊素→尿囊酸→尿素→$NH_3 + CO_2$。

茶树中萜烯类物质合成途径中的相关酶基因报道较少，而更多地侧重在糖苷水解酶相关基因的研究。陈亮等研究发现，8 个品种中茶树 β - 葡萄糖苷酶基因表达量是 β - 樱草糖苷酶的 2.4 ~45.6 倍，但 β - 葡萄糖苷酶活力测定结果与基因表达量之间的相关性不明显。

Punyasiri 等研究表明 DFR/LAR 在茶树中表达具有强偶联性，它们是催化 C 和 GC 形成的关键酶。李彤等采用 RT - PCR 方法从安吉白茶叶片中克隆得到 1 个编码，命名为 *CsDREB - A4b*，研究表明该基因参与"安吉白茶"非生物胁迫的响应过程，且在不同胁迫条件下具有表达差异性。刘硕谦等通过 SMART - RACE（cDNA 末端快速扩增法）技术获得 *CsPDS3* 基因全长 cDNA 序列（GenBank 登录号 KC915039），全长 2326bp，开放阅读框编码 582 个氨基酸，蛋白质分子质量约为 64.9549ku。该基因推测的氨基酸序列与葡萄柚、柿子、菊花、葡萄、拟南芥、杏、苦瓜、木瓜、本氏烟、南瓜的相似性分别为87%、86%、85%、84%、84%、84%、82%、82%、82%、81%。*CsPDS*3基因的全长克隆为进一步研究安吉白茶的白化机理奠定了基础。

茶氨酸合成酶（TS）的发现对于研究茶树氮吸收与转运机制具有重要的意义，对其基因序列的研究表明，该酶与植物谷氨酰胺合成酶（GS）基因高度同源。陈琪等研究了茶树中茶氨酸代谢相关基因的组织与表达特性，结果表明，茶氨酸合成酶（TS）基因家族成员在茶树的不同器官中均有表达，且差异明显，其中*TS*1在根中表达量最高，*TS*2在花中表达量最高，而*TS*3在单芽和侧根中的表达量均相对较高；而谷氨酰胺合成酶（GS）、谷氨酰胺α-酮戊二酸氨基转移酶（GOGAT）基因均明显表现为叶部含量高于根部，说明其主要参与了叶部光呼吸过程释放氨的再同化过程；谷氨酸脱氢酶（GDH）、氮素吸收和转化密切相关的亚硝酸还原酶（NiR）、精氨酸脱羧酶（ADC）等主要参与根部铵态氮吸收与转化的基因则表现为根部含量明显超过叶部，表明茶氨酸合成途径同时受到根部与叶部氮代谢的影响，同时茶氨酸合成酶基因家族成员的表达呈现出明显的组织特异性，该研究有助于从分子水平上分析与认识影响茶树茶氨酸代谢途径相关基因的表达与调控模式，为今后茶树品质遗传改良提供了理论基础。

周兴文等从中国珍稀濒危植物与茶同属山茶科的金花茶花瓣中获得了黄烷酮3-羟化酶基因的cDNA全长，命名为*CnF3H*，相对荧光定量PCR分析表明，*CnF3H*基因的表达量在幼蕾期、初蕾期和膨大期较高，之后逐渐降低；*CnF3H*基因在花器官不同部位中均有表达，其表达量高低顺序为雄蕊、花瓣、萼片、雌蕊和苞片，该研究为全面深入地研究金花茶花色形成的分子调控机理提供了充实的理论依据。

（三）细胞工程在茶学领域中的应用

细胞工程就是人为地改变或创造细胞的遗传性状，在体外大量培养和繁殖细胞群体，为生物个体或株系提供所需产品的工程技术。目前应用于茶学领域的主要有细胞培养、细胞融合、染色体转移及细胞代谢物的生产等。

在20世纪80年代，Kato等从愈伤组织中诱导再生植株，研究表明，只有在带茎表层的组织上，诱导的愈伤组织才能分化出不定芽，在后面的继代培养中生长发育良好，且茎段纵切的分化率比横切的高。Akulaa等通过茶树茎段诱导体细胞胚发生，建立了一套较完整的茶树再生体系，在培养基上诱导产生不定胚，之后在1/2浓度大量元素、完全的MS培养基浓度微量元素和维生素的MS培养基中诱导体胚，诱导率达60%。Kato以幼叶为外植体材料，将其置于不同浓度的2，4-二氯苯氧乙酸（2，4-D）培养基中培养，在叶的基部能直接或通过胚性愈伤组织诱导出体细胞胚，通过细胞组织学观察发现体细胞胚起源于叶片中脉。

我国的茶树组织培养起步虽然较晚，但发展十分迅速。近几十年来，我国的茶叶科学研究人员在吸收前人经验的基础上做了大量的工作，使我国的茶树组织培养取得了很大的进步。茶树［*Camellia sinensis*（L.）O. Kuntze］属山茶科山茶属茶组的多年生、常绿、木本、异花授粉植物。在自然条件下，由于长期异花授粉，导致了基因性状多样化，难以达到自然选育育种目标中所期望的变异方向和预期的选择效果。近年来，随着我国茶产业的不断发展，优良新品种在茶叶生产中所占地位越来越重要。我国茶树种质资源虽然十分丰富，但目前大部分的栽培品种都是通过常规的育种方法从群体品种中选育而来的，而常规的育种方法主要是通过植株表现型的差异进行筛选，这种方法对于质量性状来说一般是有效的，但数量性状在茶树性状中占主导地位，而数量性状易受外界环境和茶树生理周期的影响，很难在早期进行鉴定，以传统育种方法选育出一个优良新品种，至少需要 20 年的时间，很难满足现阶段快速培育新品种的需求。因此，传统茶树育种的发展亟需在遗传理论和技术上进行创新。植物组织培养再生技术的日益成熟和基因工程技术的不断发展，为培育茶树品种开辟了新的途径。

茶氨酸是茶树中特有的氨基酸，具有降低血压、保护神经细胞等多种生理功能，在保健、食品等行业具有广泛的应用前景。在植物组织培养合成茶氨酸的研究中，日本学者已证实，向培养基中添加前体物质盐酸乙胺时，可大幅度提高愈伤组织中的茶氨酸合成量。陈瑛等对茶树愈伤组织茶氨酸合成中的适宜激素组合等问题进行了研究。也有研究发现，在以每 10 天更新一次培养基的条件下，培养细胞茶氨酸合成能力可维持至第 30 天左右，达到细胞干重的近 20%；当在培养基中添加前体盐酸乙胺时，细胞中茶氨酸含量远高于不添加前体的对照处理；培养基中添加水解酪蛋白对提高培养细胞茶氨酸含量有益。提高培养基中蔗糖和水解酪蛋白浓度可延长细胞对数生长期和稳定生长期，从而有利于茶氨酸积累；每天进行少量补充盐酸乙胺，茶氨酸合成量比一次性加入的效果要好。茶叶儿茶素在医药、保健、日用化工方面有较高的应用潜力。利用茶树细胞培养生物合成法生产儿茶素具有不受地域季节限制、不与传统饮料茶叶争原料、便于产业化等优点，因而受到了国内外的重视。成浩等对此进行了较系统的研究，证实茶树培养细胞在一定的条件下能够保持其次生代谢产物的合成能力，而且可通过培养基组分调节等方法大幅度提高儿茶素含量。

利用组织培养进行植物繁殖，因其具有繁殖系数高、易保持亲本的优良性状等优点，在茶树育种研究及茶叶生产实际中具有广阔的应用前景。孙仲序等进行了山东茶树良种组织培养及繁殖能力的研究，结果表明，通过组织培养获得的茶苗移栽成活率达 85%，一个外植体经 3 次继代培养可繁殖 47 棵苗。刘德华等以茶树腋芽、叶为外植体进行培养分化出大量胚状体、芽，并获得再生植株。王毅军等以茶树叶片为外植体诱导愈伤组织和胚状体，进一步形成植株。周健等分析了激素对茶树组培快繁中芽增殖和生长的影响，优化得到适宜的茶树组培苗增殖条件，在该优化条件下培养 30d，茶树组培苗的增殖率、小苗成苗率均较高。采用不同的激素种类、浓度和浸蘸时间诱导茶树组培苗在温室内生根，通过优化技术参数，建立了组培苗的温室直接生根技术体系。该技术的建立有助于实现茶树组织培养快速繁殖工厂化育苗技术的商业化推广。以上研究表明，利用组织培养进行茶树微繁殖的繁殖系数高，因此，该技术的应用可快速繁殖优良无性系，大大缩短了茶树育种年限。

袁地顺等采摘大小较均匀的福鼎大毫和福云 6 号健壮幼嫩芽叶消毒后切成小块接种于固体培养基上，培养 3 周左右即可在切口处产生肉眼可见的愈伤组织。周带梯研究指出用腋芽增殖小苗，可大大提高繁殖系数。Nakamuray 等通过对茶树腋芽培养获得了再生植株，用试管苗的腋芽作外植体，萌发生长较好，但成梢率低，生长较慢。张亚萍等取云南大叶种茎尖为外植体，浸泡于抗坏血酸溶液中一定时间，有效地降低了外植体的褐变率，并诱导出愈伤组织。Akulaa 等通过茶树茎段诱导体细胞胚发生，建立了一套较完整的茶树再生体系。Rulpragasam PVA 等用茶树枝条上的茎尖和带腋芽的节在所配制的两种培养基上繁殖幼苗成功。

（四）发酵工程在茶学领域中的应用

发酵工程是生物工程技术的重要组成部分，是生物技术产业化的重要环节，是一门利用微生物的生长快、生长条件简单、代谢途径特殊等特点，采用工程菌株生产各种有用物质的工程技术。由于它以培养微生物为主，所以又称微生物工程。发酵工程是应用于茶叶的最早的生物技术，我国传统的黑茶加工中的渥堆过程就是通过微生物分泌的胞外酶及释放的微生物促使茶叶中内含物发生复杂的变化，从而形成黑茶特有的品质风味。利用食用菌及有益微生物发酵开发具有特殊风味及营养保健功效的新型茶叶产品受到了人们的重视。

吴谦等以绿茶为主要原料，取汁后使用酵母轻度发酵，研制出清澈透明、清凉爽口的发酵茶。潘立元等在绿茶茶汤中接种罗氏酵母，研制出酒精含量低、口感醇和具有一定保健作用的绿茶汽酒。龚加顺等利用优势菌种黑曲霉发酵晒青绿茶过程中，主要成分的变化规律表明，随着发酵时间的延长，主要的化学品质成分含量均发生了明显变化，而且可在短时间内生产熟普洱茶，其理化成分含量可达到陈年普洱茶的水平。丘晓红等在茶汤中接入木醋杆菌和酵母菌，发酵生产出营养丰富的细菌纤维素茶饮料。王振康等利用发酵技术研制的夏芝菌茶和川杰菌茶富含低聚糖，是一类很有开发前景的新型茶类。用茶叶下脚料可发酵生产木糖酶和过氧化物酶等多种酶制剂。利用茶叶下脚料固体发酵技术生产出的粗酶液不仅果胶酶和纤维素酶活力高，且抗酚性较强，用于加工红碎茶则增质效果明显，特别适于酶法制茶工艺应用。用固体发酵法可从速溶茶废料中制取高蛋白质饲料。凌萌乐研究表明，外源氨基酸能明显加快茶多酚和儿茶素的氧化和转化以及茶褐素的积累，茶褐素在三翻时（发酵第 18 天）达到最大值，其含量为 6.315% ~ 8.108%，达到最佳汤色品质的茶褐素含量标准。康燕山等在普洱茶发酵中，添加了几种外源酶（纤维素酶、半纤维素酶、蛋白酶）及外源酵母，结果表明，外源酶及外源酵母的添加对普洱茶发酵过程中成分变化影响显著。刘泽森等采用双蒸双压和冷发酵两种不同发酵方式处理六堡茶，考察其对六堡成品茶品质及内含物质的影响。分析表明，不同处理的六堡茶茶多酚、氨基酸、咖啡碱、水浸出物、茶红素、茶褐素均有极显著差异，其感官和理化成分都表现出不同的产品特点，双蒸双压处理的六堡茶发酵程度、物质转化程度均低于冷发酵处理。

王秀梅研究发现，祁门红茶加工揉捻过程中醇类和醛类香气成分大幅增加，而酮类和烷烃类变化不明显；多糖类含量呈下降趋势，单糖含量略有增加；生物碱基本保持不变，干燥后氨基酸含量变化明显。陈红霞对普洱茶渥堆发酵过程进行检测发现，在渥堆发酵过程中，儿茶素类、黄酮醇类和茶氨酸含量显著下降，在成品茶中儿茶素以表儿茶素（EC）为主体，酯型儿茶素和茶氨酸未检出，缬氨酸含量持续增加；嘌呤碱中的咖啡碱和可可碱含量无显著改变，而黄嘌呤、次黄嘌呤、腺嘌呤、鸟嘌呤、甜菜碱等含量则不断增加。此外，姜姝等和吕昌勇还分别对普洱茶不同发酵时期微生物群落的宏转录组和宏基因组学进行了研究。Ku 等利用液相色谱－二极管阵列检测器－电喷雾质谱（LC－PDA－ESI/MS）技术比较了不同贮藏年限的 18 种普洱生茶和 12 种普洱熟茶中的代谢谱，发现木麻黄素、三－O－没食子酰葡萄糖、绿原酸、表没食子儿茶素（EGC）、表儿茶素没食子酸酯（ECG）、表没食子儿茶素没食子酸酯（EGCG）和茶没食子素在生茶中含量较高，而熟茶中没食子酸（GA）含量较高；生茶中，随着贮藏年限的增加，EGCG、ECG、EGC、奎宁酸、绿原酸和木麻黄素显著降低，而没食子酸显著增加；而不同贮藏年限的熟茶间主要化合物差异不明显。曹艳妮用同时蒸馏萃取－气相色谱－质谱技术（SDE－GC－MS）比较了 10 种普洱生茶和熟茶的香气，发现生茶独有组分有 13 种，而熟茶独有组分有 36 种；生茶以具有木香、花香的萜烯类和具有强烈新鲜香气的二氢猕猴桃内酯为主，而熟茶则以具有霉味和陈香的甲氧基苯类为主。

近年来，儿茶素物质在黑茶加工过程中的转化产物受到了特别关注。经渥堆发酵后的黑茶中出现了许多结构奇特的儿茶素类衍生物。据报道，普洱茶中的这类衍生物包括普洱茶素 A（1）和 B，普洱茶素 I～Ⅷ等新化合物，以及表儿茶素－[7，8－bc]－4α－（4－羟苯基）－二氢－2（3H）－吡喃酮和 Cinchonain lb 等。茯砖茶中发现的儿茶素衍生物则包括新化合物茯砖素 A～F、Planchol A、文冠木素、Teadenol A 等。普洱茶中主要是儿茶素 A 环通过碳碳键连接新的基团，而茯砖茶中的衍生物则主要是儿茶素 B 环裂环后的产物。这很可能是源于两种黑茶中不同的微生物优势菌群。蒙肖虹等在渥堆发酵时加入优势菌群微生物，并对普洱茶发酵的基本条件进行了初步探究。梁名志等接种青霉、黑曲霉和酵母这三类微生物进行固态发酵和自然渥堆发酵，并以发酵而成的普洱茶为材料，对比研究了其理化指标、香气成分和感官品质等。赵腾飞等利用普洱茶发酵过程中的优势菌株之一酵母菌进行纯种发酵，以探究其对普洱茶香气和滋味的影响。曹冠华等将筛选出的根霉、黑曲霉和青霉按 1:1:1 比例制成发酵剂，添加 1% 的量进行普洱茶渥堆发酵，得到了较好的发酵效果。Liu B. L. 等探讨了不同微生物菌株对普洱茶发酵的影响。赵龙飞等认为普洱茶发酵是多种微生物作用以及茶叶内含物质在酶和湿热的作用下，发生酶促和非酶促反应的过程，其中酵母菌在这个过程中对不同风味陈香的形成发挥着重要作用。在湿热条件和酶的作用下，茶叶中的碳水化合物即糖类逐渐被转化，为酵母菌的生长和繁殖提供营养，促进其分解作用的进行。

陈可可等在发酵过程中接种曲霉属真菌等进行渥堆发酵。结果表明，不同种类及组合的曲霉属对茶多酚的含量和组成及茶氨酸、没食子酸等成分的含量均有显著影响。梁名志等报道指出，通过人工接种酵母、黑曲霉和青霉这三种微生物进行固态发酵的发酵产品具有较好的滋味、汤色、香气等感官品质，同自然渥堆发酵茶样相比，该工艺下茶多酚和水浸出物含量优越，在药用功能方面，防治努南氏综合征和胃癌的效果较好。Chen C. S. 等通过人工接种各类微生物发酵普洱茶，并对其发酵产品进行感官评价，表明接种微生物后渥堆发酵不仅缩短了发酵时间，产品品质也达到了商业陈年普洱等级。李中皓等通过人工添加不同浓度的过氧化物酶来处理成品普洱茶，结果表明，各种物质会向氧化聚合的方向转变，并且有些成分的变化非常显著，其中茶色素含量有一定程度增加，而游离氨基酸、水浸出物、儿茶素和茶多酚含量有一定程度减少。随后他通过添加风味蛋白酶、纤维素酶和过氧化物酶以研究对普洱茶品质的影响，结果表明在不同浓度水平下，这三种酶制剂对部分品质成分的氧化具有推进作用。张秀秀等研究了添加外源糖处理普洱生茶后各种内含成分的变化，结果表明添加外源单糖处理后，普洱茶内含成分有显著的改变，例如果糖对于咖啡碱含量的降低有显著的促进作用。

二、我国茶叶生物技术研究的展望

茶树是多年生植物，生物技术在茶树遗传育种研究方面的应用具有广阔的前景，它将缩短茶树育种年限，提高茶树育种效率，对茶叶生产的发展具有重要意义。虽然目前茶树转基因育种研究相对落后，但可借鉴其他转基因作物的相关技术，以加速这方面的研究。蛋白酶抑制剂是广泛存在于植物各种组织及器官中的一类天然抗虫蛋白，它对鞘翅目昆虫的消化酶有明显抑制作用，表现出很强的抗虫性。王朝霞等用反转录（RT）-PCR法扩增出204bp的cDNA特异片段，然后通过3′/5′RACE的方法，分别扩增出3′端和5′端的序列，从而获得茶树巯基蛋白酶抑制剂基因的cDNA全长序列，所得序列全长627bp，编码101个氨基酸。该基因若能成功转入茶树，并高效表达，将有望抗茶丽纹象甲、茶籽象甲、绿鳞象甲等害虫，这将有望解决制约我国茶叶出口的农药残留问题。另外，对于茶树转基因育种目标，除考虑产量、抗性外，还应重视儿茶素及茶氨酸等营养保健功能成分含量，以适应现代市场经济发展的需要。

利用酶的高效生物催化特性，几乎可按照人们的意愿"塑造"茶叶品质，因此酶技术是解决茶叶品质问题及开发茶叶新产品的有效途径，为了使该技术在茶叶生产中推广应用，必须加快适于茶应用的酶源微生物的分离筛选研究，尤其是对茶氨酸合成酶、多酚氧化酶及 β - 葡萄糖苷酶等几种与茶叶品质密切相关的酶的研究更应重视。其次，茶类不同加工方法、工艺过程提供的生化环境也不同，具体应用时，需研究相关的配套工艺技术参数，以充分发挥酶技术增质效果。利用基因工程技术研究确定儿茶素、茶氨酸等茶叶保健功能成分的目的基因，然后将其转入某些工程苗，采用发酵工程技术进行高效生产，这种基因工程和发酵工程等技术的综合研究，将为茶叶保健功能成分的开发利用开辟新的道路。我国是茶叶的发源地，是世界产茶大国，因此，在以后的研究中应重视生物技术在茶叶生产中的推广应用，促进传统茶叶的改良与产业化，提升茶叶的市场竞争力。

靶位区域扩增多态性（TRAP）技术应用在茶树育种上能找到一些与茶树优良性状相关的标记，对加快茶树优良性状的鉴定及品种选育具有重要意义。随着功能基因组学研究的深入和生物信息学的发展，目的基因分子标记和功能性分子标记越来越受到研究者的重视，因其本身可能是目的基因的一部分或与目的基因紧密连锁，这样通过对某个分子标记的筛选即能对性状进行筛选，从而加速育种进程。近几年，目的基因分子标记类型被广泛开发并应用。目标起始密码子多态性（SCoT）标记技术是一种除相关序列扩增多态性（SRAP）、TRAP等标记外的一种能跟踪性状的新分子标记技术，该技术已被成功应用于水稻、花生和龙眼中。植物间基因功能的保守性决定了基因序列的保守性，利用功能基因保守序列开发出来的 SCoT 标记可转移性更强。来自单子叶植物（水稻）的 SCoT 标记引物，在双子叶植物花生中的扩增效果也很好，说明 SCoT 标记可在不同物种间共用。因此，该技术有望推动茶树功能型分子标记的研究开发。

各种 DNA 分子标记技术从诞生到发展至今都有其自身的优缺点，在各自特定的领域中均具有不可替代的作用，虽然目前这些分子标记在茶树种质资源研究中应用较少，但随着茶树分子生物学数据及资源的不断增多，加之生物信息学、基因芯片等新技术的不断发展及其与分子标记技术的相互融合和相互渗透，DNA 分子标记技术将在茶树种质资源研究领域有更广泛的用途和前景。如扩增共有序列遗传标记（ACGM）标记，能够探知亲缘关系较近的物种间的同源基因的功能，对于茶树这种遗传背景复杂，且基因序列研究较少的物种，可以通过一些和茶树亲缘关系较近且功能基因研究较多的物种进行 ACGM 标记，找到一些新的功能基因。

近红外光谱技术（NIR）具有快速和无损分析等优点，近年来在成品茶和茶鲜叶品质的研究上也取得了重要进展。NIR 技术已尝试应用于茶叶含水量、咖啡碱、茶多酚、茶黄素和茶红素、总氮量、纤维素、茶叶抗氧化活性等方面的快速检测；NIR 技术还应用于茶叶等级、茶叶种类、茶叶真伪等方面的判别上；此外，NIR 技术在茶鲜叶质量评价（嫩度、匀净度和新鲜度）和茶鲜叶产地判别上也进行了尝试。近年来计算机成像技术和数字处理技术的有效结合，已初步应用于茶叶加工过程中的品质控制和茶叶分级。

第三节　生物技术对茶产业发展的影响

生物技术是高新技术革命的核心内容之一，能够推动社会经济的发展，可以改善农业生产、解决食品短缺问题，提高生命质量、延长寿命，制造工业原料、生产贵重金属，解决能源危机、治理环境污染。植物生物技术对社会生产发展的影响，体现在转基因作物的种植面积不断扩大、植物雄性不育及杂种优势、植物抗逆性研究、生物农药及生物控制、生产具有商业价值的次生代谢产物（如生物碱、类黄酮等）、改良种子贮藏蛋白质的品质、改良药用植物品种、提高作物收获后贮藏能力等方面。

全世界约有 60 个国家和地区生产茶叶。据国际茶叶委员会统计和联合国粮农组织政府间茶叶小组报道，2014 年世界茶叶种植面积 6555 万亩（1 亩 = 667m²），其中中国、印度茶叶种植面积最大，分别占 60.6%、13.0%，第三、第四位分别是肯尼亚 304.5 万亩、斯里兰卡 282 万亩。2014 年全世界茶叶产量达 517.3 万 t，其中中国茶叶产量已达世界总产量的 40% 以上，中国和印度的茶叶产量总和占世界的 63.85%。产量排在前十位的国家还有肯尼亚 44.5 万 t、斯里兰卡 33.8 万 t、土耳其 23.0 万 t、越南 17.5 万 t、印度尼西亚 13.2 万 t、阿根廷 8.2 万 t、日本 8.1 万 t、孟加拉国 6.4 万 t。2014 年世界茶叶出口 182.7 万 t，出口最多的是肯尼亚 49.94 万 t，第二位是斯里兰卡 31.79 万 t，中国位居第三，总的特点是世界茶叶产大于销的矛盾日益显现。2014 年世界茶叶进口 165.8 万 t，第一位是俄罗斯 15.4 万 t，其次是巴基斯坦 13.8 万 t、美国

12.9 万 t、英国 10.6 万 t、埃及 10.3 万 t、伊朗 6.1 万 t。

我国是全球最重要茶叶大国，茶叶种植面积第一、茶叶产量第一、出口量第三，我国茶叶产销量约占世界的 38%。全国 20 个省 900 多个县产茶，涉茶人员有 8000 多万人，茶叶生产加工企业 7 万多家。据有关数据统计，2015 年我国茶园总面积 4316 万亩，其中开采面积 3387 万亩，茶叶总产量 227.8 万 t，其中名优茶 99.3 万 t、大宗茶 128.5 万 t，茶类中绿茶 140 万 t、红茶 25.3 万 t、乌龙茶 25 万 t、黑茶（不含普洱茶）17.7 万 t、白茶超过 2 万。我国茶园面积第一位为贵州省，达 662.2 万亩，茶园面积在 100 万亩以上的省份还有云南、四川、湖北、福建、浙江、安徽、湖南、河南、江西、陕西、广西，广东、重庆、山东、江苏的茶园面积在 50 万亩以上，甘肃、海南、西藏也有少量茶园，湖北、贵州、陕西、四川 4 省去年茶园面积各增加 20 万亩以上。福建茶叶年产量 35.5 万 t 为全国第一，云南、四川、贵州、湖北、浙江、湖南、安徽的茶叶年产量都超过 10 万。2015 年我国茶叶综合产值达 3078 亿元，其中干毛茶总产值 1519.2 亿元，名优茶产值 1038 亿元，大宗茶产值 481.2 亿元。绿茶是我国出口的最主要茶类，我国茶叶出口国家达到 120 多个。我国茶叶生产主要特点：一是产业规模继续扩大，云南产普洱茶、福建和广东产乌龙茶、中部省份主产绿茶等格局更加突出，贵州等省发展步伐走在前列，其茶园面积已跃升全国第一位，达 600 多万亩，白茶、黄茶等小茶类发展速度加快，特别是白茶增产达 50% 以上，绿茶、乌龙茶所占比重虽然有所下降，但红茶、黑茶、白茶、黄茶有所上升；二是生产结构调整优化，无性系良种茶园、有机茶园面积均有提高，优良茶树品种推广速度加快，茶叶生产单位的生态意识和质量安全意识提高了；三是茶叶市场总需求放缓，茶叶生产价格开始下滑，全国毛茶均价每千克 60 元，整体高档茶销量下降，茶青出现被挤压价格下降现象，各茶类市场售价涨落不一，价格很低的出口茶比较稳定或略好，但大部分中端茶叶积压严重；四是电子商务规模快速增长，线上竞争日益激烈，据国家茶叶产业技术体系产业经济研究室调研，有 64.4% 的茶叶企业开展了茶叶电子商务，天猫、淘宝等平台茶叶销售交易快速提升，互联网对茶叶的作用更加重要。但也存在一些问题，如有的出现破坏生态环境多样性问题，突破性的重大研发成果不多，茶叶质量安全需要进一步提高等。茶产业发展需要"稳定面积，优化结构，提高品质，提高效益"，需要走"生态、绿色、健康、创新"的道路，这些都需要用现代生物技术来解决，从而提升中国茶对世界文明与进步的贡献。

生物技术对传统茶叶产业进行改造、创新和推进，如与茶树常规育种相结合，可为茶树育种提供新的茶树种质材料；采用体细胞杂交技术，组合不同茶树品种的优良特性；借助植物基因工程，培育各种抗逆性强的转基因茶树品种；应用组织培养技术结合短穗扦插技术可以实现茶树无性系良种繁苗工厂化；应用发酵工程技术研制茶树益微制剂，研究生物固氮机制，实现茶树自身固氮，提供新型生产资料"生物塑料"和"人造种子"，生物技术在茶叶绿色食品生产持续发展中具有广阔的应用前景。

在茶叶加工领域，应用生物技术可以创造出更多的经济效益。茶叶加工中应用酶工程技术，利用酶如多酚氧化酶、单宁酶、纤维素酶、果胶酶、蛋白酶、淀粉酶等高效生物催化功能，促进茶叶内不利及无效成分的有益转化，改善茶叶的色香味形及营养价值等综合品质。发酵工程技术也可应用于茶叶生产，我国传统的黑茶加工中的渥堆过程就是通过微生物分泌的胞外酶及释放的微生物促使茶叶中内含物发生复杂的变化，从而形成黑茶特有的品质风味。

在茶叶深加工领域，研制具有广谱、高效、无毒的纯天然茶叶生物防腐剂、保鲜剂，保持新鲜茶叶所具有的色香味形，生产出符合消费者需要的天然、新鲜、健康和安全的茶叶。茶叶富含茶多酚、咖啡碱、氨基酸、茶多糖、维生素、芳香类物质等生物活性成分且具有抑菌、抗病毒、防癌抗癌等保健功能，可以利用细胞培养法进行生产。在植物组织培养合成茶氨酸的研究中，日本学者证实向培养基中添加前体物质盐酸乙胺时，可大幅度提高愈伤组织中的茶氨酸合成量。酶工程也可用于茶氨酸的合成和茶色素的生产。发酵技术用于茶叶综合利用，茶叶下脚料可发酵生产木糖酶和过氧化物酶等多种酶制剂，用固体发酵法可从低档茶叶及茶渣中制取高蛋白质饲料等。

应用生物芯片技术能够准确、快速地对茶树基因、蛋白质、核酸等生理活性物质的结构、功能、机理等进行检测和分析，能够快速、准确地检测和分析茶叶品质因子和农药残留等安全指标。应用基因组学、蛋白质组学技术可以从更高水平系统研究茶树的功能与结构，创新茶树优良种质和提供优质原料，为茶产业可持续发展、茶叶效益提升创造出一条崭新的道路。

思考题

1. 什么是茶叶生物技术？茶叶生物技术包括哪些主要内容？
2. 茶叶生物技术的特点是什么？
3. 简要说明茶叶生物技术的发展现状。
4. 简述茶叶生物技术的发展前景。
5. 生物技术在茶产业发展中的应用有哪些？

参考文献

［1］毛清黎，王星飞，施兆鹏．茶叶生物技术的研究现状与展望［J］．福建茶叶，2001（4）：5-6；7-9．

［2］金惠淑，梁月荣．茶叶生物技术研究进展［J］．茶叶科学技术，1998（2）：1-4．

［3］刘桂林．生物技术概论［M］．北京：中国农业大学出版社，2010．

［4］AHMED S，UNACHUWU U，STEPP J R，et al. Pu-erh tea tasting in Yunnan, China：Correlation of drinkers' perceptions to phytochemistry［J］. Journal of Ethnopharmacology，2010，132（1）：176-185.

［5］DREGER H，LORENZ M，KEHRER A，et al. Characteristics of catechin and theaflavin mediated cardioprotection［J］. Experimental Biology and Medicine，2008，233（4）：427-433.

［6］LU M，CHU S，YAN L，et al. Effect of tannase treatment on protein-tannin aggregation and sensory attributes of green tea infusion [J]. LWT – Food Science and Technology, 2009, 42: 338 – 342.

[7] SATO T, KINOSHITA Y, TSUTSUMI H, et al. Characterization of creaming precipitate of tea catechins and caffeine in aqueous solution [J]. Chemical & Pharmaceutical Bulletin, 2012, 60 (9): 1182 – 1187.

[8] XU Y, CHEN S, SHEN D, et al. Effects of chemical components on the amount of green tea cream [J]. Agricultural Sciences in China, 2011, 10 (6): 969 – 974.

[9] 曹冠华, 邵宛芳, 杨柳霞, 等. 添加发酵剂对普洱茶发酵过程中温度及主要成分变化的影响 [J]. 安徽农业大学学报, 2011, 38 (3): 376 – 381.

[10] 曹冠华, 王文光, 孔楠, 等. 普洱茶中主要微生物与品质的关系及发酵方法优化的探讨 [J]. 茶叶科学技术, 2011 (4): 1 – 5.

[11] 曾盔, 刘仲华. 用茶叶多酚氧化酶生物传感器测定茶多酚 [J]. 食品科学, 2006, 27 (7): 95 – 98.

[12] 冯云, 苏祝成. 加工过程中添加外源酶对夏季绿茶品质影响的研究 [J]. 食品工业科技, 2007 (7): 107 – 108.

[13] 付赢萱, 刘通讯. 多酚氧化酶对普洱茶渥堆发酵过程中品质变化的影响 [J]. 现代食品科技, 2015, 31 (3): 197 – 201.

[14] 何晓梅, 张颖, 武丽. 酶在速溶茶加工工艺中的应用 [J]. 茶叶科学, 2013, 39 (3): 127 – 129.

[15] 黄静, 肖文军. 外源果胶酶对绿茶液微滤过程的效应研究 [J]. 茶叶通讯, 2006, 33 (3): 10 – 14.

[16] 康燕山, 黄薇, 袁唯, 等. 普洱茶发酵过程中添加外源酶及外源酵母对主要成分的影响 [J]. 云南农业大学学报, 2015, 30 (5): 784 – 789.

[17] 李荣林, 方辉遂. 固定化多酚氧化酶的化学性质研究 [J]. 茶叶, 1998, 24 (1): 18 – 21.

[18] 李永福, 周杰, 陈琴芳, 等. 外源酶改善明日叶发酵茶品质的研究 [J]. 食品工业, 2015, 36 (9): 65 – 69.

[19] 凌萌乐. 外源氨基酸对普洱茶发酵过程及品质的影响 [D]. 广州: 华南理工大学, 2014.

[20] 刘如石, 谢达平. 单宁酶的固定化及其性质的研究 [J]. 湖南农业大学学报: 自然科学版, 2000, 26 (5): 386 – 388.

[21] 陆建良. 茶汤蛋白对茶饮料冷后浑形成的影响 [D]. 杭州: 浙江大学, 2008.

[22] 罗晶晶, 王登良. 不同外源酶添加对夏茶金观音红茶品质的影响 [J]. 蚕桑茶叶通讯, 2014 (6): 17 – 19.

[23] 吕海鹏, 林智, 张悦, 等. 不同等级普洱茶的化学成分及抗氧化活性比较 [J]. 茶叶科学, 2013, 34 (4): 386 – 395.

[24] 童鑫, 谭月萍, 李志刚. 外源单宁酶对绿茶液微滤过程的影响 [J]. 茶叶

通讯，2006，33（1）：11 - 13.

［25］屠幼英，方青，梁惠玲，等．固定化酶膜催化茶多酚形成茶黄素反应条件优选［J］．茶叶科学，2004，24（2）：129 - 134.

［26］汪东风，程玉祥．茶色素酶法工业化生产［J］．茶叶，2001，27（4）：25 - 26.

［27］汪珈慧，李燕，姚紫涵，等．利用固定化纤维素酶酶解夏季绿茶工艺的研究［J］．茶叶科学，2012，32（1）：37 - 43.

［28］王斌，江和源，张建勇，等．酶工程技术在茶叶深加工中的应用及展望［J］．茶叶科学，2010，30（增刊1）：521 - 526.

［29］王家健，高亚荣，梁璐，等．酶法制取速溶茶［J］．江苏农业科学，2012，40（3）：260 - 262.

［30］肖世青，张雪波，杜先锋，等．酶处理对暑季安溪铁观音香气品质的影响［J］．茶叶科学，2011（4）：341 - 348.

［31］许勇泉，胡雄飞，陈建新，等．基于单宁酶处理的绿茶茶汤沉淀复溶与回收利用研究［J］．茶叶科学 2015，35（6）：589 - 595.

［32］于春花，宋文军，李霏，等．外源酶对普洱生茶浸提液品质的影响［J］．食品工业科技，2015（22）：143 - 150.

［33］袁祖丽，刘秀敏，李华鑫，等．应用于茶学领域的植物生物技术［J］．安徽农业科学，2008，36（12）：4890 - 4893.

［34］岳鹏翔，邵增琅，翁淑义．一种速溶茶的制备方法［P］．中国：200910026172.5，2009.

［35］张莹，施兆鹏，施玲．茶氨酸的研究进展［J］．产物研究与开发，2003，15（4）：369 - 372.

［36］赵文净，林金科，吴亮宇，等．添加木瓜蛋白酶对速溶茶中酯型儿茶素和 EGCG 含量的影响［J］．福建茶叶，2012（3）：17 - 19.

［37］邹立华，张英艳．生物工程技术及其进展［J］．工企医刊，2002，15（3）：74.

［38］MA C L，CHEN L，WANG X C，et al. Differential expression analysis of different albescent stages of 'Anji Baicha'［（Camellia sinensis（L.）O. Kuntze）］using cDNA microarray［J］. Gene，2012，506：202 - 206.

［39］MATSUMOTO S，TAKEUCHI A，HAYATSU M，et al. Molecular cloning of phenylalanine ammonia - lyase cDNA and classification of varieties and cultivars of tea plants（Camellia Sinensis）using the tea PAL cDNA probe［J］. Theor Appl Genet，1994，89：671 - 675.

［40］PHUKON M，NAMDEV R，DEKA D，et al. Construction of cDNA library and preliminary analysis of expressed sequence tags from tea plant［Camellia Sinensis（L）O. Kuntze］［J］. Scientia Horticulturae，2012，148：246 - 254.

［41］SHI C Y，YANG H，WEI C L，et al. Deep sequencing of the Camellia Sinensis transcriptome revealed candidate genes for major metabolic pathways of tea - specific compounds［J］. BMC Genomics，2011，12：131 - 139.

［42］SUN J, LEI P D, ZHANG Z Z, et al. Shoot basal ends as novel explants for in vitro plantlet regeneration in an elite clone of tea ［J］. Journal of Horticultural Science & Biotechnology, 2012, 87 (1): 71 - 76.

［43］WU H L, CHEN D, LI J X, et al. De Novo Characterization of leaf transcriptome using 454 sequencing and development of EST - SSR markers in tea (*Camellia Sinensis*) ［J］. Plant Mol Biol Rep, 2013, 31: 524 - 538.

［44］曾志云, 韦雪英, 陈远权, 等. 茶树种质资源收集保存与利用［J］. 广西农学报, 2013 (8): 30 - 32.

［45］陈亮, 高其康. 茶树基因克隆、遗传转化进展及 EST 在茶树功能基因研究中的应用前景［C］//海峡两岸茶业科技学术讨论会论文集, 长沙, 2003: 292 - 300.

［46］陈志丹, 李振刚, 孙威江. 闽南乌龙茶茶树种质资源 RAPD 指纹图谱构建及遗传多样性分析［J］. 茶叶科学, 2012, 10 (6): 731 - 739.

［47］丁洲, 江昌俊, 叶爱华, 等. 茶树的 RAPD 标记向 SCAR 标记转化的研究［J］. 安徽农业大学学报, 2008, 35 (3): 315 - 318.

［48］丁洲, 江昌俊, 陈聪, 等. SCAR 标记在茶树种质资源鉴定中的应用［J］. 激光生物学报, 2009, 18 (6): 819 - 824.

［49］黄福平, 梁月荣, 陆建良, 等. 应用 RAPD 和 ISSR 分子标记构建茶树回交 1 代部分遗传图谱［J］. 茶叶科学, 2006, 26 (3): 171 - 176.

［50］黄建安. 茶树分子遗传图谱构建及多酚氧化酶基因 AFLP 研究［D］. 长沙: 湖南农业大学, 2004.

［51］季鹏章, 汪云刚, 蒋会兵, 等. 云南大理茶资源遗传多样性的 AFLP 分析［J］. 茶叶科学, 2009, 29 (5): 329 - 335.

［52］黎星辉, 施兆鹏. 云南大叶茶与汝城白毛茶杂交后代的 RAPD 亲子鉴定［J］. 茶叶科学, 2001, 21 (2): 99 - 102.

［53］黎裕, 贾继增, 王天宇. 分子标记的种类及其发展［J］. 生物技术通报, 1999 (4): 19 - 22.

［54］李娜娜, 陆建良, 郑新强, 等. 茶树品种福鼎大白茶和小雪芽叶片基因转录组研究［J］. 江苏农业学报, 2012, 28 (5): 974 - 978.

［55］林政和, 陈常颂, 陈荣冰. 我国 39 个茶树品种的 RAPD 分析［J］. 分子植物育种, 2006, 4 (5): 695 - 701.

［56］刘本英, 王丽鸳, 周健, 等. 云南大叶种茶树种质资源 ISSR 指纹图谱构建及遗传多样性分析［J］. 植物遗传资源学报, 2008, 9 (4): 458 - 464.

［57］宁静, 李健权, 董丽娟, 等. "黄金茶" 特异种质资源遗传多样性和亲缘关系的 ISSR 分析［J］. 茶叶科学, 2010, 30 (2): 149 - 156.

［58］唐玉海. ISSR 和 TRAP 分子标记在茶树遗传多样性分析上的应用研究［D］. 福州: 福建农林大学, 2007.

［59］田中淳一. 根据 RAPD 绘制茶树遗传连锁图及进行遗传分析的可能性［J］. 茶叶研究报告, 1996, 84 (3): 44 - 45.

［60］吴扬，邓婷婷，李娟，等．黄金茶种质资源遗传多样性的 AFLP 分析［J］．茶叶科学，2013，33（6）：526－531．

［61］姚明哲，陈亮，王新超，等．我国茶树无性系品种遗传多样性和亲缘关系的 ISSR 分析［J］．作物学报，2007，33（4）：598－604．

［62］MISAKOKATO，KOUICHIMIZUNO，ALANCROZIER. Caffeine synthase gene fromtea leaves［J］. Nature，2000，406（6799）：956－957．

［63］NIYOGI K K. Photoprotection revisited. genetic and molecular approaches［J］. Annual Review of Plant Physiology and Plant Molecular Biology，1999，50：333－359．

［64］RANA N K，MOHANPURIA P，YADAV S K. Expression of tea cytosolic glutamine synthetase is tissue specific and induced by cadmium and salt stress［J］. Biologia Plantarum，2008，52（2）：361－364．

［65］RAWAT R，GULATI A，HALLANV，et al. Molecular characterization of beta. glucosidase from regional Kangra tea clone（*Camellia sinensis* Kuntze）［J］. European Food Reserch and Technology，2007（4）：285－295．

［66］陈琪，孟祥宇，江雪梅，等．茶树茶氨酸代谢相关基因表达组织特异性分析［J］．核农学报，2015，29（7）：1285－1291．

［67］陈忠正，李斌，黎秋华，等．茶叶多酚氧化酶基因克隆与序列分析［J］．食品工业科技，2006，27（10）：109－117．

［68］李彤，严雅君，韩洪润，等．茶树品种"安吉白茶"*CsDREB－A4b* 基因的克隆及其对非生物胁迫的响应［J］．植物资源与环境学报，2016，25（2）：1－9．

［69］李远华，陆建良，范方媛，等．茶树根系 *HGMR* 基因克隆及表达分析［J］．茶叶科学，2014，34（6）：583－590．

［70］李远华，陆建良，范方媛，等．茶树 *GAGP* 基因克隆及表达分析［J］．茶叶科学，2015，35（1）：64－72．

［71］李远华，陆建良，范方媛，等．茶树根系 *Actin* 基因克隆及表达分析［J］．茶叶科学，2015，35（4）：336－346．

［72］李远华，江昌俊，宛晓春．茶树咖啡碱合成酶基因 mRNA 表达的研究［J］．茶叶科学，2004，24（1）：23－28．

［73］李远华，江昌俊，余有本．茶树 *β* － 葡萄糖苷酶基因 mRNA 的表达［J］．南京农业大学学报，2005，28（2）：103－106．

［74］Li Yuan Hua，Gu Wei，Ye sheng. Expression and location of caffeine synthase in tea plants［J］. Russian Journal of Plant Physiology，2007，54（5）：698－701．

［75］刘硕谦，邓婷婷，吴扬，等．安吉白茶 *CsPDS*3 基因全长 cDNA 克隆及序列分析［C］//第十六届中国科协年会12 分会场：茶学青年科学家论坛论文集，2014．

［76］石亚亚，金孝芳，陈勋，等．常用的基因分离技术及其在茶学研究中的应用［J］．湖北农业科学，2013，52（24）：5954－5965．

［77］王丽鸳，王贤波，成浩，等．基因工程菌生物合成茶氨酸条件研究［J］．茶叶科学，2007，27（2）：111－116．

［78］吴姗，梁月荣，陆建良，等．基因枪及其与农杆菌相结合的茶树外源基因转化条件优化［J］．茶叶科学，2005，25（4）：255 – 264.

［79］奚彪，刘祖生，梁月荣．发根农杆菌介导的茶树遗传转化［J］．茶叶科学，1997，17（8）：155 – 156.

［80］余有本，江昌俊，王朝霞，等．茶树咖啡碱合酶 cDNA 在大肠杆菌中的表达［J］．南京农业大学学报，2004，27（4）：105 – 109.

［81］赵东，刘祖生，奚彪．茶树多酚氧化酶基因的克隆及其序列比较［J］．茶叶科学，2001，21（2）：94 – 98.

［82］周兴文，殷恒福，朱宇林，等．金花茶黄烷酮 3 – 羟化酶基因 *CnF3H* 的克隆及表达分析［J］．分子植物育种，2015，13（9）：2051 – 2057.

［83］AKULAA D. Directsomatic embryogenesis in a selected tea clone，"TR – 2025"［*Camellia sinensis*（L.）O. Kuntze］from nodalex plants［J］. Plant Cell Report，1998，17（10）：804 – 809.

［84］RULPRAGASAM P VA，LATIFF R. 茶树组织培养的研究：茎繁殖培养方法［J］．詹嘉放，译．农业科技情报：西南农学院，1990（1）：27.

［85］KATO M. Regeneration of plants from tea stem callus［J］. Japanese Journal of Breeding，1985，35（3）：317 – 322.

［86］袁正仿，孔凡权，远凌威．茶树的组织培养研究［J］．信阳师范学院学报：自然科学版，2003（4）：215 – 217.

［87］陈亮，杨亚军，虞富莲．中国茶树种质资源研究的主要进展和展望［J］．植物遗传资源学报，2004，5（4）：389 – 392.

［88］周健，成浩，王丽鸯．茶树幼胚培养萌发率与再生途径影响因素研究［J］．西南农业学报，2008，21（2）：440 – 443.

［89］江昌俊．茶树育种学［M］．北京：中国农业出版社，2005.

［90］TSUTOMUFURUYA，YUTAKA ORIHARA，YUMIKO TSUDA. Caffeine and theanine from cultured cells of *camellia sinensis*［J］. Phytochemistry，1990，29（8）：2539 – 2543.

［91］陈瑛，陶文沂．几种激素对茶愈伤组织合成茶氨酸的影响［J］．无锡轻工大学学报，1998（1）：74 – 77.

［92］成浩，高秀清．茶树悬浮细胞茶氨酸生物合成动态研究［J］．茶叶科学，2004，24（2）：115 – 118.

［93］吕虎，华萍，余继红，等．大规模茶叶细胞悬浮培养茶氨酸合成工艺优化研究［J］．广西植物，2007，27（3）：457 – 461.

［94］成浩，李素芳．外源苯丙氨酸对茶树培养细胞儿茶素合成的影响［J］．农业生物技术学报，2001，2（2）：132 – 135.

［95］孙仲序，刘静，王玉军，等．山东茶树良种组织培养及繁殖能力的研究［J］．茶叶科学，2000，20（2）：129 – 132.

［96］刘德华，廖利民．茶树组织培养的研究［J］．湖南农学院学报，1991（17）：589 – 599.

［97］周健，成浩，王丽鸳．茶树组培快繁技术的优化研究［J］．茶叶科学，2005，25（3）：172－176.

［98］周健，成浩，王丽鸳．激素处理对茶树组培苗温室内直接诱导生根的影响［J］．茶叶科学，2005，25（4）：265－269.

［99］袁地顺，倪元栋，邝平喜．茶细胞培养法生产茶氨酸的技术研究——茶愈伤组织的诱导体系建立［J］．福建茶叶，2003（3）：25－26.

［100］张亚萍，邵鸿刚．不同茶树品种组织培养的初步研究［J］．贵州茶叶，2002（4）：10－12.

［101］CHEN C S, Chan H C, CHANG Y N, et al. Effects of bacterial strains on sensory quality of Pu‐erh tea in an improved pile－fermentation process［J］. Journal of sensory studies, 2009, 24（4）：534－553.

［102］KU K M, KIM J Y, PARK H J, et al. Application of metabolomics in the analysis of manufacturing type of Pu－erh tea and composition changes with different postfermentation year［J］. J Agric Food Chem, 2010, 58：345－352.

［103］LIU B L, ZHANG Y N, CHEN Y S, et al. Effects of bacterial strains on sensory quality of Pu－erh tea in an improved pile－fermentation process［J］. Journal of Sensory Studies, 2009, 24（4）：534－553.

［104］LUO Z M, DU H X, AN M Q, et al. Fuzhuanins A and B：the B－ring fission lactones of flavan－3－ols from Fuzhuan brick－tea［J］. Journal of Agricultural and Food Chemistry, 2013, 61：6982－6990.

［105］WANG W N, ZHANG L, WANG S, et al. 8－C N－ethyl－2－pyrrolidinone substituted flavan－3－ols as the marker compounds of Chinese dark teas formed in the post－fermentation process provide significant antioxidative activity［J］. Food Chemistry, 2014, 152：539－545.

［106］ZHAO M, XIAO W, MA Y, et al. Structure and dynamics of the bacterial communities in fermentation of the traditional Chinese post－fermented Pu－erh tea revealed by 16S rRNA gene clone library［J］. World Journal of Microbiology & Biotechnology, 2013, 29：1877－1884.

［107］ZHOU Z H, ZHANG Y J, XU M, et al. Puerins A and B. two new 8－C substituted flavan－3－ols from Pu－er tea［J］. Journal of Agricultural and Food Chemistry, 2005, 53：8614－8617.

［108］ZHU Y F, CHEN J J, JI X M, et al. Changes of major tea polyphenols and production of four new B－ring fission metabolites of catechins from post－fermented Jing－Wei Fu brick tea［J］. Food Chemistry, 2015, 170：110－117.

［109］曹艳妮．不同储存时间普洱茶的理化分析和抗氧化性研究［D］．广州：华南理工大学，2011.

［110］陈红霞．普洱茶发酵过程的代谢组学研究［D］．北京：北京化工大学，2013.

［111］陈可可，张香兰，朱洪涛，等．曲霉属真菌在普洱茶后发酵中的作用［J］．云南植物研究，2008，30（5）：624－628．

［112］龚加顺，周红杰，张新富，等．云南晒青绿毛茶的微生物固态发酵及成分变化研究［J］．茶叶科学，2005，25（4）：300－306．

［113］康燕山，黄薇，袁唯，等．普洱茶发酵过程中添加外源酶及外源酵母对主要成分的影响［J］．云南农业大学学报，2015，30（5）：784－789．

［114］李中皓，刘通讯．过氧化物酶对成品普洱茶品质的影响研究［J］．现代食品科技，2007，23（7）：29－32．

［115］李中皓，刘通讯．外源酶对成品普洱茶品质的影响研究［J］．食品工业科技，2008，29（2）：152－154．

［116］梁名志，陈继伟，王立波，等．人工接种真菌固态发酵对普洱茶品质和功能的影响［J］．食品科学，2009，30（21）：273－277．

［117］梁名志．外源物在茶叶初制工艺中的应用研究进展［J］．中国茶叶加工，2000，20（2）：31－32．

［118］凌萌乐．外源氨基酸对普洱茶发酵过程及品质的影响［D］．广州：华南理工大学，2014．

［119］刘姝，涂国全．茶渣经微生物固体发酵成饲料的初步研究［J］．江西农业大学学报，2001，23（1）：130－133．

［120］刘泽森，温立香，何梅珍，等．不同发酵方式对六堡茶品质的影响研究［J］．安徽农业科学，2016（3）：91－94．

［121］毛清黎，王星飞．制茶用多糖水解酶的发酵生产条件及其应用［J］．湖南农业大学学报，2001，27（5）：374－377．

［122］蒙肖虹，孙云，张惠芬，等．普洱茶发酵工艺的研究［J］．昆明理工大学学报，2008，33（4）：81－84．

［123］潘立元，屠幼英．绿茶汽酒酵母菌生长特性及工艺［J］．茶叶，1998，24（3）：141－142．

［124］丘晓红，周炳全．茶水发酵法生产细菌纤维素的研究［J］．食品工业科技，2006，27（6）：121－125．

［125］王秀梅．祁门红茶加工过程中代谢谱分析及其品质形成机理研究［D］．合肥：安徽农业大学，2012．

［126］王振康，王秀萍．浅谈菌茶生产中相关因子的几点认识［J］．茶叶科学技术，1999（4）：42－43．

［127］吴谦，胡泽敏．发酵含气绿茶饮料的研究［J］．南昌大学学报：理科版，1997，21（4）：328－330．

［128］肖文军，刘仲华，黎星辉．茶叶加工中的外源酶研究进展［J］．天然产物研究与开发，2003，15（3）：264－267．

［129］张秀秀，刘通讯．外源糖对普洱茶品质的影响（Ⅰ）［J］．食品工业，2012，33（7）：76－79．

［130］赵龙飞，许亚军，周红杰．黑曲霉在普洱茶发酵过程中生长特性的研究 ［J］．食品研究与开发，2007，128（10）：1－4．

［131］赵腾飞，郭学武，张长霞，等．酵母菌纯种发酵普洱茶初探［J］．食品科技，2012，37（2）：57－60．

［132］GILL G S, KUMAR A, AGARWAL R. Monitoring and grading of tea by computer vision－A review［J］. Journal of Food Engineering, 2011, 106：13－19.

［133］WANG S P, ZHANG Z Z, NING J M, et al. Back propagation artificial neural network model for prediction of the quality of tea shoots through selection of relevant near infra-red spectral data via synergy interval partial least squares［J］. Analytical Letters, 2013, 46（1）：184－195.

［134］ZHANG Z Z, WANG S P, WAN X C, et al. Evaluation of sensory and composi-tion properties in young tea shoots and their estimation by near infrared spectroscopy and partial least squares techniques［J］. Spectroscopy Europe, 2011, 23（4）：17－23.

［135］林金科，开国银．植物抗虫基因工程及在茶树育种的应用前景［J］．福建茶叶，2003（3）：16－18．

［136］王朝霞，李叶云，江昌俊，等．茶树巯基蛋白酶抑制剂基因的 cDNA 克隆与序列分析［J］．茶叶科学，2005，25（3）：177－182．

［137］赵科发．生物技术对经济发展的影响［J］．黔东南民族师范高等专科学校学报，2003（6）：126－127．

［138］张嫒华．植物生物技术对社会生产发展的影响［J］．科技信息，2011，35：22；69．

［139］李远华．我国茶产业发展的思考［C］//第九届海峡两岸暨港澳茶业学术研讨会论文集，2016．

［140］吴林森、戴养富．植物生物技术在茶叶育种生产中的应用［J］．安徽农业科学，2004，32（3）：563－564；588．

［141］王常红．生物技术在茶叶绿色食品生产中的应用前景［J］．茶叶科学技术，1996（2）：18－21．

［142］赵熙、粟本文、郑红发，等．生物技术在茶叶加工领域的研究进展［J］．茶叶科学技术，2009（1）：1－4．

［143］高水练．应用生物技术拓展茶叶深加工新领域［J］．蚕桑茶叶通讯，2006（1）：24－25．

第二章 茶树细胞工程

第一节 细胞工程理论与技术基础

一、植物细胞工程的概念

植物细胞工程（Plant Cell Engineering）是生物技术中的重要分支，是指在植物细胞水平上进行的遗传操作，是现代遗传学、植物细胞生物学和分子生物学的复杂集合体。它是以生命科学为基础，利用生物体系和工程原理生产生物制品和创造新物种的综合性科学技术，是以植物组织培养和细胞离体操作为基础的实验性很强的一门新兴学科。

二、茶树细胞工程的应用领域

茶树细胞工程的应用主要有以下几个方面。

1. 幼胚、胚珠和子房以及试管受精克服远缘杂交不育性

对于远缘杂交，可将杂种胚在适宜的时候取出，在培养基上培养，使胚发育成正常植株，从而解决远缘杂交中由于胚发育不全而败育或不能萌发导致远缘杂交不能成功的问题。

2. 花药、花粉培养进行单倍体育种

通过花粉、花药培养育成单倍体植株，经染色体加倍处理，可获得纯合二倍体，可以加速茶树的育种进程。同时，单倍体植株对研究茶树的遗传机理具有重要价值。

3. 原生质体融合产生体细胞杂种，扩大遗传变异范围

利用原生质体融合进行体细胞杂交，打破有性杂交不亲和的生殖障碍，将不同品种甚至不同种属的优良性状集于一体，创造常规育种所无法获得的新种质或新品种。特别是有些三倍体茶树品种，很难进行有性杂交，利用原生质体融合技术可克服这一障碍，有望获得远缘杂种，使近缘种属或野生资源的有益基因得到充分利用。

4. 次生代谢产物生产

利用组织培养生产有用次生代谢物是茶树细胞工程研究的一个重要领域。茶树是一个富含多种次生代谢产物的植物，利用细胞培养生产有用次生代谢物，如茶多酚、咖啡碱、茶氨酸等，是解决资源短缺的重要途径。大量试验表明，茶树细胞在愈伤组

织的培养和增殖过程中仍具有合成次生代谢物的能力，而利用茶树组织培养生产次生代谢物的关键在于提高其含量。

5. 应用基因工程技术获得转基因植株，进行茶树品种改良

目前基因工程已成为植物遗传改良的有力手段。利用转基因技术将抗病虫基因导入茶树，可从根本上提高茶树抗病虫能力，获得抗病虫转基因新品种；将固氮生物的固氮基因导入茶树，可使茶树本身具有固氮能力。总之，基因工程应用于茶树遗传改良，可从根本上改变茶树育种面貌。但是，目前茶树的再生体系还不够成熟，从而使转基因技术在茶树上的应用受到限制。

6. 快速繁殖

利用组培进行茶树快繁，可大大提高繁殖系数，并能最大限度地保持品种的遗传稳定性，对加速良种推广有重要价值。目前，茶树的组培快繁技术已逐渐达到实用化阶段。Sarathchandra 等以田间植株的茎节为外植体，1 年中从 50 个外植体得到了 36153 个小植株；印度 Tata 茶叶有限公司利用组培快繁技术培育出了高产优质茶树，田间成活率达 90%。

7. 种质资源保存

种质资源是培育优良品种的物质基础，也是理论研究的重要材料。茶树种质资源有以下特殊性：①茶籽不耐脱水；②低温易使茶籽丧失生活力；③花粉和营养体对失水和低温的忍耐范围很窄。因此，茶树种质资源不能用常规方法进行保存，可利用茎尖、叶片等组织培养和细胞培养进行茶树种质资源的保存。

三、细胞工程的基本理论依据及技术基础

植物组织与器官培养（Plant Tissue and Organ Culture）是建立在植物细胞全能性（Plant Cell Totipotency）学说的理论基础上，以无菌操作作为核心的现代生物技术的重要组成部分。植物细胞全能性是指每一个细胞具有该植物的全部遗传信息，具有发育成完整植株的潜在能力。在高等植物中，通常是由一个受精卵（合子）经历一系列的细胞生长、分裂和细胞分化过程，最后产生完整植株。在离体培养中，外植体细胞首先经过脱分化，失去了原来的结构和功能而成为未分化状态，经再分化形成各种不同类型的细胞，进而实现其全能性。

植物细胞工程所涉及的主要技术包括植物组织与细胞培养、植物细胞大批量培养、植物细胞融合、植物细胞器移植、植物染色体工程、DNA 重组与外源基因导入及以上技术与物理、化学技术的结合。

第 二 节　茶树组织与器官培养

一、组织与器官培养的概念和应用

（一）组织与器官培养的概念

广义的植物组织与器官培养是指将离体的植物体各种结构材料（如原生质体、细

胞、组织、器官以及幼小植株），即外植体（Explant）在无菌的人工环境中使其生长发育，以获得再生的完整植株或生产具有经济价值的生物产品的一种技术。因此，组织培养是离体培养（Culture *in Vitro*）的一种类型。根据培养所用植物材料的结构层次，离体培养技术主要有以下类型：

（1）组织培养（Tissue Culture）　这里所指的组织培养是狭义的，是指以植物各部分的组织（如分生组织、形成层组织、表皮组织、薄壁组织和各器官的组织）作为外植体的离体培养技术。

（2）器官培养（Organ Culture）　指以植物的某一器官的全部或部分器官作为外植体的离体培养技术。用于器官培养的外植体常有根尖、茎尖、茎段、茎的切块、叶片、花瓣、花蕾、花托、子房、子叶以及未成熟的果实等，是植物离体培养中进行的种类最多，取得成功也最多的一种培养类型。

胚胎培养（Embryo Culture）是指以胚或具有胚的器官作为外植体，在离体培养条件下，使其再生成完整植株的技术，包括胚（幼胚、成熟胚）培养、胚乳培养、胚珠培养、子房培养以及试管受精等。

花粉培养（Pollen Culture）是指以未成熟花粉作为外植体的离体培养技术；花药培养（Anther Culture）是指以未成熟花药作为外植体的离体培养技术。花粉培养与花药培养应分别属于细胞培养和器官培养的范畴，但因其目的主要是为获得单倍体植株，而且在植物育种中具有特殊作用，所以通常作专门介绍。

（3）细胞培养（Cell Culture）　指以能保持较好分散性的单细胞或很小的细胞团作为外植体的离体培养技术。

（4）原生质体培养（Protoplast Culture）　指以除去细胞壁而获得的原生质体作为外植体的离体培养技术。

根据培养过程可分为初代培养（第一代培养）和继代培养；按照培养基类型还可分为固体培养和液体培养；根据培养方式又可分为浅层培养、深层培养、看护培养、微室培养、平板培养和条件培养等。

（二）组织与器官培养在育种中的应用

1. 扩大变异范围

植物组织培养物与再生植株在遗传物质上并非是同一的，培养组织处在不断分裂分化状态，它容易受到培养条件和外加压力（如射线、化学物质）的影响而产生突变。体细胞无性系的变异谱甚广，它包括染色体数目改变、结构变异和基因突变等，通过对突变体的筛选可获得变异的后代。这种突变体可以在实验室相对均一的条件下进行选择，受环境的影响小，降低了选择的难度，提高了选择的效果。

2. 克服远缘杂交的一些障碍

利用胚珠和子房培养进行试管授粉和受精，可以克服由于柱头或花柱等障碍所造成的杂交或自交不亲和性。另外，许多远缘杂交的失败，往往是由于胚的早期败育所致，如果杂交后在无菌条件下进行幼胚剥离和人工培养，使其继续发育，便有可能获得真正的杂种。

在开展茶树远缘杂交育种时，茶树的结实率太低，常常得不到或只得到很少的杂交种子，或者出现杂交种子不孕，而利用胚挽救技术可以克服这一问题。刘本英等在云南大理茶与福鼎大白茶间进行了种间杂交试验，随机选取 9 个 F_1 代种幼胚进行了组织培养，结果获得 3 个幼胚组培苗株系，应用简单重复序列区间（ISSR）分子标记技术对 F_1 代组培苗进行了亲子鉴定，ISSR 鉴定结果证实了杂种的真实性。

3. 获得体细胞杂种

通过原生质体的培养，经过原生质体的融合途径可以部分克服有性杂交种间的障碍，获得体细胞杂种，促进种间或属间甚至科间的广泛杂交。

Kim 提出利用体细胞杂交技术，将 2 个不同品种茎、叶等营养器官的细胞原生质融合在一起，再利用组织培养技术促使这一融合后的细胞发育成为一棵完整的植株，其效率比人工杂交高得多，利用细胞水平上的诱变和筛选技术可以产生具有新性状的茶树品种。

4. 倍性控制

通过对胚胎、器官及细胞培养，可以实现对再生植株的倍性控制。如三倍体植株可以通过胚乳培养途径而获得；单倍体植株可以通过培养花药、花粉或未受精的子房和胚珠获得。另外，在植物组织细胞培养周期中进行染色体加倍是开展多倍体育种的有效方法，通常可以避免产生嵌合体。通过花药及花粉培养再生单倍体植株，经过选择再使优良的单倍体植株的染色体加倍，便可获得纯合稳定的二倍体植株，从而缩短获得纯合亲本所需的时间，这对于难以自交的茶树更具有特殊的意义。陈振光等于 1982 年首次从福云七号品种的花药培养中获得单倍体植株。方祖柽用秋水仙素快速、有效诱导茶树愈伤组织多倍体，为茶树多倍体育种提供了一条新的途径。

5. 快速无性繁殖

茶树和一些长期异花授粉的植物其基因型是高度杂合的，它们的种子后代与原种基因型不同，通过无性繁殖产生的后代，其基因型与亲本相同。虽然茶树能通过短穗扦插等方式进行无性繁殖，但通过茎尖、茎段培养可快速形成无性繁殖系。快繁周期短，繁殖数量大，不受季节和环境条件的限制，适合进行工厂化生产，防止苗木带病退化，这也是今后茶树繁殖方式的一个发展方向。快繁技术一般涉及 4 个步骤，即无菌材料的建立、芽苗的增殖、根的分化、壮苗和小苗移植驯化。

张娅婷用薮北茶树品种带腋芽的茎段作为外植体进行组织培养，以 MS 为基本培养基，附加各种浓度的植物激素，继代培养 3 ~ 4 代后形成完整植株。王丽鸯等用 100mg/L 的吲哚丁酸（IBA）短时浸蘸处理，诱导茶树组培苗在温室内生根，70d 后小苗的成活率为 66.7%，生根率达到 60%。

6. 获得脱毒苗

农作物中有很多植物都带有病毒，特别是无性繁殖作物，所带病毒多是通过营养体繁殖，代代相传，严重影响作物的产量和品质。由于病毒是通过维管束传导的，因此利用尚未分化维管束的茎尖或其他分生组织进行离体培养，就有可能获得脱病毒的试管苗，这样就可以使种植的作物不会或极少发生病毒病。茶树主要以真菌病害为主，很少感染病毒性病害。

7. 种质资源的保存

利用茎尖及细胞培养结合低温或超低温冷冻贮藏来保存种质资源已引起重视，茶树种质资源目前还不能用种子长期保存，种植保存尚存在不少的缺点，如果能用试管保存茶树种质资源，其意义重大。目前在这方面的研究进展很快，王玉书等进行的茶树茎切段试管苗保存技术的研究表明，以 MS 或改良 ER 基本培养基附加 6 - 苄基氨基嘌呤（BA）0.04 ~ 4.00mg/L、萘乙酸（NAA）0.04 ~ 0.50mg/L 为宜；茎外植体采样以春梢为好；弱光照、较低温和适当添加化学抑制剂如甘露醇、多效唑（PP333）、脱落酸（ABA）等有利于延缓培养物生长、增加培养物保存期。

8. 作为外源基因转化的受体系统

随着 DNA 重组技术及外源目的基因的分离、克隆等一系列技术的不断完善，利用植物组织、细胞及原生质体作为受体，通过某种途径和技术将外源目的基因导入植物细胞，经过离体培养使其再生完整植株，便可获得能使外源目的基因稳定表达的转基因植株。在育种研究中，一旦获得具有优良性状转基因植株，就可利用组培技术将植株迅速扩增为一个无性系，进一步用于研究或小区试验，能够缩短育种进程。

二、培养的步骤与方法

植物组织与器官培养的全过程可分为四个阶段，现将每一阶段欲达到的目的和注意事项简述如下。

（一）无菌培养的建立

茶树组织中存在种类众多的内生菌，给茶树组织无菌培养造成不利影响。陈晖奇分析了内生真菌在不同茶树组织中的分布特征，健康茶树组织中内生真菌除花瓣外分布普遍，特别是在叶片和枝条中内生真菌丰富，成熟叶片中的分离频率高达 94% ~ 100%，自同一叶片中可分离到 3 ~ 6 种内生真菌。内生真菌的分布具有明显的组织专化性，在其种类和数量上表现为叶、枝条 > 花托、果托 > 种皮、根 > 芽、种胚、花瓣。叶芽中以内生细菌为主，成熟叶片则以内生真菌为主。叶片在成熟过程中，内生细菌逐渐减少，而内生真菌逐渐增多，表现为较有规律的内生菌种类演替。卢东升研究了豫南地区茶树内生真菌的种类及分布，内生真菌有 7 科 15 属 18 种，这些真菌由子囊菌与半知菌构成，未发现担子菌与接合菌种类。在这些真菌中，*Colletotrichum*、*Pestalotiopsis* sp. 1、*Phomopsis* sp.、*Macrophoma* sp. 1 四种真菌分布普遍，为茶树优势内生真菌。不同茶园和茶树器官其内生真菌的种类不同，叶片内生真菌种类最多，未发现种子有内生真菌存在。胡雲飞、黎星辉等从不同季节的茶树根系和根际土壤中分离得到真菌 2019 株，包括茶树根系内生真菌 826 株，根际土壤真菌 1193 株。采用分子生物学鉴定方法，对 rDNA – ITS（rDNA 基因间隔序列）区段进行扩增及分析，共鉴定出 13 个属 28 种真菌，其中茶树根系内生真菌 12 种，根际土壤真菌 20 种。

无菌培养的建立过程包括外植体的选择、灭菌、接种、培养等，此阶段要求培养物无明显的污染，接种的外植体中有适当比例的成活并继续较快地生长。在本阶段主要考虑三个方面，即适当外植体、培养基的种类和添加成分、培养环境条件。

（二）取材 （外植体）

选用外植体时应考虑供体植株的生理状况及所取的部位，尽管每个器官或组织均可作为外植体，但成功的难易程度有所不同。一般来说，较大的外植体有较强的再生能力，而小的则弱。外植体太大易污染，而太小多形成愈伤组织，甚至难以成活。如果离体培养的目的只是快速繁殖，开始作为外植体的植物组织和器官可以相对大一些，因为离体培养外植体的存活率和分化能力往往与开始接种时外植体的大小呈正相关。

1. 胚及相关材料

从田间采摘所需茶果，剥去果皮，灭菌后在无菌条件下去除种皮，切取所需材料，接种在相应的培养基上。

培养胚珠和子房有两种情况，一种是离体胚珠和子房与在母株上相同，进一步发育后可成为种子，继续培养发芽则成幼苗；另一种是胚珠和子房组织脱分化产生愈伤组织和胚状体，进而发育成植株，再生植株可起源于体细胞，也可起源于性细胞。来源于性细胞的植株，是由胚囊里未受精的卵细胞、助细胞、极核细胞和反足细胞发育而来，因此是单倍体；来源于体细胞的为二倍体，若子房和胚珠已受精，由受精的卵细胞经胚状体和愈伤组织途径发育来的植株也是二倍体，但其遗传组成是杂合的。胚培养主要有两种方式：一种是以幼胚为外植体诱导愈伤组织，通过器官发生或胚胎发生产生再生植株；另一种是使发育完全的胚直接萌发，获得完整的植株。

（1）胚培养　1988 年刘德华等用茶籽子叶柄培养直接分化芽，以下胚轴为外植体进行培养，已获得完整植株。王立等在改良的 ER + BA 2.5mg/L + NAA 0.2mg/L 培养基上诱导愈伤组织，诱导率达 100%，芽分化也较好，并诱导了合子胚、不定胚及不定芽，形成完整植株。陈平等以大叶茶成熟种子胚为外植体，在广西林业科学研究所 13 号培养基上添加 BA 2.5mg/L + IAA（吲哚乙酸）1.5mg/L，诱导了愈伤组织，并分化了丛生小苗，之后在 1/2ER + IBA 4mg/L 液体培养基上诱导生根，再生了植株。杜克久等利用云南大叶茶胚性细胞系，建立了高频率同步化的体细胞胚发生与体胚苗形成体系。周健等从激素浓度与组合、基本培养基和蔗糖浓度等几个方面进行了茶树幼胚培养中萌发率和再生途径的影响因素研究。结果表明，在 MS + KT（分裂素）2.0mg/L + IBA 0.1mg/L + GA（赤霉素）1.0mg/L 培养基上，80% 以上的幼胚可以继续发育成熟并萌发成苗。

（2）胚轴培养　刘德华等研究指出，下胚轴是一种分化芽能力很强的外植体，容易形成丛生芽，易继代培养，繁殖系数很大。张学文等把胚轴切取作外植体接种在诱导培养基上进行培养，诱导率可达到 84%，且在胚轴中还观察到芽的分化。

（3）子叶培养　1976 年吴振铎首次以祁门种的子叶为外植体获得再生植株。随后莫典义、颜慕勤等均从子叶培养中得到胚状体，并再生了植株。

2. 茎尖及相关材料

田间生长的茶树、扦插苗、实生苗、室内培养的实生苗、组织培养苗等均可作为茎尖及相关培养材料的来源。室内控制条件下培养实生苗和组织培养苗比田间开放条件下生长的茶树污染轻，灭菌处理比较方便，是组织与器官培养较好的材料来源。取一芽一叶或二叶新梢，小心摘除叶片，在无菌条件切取所需的外植体，用蒸馏水漂洗，灭菌后接种到相应的培养基上。

（1）腋芽培养　周带娣等研究指出用腋芽增殖小苗，可大大增加繁殖系数。袁地顺等采集大小较均匀的福鼎大毫、福云 6 号健壮的幼嫩芽叶消毒切成小块接种于固体培养基上，3 周左右即可在切口表面产生肉眼可见的愈伤组织。Nakamuray 从茶树腋芽培养中获得了再生植株，用试管苗的腋芽作外植体，萌发生长较好，但成梢率低，生长慢。奚彪等针对组培中外植体遗传特性与生理状况进行了初步研究，结果表明：生理因素对茶腋芽成苗和成苗后生长有重要作用，实生苗春季新梢，合适的外植体大小，并留部分叶均对萌发有良好的促进作用。

（2）茎段培养　Kato 以茎作材料，从愈伤组织诱导再生植株。结果表明：只有茎表层的愈伤组织才能分化出芽，在以后的继代培养中发育良好，且茎段纵切的分化率比横切的高。Akulaa 等由茶树茎段诱导体胚发生，建立了一套茶树再生体系。刘德华等以种子苗和成龄茶树嫩梢为材料，发现茎段产生分化后，在不同组分的培养基上交叉培养比在单一培养基上，维持分化能力的时间长。李家华等以茶树新梢带腋芽茎切段为外植体，在 MS 基本培养基上培养，发现一定浓度的 2，4 - D、GA3、6 - BA 组合能促进腋芽的萌发和生长，6 - BA 在一定浓度范围内，高浓度可能促进腋芽分化和生长，而低浓度下 NAA 促进愈伤组织的生长。张亚萍等将云南大叶种茎尖切下来，采用抗坏血酸浸泡，有效地减少了材料的褐变，并成功地诱导出了愈伤组织。张建华等以新梢带腋芽茎段为外植体，在培养 MS + BA 4mg/L + NAA 0.1mg/L 中可诱导出愈伤组织并能分化出芽。杨国伟等研究表明，茶树幼茎诱导出的愈伤组织质地较硬，诱导率较高，时间短，并得到了其愈伤组织生长的适宜培养基：MS + 2，4 - D 1.0mg/L + NAA 0.1mg/L + 6 - BA 0.5mg/L。

3. 叶片

取茶树采摘面中央春季生长健壮的芽下第一叶和第二叶。因为主脉与支脉交界处常有真菌休眠孢子存在，所以切割时首先切除主脉，同时去掉叶子的顶端、基部和边缘部分，以减少污染。按照要求大小切下材料，用蒸馏水漂洗，灭菌后接种到相应的培养基上。

（1）叶片培养　1989 年刘德华等首次以叶为外植体诱导、分化植株，并已初步建立了一套叶片诱导愈伤组织形成、植株再生的体系。王毅军等以茶树叶片为外植体，以 MS 培养基附加 6 - BA 4mg/L、IAA 2mg/L、GA 3mg/L 和 0.2% ~ 0.3% 活性炭诱导出愈伤组织和胚状体，进一步形成了小植株。Kato 以幼叶为外植体，将其置于 2，4 - D 浓度不同的培养基中培养，在叶的基部能直接或通过胚性愈伤组织诱导出体细胞，细胞组织学观察发现体细胞胚起源于叶片中脉。暨淑仪等以叶片为外植体，诱导产生愈伤组织，并对愈伤组织的形成进行细胞组织学的观察。观察结果表明，叶外植体叶肉中的小叶脉周围以及主脉中的薄壁细胞首先启动，脱分化而进行分裂，形成分生细胞团，继而形成愈伤组织。

（2）叶柄培养　叶柄培养分化率存在明显的基因型效应，但都能形成胚性愈伤组织。刘德华、黎星辉等研究表明在叶柄培养中，从茎节上撕下的外植体，在叶柄基部与腋芽的连接处能诱导出胚性愈伤组织和再生不定芽。

4. 根培养

根中的维管束和导管不易脱分化，诱导效果欠佳。倪元栋等采集大小较均匀的福鼎大毫、福云6号健壮的根尖嫩部，消毒切成小块接种于固体培养基上，根尖愈伤组织诱导效果均较差。高秀清等也在实验中发现茶树的根不如茎、叶易诱导出愈伤组织。彭正云等以大田茶树的根为材料，在离体培养下对其诱导毛发根。结果表明，从茶树根愈伤组织中诱导出的发状根具有生长快、无向地性、密生白色根毛和较强的分枝能力，但不同茶树品种的根外植体愈伤组织诱导率存在明显差异。

（三）灭菌

茶树在自然环境中生长时，受到大量的细菌和霉菌的侵染，外植体在接种之前，需经严格的灭菌处理，既要达到灭菌的目的，又不能让外植体细胞大量死亡。灭菌药剂的种类和浓度，以及灭菌时间的长短都会影响外植体灭菌的效果和外植体的生长，不同外植体灭菌试验表明，茶树叶柄最难消毒，茎段次之，叶片最容易（表2-1）。

表2-1　　　　　不同灭菌方式对茶树几种外植体污染率及成活率的影响

灭菌方式	外植体类型	原始接种外植体数目	1个月中污染的外植体数	1个月后存活的外植体数	成活率/%	污染率/%
70% 乙醇 30s, 6% CaCl₂ 10min	叶片	45	7	54	60	15.55
	叶柄	45	13	60	66.7	28.89
	茎段	45	9	72	80	20
70% 乙醇 30s, 0.1% HgCl₂ 10min	叶片	45	3	87	96.67	6.67
	叶柄	45	6	72	86.67	13.33
	茎段	45	4	84	93.33	8.89
70% 乙醇 30s, 0.1% HgCl₂ 3min, 6% CaCl₂ 10min	叶片	45	0	48	73.33	0
	叶柄	45	2	57	63.33	4.44
	茎段	45	3	66	73.33	6.67

谭和平等以茶树腋芽为外植体，先用水冲洗干净，70% 乙醇浸 15~30s，再用 0.1% 的氯化汞溶液消毒 8~12min，无菌水洗 5 次。易鑫等采用正交试验研究茶树外植体的最佳消毒方式，结果表明，在适量的洗衣粉溶液中洗涤 5min 后，置于自来水下冲洗 2h。将外植体用 75% 的乙醇溶液浸泡 30s，再用 0.1% 的氯化汞灭菌，当把灭菌时间设定为 8min 时，灭菌效果最好。

综合来看，几种外植体的最佳灭菌方式是 70% 乙醇处理 30s，0.1% HgCl₂ 处理 10min，灭菌后的外植体用无菌蒸馏水漂洗，洗净残留在外植体上的药剂。

（四）培养基

在培养基方面，首先应考虑外植体能够存活，由于接种材料的不同，其最适培养基也就表现出差异。根据培养基组成成分所起的作用，可分为诱导产生愈伤组织的诱导培养基（Induction Medium）和促使愈伤组织分化成苗的分化培养基（Differentiation

Medium），它们都是由基本培养基（Basic Medium）加上植物激素等成分组成。基本培养基包括大量元素和微量元素、维生素、氨基酸以及糖和水等，不论采用哪一种基本培养基，pH 一般为 5.5～6.5，琼脂量为 0.6%～1%。茶树培养中多用 MS 为基本培养基，附加 3% 蔗糖、0.8% 琼脂，pH5.8，培养温度 25～28℃，光照时间 12h/d。

分化培养基是促进芽和根的分化形成完整的植株，由愈伤组织（Callus）再分化成苗的过程称为"再分化"，通称分化。一般来说，在组织培养中先形成芽，再从茎部诱导出根比较容易；反之，先有根，再诱导芽往往会遇到困难。愈伤组织形成芽还是形成根，主要取决于生长素与细胞激动素的相对浓度。一般情况下，当生长素与细胞激动素的比值高时，有利于长根；比值低时，有利于长芽；比值适中时，继续长愈伤组织，具体浓度因培养物种类而异。

张娅婷等以 MS、White 和 N6 为基本培养基，附加等量的维生素、氨基酸、糖和植物生长调节剂，对薮北茶芽苗进行培养，结果发现，MS 基本培养基效果优于 White 和 N6 基本培养基。杨国伟等研究发现，MS 比 White、Heller 培养基更有利于茶树愈伤组织的生长，茶树愈伤组织在 MS 培养基上诱导率高达 90%。研究表明，基本培养基中大量元素的含量对茶树组织培养影响很大。成浩等发现 MS 培养基大量元素降为原来的 1/2，不仅可以促进茎段的诱导和生长，也可以降低茎段的褐化率。但在实际操作中，大多数研究者分别采用全量的大量元素进行诱导与增殖，采用半量的大量元素进行生根培养。刘德华等以继代培养的叶柄及其试管苗茎胚性愈伤组织为材料，对茶树愈伤组织继代培养与体细胞胚发生进行的研究表明，多种培养基交叉继代培养，是延长胚性愈伤组织培养时间的重要途径之一。

外植体褐变是影响组织培养成功与否的重要因素，褐变是指在接种后，其表面开始褐变，有时甚至会使整个培养基褐变的现象。它的出现是由于植物组织中的多酚氧化酶被激活，而使细胞的代谢发生变化所致。在褐变过程中，会产生醌类物质，它们多呈棕褐色，当扩散到培养基后，就会抑制其他酶的活力，从而影响所接种外植体的培养。褐变的原因主要有以下 4 项。

（1）基因型　不同植物、不同品种间的褐变现象是不同的，在培养过程中应该有所选择，分别处理。茶树多酚类含量较高，可达 20%～30% 甚至以上，品种之间有差异。尤其是适制红茶品种，当气温稍微升高时其中茶多酚便被氧化，产生褐化现象。

（2）生理状态　由于外植体的生理状态不同，接种后褐变程度也有所不同。一般来说，处于幼龄期的植物材料褐变程度较浅，而从已经成年的植株取用的外植体，褐变较为严重。在几种茶树外植体中，茎段最容易褐变，其次是叶片，子叶的褐变率最低，可能是这几种外植体的生理状态及酚类物质含量不同造成的。

（3）培养基成分　浓度过高的无机盐或细胞分裂素可使褐变现象加深，使用过高的生长素也容易导致褐变。

（4）培养条件不当　茶树组织培养除与培养基、生长调节剂等相关外，还与培养环境有关。如果光照过强、温度过高、培养时间过长等，均可使多酚氧化酶的活性提高，从而加速褐变程度。钟俊辉等研究发现，促进茶氨酸累积和茶细胞生长的最佳温度是 25℃，而在 32℃ 或 35℃ 进行培养，愈伤组织将会褐变，甚至枯死，且暗培养比光培养更能促进茶氨酸的聚集。

雷攀登等以"龙井43"当年生未木质化或半木质化健壮新梢为材料，研究了外植体取材季节、切取方法、培养温度和不同抗氧化剂对外植体褐变率的影响。结果表明：春季材料的外植体污染率、褐变率比秋季的低，腋芽萌发率比秋季的高；外植体留部分叶柄，接种前用2.0g/L聚乙烯吡咯烷酮（PVP）溶液浸泡30min，接种后在8℃避光培养16h可以有效降低外植体褐化率。雷攀登等以"凫早2号"当年生未木质化的春季健壮新梢为材料，带茎段和叶柄的单个腋芽为外植体，接种前用2.0g/LPVP溶液浸泡1h，采用正交试验研究不同培养基、起始培养温度和时间对外植体的褐化控制效果。结果表明，腋芽在1/4MS + BA 2.0mg/L + IBA 0.1mg/L + 蔗糖20g/L + 琼脂7.5g/L培养基中，10℃避光培养48h褐变率最低，仅为5.6%（表2 – 2）。

表 2 – 2　　维生素 C、活性炭、聚乙烯吡咯烷酮对茶树腋芽褐变的影响

抗氧化剂	质量浓度/（g/L）	接种数	褐变率/%	平均褐变率/%
	0.5	45	26.7	
维生素 C	1.0	40	25.0	26.5
	2.0	47	27.6	
	0.25	41	31.7	
活性炭（AC）	0.5	44	29.5	30.8
	1.0	48	31.3	
	0.5	45	22.2	
聚乙烯吡咯烷酮（PVP）	1.0	48	20.8	21.3
	2.0	43	20.9	
	2.0	54	14.8	
PVP 溶液浸泡30min	2.0	51	15.6	15.8
	2.0	53	17.0	
对照	0	107	36.4	

目前，克服外植体褐变的常用措施如下：

①选择合适的外植体：尽量选择多酚类含量低的幼嫩的组织器官等作为外植体。

②避免过度灭菌：各种表面灭菌用的试剂都对外植体有不同程度的损伤，过量的灭菌（浓度太大或灭菌时间太长）容易引起褐变，在达到理想的灭菌效果的前提下，尽量降低灭菌剂的浓度和缩短灭菌时间。

③使用抗氧化剂或吸附剂：在培养基中加入半胱氨酸、抗坏血酸、聚乙烯吡咯烷酮和活性炭都能在一定程度上抑制酚类物质氧化，降低褐变率。用经过滤灭菌的药液洗涤刚切割的外植体伤口表面，或加到固体培养基的表层，或将刚切割的外植体浸入其中一定时间。

④合适的培养条件并及时分割转接：培养时尽量避免使用过高的温度和过强的光

照及过高浓度的生长素，而且当愈伤组织长至一定大小时便及时分割，转接到新的培养基上培养。王毅军使用0.2%~0.3%的活性炭防止茶树外植体褐变。

在培养基方面，除应考虑外植体能够存活外，还应考虑接种的外植体能够较快生长。在培养基中添加一定浓度和比例的植物生长调节剂是必不可少的，常用的植物生长调节剂包括细胞分裂素类［如6-BA、激动素（Kin）等］和生长素类（如NAA、IBA、IAA、2，4-D等）。为了使组织或细胞群体扩大，在所用的生长调节物质中，细胞分裂素类以6-BA效果最好，其次是激动素、玉米素（ZT）等。在生长素类物质中，以2，4-D或NAA较多，也有用IAA的。在适合的细胞分裂素类和生长素类物质的浓度和配比下，外植体脱分化（Dedifferentiation）形成愈伤组织或者腋芽萌动而增殖。余有本用茶树新梢的叶片、叶柄和茎段、幼嫩子叶和幼胚、成熟子叶和成熟胚为材料，2，4-D和NAA在比较广泛的浓度范围内都可诱导愈伤组织的生成，但2，4-D比NAA诱导能力更强，且高浓度的2，4-D有利于生根。周健等优化得到适宜的茶树组培增殖条件是：MS+BA 2.0mg/L+NAA 0.1mg/L+GA 33.0mg/L。

刘德华等、李家华等和张建华等在没有添加BA的情况下，无丛生芽长出，而在添加高浓度BA的情况下长出了丛生芽。在生根培养中，一般认为先对外植体进行预处理，再转入新的培养基有利于提高其生根率，一般采用IBA进行预处理，但生根率不受IBA预处理时间的影响，而主要受IBA浓度的影响。

（五）营养繁殖体的增殖

营养繁殖体（Propagule）增殖阶段的目的是使繁殖体实现最大限度的增殖。增殖的方式主要有以下三种。

1. 诱导腋芽

在自然生长条件下，植株许多腋芽处于潜伏状态，但在离体条件下则可以正常伸长生长，从一个芽可以产生多个新梢。

2. 诱导产生不定芽（Adventitious Bud）或新梢

这种增殖方式比诱导腋芽发生具有更大的潜力，例如接种一个子叶或叶片外植体就有可能产生数个甚至数十个不定芽或新梢。

3. 体细胞胚胎发生（Somatic Embryogenesis）

无性增殖的最大潜力是通过体细胞胚胎发生，培养中的单个细胞先形成胚状体（Embryoid），再发育成为完整的植株（图2-1）。在茶树组织培养的器官分化中，外植

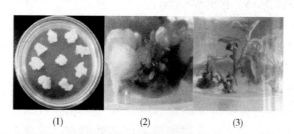

(1)   (2)   (3)

图2-1　基于NKZ79愈伤组织的茶树植株再生体系（刘亚军，2014）

（1）黑暗下由农抗早种子诱导出的茶树愈伤组织"NKZ79"　　（2）光照诱导5周后形成的不定芽
（3）芽诱导后培养2个月的茶树小苗

体的选择非常重要，不同的组织有着不同的分化能力，来源于种子的外植体较易分化出芽，而来源于营养器官的外植体往往只能分化出根，较难分化出芽。子叶的最佳培养时期为9月下旬至10月中旬，未成熟子叶愈伤组织诱导率明显高于成熟子叶，但其体细胞胚的发生率和发芽率却低于成熟胚。

在这一阶段，影响离体培养增殖率的重要因素主要有培养基的种类及添加成分，尤其是培养基中添加的植物激素种类和浓度，它不仅在一定程度上影响外植体的增殖方式，还影响继代培养（Subculture）的速度。在组织培养中采用何种方式进行增殖，往往决定于植物的种类和增殖的目的。就增殖速度而言，通过诱导腋芽最慢，诱导不定芽次之，体细胞胚胎发生途径最快。但从目前成功的植物种类数量来看，却是依次递减，说明所要求的技术是前者较为简单，后者相对复杂。另一方面，诱导腋芽途径，虽然增殖速度比其他的两种要慢，但它的遗传性稳定，适用于大量繁殖，而后两种途径对于育种较为有利。

（六）生根

这个阶段的目的是使在第二阶段诱导的无根或根系很弱的新梢形成根系，从而获得完整植株，生根阶段要求的培养基成分和培养条件与前述两阶段稍有不同。诱导不定根的产生大多只需要在培养基中添加一些促进生根的生长素激素，对于细胞分裂素类，一般都不再需要。

本阶段还包括对再生的完整植株进行驯化（Habituation）锻炼，使其逐渐适应外界的自然环境。通常的做法是，取出试管苗后，彻底清洗掉根、茎基部培养基，再移入预先已消毒的蛭石或培养土中。移栽初期，用薄膜和纱网覆盖，并适时喷水雾保湿以及避免强光照射，然后逐渐揭去覆盖薄膜。

（七）试管苗移栽大田

本阶段的主要目的是提高移栽成活率。当将驯化后的试管苗移栽大田时，面临的最主要问题是会出现组织失水和病菌感染。因此，在移栽初期，应保持土壤适当的湿度，切忌水分过多，植株出现轻度失水时，可喷雾解决。其次，是如何使其由异养为主转变为完全自养状态，方法是使移栽小苗经过一段生长后，逐渐适应自然光照。茶树组织培养中愈伤组织的产生，苗和根的分化虽然难度不大，但要经多次继代培养成苗，并移栽到大田成活，仍有相当大的难度。

第三节 茶树细胞培养

随着分离技术和培养技术的发展，许多植物种类不仅能通过细胞继代培养，使细胞无限增殖，而且已能使植物的单个细胞在离体培养条件下，诱导形成细胞团，经再分化途径形成具有根芽的完整植株。植物细胞培养的方法有悬浮培养、固相化培养、单细胞培养等，目前茶树细胞培养的研究主要集中在采用茶树悬浮细胞生产儿茶素和茶氨酸等天然产物。对茶树细胞突变体的筛选、原生质体培养与体细胞杂交的相关研究文献较少，今后随着茶树生物技术研究的不断深入，必将引起研究者的关注。

一、利用细胞工程技术生产茶树次生代谢产物

茶树次生代谢产物如多酚类物质、咖啡碱、茶氨酸和萜烯类物质等不仅是重要的植物天然产物，也是构成茶叶滋味、香气的特征品质成分，可广泛用于食品、医药等行业。如何开发利用这些天然产物已成为近年茶叶科学研究的热点领域之一。细胞工程技术不仅是研究植物次生代谢产物生物合成途径的良好手段，也是开发利用植物次生代谢产物的方向之一。它具有对植物资源依赖性小，不受生产季节限制，节省劳力和土地，在人工培养条件下容易调控，可以进行工业化大规模生产，生产周期短、产量大等优点。通过对培养条件、高产细胞株系筛选等方面的研究，可以有效地提高产量，提高有效成分含量，降低成本。因此，它具有广阔的应用前景。

茶树次生物质生产的研究是茶树生物工程的重要方面。茶树中次生代谢产物的多样性决定了其生物合成的复杂性，近几年来，研究比较多的为茶多酚和氨基酸的合成。茶多酚类物质不仅是赋予成品茶品质风格的关键物质，而且在医药保健、食品工业等方面也具有重要的应用价值。目前国内生产的茶多酚都是从成品茶中提取，成本和价格较高，影响了产品的广泛应用。因此，迫切需要研究茶多酚类物质提取的新来源，而利用植物细胞培养生产茶多酚物质是目前最有希望的方法之一。

对茶树细胞培养与酚类化合物合成关系的研究主要集中在研究适于茶多酚合成的培养体系，各种激素及其浓度、比例的使用效果，培养基中氮等主要营养元素的作用及合适的浓度和比例，调整培养基和外界环境因子，建立茶多酚类物质生产的最佳培养条件。成浩等多年来对茶树愈伤组织悬浮细胞培养中儿茶素的形成进行了一系列的研究，系统研究了培养基中大量元素、微量元素和有机成分等对儿茶素形成的影响；通过改良培养基，使茶树细胞培养中形成的儿茶素总量提高至细胞干重的30%；同时，分析了不同品种来源的茶树细胞培养在儿茶素形成能力上的差异和细胞筛选的效果。黄皓、夏涛等采用正交试验，研究了不同摇床转速、装液量、接种量对茶叶悬浮细胞生长和儿茶素产率的影响，以及光照和蔗糖理化因子对茶树悬浮细胞培养中细胞生长、儿茶素累积的影响。结果显示：80r/min摇床转速、30mL装液量、1g接种量为茶细胞悬浮培养的最适条件；当处于对数生长期的悬浮细胞进行光照处理后，其细胞鲜重和干重分别比对照组下降了32.73%和25.61%，而儿茶素累积却比对照组提高了61.45%；蔗糖含量为8%时，对细胞生长和儿茶素累积均有明显的增进作用。

此外，在研究最佳生产条件的同时，筛选高产的株系对提高产量、降低成本同样具有重要意义。刘亚军等在建立茶树愈伤组织培养体系的基础上，开展了茶树不同儿茶素含量的细胞系筛选方法的研究（图2-2）。

茶氨酸是茶树中特有的氨基酸，具有降低血压、保护神经细胞等多种生理功能，在保健、食品等行业具有广泛的应用前景。在植物组织培养合成茶氨酸的研究中，日本学者已证实，向培养基中添加前体物质盐酸乙胺时，可大幅度提高愈伤组织中的茶氨酸合成量。陈瑛等对茶树愈伤组织茶氨酸合成中的适宜激素组合等问题进行了研究。也有研究发现，在以每10d更新1次培养基的条件下，培养细胞茶氨酸合成能力可维持至第30天左右，达到细胞干重的近20%；当在培养基中添加前体盐酸乙胺时，细胞

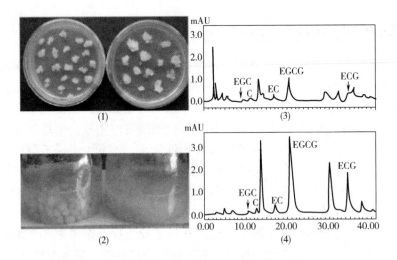

图 2 - 2　"yunjing63X"和"yunjing63Y"细胞系形态、儿茶素组成类型（刘亚军，2014）

（1）固体培养基培养的"yunjing63X"和"yunjing63Y"细胞系形态　（2）液体培养基培养的"yunjing63X"和"yunjing63Y"细胞系形态　（3）"yunjing63X"细胞系中儿茶素组成类型　（4）"yunjing63Y"细胞系中儿茶素组成类型

中茶氨酸含量远高于不添加前体的对照处理；培养基中添加水解酪蛋白对提高培养细胞茶氨酸含量有益；提高培养基中蔗糖和水解酪蛋白浓度可延长细胞对数生长期和稳定生长期，从而有利于茶氨酸积累；每天进行少量补充盐酸乙胺，茶氨酸合成量比一次性加入的效果要好。华萍等用婺源绿茶嫩叶以 MS 培养基（加 IBA 2mg/L，6 - BA 4mg/L）进行茶叶愈伤组织悬浮培养，研究了不同培养条件对茶叶细胞悬浮培养过程中细胞生长与茶氨酸合成的影响。结果显示，$NH_4^+ + NO_3^-$（1.0 + 60.0）mmol/L、K^+ 100.0mmol/L、Mg^{2+} 3.0mmol/L、$H_2PO_4^-$ 3.0mmol/L、蔗糖 30.0g/L、水解酪蛋白 2.0g/L 条件下，茶叶细胞生长量和茶氨酸积累量均达到最高值。

Matsuurat 等通过茶树愈伤组织培养生产茶氨酸，在 25℃暗培养条件下，在 MS + BA 4.0mg/L + IBA 2.0mg/L 培养基上，加入 25mmol/L 乙酰胺，愈伤组织中茶氨酸含量可达 223mg/g。钟俊辉等系统地分析了摇床转速、接种量、装液量和培养基主要成分对茶树细胞悬浮培养及茶氨酸生产的影响；提出了茶树悬浮细胞生产茶氨酸的最佳工艺，合成茶氨酸的含量最高达 170mg/L。小林利彰等研究指出茶树幼茎在脱分化和再分化过程中，组织内氨基酸组成和含量的变化具有特异性，添加 10mg/L 吲哚乙酸诱导不定根，随分化率的提高谷氨酸含量下降，而茶氨酸含量急剧上升。

二、细胞培养及其突变体筛选

（一）单细胞培养

单细胞培养是指从植物组织器官或愈伤组织游离出单细胞，在无菌条件下使其再生完整植株的技术。它包括两种含义，即单个细胞培养和单离细胞培养或游离细胞培养。游离细胞有时不只有单细胞，可能也存在少量的小细胞团。单细胞培养不是只停留在增殖阶段，而是可被诱导再分化，直至形成完整植株。

（二）分离细胞的方法

1. 物理方法

这是最早采用且至今仍用得最多的方法。先将植物组织器官等外植体接种到固体培养基上，让其形成质地疏松的愈伤组织，再将愈伤组织放入液体培养基中，经摇床振荡使细胞分散，然后用镍丝网过滤，去除细胞团，过滤后离心使分离的细胞沉淀而收集。

2. 酶法

果胶酶和纤维素酶可以使细胞彼此分离开来。

（三）单细胞培养方法

1. 液体浅层培养

将细胞以一定的密度悬浮在液体培养基中，随后用吸管将悬浮液移到平皿中使之形成一个浅层，然后再用石蜡膜封住平皿进行培养。

2. 微滴培养

将一小滴的单细胞悬浮液滴在洁净的培养皿或平板上，用甘油和石蜡膜密封后进行培养。

3. 平板培养

将 1.5%～3% 琼脂或琼脂糖加热融化后冷却至 45℃（不烫手，但尚未凝固，温度过高会杀伤细胞），迅速与等体积的细胞悬浮液均匀混合，并平铺一薄层在培养皿底部，单离的细胞包埋于培养基中培养。

4. 看护培养

在一锥形瓶中，先加入一定体积融化的固体培养基，凝固后在其上放一块处于活跃生长期的约 $1cm^3$ 大小的愈伤组织块，在此愈伤组织上放一块 $1cm^2$ 无菌滤纸片，使滤纸充分地吸收从愈伤组织里渗透出来的培养基成分。次日，把分离好的单细胞接种到滤纸上面，置培养室（箱）中培养。

5. 条件培养

在选用的培养基中加入一定量生长过愈伤组织或悬浮细胞的液体培养基，其中的悬浮细胞已用离心法除去，制成所谓的条件培养基。

（四）培养细胞的密度及活力的测定

1. 起始培养的细胞密度

起始培养的细胞密度通常以 $10^4～10^8$ 个/mL 为宜。

2. 细胞的活力测定

单离细胞并不全是活的，细胞的活力测定有助于评价细胞质量，同时也可以估计以后的培养效率。测定方法主要有染色法（此法也适用于原生质体活力测定）。可用于鉴别活力的染料有荧光素双醋酸盐，当细胞具活力时，该染料被细胞中的酯酶分解而成为具荧光的极性物，在荧光显微镜下检查时，有活力的细胞会发出黄绿色荧光，死细胞则不发荧光。酚藏花红（Phenosafranine）能将死细胞染成红色，而活细胞不染色。Evans blue（Evans 蓝）不被活细胞吸收而被死细胞吸收，在显微镜下显蓝色者为死细胞。

3. 植板率的测定

植板率用来反映植板效率的高低，其含义是每个平板接种细胞总数形成细胞团的百分率，计算公式为：

$$植板率 = \frac{每平板形成的细胞团数}{每平板接种的细胞总数} \times 100\%$$

其中，每平板接种的细胞总数＝每毫升培养液中的细胞数目×该平板细胞培养液的体积（mL）。每平板形成的细胞团数可在低倍显微镜下直接计算视野中的小细胞团数。

（五）细胞突变体筛选

目前认为体细胞及其再生植株特征、特性变异的原因是植物组织细胞培养中 DNA 复制和细胞分裂增生中染色体行为脱离常规。从细胞水平筛选突变体，较之整体植物有许多优点：首先，它可在小规模的实验室中同时对大量细胞进行选择，节省人力、物力，而且不受环境条件的影响；其次，后期形成的植物组织和器官是由突变细胞分裂增殖所致，获得的突变体不会出现嵌合体，遗传稳定，易于鉴定。

1. 细胞突变体筛选的一般技术

（1）细胞材料的选择　应该注意的问题是：起始材料要较易再生植株，如果所选用的亲本细胞系不能再生植株，那么突变细胞很可能也不能再生；选用染色体数稳定的材料，如果筛选突变体的目的是为获得能经有性生殖传代的植物，避免使用非整倍体的细胞作为选择的材料；选用生长速度相对较快的细胞系，防止培养基中物质的分解，因为生长缓慢或多次继代的细胞更易发生染色体数目和结构的变化，从而导致植株再生困难甚至不可能再生。

（2）诱发突变的方法　在植物细胞培养中，自发突变的频率为 $10^{-6} \sim 10^{-5}$，使用诱变剂可使突变频率提高到 10^{-3}，但不同的诱变处理诱变效果不同，诱发突变处理有物理和化学处理两种，前者如紫外线、放射线等，后者使用化学诱变剂。化学诱变剂对 DNA 的作用方式分为三类：第一类是引起 DNA 复制时碱基改变的物质，包括甲基磺酸乙酯（EMS）和硫酸二乙酯（DES）等；第二类是天然碱基类似物，在核酸复制时进入新合成的 DNA 分子中，如 5 - 溴脱氧尿苷（5 - BrdU）；第三类是吖啶类物质，使 DNA 产生移码突变。使用化学诱变剂时要注意化学诱变剂对原生质体的毒性比物理处理大；单倍体细胞比二倍体细胞敏感；诱变剂种类、剂量和处理时间的组合等问题。

（3）突变细胞的选择方法　常用的有直接选择法和间接选择法两种。直接选择法也称正选择法（Positive Selection），原理是将大量的细胞置于有选择剂的培养基上，使正常细胞不能生长，而抗选择条件的突变细胞能够生长，从而达到选择的目的。许多物质对于培养的高等植物细胞是有毒害的，例如，植物毒素、除草剂、高浓度的重金属离子及盐类等，通过在培养基中添加上述物质，就有可能从大量的培养细胞中直接筛选出具有相应抗性的突变细胞。

对于那些难以或不能用直接选择法分离的突变型，可用间接选择法筛选所需要的突变细胞。例如，离体培养细胞中直接选择抗旱性是困难的，可以通过选择抗羟基脯氨酸的突变细胞，因为脯氨酸的过量合成往往是植物适应干旱的反应。对许多致死突变体，如营养缺陷型、温度敏感型突变体等，也不能采用直接筛选法，可采用某一非允许条件的培养基，使突变的细胞不能生长，而野生型能生长，然后加入负选择剂，杀死生长的细胞，而不能生长的突变细胞被保留下来。常用的负选择剂有 ^3H-dT 和 5-溴脱氧尿嘧啶核苷（5-BrdU），生长的细胞吸收了 ^3H-dT 后引起氚自杀，吸收了 5-BrdU 后在光下全部死亡，这种选择方法也称负选择法或富集法。

2. 突变性状的遗传基础及其稳定性鉴定

在选择培养基上并非所有能够生长的细胞均为突变细胞，一部分细胞可能由于没有充分与选择剂相接触或没有受到选择剂的筛选而残留下来，还有可能经过选择后获得的是非遗传的变异细胞。鉴别经选择出来的细胞是否为突变细胞，常用的方法是去除选择剂，让细胞或组织在没有选择剂的培养基上继代培养几代。如果仍能表现选择出来的变异性状的，便可基本确认为突变细胞或组织。鉴别变异细胞及组织再分化形成的植株是否为突变植株时，可用再生的植株开花结实后所获得的发芽种子或用种子长成的植株为材料，进一步诱导其形成愈伤组织，将这些愈伤组织转移到含有选择剂的培养基上进行培养，如果仍能表现变异性状，即可认为这些再生植株为突变植株。如果所选择的突变性状是可以在植株个体水平表达的性状，如抗病性等，也可以用再生植株本身进行鉴定。

3. 农业上有用性状的突变体离体筛选

（1）抗性突变体　虽然可以从抗病野生种中或人工获得的抗病基因通过遗传转化而得到抗病植株，但从培养细胞中筛选抗病害突变体仍是获得抗病新材料的有效方法之一。抗病突变体筛选常用的选择剂有两种，即活菌选择剂和病菌毒素选择剂。但并非所有的抗病突变体均可通过培养细胞进行筛选。当某些病害发生的原因除病菌毒素以外还存在其他诱发因素时，通过培养细胞选择在田间表现具有抗病的突变植株较为困难。此外，如果植株个体和细胞水平在对某些病菌毒素感受性表现不一致时，也难以通过培养细胞的筛选获得抗病植株。

育成抗除草剂的优良品种，将有助于提高除草剂的使用效果，以及揭示除草剂的作用机理。一般情况下，利用悬浮细胞为材料以及用除草剂作为选择剂对筛选是适合的。

对寒冷的抗性，在烟草和甜椒上曾进行过研究，先用 -3℃ 和 5℃ 进行低温处理，再移到 24℃ 条件下培养，这样经过反复处理获得了具有抗性的愈伤组织。一般来说，作为选择突变体的温度标准，是将低温和高温条件下生长量基本不变的材料选择下来，或者淘汰具有对温度敏感的致死基因的材料。

（2）育性突变体　在一些作物中利用体细胞变异形成育性突变体，如从花药培养加倍单倍体中获得水稻雄性不育突变体，从玉米雄性不育系的培养物中获得雄性可育的突变等。

（3）营养缺陷型突变体　营养缺陷型（Auxotroph）是指培养的细胞由于体内缺乏某一种物质合成的酶，而不能在基本培养基上生长的一种突变型。该突变体在确定生理生长的程序和分子遗传学研究上具有特殊的用途。

（4）各种形态特征和生物学特性突变体　在作物中，体细胞在形态特征和生物学特性上都有广泛的变异，如马铃薯的早熟、高产变异，小麦、水稻的株型、穗型变异等。

第四节　茶树原生质体培养与细胞融合

植物原生质体是指除去细胞壁后由质膜包裹着的具有生活力的植物裸细胞。它含有该个体的全部遗传信息，而且具有再生出与其亲本完全相同个体的潜力。原生质体融合，通常也称体细胞杂交（Somatic Hybridization），指在离体条件下，使同一物种或不同物种的原生质体融合（Protoplast Fusion），形成杂种细胞，再经过人工培养诱导杂种细胞分化形成植株的过程。原生质体融合可以不受植物种、属甚至科间的限制，为培育出具有各种优良经济性状的作物新品种或新类型开辟了一条新途径。

茶树原生质体的分离和培养极其困难。日本中川顺行较早研究了茶树原生质体的分离。其首先探讨了原生质体分离的酶解条件，进而对茶树植株叶、花器及愈伤组织的异质性进行了研究。其方法是将新叶和花瓣剪成 $2 \sim 3mm$ 的切片，愈伤组织用玻棒轻轻压碎，花粉则将花药挤破，让其游离出以供选用。将 1.0% 混合酶、1.0% 纤维素酶、0.1% 果胶酶的混合酶液加入 $0.5mol/L$ 的甘露醇溶液中，调整 pH 至 5.8。然后，置于室温下酶解 5h，轻摇 $5 \sim 6$ 次，镜检分离细胞及原生质体的状态。结果表明，从花瓣中可获得较多的原生质体，以 10 月份取材的花瓣分离效果最好，其次是 6 月份取材的新叶和继代 1 周的愈伤组织，但分离效果远不如花瓣。在花瓣原生质体分离中，游离细胞先于原生质体产生，而且数量较多，在 10h 后达到稳定，而原生质体数量在 5h 的酶解后只有游离细胞数的 5%，25h 后才缓慢增至 13%。因此，如何在短时间内获得稳定、高产而有生活力的原生质体，仍需进一步研究。

深入研究茶树细胞的全能性，使之再生植株，已成为茶学研究的当务之急。进一步研究和改善原生质体培养的体系和技术，以及扩大研究胚胎诱导的条件，可能会给难以再生的茶树提供一条有用的途径，如能应用现代生物技术和常规育种相结合的手段，加速茶树育种进程。

Kuboi 等采用"二步法"从叶片上分离到原生质体，以温室水培植株的幼叶为材料，在培养液中添加 Al^{3+}，混合酶液（pH 为 $5.8 \sim 6.0$ 的 $0.6mol/L$ 甘露醇溶液）中附加 1.0%（体积分数）的果胶酶、1%（体积分数）崩溃酶及 0.5%（体积分数）硫酸糖苷，原生质体得率最高。赖钟雄从铁观音花粉中分离到亚原生质体。但是目前还没有茶树原生质体培养成植株的报道。

一、原生质体的分离

植物细胞与动物细胞的最大区别在于它的外围有一层坚硬的细胞壁。细胞壁的主要成分是纤维素、半纤维素、果胶质和木质素等。除去细胞壁或溶掉细胞壁的上述成分，便可使原生质体游离出来。但是，要获得大量的生活力强的原生质体，还要注意分离时的其他因素，如材料的来源、分离原生质体的方法与操作过程等。

（一）分离原生质体的材料

从植物的各个部位几乎均能分离出原生质体，报道成功的有幼根、下胚轴、茎的髓部、子叶、叶片、花瓣、果实组织、胚芽、糊粉层、花粉、冠瘿瘤、根瘤、愈伤组织以及悬浮培养细胞等。然而，最常用的是叶肉组织、无菌苗的子叶以及由植物组织器官形成的愈伤组织及悬浮细胞。许多实验结果表明，用叶片分离原生质体时，选用成熟叶片或生理活性稍稍衰退的过熟叶，有利于原生质体的分离以及培养再生植株。试管苗的子叶、胚轴以及培养的悬浮细胞具有无菌、不受生长季节的影响等特点，采用酶分离时操作简便。

（二）原生质体的分离

1. 材料的预处理

材料预处理的目的是提高原生质体的产量和代谢活力；逐步降低植物细胞水势，增强原生质体对培养基高渗透压的适应；使游离的原生质体更能适应新的培养条件。预处理的方法有以下几种。

（1）预培养　材料先在培养基上培养，然后再分离原生质体。

（2）暗处理　材料放在黑暗条件下培养一段时间后再分离原生质体。

（3）药物或添加物处理　材料在药物或添加物中处理后，再进行原生质体的分离。

（4）萎蔫处理　将离体叶片置于灯光下照射2～3h，有利于酶降解叶肉细胞的细胞壁。

（5）更新培养基　提高生长素浓度，特别是萘乙酸的浓度能提高原生质体产量；糖的类型和浓度也很重要，若在分离前一天把细胞移至降低蔗糖浓度或以葡萄糖代替蔗糖的培养基上，原生质体的产量便能提高；将半胱氨酸、甲硫氨酸和2-巯基乙醇加进培养基中也能提高原生质体的产量；不同氮源对一些植物细胞悬浮培养物原生质体产量有不同影响等。

2. 原生质体的分离

植物原生质体的分离有机械法和酶法两种，目前一般采用酶法，常使用商品化的酶制剂，其中包括纤维素酶、半纤维素酶和果胶酶，它们分别作用于细胞壁的不同组分。一般采用两种或两种以上的酶来降解细胞壁，对于不同种类的植物，所需的酶的种类和浓度有所不同，酶制剂的用量随酶活力高低而定，参考值在5～30g/L。

酶液的pH对原生质体产量和活力也有很大影响，pH5.4～6.2是大多数植物组织原生质体分离的合适范围。

在配制酶液时，必须加入适量的渗透压稳定剂，保持一定的渗透压以代替细胞壁对原生质体起保护作用，因为细胞壁一旦被去掉，裸露的原生质体若处于内外渗透压不同的溶液中将可能立即破裂。常用的渗透压稳定剂有两类：一类为糖醇或可溶性糖，如甘露醇、山梨醇、葡萄糖和蔗糖；另一类为无机盐溶液，常由$CaCl_2$、$MgSO_4$、KCl或培养基中的无机盐组成。此外，分离时间和温度与不同植物材料、酶活力等有关，通气条件对原生质体的量和质也有明显的影响。

酶法分离植物原生质体可分为两步分离法和一步分离法。两步分离法是先用果胶酶处理材料，收集单细胞后再用纤维素酶以及半纤维素酶降解细胞壁。目前一步分离法较为常用，将所需果胶酶和纤维素酶混合配成溶液，使处理材料一次性游离出原生质体。

　　酶分解后的植物组织是由未消化的细胞和细胞团、破碎细胞及原生质体等组成的混合物，因此需要进行纯化，以去除酶液及未降解的组织和其他碎片。纯化的方法有过滤－离心法和漂浮法。过滤－离心法是将悬浮原生质体的混合液通过 $40 \sim 100 \mu m$ 的过滤器过滤，得到的滤液低速（$100 \times g$ 以下）离心 $3 \sim 5 min$，用等渗原生质体培养基悬浮原生质体沉淀，重复清洗 $3 \sim 5$ 次，便可得到纯净的原生质体。漂浮法是根据原生质体、细胞或细胞碎片的相对密度不同而设计的，可获得较纯净的原生质体，但回收率较低。

二、原生质体的培养

（一）培养基及培养条件

　　不同植物的原生质体对营养的需求不同，原生质体的营养要求与细胞也有一定差异，效果较好的有 KM 培养基，以及 KM8P 和 V－KM 培养基。除培养基外，还应注意以下问题。

　　（1）植物激素　生长调节剂的种类和浓度是变动最频繁的因素，2，4－D 是用于原生质体培养的最普遍的生长调节剂，而细胞分裂素对诱导原生质体细胞的分裂是不需要的。

　　（2）原生质体的密度　原生质体的培养对密度要求是比较严格的，一般平板培养为 $10^4 \sim 10^6$ 个/mL；微滴培养为 $10^4 \sim 10^5$ 个/mL；饲养层培养为 $5 \sim 10$ 个/mL。不过在常规的试验中，一般采用 10^3 个/mL 以上的密度。

　　（3）光照和温度　培养的原生质体一开始应在黑暗中培养，叶肉原生质体再生初期以散射光为宜，当原生质体再生成愈伤组织时，需要强光照（$2000 \sim 10000 lx$），以后甚至要用 $30000 lx$ 的照度才能满足大量叶绿体发育的需要。

（二）原生质体的培养方法

　　单细胞培养的各种方法均适用于原生质体的培养，其中最常用的是液体浅层培养和平板培养方法。

（三）原生质体的培养过程

　　植物原生质体的培养过程分为三步：细胞壁再生、细胞分裂和植株再生。培养初期，首先是体积的增大，继而合成新的细胞壁，绝大多数的植物原生质体只有完成细胞壁再生之后才能进行细胞分裂。随着新壁的再生，细胞开始分裂。多数情况下，原生质体培养 $2 \sim 7d$ 后出现第一次分裂，以后分裂周期缩短，分裂速度加快，在生长良好的情况下，培养 $2 \sim 3$ 周可以见到小愈伤组织块的形成。

三、原生质体的融合

（一）原生质体融合的类型和方式

　　原生质体融合有自发融合和诱导融合两种类型。自发融合是指植物组织和细胞在用酶分离原生质体过程中同种原生质体自然融合，形成同核体，这对于以植物育种为目的的体细胞杂交而言，是没有应用价值的。诱导融合是指分离原生质体以后，通过加入诱导剂或其他方法促进不同亲本的异种原生质体之间发生融合的过程。诱导融合可以在两种（包括种内、种间、属间、科间甚至界间）原生质体之间进行，这不是没有亲缘界限的，原生质体能否真正融合，并再生成完整植株，在很大程度上取决于原生质体之间的亲缘关系和生理状态。只有选择既容易融合，又利于杂种筛选，还能形成稳定遗传重组体，并能再生成植株的原生质体融合，才能达到预期的结果。

原生质体的融合方式可分为对称融合和非对称融合。对称融合一般是指种内和种间完整原生质体的融合，可产生核与核、胞质与胞质间重组的对称杂种，并可发育为遗传稳定的异源双二倍体杂种植株。非对称融合是用物理或化学的方法处理亲本原生质体，使一方细胞核失活，或使另一方胞质基因失活，再进行原生质体融合，这样得到的融合后代只具有一方亲本的细胞核，形成不对称杂种。

（二）诱导融合的方法

诱导融合的方法一般分为物理的和化学的两种。物理方法常用的是电融合（Electrofusion），即用改变电场的方法诱导原生质体的融合，使用的电融合装置有微电极和平行多电极两种。化学方法是用一些化学试剂作为诱导剂，处理原生质体使其发生融合。诱导方法主要如下：

（1）高 pH 高钙法　将要融合的原生质体放在高 pH 高钙条件下使其融合。

（2）多聚化合物法　如多聚 – L – 赖氨酸、多聚 – L – 鸟氨酸、聚乙二醇、葡聚糖硫酸盐等，其中聚乙二醇（Polyethylene Glycol，PEG）对植物原生质有很强的凝聚作用，经过高 pH、高钙溶液洗脱，产生高频率的原生质体融合，此法已广泛应用于动物、植物的体细胞杂交。

四、原生质融合体的发育及杂种细胞的筛选

（一）原生质融合体的生长发育

将植物两个种的原生质体融合在一起是比较容易的，但要使它产生可育的体细胞杂种植株，却是比较困难的。主要因为：①大多数作物的原生质体还不能再生成植株；②大多数体细胞杂种植株的染色体不稳定，出现了非整倍体植株，有性生殖时是不孕的；③种间的有性生殖不亲和性限制了体细胞的不亲和性。由于这些原因，获得的体细胞杂种植株不多，进展也不快。种内原生质体融合产生的杂种植株主要集中在烟草种内，种间也是主要用烟草属的 10 个种完成的，而属间只有少数获得成功。植物原生质融合体的发育主要经历以下四个过程。

1. 异核体的壁再生

融合的原生质体必须使异核体重新长出新的共同的细胞壁，异核体才能进行分裂，这一过程称原生质体再生。为此，需将异核体转移到具有一定渗透压的适宜培养基上进行培养，一般经 24h 培养，异核体就开始形成新的细胞壁，在异核体的表面沉积大量纤维素纤丝，经过进一步互相交织和堆积，几天后便形成有共同壁的异核细胞。

2. 异核体的核融合（Nuclear Fusion）

在原生质体融合初期，不论亲缘关系的远近，一般都能在有效的融合处理下，实

现原生质体膜的融合，获得异核体。然而，在进一步核融合过程中，异核细胞的进一步发展存在两种可能性。一种是双亲细胞核在异核细胞中迅速实现同步有丝分裂，形成共同纺锤体，全部染色体都排列在赤道板上，进行正常的细胞分裂而产生子细胞，在子细胞的细胞核中含有双亲细胞的染色体及其携带的遗传物质，完成了真正的核融合；另一种是双亲细胞核有丝分裂不能同步或同步性不好，造成异核体不能发生真正核融合，导致双亲或双亲之一的染色体被排除或出现畸形。在这种情况下，即使有时也能发生有丝分裂，但所产生的子细胞往往只含有一个亲本的染色体及其携带的遗传物质。因此，细胞核的真正融合才是异种原生质体融合的关键，只有通过这一步，并继续分裂分化下去，才有可能培育成体细胞杂种植株。这也说明通过原生质体融合产生体细胞杂种，并不是随心所欲不受限制的。随着亲本间系统发育关系的变远，异核体的发育逐渐表现出不亲和，亲缘关系越远，就越难产生杂种植株。

3. 融合细胞的增殖

融合的杂种细胞形成后，通过持续的细胞分裂，逐步形成肉眼可见的细胞团，即愈伤组织。

4. 愈伤组织的器官分化

及时将生长正常而健壮的杂种愈伤组织转移到分化培养基上进行培养，使其恢复分化能力，诱导分化出芽和根，并长出完整的杂种植株。

（二）杂种细胞的筛选

原生质体经融合处理后，一旦形成异源融合体或产生了杂种细胞，要及时地从同时存在的双亲细胞和同源融合体的混合群体中把它们筛选出来，转移到适宜培养条件下进行培养。异源融合体在缺少选择的条件下，由于发育缓慢而受到优势生长的未融合或同源融合的原生质体的抑制。因此，设计一种只允许杂种细胞生长的杂种筛选体系，对早期发现并促进杂种细胞的发育是十分重要的。

选择的方法可分为两种，一种是互补选择法，另一种是机械分离法。互补选择法是利用两个不同亲本具有不同的生理或遗传特性，对形成杂种细胞时产生的互补作用进行选择，如激素自养型互补选择法，白化激素自养型互补选择法，白化互补选择法、营养互补选择法、抗性互补选择法和基因互补选择法。机械分离法是根据双亲原生质体在颜色上的差别而进行选择的方法，如天然颜色标记分离法、荧光素标记分离法和荧光活性细胞自动分类器选择融合体法。

五、体细胞杂种植株的鉴定

对体细胞杂种植株的鉴定，其意义不仅在于确定体细胞杂种的杂种性，而且可以清楚融合亲本的双方各贡献了哪些遗传成分。鉴定体细胞杂种的方法很多，以下是几种常用的方法：

（1）形态学鉴定　根据植株的表现型特征，如植株的高矮、叶片的形状、花的大小和颜色等，体细胞杂种应具有两个亲本的形态学特征，或与两个亲本有区别。这种鉴定方法简单，但不适于作早期鉴定，而且容易受到因培养过程中所产生变异的干扰。

（2）细胞学鉴定　根据细胞中染色体数目、大小与形态来鉴定体细胞杂种。各种植株细胞中的染色体是相对稳定的，一般亲本的原生质体为二倍体，因此融合后的原生质体应是四倍体（Tetraploid）或双二倍体（Double Diploid）杂种。在亲缘关系较远的原生质体融合中，某一亲本的染色体有可能丢失，因此得到的融合体也有可能是非整倍体。这种方法不但能证明杂种性，而且为分析双亲对杂种遗传物质的贡献程度提供证据。

（3）生化鉴定　利用亲本的某些生物化学特性（如酶、色素、蛋白质等）在杂种中的表达来鉴别体细胞杂种。研究最多而有效的是同工酶、二磷酸核酮糖羧化酶等。这种方法与形态鉴定相类似，无法避免因培养过程中所产生变异的干扰。

（4）DNA检测鉴定　应用分子检测技术，从分子水平来鉴定体细胞杂种。因为每个物种都有特定的DNA分子图谱，用物种特异的分子标记技术，就可以根据特异的图谱鉴定出体细胞杂种。如果与原位杂交技术结合起来，还可以将这探针定位在某条染色体上。

思考题

1. 何谓植物细胞的全能性？
2. 何谓脱分化与再分化？
3. 影响茶树花药培养的主要因素有哪些？
4. 愈伤组织再生成完整植株有几种方式？
5. 简述细胞突变体筛选的一般技术。
6. 简述体细胞杂交的步骤。
7. 体细胞杂种植株的鉴定方法有哪些？各有什么特点？
8. 简述单细胞培养的方法。
9. 简述细胞活力的测定方法。
10. 简述茶树细胞工程在农业上的应用。

参考文献

［1］胡尚连，尹静. 植物细胞工程［M］. 成都：西南交通大学出版社，2011.

［2］SARATHCHANDRA T M, UPALI P D, ARLPRAGASAM P V. Progress towards the commercial propagation of tea by tissue culture technigues［J］. S L J Tea Sci, 1990, 59 (2)：62－64.

［3］LAI R. High technology in tea［J］. The Journal of Tea World, Tea Trade, 1995, 3 (5)：20－22.

［4］江昌俊. 茶树育种学［M］. 北京：中国农业出版社，2005.

［5］刘本英，周健，许玫，等. 云南大理茶与福鼎大白茶种间杂交幼胚的组织培养及亲子鉴定［J］. 园艺学报，2008，35 (5)：735－740.

［6］KIM J S. Studies on the propagation of Korean tea plants by tissue culture［J］. Journal of Korean Forestry Society，1986，75：25－31.

[7] 陈振光，廖惠华. 茶树花药培养诱导单倍体植株的研究［J］. 福建农学院学报，1988，17（3）：185－190.

[8] 方祖柽. 茶树愈伤组织多倍体诱导［J］. 黄山学院学报，2004，6（6）：87.

[9] 张娅婷，张伟. 薮北茶的组织培养［J］. 周口师范学院学报，2004（9）：74－76.

[10] 王丽鸳，王贤波，成浩，等. 基因工程菌生物合成茶氨酸条件研究［J］. 茶叶科学，2007，27（2）：111－116.

[11] 王玉书，杨素娟，成浩，等. 茶树未成熟胚组培育苗技术的研究［J］. 茶叶科学，1990，10（1）：11－18.

[12] 陈晖奇，徐焰平，谢丽华，等. 茶树内生真菌的分离及其在寄主组织中的分布特征［J］. 莱阳农学院学报：自然科学版，2006，23（4）：250－254.

[13] 卢东升，王金平，吴小芹，等. 茶树内生真菌的种类及分布［J］. 河南农业科学，2007（10）：54－56；80.

[14] 胡雲飞，张玥，张彩丽，等. 茶树根系内生真菌与根际土壤真菌的季节多样性分析［J］. 南京农业大学学报，2013，36（3）：41－46.

[15] 刘德华，廖利民，李娟，等. 茶籽下胚轴组织培养的研究［J］. 福建茶叶，1988（2）：13－15.

[16] 刘德华，廖利民. 茶籽子叶柄下胚轴组织培养的研究［J］. 茶叶通讯，1990（3）：6－11.

[17] 王立，杨素娟，王玉书. 茶树未成熟胚离体培养及植株的形成［J］. 中国茶叶，1988（4）：16－18.

[18] 陈平，严慕勤，王以红. 大叶茶的组织培养［J］. 植物生理学通讯，1985（2）：45－46.

[19] 杜克久，曹慧娟，张辉，等. 云南大叶茶体细胞胚发生及体细胞胚苗形成体系的建立［J］. 植物学报，1997（12）：1126－1130.

[20] 周健，成浩，王丽鸳. 茶树幼胚培养萌发率与再生途径影响因素研究［J］. 西南农业学报，2008，21（2）：440－443.

[21] 张学文，刘选明，董延瑜，等. 茶树愈伤组织诱导与共培转化的初步研究［J］. 湖南农学院学报，1994，20（6）：550－554.

[22] 吴振铎. 茶树组织培养的研究［J］. 中华农学会报，1976，93：30－42.

[23] 莫典义，黄雁萍. 茶树胚状体的诱导和植株的再生［J］. 中国茶叶，1981（4）：17.

[24] 颜慕勤，陈平. 茶树子叶离体培养形成胚状体的研究［J］. 林业科学，1983，19（1）：25－29.

[25] 周带娣. 生物技术在茶树上应用的进展［J］. 茶叶通讯，1993（3）：26－29.

[26] 袁地顺，倪元栋，邝平喜. 茶细胞培养法生产茶氨酸的技术研究——茶愈伤组织的诱导体系建立［J］. 福建茶叶，2003（3）：25－26.

[27] NAKAMURAY. Effects of the kind of auxinson callus induction and root differentia-

tion from stem segment culture of *Camellia sinensis* [J]. Chagyo Kenkyu Hokoku, 1988, 68: 1 – 7.

［28］奚彪, 刘祖生. 外植体性质对茶腋芽组培快繁的影响 [J]. 茶叶, 1994, 20 (4): 14 – 17.

［29］KATO M. Regeneration of plants from tea stem callus [J]. Japanese Journal of Breeding, 1985, 35 (3): 317 – 322.

［30］AKULAA, DODDWA. Directsomatic embryogenesis inaselected tea clone, "TR – 2025" [*Camellia sinensis* (L.) O. Kuntze] from nodalex plants [J]. Plant Cell Report, 1998, 17 (10): 804 – 809.

［31］刘德华, 周带娇, 肖文军. 茶树茎段培养胚性状态的调控及其分化 [J]. 湖南农业大学学报, 2000 (4): 110 – 112.

［32］李家华, 周红杰, 李明珠. 不同激素配方对大叶种茶树新梢组织培养的效果 [J]. 云南农业科技, 2001 (3): 27 – 28.

［33］张亚萍, 邵鸿刚. 不同茶树品种组织培养的初步研究 [J]. 贵州茶叶, 2002 (4): 10 – 12.

［34］张建华, 毛平生, 彭火辉. 茶树的组培快繁技术初探 [J]. 蚕桑茶叶通讯, 2003 (4): 32 – 33.

［35］杨国伟, 兰蓉, 王晓杰, 等. 茶树愈伤组织诱导和组织培养 [J]. 江苏农业科学, 2006 (4): 12 – 13.

［36］刘德华, 廖利民. 茶树叶片组织培养的初步研究 [J]. 福建茶叶, 1989 (2): 13 – 16.

［37］刘德华, 廖利民. 茶树组织培养的研究 I. 胚状体和胚性细胞的形成及植株再生 [J]. 湖南农学院报, 1989, 15 (3): 33 – 37.

［38］王毅军, 严学成. 茶离体培养体细胞胚胎发生的组织细胞学研究 [J]. 热带亚热带植物学报, 1994, 2 (2): 47 – 51.

［39］KATO M. Somatic embryo genesis from immature leaves of invitro grown tea shoots [J]. Plant Cell Report, 1996 (15): 920 – 923.

［40］暨淑仪, 严学成, 王毅军. 茶叶片愈伤组织形成的细胞组织学观察 [J]. 茶叶, 1995, 21 (2): 11 – 13.

［41］刘德华, 周带娣, 黎星辉, 等. 茶树不同组织体细胞胚不定芽分化的研究 [J]. 作物学报, 1999, 25 (3): 291 – 295.

［42］高秀清, 成浩, 牛爱军. 茶树毛状根的诱导 [J]. 特产研究, 2004 (2): 30 – 32.

［43］彭正云, 刘德华, 肖海军, 等. 茶树愈伤组织及发状根诱导的研究 [J]. 湖南农业大学学报: 自然科学版, 2004, 30 (2): 138 – 141.

［44］谭和平, 余桂容, 杜文平, 等. 不同茶树品种组培快繁技术研究 [J]. 西南农业学报, 2003, 16 (1): 102 – 104.

［45］易鑫, 万志刚, 顾福根, 等. 碧螺春茶树微繁殖技术研究 [J]. 江苏农业

学报，2008，24（1）：95 - 96.

［46］余有本. 茶树中咖啡碱合成酶基因的抑制及在其他生物体中的表达［D］. 合肥：安徽农业大学，2004.

［47］成浩，李素芳. 茶树微繁殖技术的研究与应用［J］. 中国茶叶，1996（2）：29 - 31.

［48］刘德华，廖利民，周带娣. 茶树组织培养的研究Ⅱ. 腋芽微繁殖和叶微繁殖技术的研究［J］. 湖南农学院学报，1991（增刊1）：589 - 599.

［49］钟俊辉，陶文沂. 茶愈伤组织培养及其茶氨酸的积累［J］. 食品与生物技术学报，1997，16（3）：1 - 7.

［50］雷攀登，孙俊，张正竹. 茶树腋芽初代培养过程中外植体褐化的控制措施研究［J］. 茶业通报，2010，32（3）：101 - 104.

［51］雷攀登，吴琼，徐奕鼎，等. 茶树腋芽离体培养中的褐化控制研究［J］. 中国农学通报，2012，28（7）：190 - 193.

［52］周健，成浩，王丽鸳. 茶树组培快繁技术的优化的研究［J］. 茶叶科学，2005，25（3）：172 - 176.

［53］GROVER A, YADAV J S, BISWAS R, et al. Production of monoterpenoids and aroma compounds from cell suspension cultures of *Camellia sinensis*［J］. Plant Cell Tiss Organ Cult，2012，108：323 - 331.

［54］MUTHAIYA M J, NAGELLA P, THIRUVENGADAM M, et al. Enhancement of the productivity of tea（*Camellia sinensis*）secondary metabolites in cell suspension cultures using pathway inducers［J］. J. Crop Sci. Biotech，2013，16（2）：143 - 149.

［55］TAKEMOTO M, SUZUKI Y, TANAKA K. Enantioselective oxidative coupling of 2 - naphthol derivatives catalyzed by *Camellia sinensis* cell culture［J］. Tetrahedron Letters，2002，43：8499 - 8501.

［56］NIKOLAEVA T N, ZAGOSKINA N V, ZAPROMETOV M N. Production of phenolic compounds in callus cultures of tea plant under the effect of 2, 4 - D and NAA［J］. Russian Journal of Plant Physiology，2009，56（1）：45 - 49.

［57］成浩，高秀清. 茶树悬浮细胞茶氨酸生物合成动态研究［J］. 茶叶科学，2004（2）：115 - 118.

［58］成浩，李素芳. 外源苯丙氨酸对茶树培养细胞儿茶素合成的影响［J］. 农业生物技术学报，2001，9（2）：132 - 135.

［59］成浩，杨素娟，王玉书. 茶叶愈伤组织培养及其儿茶素的积累［J］. 茶叶科学，1993，13（2）：109 - 114.

［60］成浩，杨素娟，王玉书，等. 茶树培养细胞儿茶素形成能力的品种间差异［J］. 茶叶科学，1996，16（1）：75 - 76.

［61］黄皓. 茶树悬浮细胞培养及儿茶素生物合成的研究［D］. 合肥：安徽农业大学，2006.

［62］刘亚军，王正荣，王婕，等. 茶树愈伤诱导及不同儿茶素含量细胞系筛选

［J］．安徽农业大学学报，2014，41（4）：564－568.

［63］FURUYA T，ORIHARA Y，TSUDA Y. Caffeine and theanine from cultured cells of camellia sinensis［J］. Phytochemistry，1990，29（8）：2539－2543.

［64］陈瑛，陶文沂. 几种激素对茶愈伤组织合成茶氨酸的影响［J］. 无锡轻工大学学报，1998（17）：74－77.

［65］吕虎，华萍，余继红，等. 大规模茶叶细胞悬浮培养茶氨酸合成工艺优化研究［J］. 广西植物，2007，27（3）：457－461.

［66］华萍，吕虎，余继红，等. 不同培养条件对悬浮培养茶叶细胞生长及茶氨酸合成的影响［J］. 云南植物研究，2006，28（2）：215－218.

［67］MATSUURA T，KAKUDA T. Effects of precursor，temperature，and illumination on the anine accumulation in tea callus［J］. Agric Biol Chem，1990，54（9）：2283－2286.

［68］MATSUURA T，KAKUDA T，KINOSHITA T，et al. Production of theanine by callus culture of tea［A］//The organizing committee of ISTS. Proceedings of International Symposium on Tea Science. Shizuoka，the Organizing Committee of ISTS，1992：432－435.

［69］小林利彰，森田明雄，中村顺行. 茶茎组培脱分化及再分化过程中氨基酸组成的变化［J］. 茶业研究报告，1989，70（增刊1）：9－10.

［70］中村顺行. 茶树原生质体的分离［J］. 茶叶研究报告，1983，12：58.

［71］KUBOI T，SUDA M，KONISHI S. Preparation of protoplasts from tea leaves［A］//The organizing committee of ISTS. Proceedings of interational Symposium on Tea Science. Shizuoka：The Organizing Committee of ISTS，1992：427－431.

［72］赖钟雄，何碧珠，陈振光. 茶树花粉管亚原生质体的分离［J］. 福建农业大学学报，1998，27（增刊1）：41－44.

［73］KAO K N，MICHAYLUK M R. Nutritional requirements for growth of Vicia hajastana cells and protoplasts at a very low population density in liquid media［J］. Planta，1975，126：105－110.

［74］BINDING H，NEHLS R，SCHIEDER O，et al. Regeneration of mesophyll protoplasts isolated from dihaploid clones of *Solanum tuberosum*［J］. Physiologia Plantarum，1978，43（1）：52－54.

第三章 茶叶酶工程

第一节 茶叶酶及其应用现状

一、生物酶特性

生物酶是由生物细胞产生的、以蛋白质为主要成分的生物催化剂。与一般的催化剂相比，生物酶具有以下特点：①催化效率高，酶催化的反应速度是非酶催化反应速度的 $10^8 \sim 10^{20}$ 倍；②催化具有高度的专一性，酶对底物和所催化的反应具有选择性，只能作用于某一化合物或是结构相似的一类化合物，如茶叶多酚氧化酶对邻位酚（如邻苯二酚、儿茶素等）具有催化作用，而对单酚类物质不起作用；③易失活，在高温、高压、重金属盐、有机溶剂、强酸、强碱或紫外线等不利的物理或化学条件下，易导致酶活力降低甚至失活，而无机催化剂则不受影响；④催化活性受到调节和控制，生物体可通过多种机制和方式对酶的活力进行调节和控制；⑤部分酶的催化活性需辅因子，有些酶由酶蛋白和酶活力必需的非蛋白小分子构成，如多酚氧化酶是以铜离子作为辅基的酶，多酚氧化酶蛋白缺乏铜离子则无催化活性。此外，生物酶在催化反应前后酶蛋白自身不发生数量和质量的改变，对催化反应正逆两个方向的催化作用相同，可缩短催化反应达到平衡点的时间而不改变反应的平衡点，在催化反应过程中可以降低反应所需要的活化能。

二、茶叶酶工程概况

酶工程是利用酶、细胞或细胞器等所具有的催化功能，借助于工程学手段提供产品并应用于工农业生产、环境保护以及医学临床诊断和监测等方面的一门技术。作为生物技术的四大支柱之一，酶工程技术不断发展成熟，并广为应用。20 世纪 70 年代，Takino 和 Sanderson 等研究者拉开了茶叶酶工程的序幕，茶叶酶工程已在茶产业尤其是茶叶深加工领域发挥重要作用。

酶工程包含的内容较广，如酶的分离提纯及其技术、酶的开发与利用、酶制剂生产、固定化酶和固定化细胞技术的开发与利用、酶反应器的研究与设计、酶电极的研究与利用、酶分子的修饰改造技术、酶抑制剂与激活剂的研究开发、酶的人工模拟和具有催化功能的大分子合成等。酶工程是现代酶学理论与化工技术的交叉技术，依此可分为化学酶工程和生物酶工程两部分。

化学酶工程是通过化学方法对酶进行化学修饰或固定化处理，改善酶的性质以提高酶的效率和降低成本，甚至通过化学合成制造人工酶，又被称为初级酶工程。化学酶工程中应用较多的是固定化酶，固定化酶是将水溶性酶通过物理或化学方法包埋在一定空间内，使之成为不溶于水但仍具有活性的状态。目前，研究已实现了茶叶多酚氧化酶、糖苷酶、单宁酶等酶蛋白的固定化，该技术不但提高了这些茶叶酶蛋白对温度、酸碱的稳定性，还延长了其使用寿命，并且极大地简化了产物与酶蛋白分离的工艺。在单一茶叶酶的固定化基础上，多酶复合体的共固定化成为目前研究的热点。另外，酶生物传感器是对固定化酶技术的又一升华，它将固化酶和电化学传感器相结合，兼具了固定化酶的专一性、高选择性以及电化学高灵敏度的优点。目前，利用茶叶多酚氧化酶制造生物传感器也有一定的研究发展，Chindilous、堀江秀树、曾盔等先后研发出可用于测定茶叶黄烷醇、氨基酸浓度以及茶多酚含量的酶传感器。

生物酶工程是利用基因重组技术生产酶以及对酶基因进行修饰或设计新基因，生产出性能稳定、催化效率更高或具有新的生物活性的酶，故又称为高级酶工程。生物酶工程包括利用基因工程技术生产人们所需的酶（克隆酶），对酶基因进行修饰生产遗传修饰酶（突变酶），设计新酶基因合成自然界不存在的新酶三方面。目前，研究者已对临海水古茶、宜红早、普洱以及迎霜等茶树品种的多酚氧化酶进行基因克隆和异源表达，去掉引导肽能明显提高多酚氧化酶的酶活力。虽然茶叶酶异源表达蛋白的活性还有待提高，但生物酶工程技术已展现出其广阔的发展应用前景。

三、茶叶中的重要酶及其特性

茶叶中含有大量的酶类物质，根据酶促反应性质可分为氧化还原酶类、转移酶类、水解酶类、裂解酶类、异构酶类以及合成酶类。由于种类繁多，以下就茶叶酶工程应用研究较多的重要酶进行介绍。

（一）多酚氧化酶

多酚氧化酶（邻苯二酚：O_2 氧化还原酶，E. C. 1. 10. 3. 1；Polyphenol Oxidase，PPO）是一种由核基因编码的以铜离子作为辅基的酶。在茶叶生产的过程中，通过抑制或有序地激发多酚氧化酶的活性而加工出风味迥异的各大茶产品，同时杨子威等研究多酚氧化酶还与茶树的抗虫、抗旱、抗寒等抗逆性密切相关。多酚氧化酶作为茶树体内最重要的酶，学者们对其的特性研究从未间断，而最适 pH、最适温度、底物特异性以及抑制剂是研究的主要方面。另外，研究发现茶叶多酚氧化酶具有 5 ~ 15 条同工酶带，各同工酶比整个酶复合体对底物的专一性更强，且对不同的二酚和三酚类底物的催化速率以及最适 pH、最适温度等性质方面存在差异。茶叶多酚氧化酶的最适 pH 偏酸性，一般在 5.0 ~ 6.5，最适温度为 30 ~ 40℃。研究认为茶叶多酚氧化酶的最佳底物为邻位酚，如邻苯二酚、儿茶素、联苯三酚、对间苯二酚、对苯二酚，对三酚类物质中的焦性没食子酸、没食子酸也有一定的催化作用，但对单酚类物质不起作用。茶叶多酚氧化酶活性可被亚硫酸盐、半胱氨酸、抗坏血酸、EDTA（乙二胺四乙酸）、氰化钾、叠氮化钠等抑制，而一定浓度的 Cu^{2+} 对茶叶多酚氧化酶活性具有激活作用。

（二）过氧化物酶

过氧化物酶（供体：H_2O_2氧化还原酶，E. C. 1. 11. 1. 7；Peroxidase，POD）是催化过氧化氢分解而使其他氢供体氧化并生成水的一类酶。宛晓春研究发现过氧化物酶是以铁卟啉为辅基，属亚铁血红素蛋白质类，相对分子质量为 50000 左右，具有 9～10 条同工酶。过氧化物酶最适 pH4.1～6.2，最适温度 27～30℃；其作用的底物范围较广，对单酚中的酪氨酸、二酚中的儿茶素和三酚中的焦性没食子酸、没食子酸等物质均有催化作用。研究表明，乙烯和吲哚乙酸对过氧化物酶活力有促进作用，但过氧化物酶活力受 CN^-、S_2^-、羟胺和氟化物的抑制。

（三）糖苷酶

糖苷酶（Glycosidase）又称为糖基水解酶，是一大类催化糖苷键水解的酶，这类酶在酸存在的条件下能催化由半缩醛羟基与醇羟基反应而形成的糖苷键的断裂。茶树中的糖苷是茶叶香气形成的前体物质，通常是以单糖苷和双糖苷形式存在，单糖苷以 β-葡萄糖苷为主，二糖苷以 β-樱草糖苷为主，而糖苷酶水解这些糖苷后生成游离态的香气成分。茶树中糖苷酶种类较多，最主要的糖苷酶为 β-葡萄糖苷酶和 β-樱草糖苷酶，其他还有 β-半乳糖苷酶、α-葡萄糖苷酶等。

β-葡萄糖苷酶（E. C. 3. 2. 1. 21，β-D-葡萄糖苷水解酶）属于水解酶类，多以单体酶或二聚体形式存在，可以催化含有 β-糖苷键化合物的水解反应，如水解纤维素二糖和纤维素寡糖生成葡萄糖（图 3-1），或水解结合于末端、非还原性的 β-D-糖苷键，释放 β-D-葡萄糖和相应的配基。由于 β-葡萄糖苷酶具有多条同工酶，因而在酶学特性方面存在差异。王华夫等研究发现，β-葡萄糖苷酶可以催化香叶醇、芳樟醇、(Z)-3-己烯醇、苯甲醇、苯乙腈的 β-D-葡萄糖苷以及硝基苯-β-D-吡喃葡萄糖苷，其最适温度为 40～50℃，最适 pH4.0～5.0，在弱酸性条件下（pH4.0～6.5）稳定。另外，张正竹、Şener A 等认为 Hg、葡萄糖酸内酯、葡萄糖、乙醇和 $CaCl_2$ 对 β-葡萄糖苷酶活力具有一定的抑制作用。

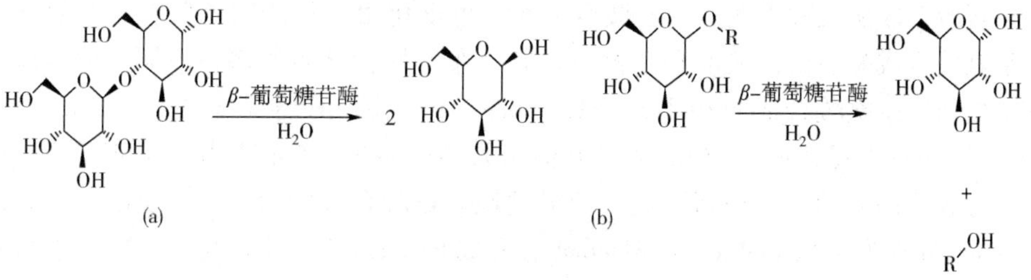

图 3-1 β-葡萄糖苷酶的酶促水解方式

β-樱草糖苷酶是双糖苷水解酶，可水解 β-樱草糖苷键释放樱草糖苷，活性较 β-葡萄糖苷酶高。茶叶加工中糖苷香气成分的前体基本上是二糖糖苷，因此 β-樱草糖苷酶在茶叶香气形成过程中发挥着重要作用。张冬桃等研究 β-樱草糖苷酶分子质量为 61ku，等电点 pI 为 9.4，最适 pH 为 5.0，最适温度为 50℃，在 pH5～7 以及 50℃ 以下酶活力稳定。

（四）脂肪氧化酶

脂肪氧化酶（E. C. 1. 13. 11. 12；Lipoxidase，LOX）是一种含非血红素的蛋白质，定位于叶绿体的片状结构中。脂肪氧化酶具有很强的底物专一性，作用的底物必须是含顺，顺 –1，4 –戊二烯的直链脂肪酸，且对 C18 氢过氧化物催化效果最好，对三烯酸氢过氧化物比二烯酸的反应活性高 4~10 倍。脂肪氧化酶分子质量为 73ku，至少存在 2 条同工酶，最适 pH6.0~7.0，最适温度 40~45℃，具有较强的耐热能力，因而在干茶样中仍可检测出部分活性。另外，脂肪氧化酶可被 Ca^{2+} 激活，而有机溶剂、Cu^{2+}、Mn^{2+}、Fe^{3+}、Co^{2+} 等金属离子可抑制其活性，但存在浓度效应（表 3 –1）。

表 3 –1　　　不同金属离子对茶叶中脂肪氧化酶活力的影响（王雪等，2013）

金属离子	相对酶活/%		
	0.2mmol/L	2mmol/L	20mmol/L
Ca^{2+}	122.4	150	108.2
Co^{2+}	71.4	65.2	62.4
Cu^{2+}	61.9	67.5	129.4
Fe^{3+}	85.2	96.5	141.4
K^+	64.2	57	46.1
Mg^{2+}	97.7	97.9	20.6
Mn^{2+}	49	85.6	145.6
Na^+	52.1	50.8	51
Zn^{2+}	83.2	126.3	75.6
对照组	100	100	100

（五）茶氨酸合成酶

茶氨酸合成酶又称谷氨酸 –乙胺合成酶，可催化由谷氨酸和乙胺合成茶氨酸的反应。茶氨酸合成酶在茶树根部和新梢中均有分布，尽管分布的部位不同，但其酶学性质基本相同。茶氨酸合成酶在 Tris – HCl 缓冲液中最适 pH 为 7.5 左右。在由 25μmol $MgCl_2$、25μmol 巯基乙醇和 10μmol ATP 构成的 Tris – HCl 缓冲液体系（pH 7.5）中对茶氨酸合成酶的酶动力学进行研究，结果发现茶氨酸合成酶对 L –谷氨酸、乙胺以及 ATP 的 K_m 分别为 4.6mmol/L、0.31mmol/L 和 0.67mmol/L；并且酶促反应速度依赖于 Mg^{2+} 浓度，而 Mn^{2+} 影响较小。

（六）儿茶素合成的关键酶

儿茶素合成过程中包括苯丙氨酸解氨酶（Phenylalanine Ammonialyase，PAL）、二氢黄酮醇 4 –还原酶（Dihydroflavonol 4 – Reductase，DFR）、无色花色素还原酶（Leucoanthocyanidin Reductase，LAR）、花青素还原酶（Anthocyanidin Reductase，ANR）等多种酶，这些酶类物质将多条儿茶素代谢途径相连而形成一个复杂的网络。非酯型儿茶素 C 和 GC 是由 DFR/LAR 催化合成的，而 ANR 分别催化氯化氢啶、氯化翠雀啶合成 EC 以及 EGC 和 GC。而酯型儿茶素合成途径中主要涉及没食子酰葡萄糖基转移酶（UDP - Glucose：galloyl - 1 - O - β - D - glucosyltransferase，UGGT）和表儿茶素没食子酰基转移酶（Epicatechin：1 - O - galloyl - β - D - glucose O - galloyltransferase，ECGT）两种酶（图 3 - 2）。没食子酸先在依赖尿苷二磷酸葡萄糖（Uridine Diphosphate Glucose，UDPG）的 UGGT 作用下，合成 1 - O - 没食子酰 - β - D - 葡糖苷。夏涛等研究认为，在此基础上，ECGT 将 1 - O - 没食子酰 - β - D - 葡糖苷的没食子基团转移至非酯型表儿茶素的 C 环 - 3 - 位点上，形成酯型儿茶素。另外，对 UGGT 和 ECGT 的酶学性质研究结果表明，两者的最适 pH 和最适温度均为 6.0 和 30℃。

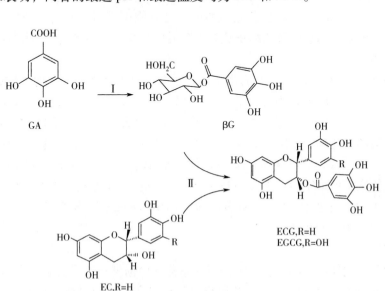

图 3 - 2　酯型儿茶素生物合成途径（夏涛等，2013）

Ⅰ：依赖 UDPG 的没食子葡萄糖苷转移酶（UGGT）；Ⅱ：儿茶素没食子酰基转移酶（ECGT）；GA：没食子酸（Gallic Acid）；βG：1 - O - 没食子酰 - β - 葡萄糖（β - glucogallin）；EC：（ - ）- 表儿茶素 [(-) - Epicatechin]；EGC：（ - ）- 表没食子儿茶素 [(-) - Epigallocatechin]；ECG：（ - ）- 表儿茶素 - 3 - 没食子酸酯 [(-) - Epicatechin - 3 - gallate]；EGCG；（ - ）- 表没食子儿茶素 - 3 - 没食子酸酯 [(-) - Epigallocatechin - 3 - gallate]

四、茶产品中应用的主要酶及其特性

　　在茶产品生产中尤其是速溶茶等茶饮料的加工过程中，酶制剂的使用日益显现其优势，以单宁酶、果胶酶以及纤维素酶应用最为广泛，而其他植物与微生物来源的多酚氧化酶应用于茶产品也是当前的热点。

（一）多酚氧化酶

　　多酚氧化酶不仅存在于茶树中，在其他植物以及微生物中也大量分布。吴红梅（2004）比较了 20 多种植物和果品中多酚氧化酶的活力，结果发现苹果、梨、桑叶、蘑菇和皋茶多酚氧化酶活力较高。另外，王坤波（2007）探究了丰水梨、贡梨、水晶梨等不同品种梨果实中的多酚氧化酶活力,发现丰水梨的多酚氧化酶活力最强。徐芹等认为不同植物来源的多酚氧化酶酶学特性差异明显,砀山梨多酚氧化酶的最适 pH 为 4.5,最适温度为 34℃,而朱路英等认为库尔勒梨多酚氧化酶的最适 pH、温度则略高于砀山梨,分别为 5.7 和 42℃。微生物中的多酚氧化酶主要为漆酶和酪氨酸酶,其酶性质随酶的来源不同而差异明显。例如,李适研究毛栓菌所产生的胞外多酚氧化酶最适 pH 为 5.2,最适反应温度为 28 ~ 36℃;毛木耳分泌的 LacB 漆酶的最适 pH 为 3.0,最适温度为 30℃,且不同金属离子对其活性影响不同,Mg^{2+}、Ca^{2+}、Zn^{2+} 等可激活 LacB 漆酶,而 Hg^+、Fe^{2+} 和 Fe^{3+} 则对其有抑制作用。另外,赵淑娟等研究发现鞣酸、醛基苯甲酸、氰基苯酚可抑制蘑菇酪氨酸酶。已有应用不同来源的多酚氧化酶生产茶黄素,然而不同来源的多酚氧化酶催化茶多酚后的产物种类与含量会有所不同。

（二）单宁酶

单宁酶（EC 3.1.1.20）因具有水解没食子酸酯类化合物生成没食子酸和葡萄糖的特性,故在茶饮料澄清工艺中发挥着重要作用。单宁酶专一性强,对不含酚羟基的底物类似物不起催化作用,且底物中苯环上酚羟基的位置对其催化活性也有影响。微生物所产单宁酶的最适反应温度一般为 30 ~ 60℃。来源于真菌和植物的单宁酶最适 pH 偏酸,一般为 4.0 ~ 6.0。而细菌所产单宁酶的最适 pH 偏中性。另外,金属离子和 EDTA 对不同微生物来源的单宁酶活力影响差异很大。Kenji Aoki 等发现 Zn^{2+}、Cu^{2+} 等金属离子以及 EDTA 对单宁酶活力没有明显影响,而 Rajakumar G S 等认为 Cu^{2+}、Zn^{2+} 和 Mg^{2+} 对单宁酶具有明显的抑制作用。

（三）果胶酶

果胶酶是一类能够分解果胶的多种酶的总称。根据催化底物类型可分为果胶酯酶、果胶解聚酶和果胶裂解酶三大类。果胶酯酶是指以高甲酯化果胶为底物,促使其脱去甲基基团的酶;果胶解聚酶是指在水分子参与下,断裂果胶内的多聚半乳糖醛酸的 α - 1,4 - 糖苷键的酶;果胶裂解酶又称果胶反式消去酶,作用于 C4 位置上断开糖苷键,同时从 C5 处消去一个 H 原子从而产生一种不饱和产物。目前市售的食品级果胶酶主要来源于黑曲霉,其产生的果胶酶酶系较为健全,其主要的果胶酶酶学性质如表 3 - 2 所示。

表 3 - 2 　　黑曲霉生产的食品级酶制剂三大果胶降解酶的酶学性质参数（张浩森,2008）

酶类型	相对分子质量	等电点	最适 pH	米氏常数
果胶酯酶	39000	3.9	4.5	3
聚半乳糖醛酸酶（果胶解聚酶）	42000 ~ 49000	6.0 ~ 6.4	4.0	—
果胶反式消去酶（果胶裂解酶）	354000/331000	3.65/3.75	6.0/6.0	5.0/0.9

（四）纤维素酶

纤维素酶是一类能够降解纤维素生成葡萄糖的酶的总称,主要包括内切葡聚糖酶、外切葡聚糖酶和 β - 葡萄糖苷酶（又称纤维二糖酶）3 种组分。其中,内切葡聚糖酶能够水解纤维素分子内的 β - 1,4 - 糖苷键;外切葡聚糖酶可从纤维素的非还原末端水解

β - 1. 4 - 糖苷键产生纤维二糖；而 β - 葡萄糖苷酶能够水解纤维二糖或纤维寡糖产生葡萄糖。三种组分相互协作共同完成纤维素的降解过程。纤维素酶的最适 pH 一般为 4.0 ~ 6.0，最适反应温度为 40 ~ 65℃，在 50 ~ 70℃较为稳定。但邵学良等认为不同纤维素酶组分间的热稳定性存在差别，并受到 pH 的影响。

第二节　茶叶酶的来源与生产

多酚氧化酶、单宁酶、果胶酶等酶蛋白在茶产业尤其是茶叶深加工领域中发挥着重要作用，而这些酶的来源以及生产一直是国内外研究的热点之一。

一、茶产业中重要酶的来源

目前，单宁酶、果胶酶等酶已被广泛地应用于茶产品生产中，其主要来源如表 3 - 3 所示。尽管多酚氧化酶、单宁酶、纤维素酶等酶类分布广泛，在动物、植物以及微生物中均存在，但微生物是最主要的来源。相比于动物和植物，微生物生产酶具有明显的优势。微生物生长速度快，易于大量培养，在相同的时间内，可获得更多的酶蛋白。菌种丰富，产生酶的种类多样，可筛选出优势菌株用于工业化生产。而且微生物具有较强的适应能力，通过菌种选育、改良培养条件以及诱变育种等方式可大大提高酶的产量。另外，利用活菌体作酶制剂来进行催化，可显著简化工艺，缩短反应周期。整体而言，微生物产酶成本低、产量高、管理方便。

表 3 - 3　　　　　　　　　茶产业中的重要酶及其来源

名称	来源	名称	来源
多酚氧化酶 E. C. 1. 10. 3. 1	茶叶、梨等	β - 葡萄糖苷酶 E. C. 3. 2. 1. 21	黑曲霉
单宁酶 E. C. 3. 1. 1. 20	黑曲霉、黄曲霉、米曲霉	木瓜蛋白酶 E. C. 3. 4. 22. 2	木瓜
果胶酶 E. C. 3. 2. 1. 15	绿色木霉及其近缘的菌株	蛋白酶 E. C. 3. 4. 22. 4	菠萝
纤维素酶 E. C. 3. 2. 1. 4	黑曲霉、青霉、根霉、木霉		

良好的菌种是茶叶酶生产的基础。一个良好的产酶菌种应具备以下几个条件：①菌株安全，不是致病菌，不产生有毒物质或是其他生理活性物质，以保证茶叶酶生产和应用的安全；②菌株不易变异和退化，产酶性能稳定；③不易感染噬菌体；④微生物繁殖快，产酶量高；⑤酶的性质符合应用的需要，最好是胞外酶；⑥产生的酶便于分离和提取，得率高；⑦微生物的营养要求低。

二、茶产业中酶的发酵生产

酶的发酵生产是在人工控制的条件下，有目的地通过大规模培养微生物，以获得微生物合成的酶，主要包括培养基制备、发酵方式的选择与优化等方面。

（一）培养基制备

培养基为微生物的生长、繁殖、代谢及酶的生产提供必需的营养物质。培养基组成以及各成分的配比是否恰当，将对微生物的生长、酶的生物合成和提取，甚至最终酶蛋白的产量和质量都会产生影响。良好的培养基配比可充分发挥生产菌种合成酶的能力，以获得最大的生产效率。水、碳源、氮源、无机盐和生长素是培养基的五要素，这些成分的比例并不是一成不变的，可根据菌种的更新、发酵条件的变化而做出相应的调整。

水是构成微生物细胞的重要成分，在酶的发酵生产中所用的水一般为自来水。作为良好的溶剂，水是一切反应的媒介物，又是热的良好导体，并且可维持细胞渗透压的稳定。碳源是微生物生命活动的基础，也是合成酶的主要原料。工业生产上考虑原料价格以及来源，通常使用农副产物、各种淀粉以及水解物作为碳源。在微生物发酵过程中，为减少葡萄糖所引起的分解代谢的阻遏作用，采用淀粉及其不完全水解产物——糊精等更具优势。氮源是微生物培养的另一种必不可少的原料，可分为有机氮源和无机氮源。蛋白胨、豆饼、花生饼粉、鱼粉等农副产物是常用的有机氮源，而常用的无机氮源主要为硫酸铵和尿素。氮源的选择因微生物菌种以及酶蛋白的不同而异，如利用绿色木霉生产纤维素酶时，因有机氮促进菌体的生长繁殖而不利于纤维素酶的合成，应选用硫酸铵等无机氮作为其氮源。无机盐在微生物发酵生产中具有浓度效应，即低浓度的无机盐有利于提高酶产量，而高浓度则会抑制生产。在微生物生产中应特别注意有些金属离子是酶蛋白的组成成分，如钙离子是淀粉酶组成成分之一，也是芽孢形成所需的。生长因子是微生物代谢活动所必需的微量有机物，包括维生素、氨基酸、嘌呤碱等构成辅酶所必需的物质。大部分的生长因子是酶蛋白的诱导物或是表面活性剂，如在米曲霉的培养基中添加少量大豆酒精提取物，可使蛋白酶的产量提高2倍左右。另外，pH也是培养基制备过程中需要着重考虑的一个因素，霉菌、酵母菌偏好微酸性的环境，而多数的细菌、放线菌适合在中性至微碱性的环境中生长。pH不仅影响微生物的生长，而且对所产酶蛋白的类型也有一定的影响，如随着培养基 pH 由酸性向碱性偏移，米曲霉产生的 α-淀粉酶由胞外酶逐步转为胞内酶。

（二）酶的发酵生产方式

目前，除多酚氧化酶多是通过植物材料中分离纯化获得外，在茶产业尤其是茶叶深加工中常用酶类多是由微生物发酵制备的。微生物发酵制备酶的方式主要有固体发酵和液体深层发酵两种。固体发酵法是指在固体、半固体或富含营养物质的惰性载体上培养微生物和生产酶的一种方法。固体发酵接近于微生物的生长环境而有利于菌株生长与酶的合成，后期的酶蛋白提取方便，有的甚至不需要提取，直接作为粗酶制剂。与液体发酵相比，在发酵过程中固体发酵不产生废水，一定程度上减少了环境污染。此外，培养基多使用麸皮、米糠等农副产品，来源广泛，可选择性大。虽然固体发酵方式较为简便，但操作条件不易控制、易染菌、缺乏高效的发酵反应器是制约其发展的瓶颈。

液体深层发酵法是以液体培养基为原料进行的微生物繁殖和产酶的方法。因为液体发酵的条件较好控制，不易污染杂菌，生产效率较高，且能随时检测酶活力，而成为现在多数酶蛋白的发酵生产方式。根据操作方式，液体深层发酵可分为分批培养、补料分批培养及连续培养。分批培养一次投放、一次产出，操作简单且不易染菌，是最常用的发酵方式，但是分批培养发酵的时间较短、生产效率低。连续培养产酶的时间长，但是极易染菌。补料分批发酵介于二者之间，是工业普遍使用的液体发酵方式。

相对于固态发酵，液态发酵技术成熟，但其存在酶蛋白浓度低、需要浓缩处理、分离提取困难、耗能大、产生废液等缺点。

（三）酶的发酵条件优化

酶的发酵条件优化是指在已有的常规菌种或基因工程菌的基础上，通过对生物反应器操作条件的改进，或发酵设备的选型改造，以降低生产成本，提高酶生产能力和产品质量。目前，微生物产酶发酵条件的优化先从实验室小样水平开始，采用逐级放大的办法对发酵条件进行不断的改进优化，逐渐向工业化发酵规模过渡。发酵温度、pH、溶氧量是影响微生物生长以及分泌酶蛋白的重要因素，在发酵生产过程中进行适度调整是提高酶产量及其品质的重要措施。

发酵温度是影响微生物产酶的基本参数之一。微生物在低于最适温度时生长缓慢，产酶能力低；而过高的发酵温度又会导致细胞热休克，细胞内产生大量蛋白酶而使目的酶蛋白的产量下降。一般情况下，微生物发酵初期需要保温，在生长过程中则需要降低发酵温度。发酵温度的选定，需结合菌种特性、发酵方式等进行优化。pH 是另一影响微生物产酶的因素。微生物新陈代谢的过程中不断产生代谢产物并释放到培养基中，而使发酵培养基中 pH 发生改变。因此发酵过程需要对培养基的 pH 进行监测，并根据监测结果进行调整。调节培养基的初始 pH，掌握原料的配比，以保持一定的 C/N 比；添加缓冲剂使发酵液具有一定的缓冲能力，或调节通气量使发酵液的氧化还原电位差能维持在一定范围内等方式，是酶制剂生产中常用的调整发酵液 pH 的方法。溶解氧浓度是影响发酵效果的又一重要因素。多数产酶微生物为好氧微生物，需要在溶解有大量氧气的培养基中生产。由于氧气微溶于水，因此在生产过程中必须以无菌空气的形式向培养基中通气以满足微生物生长需要。但如果直接向发酵罐中通气又会产生气泡，因而发酵过程中不仅需要监测发酵液的溶解氧水平，还需适时对气泡进行消除处理。此外，培养基的 C/N 比、生长因子、湿度等也是影响微生物产酶的重要因素。对于诱导酶的发酵生产，还需在发酵培养基中添加诱导物以促进产量，如纤维素二糖可作为纤维素酶的诱导物，提高其产量。

三、产单宁酶菌株发酵生产

单宁酶是茶产品中当前应用较多的酶，下面以该酶为例介绍产酶菌株的筛选和发酵生产。

（一）单宁酶菌株筛选

单宁酶菌株的筛选，包括采样、培养、初筛、复筛、生产性能测定以及菌种鉴定等步骤。在茶园和柿树林的土壤、五倍子废弃物等含有丰富单宁的样品中，较易筛选到单宁酶高产菌种。将样品以无菌水稀释成系列梯度浓度后，涂平板培养。根据单宁酶可水解没食子酸酯类化合物生成没食子酸和葡萄糖的催化特性，利用含有单宁和溴酚蓝指示剂的培养基，通过溴酚蓝指示剂由蓝紫色变为黄色，使菌落周围形成明显的变色圈，从而辨别分离出产单宁酶的菌株。选取变色圈颜色较深、直径较大的单菌落，转接至斜面培养保存。通过液体培养分离得到的菌株，测定发酵液中单宁酶的活力，进一步筛选获得产酶高活力的菌株。对获得的产单宁酶高活力菌株进行菌株继代稳定性测定，同时进行放大培养，确定产酶的性能与菌株稳定性。可以在产酶性能测定前或之后进行菌株鉴定，确保菌株安全可用。如筛选获得的菌株单宁酶活力偏低，不适宜于生产，则还需进行诱变选育或重新取样筛选，直至获得适宜于大生产的高活力产单宁酶菌株。

（二）单宁酶菌株发酵条件优化

产单宁酶菌株的发酵可以选择固态发酵和液态发酵，但以液态发酵为主。对已筛选获得产单宁酶菌株的培养基组成以及发酵条件进行优化，确定其最佳产酶条件，为工业化生产奠定基础。诱导物、碳源、氮源、硫酸镁、无机盐、金属离子等是优化产单宁酶培养基的主要内容，而接种量、初始 pH、发酵温度等则是优化发酵条件对菌株产酶量以及质量影响的重点。马如意（2011）在单因素试验的基础上，利用响应面法对筛选获得的产单宁酶优势菌株 A－6 进行培养基组分的优化，确定最佳产酶培养基为：在 250mL 三角瓶中装入 5g 麸皮和 5mL 营养液，营养液的组成为 12g/L 蔗糖、2.5g/L KNO$_3$、22.4g/L 玉米浆、65.1g/L 五倍子、1.36g/L MgSO$_4$、0.2g/L CoCl$_2$、3g/L 柠檬酸钠、2.5g/L NaCl；与之对应的最佳产酶培养条件为接种 1mL 孢子悬液（浓度为 11×10^{9}个/mL）、固液比1:1.8、初始 pH7.0、30℃ 发酵108h，优化后 A－6 菌种的单宁酶产酶水平由原先的 8.1U/g 提高至 15.81U/g。另外，蔡淑娟（2012）对分离筛选到的产单宁酶酵母菌株 FC6－1 的培养基组成和发酵条件也进行了优化，结果确定最优培养基组分为 30g/L 单宁酸、10g/L 玉米淀粉、30g/L 豆粕、2.0g/L 硫酸镁、1.0g/L 磷酸氢二钾、0.5g/L 氯化钠、0.4g/L 硫酸锰、0.2g/L 氯化钙、0.15g/L 吐温 80，确定装液量 35mL/250mL、接种量 10%、初始 pH3.0、培养温度 28℃、转速 180r/min、摇床发酵培养 72h 为最佳培养条件，经优化后单宁酶酶活力较优化前提高了 1.68 倍。

第三节 茶叶酶的分离纯化

获得高纯度和高活性的酶蛋白，将有利于提高酶制剂的催化效果。为此，无论是以动物、植物或微生物为来源，除直接利用细胞进行催化外，多需进行酶蛋白的分离纯化。

一、酶的提取

在以动物、植物、微生物为材料提取酶时，均需先进行细胞破碎。细胞破碎法可分为机械破碎法、化学与生化渗透法、物理渗透法，常用的有冻融法、超声波破碎法、研磨法等。以液态发酵微生物时，如是利用其胞外酶，则需收集发酵液来浓缩提取酶蛋白。细胞组织破碎后，需高速离心去除细胞器、细胞组织碎片等，获得酶蛋白粗提液。在进行酶的提取纯化过程中，均应在低温环境下进行，以防止酶失活。同时，应注意添加蛋白酶抑制剂，防止目标酶蛋白被降解。此外，像马铃薯、茶树鲜叶等材料中富含酚类成分时，在提取中还需添加螯合剂除去酚类成分。

二、酶的分离纯化

在茶叶酶学研究中往往需要纯度较高的酶蛋白，而从茶叶组织中提取的粗酶液中含有多种不同的酶，分离纯化的目的正是在于去除杂蛋白，在尽可能多地保留目的酶蛋白活力的同时提高其纯度。茶叶中酶蛋白的分离纯化一般先通过盐析、等电点沉淀法、溶剂沉淀以及选择性热变性等方法进行初步分离纯化。在此基础上，根据目的蛋白的特性，采用离子交换层析、凝胶过滤、亲和层析以及高效液相色谱等方式进一步分离纯化。某个茶叶酶蛋白究竟需要采用何种分离纯化路线，需要从其理化性质以及稳定性出发进行设计，并通过酶活力、比活力等指标进行衡量，取舍分离纯化步骤。根据不同性质，酶蛋白常用的分离方法如表 3 - 4 所示。

表 3 - 4　　　　　　　　　　　　酶蛋白分离常用方法

性质	方法
分子大小	差速离心，凝胶层析，超滤，透析
电荷	电泳，等电点沉淀，离子交换层析
溶解度	盐析，溶剂抽提，分配层析，结晶，有机溶剂沉淀法
亲和力性质	亲和层析
选择性吸附	羟磷灰石层析，疏水作用层析

（一）沉淀法

1. 盐析法

在盐浓度不断提高时，酶蛋白因溶解度下降而导致沉淀析出，该过程称为盐析，目前茶叶中酶蛋白常用硫酸铵进行盐析。硫酸铵溶解度大，且溶解的温度系数小，即使在低温条件下，几乎所有的酶蛋白均能盐析出来，最关键的是硫酸铵不易引起茶叶酶蛋白变性失活。盐析时，选用的缓冲液 pH 一般在被分离酶蛋白的等电点附近，以提高纯化效果。另外，盐溶液的饱和度是影响盐析效果的重要因素。刘琨采用硫酸铵分级沉淀法去除碧螺春多酚氧化酶粗酶液中的杂蛋白，发现当硫酸铵饱和度小于30%时，所得沉淀相对酶活力较小，可用于除去杂蛋白；当饱和度为40%~70%时，所得沉淀物酶活力较高；但当硫酸铵饱和度大于80%时，相对酶活力大幅下降，因而以饱和度30%的硫酸铵除去杂蛋白，以饱和度70%的硫酸铵沉淀目标蛋白（图3 - 3）。

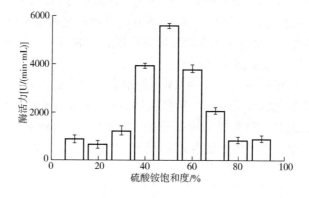

图 3 - 3　硫酸铵分级沉淀实验结果（刘琨，2013）

2. 等电点沉淀法

酶蛋白在等电点时溶解度最低，并且各种酶蛋白具有不同的等电点，因而可以根据此性质来分离目的蛋白。酶蛋白的等电点（pI）即为蛋白质的净电荷为零时的 pH，由于等电点时蛋白质的净电荷为零，失去了水化膜和分子间的相斥作用，疏水性氨基酸残基暴露，蛋白质分子相互聚集靠拢，易形成沉淀并析出。

3. 有机溶剂沉淀法

与水互溶的有机溶剂（如甲醇、乙醇等）能使某些酶蛋白在水中的溶解度显著降低，并导致酶蛋白沉淀析出。在室温下，有机溶剂不仅能够引起蛋白质的沉淀，而且伴随变性。因此，通常要将有机溶剂冷却，然后不断地搅拌加入酶蛋白样品中，以防止局部浓度过高而导致的酶蛋白变性。并且，分离后的酶蛋白沉淀应立即用水或缓冲液溶解，尽快降低有机溶剂浓度，以减少酶蛋白活力的降低。

（二）超滤法和透析法

透析和超滤法均是利用酶分子通过或不能通过一定孔径的半透膜，使得被分离酶蛋白与其他大小的分子物质分离的方法。超滤法是根据目的酶蛋白的分子大小，使用一种特殊的超滤膜对溶液中各种溶质分子进行选择性过滤；并配合离心，促使水和其他小分子溶质通过半透膜，而酶蛋白因不能透过而保留在超滤膜上。采用超滤法对目的酶蛋白进行脱盐浓缩，操作简便，且酶蛋白的回收率较高。与超滤法类似，透析法是将酶液装入半透膜的透析袋中，利用小分子可通过半透膜扩散到水或缓冲液中，将小分子物质与目的酶蛋白分开的一种分离纯化技术。目前，这两种方式均已成熟地应用于茶叶中酶蛋白的分离纯化中，达到脱盐并去除部分小分子杂蛋白的目的。

（三）层析

1. 离子交换层析

离子交换层析是以离子交换剂为固定相，依据流动相中的组分离子与交换剂上的平衡离子可逆交换时结合力大小的差别而进行分离的一种层析方法。酶具有电介质性质，因而可采用离子交换层析对其进行分离纯化。茶叶中的酶蛋白常用纤维素衍生物作为离子交换剂，如乙二胺乙基纤维素（DEAE-纤维素，阴离子交换剂）和羧甲基纤维素（CM-纤维素，阳离子交换剂）。DEAE-纤维素常用 pH 为 7.0~9.0 的缓冲液吸附酶蛋白，而 CM-纤维素常用 pH 为 4.5~6.0 的缓冲液吸附酶蛋白，然后用 pH 逐渐降低的缓冲液或是离子强度递增的含盐缓冲液洗脱，使酶蛋白与交换剂的结合键减弱，各组分相继洗脱下来，酶混合物得以分离。

Takeo 等曾利用 DEAE-纤维素和 CM-纤维素柱层析分离获得 3 个多酚氧化酶组分。Ünal 等将初步纯化的多酚氧化酶粗酶液用 DEAE-纤维素柱层析，获得 1 个具有多酚氧化酶活性的组分。另外，刘琨报道使用 DEAE-Sepharose 柱层析用于茶叶中多酚氧化酶分离纯化，并将该方法与凝胶层析相结合获得了 2 个茶叶多酚氧化酶同工酶。

2. 凝胶层析

凝胶层析又称分子筛，是根据分子大小分离酶蛋白混合物的有效方法。酶蛋白样品随流动相流经装有凝胶固定相的层析柱时，其中各物质因分子大小不同而被分离。该纯化方法因为不需要酶蛋白与柱材料通过化学键结合，很大程度上降低了酶蛋白活力的损失。现阶段，较为常见的凝胶有葡聚糖凝胶、琼脂糖凝胶、聚丙烯酰胺凝胶以及它们的衍生物。在洗脱过程中，分子质量最大的物质因不能进入凝胶网孔而沿凝胶颗粒间的空隙最先流出柱外；而分子质量较小的物质因能进入凝胶网孔而受阻滞，流速缓慢，使其较晚流出柱外。

Takeo 等利用 Sephadex G－200 分离纯化多酚氧化酶，即通过凝胶柱将多酚氧化酶与其他杂蛋白和小分子盐分离。Coggon（1973）等曾尝试用交联葡聚糖 G－100（Sephadex G－100）和交联葡聚糖 G－150（Sephadex G－150）分离多酚氧化酶和过氧化物酶，但分离效果不佳，仅有 15% 的酶蛋白洗脱出来。

3. 亲和层析

亲和层析是据生物分子间某种特有的亲和力而建立的一种纯化方法。酶和它的底物（包括辅助因子）、底物类似物或竞争性抑制剂通常都具有较高的亲和力，能专一而可逆地形成酶－配基络合物。因此，如果将这类配基偶联固定于样品中，那么就能迅速而有选择性地将相应的酶分子从溶液中分离出来，达到和其他杂蛋白分离的目的。

张正竹等以化学合成的 β－葡萄糖苷酶的抑制剂 β－葡萄糖脒为配体，通过 N－糖苷键交联到支持物上，使糖脒 N－糖苷键一侧的氨基保持带正电荷的活化状态，合成了一种可用于 β－葡萄糖苷酶分离纯化的亲和层析树脂，结果从薮北种茶树叶片中纯化出两种分子质量分别为 63ku 和 75ku 的 β－葡萄糖苷酶单体酶。

（四）电泳法

电泳法是一种广泛使用的蛋白质分离技术，是根据各种蛋白质解离、电学性质上的差异，利用它们在电场中的迁移方向与迁移速度不同而进行纯化的方法。电泳法可以达到很高的分辨效果，但在实验放大和样品回收方面具有一定困难，目前主要用于蛋白质的分析和小规模制备。

1. 聚丙烯酰胺凝胶电泳

在多种电泳法中，聚丙烯酰胺凝胶电泳（Polyacrylamide Gel Electrophoresis，PAGE）应用最为广泛。聚丙烯酰胺凝胶具有三维网状结构，电泳颗粒在通过网状结构的空隙时受到摩擦力以及静电引力的共同作用，使得分辨率大大提高。按照电泳系统的连续性，PAGE 可分为连续系统和不连续系统两大类。前者由于电泳系统中缓冲液 pH 和凝胶浓度保持不变，因而无浓缩效应；后者由于电泳体系中缓冲液离子成分、pH 以及凝胶浓度的不连续性，具有浓缩效应，分辨率更高，使之利用更加广泛。

2. 等电聚焦

等电聚焦是蛋白质在连续的、稳定的线性 pH 梯度上进行的电泳，是目前电泳中分辨率最高的技术。蛋白质作为两性电解质，在 pH 低于其等电点时带正电，而在 pH 高于其等电点时带负电荷。因此当某一酶蛋白处于其非等电点位置时，带有净电荷，必定会向异性电极方向移动，一旦抵达其等电点位置，净电荷为 0 而停止迁移。因此，酶蛋白只能在其等电点位置被聚集成一条窄带，分辨率得到了极大的提高。

3. 双向电泳

双向电泳是将等电聚焦电泳与聚丙烯酰胺凝胶电泳相结合的电泳方法。双向电泳分辨率高，获得的信息量大，常用于分析复杂样品及绘制蛋白图谱。双向电泳先根据样品中不同酶蛋白的等电点进行第一次的分离，而后切割以与第一向垂直的方向进行第二次电泳。样品通过两次不同方法的电泳，得到的结果是蛋白质点而非蛋白带，获得酶蛋白等电点和分子质量等大量信息。

三、分离纯化效果

为了达到较为理想的分离纯化结果，需要将几种方法设计配合使用。分离纯化的目的不仅要求得到含量较低甚至不含有杂蛋白的酶制品，而且要尽可能减少分离纯化过程中目的酶蛋白活力的损失。因而，在每经过一次的分离纯化步骤时，都需要对其纯化效果进行评价，不断优化技术。

酶活力是指酶催化某一化学反应的能力，一般通过酶活力单位（U）表示。1961年国际生物化学协会酶学委员会提出采用统一的"国际单位"（IU）来表示酶活力，规定为在最适反应条件下，每分钟内催化 $1\mu mol$ 底物转化为产物所需的酶量，定为 1 个酶活力单位。酶活力的大小也可以用在一定条件下所催化的某一化学反应的反应速率来表示。酶促催化反应速率越大，酶的活力越高；反应速率越小，酶的活力就越低，两者呈线性关系。因此，测定酶活力就是测定酶促反应的速率。酶催化的反应速率可用单位时间内底物的减少量或产物的增加量来表示。但需要注意所测定的是初速率，即底物消耗的百分比很低，此时产物浓度与时间呈直线关系。否则，由于底物消耗，反应速率减缓；或由于产物积累，逆向反应影响正向反应速率，而导致产物浓度与时间作图偏离直线。因此，需要事先确定产物浓度与时间的直线范围。

除了酶活力外，比活力和纯化倍数也是衡量分离纯化效果的重要指标。酶的比活力是指每 1mg 蛋白所含的酶活力单位数，用于表示酶蛋白的纯度，比活力越高，表明其纯度越高。在此基础上，可用于计算某一纯化步骤的纯化效果，用纯化倍数表示，即每次比活力与第一次比活力之比。此外，每次酶蛋白的总活力与最初酶样的总活力比值，即回收率也是比较衡量分离纯化效果的重要项目。

四、茶树多酚氧化酶同工酶分离纯化

以茶叶多酚氧化酶同工酶分离纯化实例，来介绍茶叶酶的分离纯化基本操作方法。

在茶树细胞内总酶含量较高，但每一种酶的含量却很低。因而在分离纯化某一酶蛋白时，需要选择此酶含量最为丰富的部位进行提取，一般多以幼嫩鲜叶为原料。多酚氧化酶含量随鲜叶嫩度的降低而降低，以较细嫩的原料中含量丰富。

茶叶中多酚氧化酶酶蛋白一般采用丙酮萃取法、匀浆法和匀浆浸提法进行提取，不同的提取方式各有优缺点。丙酮萃取法中使用丙酮，一方面能有效破坏细胞壁、细胞膜，有利于去除脂类物质；另一方面可使某些结合酶易于溶解。此外，丙酮干粉含水量低，易于保存，但丙酮粉可能引起某些酶变性而导致酶活力得率低。对丙酮萃取法进行适度改进，在丙酮抽提后添加多酚吸附剂，不仅所得酶液中多酚残余量少，而且多酚氧化酶总活力保持良好（图3-4）。匀浆浸提法是茶叶中最常用的酶提取方式，所得的酶液活力高，但酶液体积较大，在后期需要对其进行浓缩才能达到应用的要求。将丙酮粉法和匀浆法结合，取长补短，可获得高活力的多酚氧化酶酶蛋白，而且体积较小。

　　茶叶中含有大量的多酚类物质，是蛋白质的天然沉淀剂，而引起茶叶中大部分的酶不可逆地变性失活。这也是早期茶叶酶学研究中，茶叶酶蛋白提取率一直处于低水平的关键原因。在提取茶叶中酶蛋白时，常常加入聚乙烯吡咯烷酮（Polyethylene Pyrrolidone，PVP）、交联聚乙烯吡咯烷酮（Crosslinked Polyvinyl pyrrolidone，PVPP）、吐温-80等多酚吸附剂，以去除多酚类物质的干扰。但不同的多酚吸附剂作用效果存在差异，在提取过程中需要根据目的酶蛋白选择吸附剂的类型，优化使用浓度等。许雷等对比了PVP和PVPP对茶叶多酚氧化酶提取效果的影响，发现在匀浆浸提法提取过程中添加5%PVP获得的茶叶多酚氧化酶活力最高（图3-5）。此外，茶组织充分破碎或根据酶存在部位进行细胞自溶、采用有机溶剂和表面活性剂处理等，都能使茶叶酶得到较大程度的释放，从而提高茶叶酶的提取率。

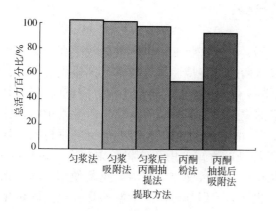

图3-4　几种提取方法所得多酚氧化酶粗酶的总活力百分比（毕云枫等，2013）

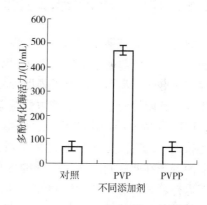

图3-5　添加不同提取剂的茶树多酚氧化酶活力（许雷等，2015）

　　在制备茶叶粗酶液时，常需要进行离心处理以除去细胞器、细胞组织碎片等体积较小的悬浮物，离心力大小的选择是关键。通常情况下，用于酶活力测定的粗酶液，仅需要通过较小的离心力离心去除细胞组织碎片即可；而供层析（纯化）用的酶提取液，则应采用较大的离心力离心，以将其中小颗粒悬浮物去除。还可根据细胞器质量，通过离心作用分离各种细胞器，进而实现不同部位酶蛋白的分离，具体分离物及其离心条件见表3-5。刚浸提得到的茶树多酚氧化酶初提液，一般采用$10000 \times g$离心$20 \sim 30min$，过滤后，获得澄清的茶树多酚氧化酶初酶液。

表 3 - 5 　　　　　　细胞器、细胞碎片的离心沉淀条件（刘乾刚，2003）

沉淀部分	离心力（×g）	时间/min	沉淀部分	离心力（×g）	时间/min
细胞壁碎片	300	—	线粒体	15000	60
	600～800	10	微粒体	30000	30
叶绿体	1500	15	所有颗粒	80000	120
	1400	5			

茶树多酚氧化酶初酶液经 30%～80% 硫酸铵盐析沉淀，离心收集沉淀物，及时进行溶解，以超滤管去盐和浓缩。茶树多酚氧化酶浓缩液以 DEAE - Sepharose CL - 6B 阴离子交换柱进行柱层析，以 0～300mmol/L NaCl 进行梯度洗脱，紫外监控收集洗脱峰，各洗脱峰分别以 PAGE 胶染色确定纯化后同工酶带纯度，以 SDS - PAGE 进一步分析多酚氧化酶蛋白纯化程度，合并相关多酚氧化酶同工酶的洗脱液。以超滤的方式对多酚氧化酶同工酶各洗脱液进行脱盐和替换缓冲液，并起到浓缩的作用。浓缩后的茶树多酚氧化酶同工酶依据纯化程度，进一步以 Sephndex G - 150 分子筛纯化，收集洗脱液，浓缩后进行分析，确定纯化效果。经以上程序纯化后，可以分离纯化获得分子大小为 80ku 的茶树多酚氧化酶单一同工酶。

第四节　茶叶酶的固定化

酶是一类具有催化能力的生物大分子，具有底物专一性，催化效率高，反应条件温和，以及反应前后不发生改变的特性。酶的这些特性是合成催化剂望尘莫及的，但其存在对酸碱、高温、高离子强度等极端条件颇为敏感，难与产物分离进而回收利用，使用次数有限等问题从而制约着大规模的发展应用。为克服酶在生产应用中的各种困难，1910 年酶的固定化技术应运而生，20 世纪 60 年代正式开始研究。张树政、陈建龙等报道，酶的固定化是通过化学或是物理的方式，用载体将酶束缚在一定区间内，限制酶分子在此区间内进行活跃的催化作用，并可回收及长时间重复使用。固定化酶仍然保持着酶原有的高度特异性和高催化活力。但与游离态的酶相比，经过固定化处理后的酶具有稳定性高，催化反应过程易于控制，重复利用率高，易与反应体系分离，以及适合多酶体系应用的优势。

一、酶的固定化方法

居乃琥报道，酶固定化方法主要有吸附固定化法、共价结合固定化法、交联固定化法、包埋固定化法，还有定向固定化、膜固定化以及无载体固定化等方法。但吸附固定化法、共价结合固定化法、交联固定化法以及包埋固定化法是近年来茶叶酶以及茶产业中重要酶蛋白的主要固定化方式，各方法的优缺点比较见表 3 - 6。

吸附固定化法（Allal 等，1997）是最早出现的酶固定化方法，包括物理吸附和离子交换吸附。物理吸附法是以固体表面物理吸附为基础，使酶与水不溶性载体相接触而达到吸附酶的目的。而离子交换吸附法是通过离子交换效应，将酶固定到含有离子交换基团的固相载体上。无论是物理吸附还是离子交换吸附，酶固定的条件温和，对酶的构象和催化活性影响较小，但由于结合力弱，存在酶蛋白易脱落而污染反应产物等缺点。

表 3-6　　　　　　　　不同固定化酶制备方法比较（袁新跃，2009）

特性	吸附法		共价结合法	交联法	包埋法
	物理吸附法	离子吸附法			
制备	易	易	难	较难	较难
结合力	弱	中等	强	强	较强
酶活力	低	较高	中等	较低	高
底物专一性	无变化	无变化	有变化	有变化	无变化
再生	可能	可能	不可能	不可能	不可能
成本	低	低	高	较低	较低
适用性	酶源多	广泛	较广	较广	底物和产物为小分子的酶

共价结合法是将酶分子上的官能团与载体表面上的活性基团发生化学反应形成共价键的一种固定化方法。与吸附固定化法相比，共价结合法获得的固定化酶具有良好的重复使用性和稳定性，但由于固定化过程氨基酸残基直接参与连接反应，反应过程剧烈，易造成酶活力的损失，存在酶活力低、制备过程较复杂的缺点。另外，研究发现共价结合法对酶蛋白的底物特异性也有一定的影响。

交联法是利用双功能或多功能交联剂与酶分子内或酶分子间彼此连接形成网络结构，而使酶固定化的技术。该方法获得的固定化酶虽然稳定性强，但与共价结合法一样，固定化反应条件激烈，交联剂可与酶的活性中心结合而导致酶活力下降，固定化酶的回收率较低，一般作为酶固定化的辅助方式而不单独使用。常见的交联剂有戊二醛、双重氮联苯胺 -2，2′-二磺酸、1，5-二氟 -2，4-二硝基苯等，其中以戊二醛应用最多。

包埋法是将酶包埋在高聚物凝胶网格中（凝胶包埋法）或是高分子半透膜内（微囊法）的固定化方法。凝胶或半透膜能以物理方式阻止酶从中扩散出去，但反应物和产物却可以自由地透过。由于包埋过程中反应条件温和，且几乎不与酶蛋白的氨基酸残基发生结合反应，可较完整地保持酶的高级结构，酶活力回收率高。但该方法适用范围有限，只有酶蛋白的底物和产物为小分子时才能扩散进或扩散出高分子凝胶网格中，且在扩散过程中酶动力学行为易发生改变，酶活力也有部分降低。

二、固定化载体

固定化材料直接影响固定化酶的活力、稳定性以及固定化效率，有机载体、无机载体、复合载体以及纳米载体是较为常用的固定化酶载体材料。尽管不同的载体材料在固定酶分子方式、原理方面存在差异（表 3-7），但 Barbara、Bullockc、

Chaplin、Pskin 等认为，它们都具有以下特点：①具有功能基团，带有如—OH、—COOH、—CHO等反应性基团，可与酶分子相互作用，提高载体材料与酶之间的结合力，从而大大提高固定化酶的稳定性；②拥有较大的比表面积，使得载体材料易和酶相交联，并提高固定化效率，降低固定化酶与底物结合的空间位阻，提高固定化酶与底物作用的效率；③不溶于水，良好的固定化材料既能够实现固定化酶与反应体系的分离，又可避免其自身对反应产物的污染；④具有机械刚性，载体材料的机械刚性，可保证固定化酶在搅拌、通氧等剧烈而复杂的反应条件中破裂或分解；⑤微生物抗性，载体材料在重复使用过程中必须防止微生物的污染以及降解作用，以延长使用期限；⑥重复使用性，载体尤其是较为昂贵的固定化酶载体的重复使用，可大大减少固定化酶的成本；⑦无毒性，随着人们对健康的关注，固定化载体的无毒也显得越发重要。

表 3 -7　　　　　　　　不同固定化载体的比较（袁新跃，2009）

载体类型	无机载体		有机载体		复合型载体	
	硅藻土	活性炭	壳聚糖	海藻酸钠	磁性高分子微球	纳米碳酸钙
组成	SiO^{2+} 微量有机物	C	多—OH 和—NH_2 等功能基团的多糖物质	—OH 和—NH_2 等功能基团的多糖物质	磁性金属或是金属氧化物的超细粉末结合有机材料，如壳聚糖、聚苯乙烯等	粒径为纳米级碳酸钙物质
固定化方法	吸附法或交联法	吸附法	吸附 + 交联	包埋 + 交联	交联	吸附 + 交联
固定化原理	范德华力，化学键	范德华力	范德华力，化学键	范德华力	化学键	范德华力，化学键
优点	孔隙度大、吸收性强、化学性质稳定、耐磨、耐热，机械强度高，活性炭具有分子筛特性，可再生		安全，无毒，固定化酶稳定性较好，价格低廉，其中海藻酸钠可生物降解		兼有有机载体和无机载体的优点	比表面积大，可最大限度地保持酶原有的活性，粒径小，可有效降低酶作用的空间位阻
缺点	固定化酶稳定性较差，酶分子易脱落流失		机械强度差，而且在高离子强度下易发生降解转溶		固定化操作过程复杂，成本较高	

三、固定化酶的评价指标

　　游离的酶蛋白制成固定化酶后，其最适 pH、最适温度、热稳定性等酶学特性发生一定变化，因而需对其性质进行分析以判断固定化方法的恰当与否，比较评价固定化酶的实用价值。

同游离态酶活力相似，固定化酶活力是指固定化酶催化某一特定反应的能力，是衡量固定化酶催化能力的重要指标。固定化酶活力可表示为，一定条件下单位干重固定化酶每分钟转化底物或生成产物的量。若是酶膜、酶管以及酶板则以单位面积的反应初速度表示。

王昊报道，偶联率和活性回收率用于衡量酶蛋白的固定化效果。固定化反应过程中载体结合蛋白质的能力称为偶联率。在不同条件下不同载体偶联效率不同，在相同条件下不同载体偶联效率也不同，因而常用偶联率确定固定化过程的理想载体和最佳偶联条件。固定化酶的活性回收率是指固定化后固定化酶的活力与加入偶联液中酶的总活力的比值。偶联率、活性回收率可按下列公式计算：

$$偶联率 = \frac{加入的总酶蛋白量 - 上清液残留总蛋白量}{加入的总酶蛋白量} \times 100\%$$

或

$$\frac{加入的总酶活力 - 上清液总活力}{加入的总酶活力} \times 100\%$$

$$活性回收率 = \frac{固定化酶总活力}{加入酶的总活力} \times 100\%$$

固定化酶的稳定性是影响其使用的关键因素，而半衰期是表征固定化酶稳定性的关键指标。固定化酶的半衰期是指在连续测定条件下，固定化酶的活力降为最初活力一半时所需要的时间，以 $t_{1/2}$ 表示。此外，固定化酶的相对活力以及蛋白含量也是固定化酶的重要评价指标。

四、茶叶重要酶的固定化

茶叶多酚氧化酶在红茶发酵以及茶黄素合成中发挥着关键作用，而 β - 葡萄糖苷酶、单宁酶、纤维素酶等被广泛地应用于速溶茶、茶饮料的加工中，对改善茶产品香气、提高澄清度以及浸提率具有重要作用。将固定化酶技术引入到茶产品生产中，不仅可提高这些酶蛋白的稳定性，延长使用时间，而且在简化产物分离工艺方面也具有重要应用价值。

（一）茶叶多酚氧化酶的固定化

在红茶加工过程中多酚氧化酶催化黄烷醇类物质氧化成醌，而醌类物质进一步被氧化缩合为茶黄素、茶红素。作为茶叶加工中重要的酶类物质，研究者对其固定化载体的选择、固定化方法的优化进行了广泛而深入的研究，为茶黄素的酶法生产奠定基础。以壳聚糖或海藻酸钠为载体，采用包埋法和交联法相结合的方式对茶叶多酚氧化酶进行固定化是研究最多的。钟瑾以壳聚糖为载体，戊二醛为交联剂，可以很好地固定茶叶多酚氧化酶，且当戊二醛浓度为2%时酶活力最强。李瑾等采用溶液插层法，将壳聚糖分子链插入蒙脱土片层间，制备壳聚糖/蒙脱土插层复合物，再利用壳聚糖多羟基和多氨基的化学结构，使其作为稳定剂和还原剂，原位还原氯金酸，制备壳聚糖 - 纳米金/蒙脱土插层复合体，并以此作为多酚氧化酶的固定化载体。另外，屠幼英等研究将从茶鲜叶中提取的粗酶液以多孔金属铝板支撑，经戊二醛交联壳聚糖包埋法制得多酚氧化酶金属酶膜，以提升固定化多酚氧化酶的机械强度。此后，研究者以海藻酸钠、琼脂等天然有机高分子材料为载体，戊二醛、无水丁烯二酸－乙烯为交联剂，采用包埋法和交联法相结合的方式固定茶叶多酚氧化酶。虽然在载体、固定化方法方面有很多进展，但将茶叶多酚氧化酶固定化酶应用于工业化生产还有很多问题亟待解决。

固定化多酚氧化酶的活力、稳定性以及酶促催化效果与载体材料密切相关。陈晓敏分析比较了儿茶素在海藻酸钠和壳聚糖中的通透性，发现儿茶素在海藻酸钠中的渗透率（61.8%）明显高于壳聚糖（12.2%），且四种非酯型儿茶素（GC、EGC、C和EC）在海藻酸钠和壳聚糖中通透性的差异明显大于四种酯型儿茶素（EGCG、GCG、ECG和CG）。袁新跃则对不同孔径、材质和极性的大孔吸附树脂和离子交换树脂载体固定化酶活力和固定化效率进行比较分析，发现阳离子交换树脂对茶叶多酚氧化酶的固定效果优于大孔吸附树脂，且以D152为载体制备的固定化酶活力最强。

在筛选出理想载体的基础上，以酶活力为指标通过单因素或正交试验进一步优化固定化酶制备的工艺参数。丁兆堂利用新型的纳米碳酸钙作为载体材料，探究粗酶与纳米碳酸钙的体积质量比以及时间对固定化酶活力的影响，确定最佳的固定化工艺流程为：茶叶多酚氧化酶粗酶液（酶活力0.34）:纳米碳酸钙材料为（70～75mL):（0.70～0.75g），2～8℃搅拌2h；2～8℃，3500～4500r/min，离心15～20min；pH5.6柠檬酸磷酸盐缓冲液洗涤沉淀2～3次，所得沉淀即为固定化多酚氧化酶。陈晓敏通过正交试验分析酶溶液与海藻酸钠溶液体积比、戊二醛以及CaCl$_2$浓度对固定化多酚氧化酶活力的影响，确定最佳固定化条件为酶液与海藻酸钠比率1:1、戊二醛浓度0.25%、CaCl$_2$浓度2%。袁新跃通过单因素试验探究了吸附固定化时间、交联剂浓度、交联时间、给酶量以及固定化温度对D152树脂载体固定多酚氧化酶的影响，得出最优固定化条件：10.00g预处理树脂载体D152，0.20mg/mL多酚氧化酶溶液50mL，4℃，120r/min吸附固定2h，加入0.080mL 25%戊二醛溶液，120r/min交联1h。综上所述，不同的固定化材料其相应的固定化工艺存在差异，酶液与固定化材料比例、固定化时间、交联剂浓度及时间是主要影响因素。

茶叶多酚氧化酶经过固定化处理后，酶活力、最适pH、最适反应温度等酶学特性发生明显变化。丁兆堂研究表明，用纳米碳酸钙固定茶叶多酚氧化酶，其活力受到固定化处理的激发，多酚氧化酶活力由固定前的（0.25818±0.00224）ABS（酶活力，以吸光度值表示）提高至（0.41719±0.01012）ABS，相对活性达3.13。另外，袁新跃研究茶叶多酚氧化酶制成固定化酶后最适pH较游离态向碱性偏移，最适反应温度也有所升高，一般提高5～10℃，并且在更宽范围的pH和温度下仍保持较高的酶活力。

固定化处理不仅对多酚氧化酶的酶学性质有明显的影响，而且一定程度上提高了酶蛋白的稳定性，延长了使用寿命。随着温度的升高和加热时间的延长，游离多酚氧化酶的活力都有不同程度的下降，而经过固定化处理的酶蛋白热稳定性大大提高。有研究报道，在70℃条件下温浴2h仍有一定的活力，高温耐受性明显提高。另外，袁新跃等曾对固定化多酚氧化酶的半衰期进行研究，结果发现无论是在4℃还是室温环境下半衰期都有了明显的提高；且可多次重复使用，使用至20次时，仍有40%以上的酶活力保留（图3-6）。

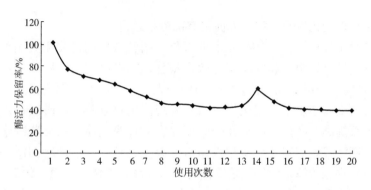

图3-6　IPPO 的重复使用稳定性曲线（袁新跃，2009）

（二）β-葡萄糖苷酶固定化

　　β-葡萄糖苷酶在茶叶香气形成以及改善茶饮料香气中具有举足轻重的作用，对其进行固定化处理以应用于茶叶深加工领域具有重要价值。早期 Morisi 等利用醋酸纤维素对 β-葡萄糖苷酶进行了包埋，Kennedy 等使用钠玻璃、水合金属氧化物、铅玻璃等为载体，通过螯合或金属结合的方式对其进行了固定化。尽管他们选用的固定化载体和方式不同，但固定化效果均欠佳，β-葡萄糖苷酶活力以及回收率低。宛晓春等利用蚕丝素蛋白作载体，分别采用包埋法和共价法两种方法固定了来源于黑曲霉的 β-葡萄糖苷酶，发现共价法固定化 β-葡萄糖苷酶的最适 pH 向碱性偏移接近中性，热稳定性显著提高，保存 3 个月后仍保持有 70% 左右的酶活力。舒爱民采用壳聚糖固定 β-葡萄糖苷酶，活性回收率为 58.7%，其最适 pH 也提高了 0.5~1 个单位，最适反应温度加宽，在室温下保存了 3 个月酶活力无明显下降。张正竹等也曾使用蚕丝素蛋白固定黑曲霉来源的 β-葡萄糖苷酶，并对其性质进行分析，结果表明固定化酶最适 pH 没有明显改变，但最适反应温度升高至 70℃，酸碱以及热稳定均明显提高。

（三）单宁酶的固定化

　　单宁酶是一种具有酯酶和缩酚羧酶活性的水解酶，可以水解没食子酸单宁生成没食子酸和葡萄糖。用单宁酶处理茶汤，能很好地解决"冷后浑"现象，降低茶汤浑浊度，提高速溶茶的冷溶性和制取率。通过固定化处理，提高单宁酶的酸碱稳定性和热稳定性，延长使用时间，具有重要意义。英国专利报道，用硅藻土固定单宁酶（2.5mg 单宁酶/g 硅藻土），在 pH5.5、40℃条件下可较好地处理茶汤的"冷后浑"。日本专利曾报道，利用聚砜中空纤维超滤膜固定单宁酶，用其将茶汁趁热过滤，可避免"冷后浑"现象。龚加顺等采用具有大微孔吸附面积的沸石固定化单宁酶，发现在 40℃条件下，处理浓度为 10% 的茶汤效果最佳，澄清度可达 41.5%。谢达平等采用海藻酸钙固定化单宁酶，并加入聚电解复合物对其进行修饰，提高了固定化单宁酶的机械强度，而且改善了其温度和 pH 稳定性。

（四）果胶酶、纤维素酶的固定化

　　果胶酶和纤维素酶均不是单一的一种酶，而是起协同作用的多组分酶系。果胶酶是饮料工业中常用的澄清剂，而纤维素酶可通过改变细胞壁的通透性而提高茶叶水浸出物的含量，两者在速溶茶、茶饮料加工中广泛应用。对于果胶酶、纤维素酶的固定化工艺，酶学特性变化以及稳定性方面也有部分报道研究。

刘新民等对比分析海藻酸钠、二醋酸纤维、明胶载体固定化果胶酶的效果，并优化固定化条件，结果表明明胶的固定化效果最佳，明胶固定化果胶酶活性回收率可达67.74%，重复回收使用10次后，酶活力还可保留80%以上。林建城等也以明胶为载体、戊二醛作为交联剂制备固定化果胶酶，发现固定化果胶酶的酸碱稳定性与温度稳定性均得到显著提高。高振红以磁性壳聚糖复合微球为载体采用交联吸附法对果胶酶进行固定化，同样发现固定化后酶学性质有所改变，且产生了产物抑制和高浓度底物抑制作用。汤鸣强利用海藻酸钠固定米曲霉产果胶酶，并优化了固定化工艺。

在纤维素酶固定化方面也有较多酚研究进展。汪珈慧等以壳聚糖作为载体，戊二醛为交联剂制备固定化纤维素酶，并应用于夏季绿茶的酶解，结果表明固定化纤维素酶不仅提高茶汤中茶多酚、氨基酸等含量，而且连续提取7批次茶叶，仍有80%以上相对酶活力保留。郭锐比较分析了球状壳聚糖、球状壳聚糖－聚乙二醇共混物载体固定纤维素酶的效果，发现采用球状壳聚糖－聚乙二醇共混物为载体的固定效果最佳，固定化纤维素酶的热稳定性、重复使用稳定性和贮藏稳定性均大幅度提高。

（五）茶叶酶的共固定化

目前，茶产业中重要酶的固定化多是对单一酶蛋白的固定。近年来，随着酶的共固定化技术的发展研究，将其应用于茶产品生产中是必然趋势。共固定化技术是指将酶－酶、酶－细胞、细胞－细胞以及酶－细胞－底物等物质共同固定在一起，形成多功能生物催化剂的技术。

苏二正曾对单宁酶和 β－葡萄糖苷酶共固定化载体、固定化工艺以及效果进行研究，发现以海藻酸钠为载体，采用交联－包埋－交联的共固定化方法获得的共固定化酶活力回收率最高，并在茶饮料除浑和增香中具有明显效果。但共固定化技术尚处于起步阶段，酶蛋白应如何选择组合进行共固定化、其作用效果是否优于单一酶的组合等问题，有待于更深入地研究，以促进茶产业的发展。

第五节 茶叶酶工程应用

酶的应用范围已遍及工业、农业、医药、环境保护以及生命科学等诸多领域，酶工程在茶产业特别是茶叶深加工中展现了其巨大的发展潜力。目前，酶工程已被成熟地应用于茶叶天然产物的合成，以及速溶茶、茶饮料品质的改善提高等方面。

一、酶工程在茶叶天然产物合成中的应用

茶黄素因其具有良好的保健功能而备受关注，但红茶中茶黄素含量低，仅占红茶干物质的0.3%～1.5%，采用溶剂浸提法、柱层析法等提取制备困难且产量低。而从茶叶或其他植物、微生物中筛选高活性多酚氧化酶，用于酶促氧化制备茶黄素，具有重要的实际意义。

萧伟祥等研究了双液相酶促氧化制备茶黄素，结果表明单液相溶氧量仅占双液相的29%～48%，而且在双液相中多酚氧化酶具有较强的稳定性，活性也提高了近2倍，

更有利于茶黄素的制备。pH 和温度等条件也是影响茶叶多酚氧化酶催化合成茶黄素的重要因素。王坤波比较分析了不同植物源多酚氧化酶及其同工酶组成对茶黄素合成的影响，认为丰水梨具有最强的合成茶黄素能力，并在此基础上通过单因素和正交试验优化了茶黄素酶促合成条件。而龚志华从 20 个茶树品种中筛选获得政和大白茶、福云 6 号及桃源大叶 3 个高多酚氧化酶活性原料，并对其酶促合成茶黄素能力进行比较，结果发现政和大白茶体系中茶黄素的质量浓度最高，且速溶茶较茶鲜叶自身更适合作为酶促反应底物。

另外，随着固定化技术的快速发展，将其应用于茶黄素的酶促生产成为可能。屠幼英、丁兆堂、陈晓敏等学者对茶叶多酚氧化酶的固定化载体、固定化方式以及固定化效果进行了全面而深入的研究。除此以外，根据固定化多酚氧化酶特性及茶黄素酶法合成条件，有研究者设计了柱填充床反应器，并与柱层析分离技术相结合，实现了茶黄素的动态制备与分离的耦联。王斌研究认为整个耦联工艺放大 4 倍，茶黄素产量可提高 87%，且分段收集不同馏分进行干燥处理，可以得到不同含量和酯型比例的茶黄素产品。

二、酶工程在速溶茶加工中的应用

速溶茶是以鲜叶或成品茶为原料，通过提取、浓缩和干燥等工序加工成的一种粉末状、碎片状或是小颗粒状的新型产品。到现在为止，多酚氧化酶、果胶酶、纤维素酶等酶制剂已应用到速溶茶提取、转化以及转溶等加工过程中，其具体的作用机理见表 3-8。

表 3-8 　　　　　　　　　　酶在茶叶加工中的作用机理

酶类	作用机理	应用效果
多酚氧化酶	促进儿茶素类的氧化	促进绿茶、鲜叶及半发酵茶转化，形成速溶红茶的色、香、味
过氧化物酶	促进儿茶素的氧化	促进绿茶、鲜叶及半发酵茶转化，形成速溶红茶色、香、味
纤维素酶	催化纤维素分解成寡糖或单糖，茶叶细胞壁被破坏	茶叶中的有效成分更容易浸出，提高速溶茶提取率
果胶酶	分解果胶质，茶叶细胞壁被破坏；分解茶叶水提取物中果胶质	提高速溶茶提取率；减少形成速溶茶粉末的泡沫
蛋白酶	催化蛋白质中肽键水解，使茶叶中蛋白质水解为氨基酸	提高速溶茶中氨基酸含量，增加滋味；减少"茶乳酪"的形成
单宁酶	水解没食子酸单宁中的酯键和缩酚键，促进茶叶多酚类化合物中的酯键和缩酚酸键水解	提高速溶茶的冷溶性、提取率以及可溶性金属元素含量；转溶"茶乳酪"，保持色泽和改善口味
葡萄糖氧化酶	以葡萄糖为底物，迅速去除游离氧	提高茶汤的风味、汤色和减少沉淀的发生

（一）酶工程在速溶茶浸提中的应用

用尽可能少的溶剂抽提出尽可能多的构成速溶茶良好风味的可溶物，是浸提的目标。在速溶茶生产中，常常利用纤维素酶、果胶酶以提高浸提率。梁靖等在速溶茶浸提过程中添加纤维素酶，发现添加 0.15U/mL 纤维素酶，45℃浸提 60min 效果最佳，浸提率达 26.8%，且将该方法制得的速溶茶用于茶饮料加工中可提高其短时间内的稳定性。单一的酶蛋白作用效果有限，而利用多种不同性质酶蛋白间的协同作用可充分发挥各自的特性。随着添加酶种类的增多，茶叶各主要品质成分浸出量逐渐提高，以蛋白酶、果胶酶、纤维素酶 3 种酶混合的浸出量最多，且在水浸出物含量上表现尤为突出（表 3-9）。不难看出，在浸提过程中添加纤维素酶、果胶酶等水解酶，通过破坏茶叶细胞壁结构可有效地提高浸提率，同时浸提温度、时间是影响酶蛋白辅助效果的主要因素。

表 3-9　　　　　　　　不同酶种类辅助浸提对茶叶主要品质成分浸出量的影响　　　单位：mg/100g

处理号	咖啡碱（Caf）	茶多酚（Tp）	蛋白质（Pro）	游离氨基酸（AA）	碳水化合物（Su）	水浸出物（WE）
1#	2009.8	8049.3	588.4	837.6	3024.9	26193.7
2#	1988.9	8322.5	627.9	849.2	3217.4	26895.6
3#	2219.3	8422.9	590.3	799.4	3174.0	26385.9
4#	2349.2	8620.9	638.2	853.9	3439.0	28470.5
5#	2419.7	8744.8	659.7	899.2	3294.8	28946.2
6#	2428.3	8727.4	628.9	839.5	3287.3	28749.4
7#	2496.3	8842.4	679.5	944.7	3459.7	30268.4

注：1#—蛋白酶；2#—果胶酶；3#—纤维素酶；4#—蛋白酶 + 果胶酶；5#—蛋白酶 + 纤维素酶；6#—果胶酶 + 纤维素酶；7#—蛋白酶 + 果胶酶 + 纤维素酶。

（二）酶工程在速溶茶转化中的应用

在绿茶、鲜叶及半发酵茶制造速溶红茶时，需通过转化过程使得茶浸提液完成传统红茶的发酵。酶法转化、物理转化以及化学转化是当前速溶茶转化的主要方式。其中，酶法转化反应条件温和，产品质量优于物理、化学转化法，但如何获得价廉且高活力的多酚氧化酶、降低生产成本是其大规模应用的制约因素。速溶茶酶法转化过程中常用的酶主要有多酚氧化酶、过氧化物酶以及过氧化氢酶，而这些酶多来自于茶鲜叶本身。

刘政权比较了不同品种茶树鲜叶、不同种类水果以及微生物来源的多酚氧化酶系体外氧化绿茶提取液，并对其制备速溶红茶的工艺进行优化，发现水果酶源 A 催化能力强于茶树品种 B（表 3-10），在茶汤浓度为 2% ~ 3% 条件下，添加质量比为茶叶原料 50% ~ 100% 的水果酶源 A，38℃酶促反应 60min，通氧量 1mL 空气/min，可获得高性价比、符合大生产要求的速溶红茶。

表 3－10		不同酶源处理的速溶红茶粉中茶黄素的含量				
	对照	酶源 A 处理 1	酶源 A 处理 2	酶源 B 处理 1	酶源 B 处理 2	酶源 B 处理 3
茶黄素	0.10%	0.59%	0.81%	0.48%	0.44%	0.62%
茶黄素－3－没食子酸酯、茶黄素－3′－没食子酸酯	0.06%	0.55%	0.66%	0.38%	0.42%	0.46%
茶黄素－3,3′－双没食子酸酯	0.07%	0.88%	0.97%	0.49%	0.85%	0.56%
合计	0.23%	2.02%	2.44%	1.36%	1.71%	1.64%

（三）酶工程在速溶茶转溶中的应用

在高温（100℃）条件下，茶黄素、茶红素与咖啡碱呈游离状态，但随着温度降低，它们之间通过氢键缔合形成络合物，该浑浊的乳状物被称为"茶乳酪"，是优质红茶的象征。然而冷溶性速溶红茶易出现"茶乳酪"，对产品外观有极大的影响。国内外研究者根据酶蛋白的作用机理，通过添加适量的单宁酶、蛋白酶等促进转溶，改善速溶茶的溶解性。

宁井铭等研究了单宁酶、果胶酶、木瓜蛋白酶对抗绿茶茶汤沉淀的效果，认为三种酶均可降低绿茶茶汤的浑浊度，以单宁酶的效果最佳（表 3－11）。岳鹏翔等采用较低温度的水长时间提取茶叶，并在提取时加入果胶酶、单宁酶进行酶解，获得能完全溶于 5℃ 水中的速溶茶产品，具有良好的冷溶性，且对风味影响较小。随着酶固定化技术的日益发展，将其应用于速溶茶、茶饮料的澄清工艺中具有良好的发展潜能。刘冠卉等以壳聚糖微球固定化单宁酶，制成填充床式反应器连续澄清绿茶提取液，与抽滤、离心等常规澄清方法相比，澄清度高，茶多酚、氨基酸等内含成分损失较少，具有工业运用前景。

表 3－11		不同酶处理茶汤的主要成分		单位：g/L
处理	检测项目	茶汤中的含量		
		I	II	III
处理 1（单宁酶）	多酚类（TP）	1.4000	1.3370	1.3203
	氨基酸（AA）	0.1589	0.1531	0.1529
	咖啡碱（CAF）	0.2432	0.2151	0.2138
	可溶性蛋白（PRO）	0.1250	0.1247	0.1240
	透光率 $T/\%$	98.3	95.3	90.6
处理 2（木瓜蛋白酶）	多酚类（TP）	1.6860	1.5488	1.4688
	氨基酸（AA）	0.3296	0.3232	0.3148
	咖啡碱（CAF）	0.2436	0.2019	0.1980
	可溶性蛋白（PRO）	0.0638	0.0603	0.0601
	透光率 $T/\%$	97.0	90.2	87.3

续表

处理	检测项目	茶汤中的含量		
		Ⅰ	Ⅱ	Ⅲ
处理3（果胶酶）	多酚类（TP）	1.6629	1.5600	1.4343
	氨基酸（AA）	0.1579	0.1464	0.1344
	咖啡碱（CAF）	0.2428	0.2015	0.2003
	可溶性蛋白（PRO）	0.1253	0.1124	0.1093
	透光率 T/%	95.1	86.3	78.6
处理4（对照样）	多酚类（TP）	1.6888	1.4571	1.1771
	氨基酸（AA）	0.1583	0.0972	0.0703
	咖啡碱（CAF）	0.2452	0.1476	0.1212
	可溶性蛋白（PRO）	0.1257	0.0932	0.0675
	透光率 T/%	98.1	70.6	60.3

（四）酶工程在速溶茶增香中的应用

香气是决定速溶茶品质的重要因素之一。然而，多数的速溶茶香气淡薄。这主要归因于浸提、浓缩、干燥等工艺中的多次加热作用，不仅使得香气成分大量挥发损失，而且导致香气化合物的构象和组成也发生重大变化，破坏了速溶茶的香气成分间的平衡关系。

β-葡萄糖苷酶在形成茶叶香气过程中发挥着关键作用，利用其改善速溶茶或是茶饮料香气具有巨大的发展潜力。在速溶茶和液体茶加工过程中，向在制品中添加含有果胶酶和糖苷酶的释香剂，发现高香速溶茶香气成分在种类和数量上均大幅度提高，香精油含量为 180.865mg/g，远高于对照样的 24.265mg/g。孙其富探究了酶解温度、酶解时间以及加酶量对茶汤中糖苷类挥发性化合物组分的影响，发现添加 15U/L β-葡萄糖苷酶，50℃，酶解 100~140min 可以明显增加绿茶茶汤中糖苷类挥发性化合物组分，具有明显的增香效果。将固定化酶应用于改善速溶茶香气，不仅可以发挥 β-葡萄糖苷酶的特性，而且很大程度上提高了酶蛋白的稳定性，延长使用时间。苏二正的试验结果表明，利用果胶酶和 β-葡萄糖苷酶制成的共固定化酶处理绿茶、红茶和乌龙茶后，三者的香精油总量均增加，尤其是绿茶的香精油总量增加最多。

三、酶工程在茶饮料加工中的应用

茶饮料是一种以茶叶为主要原料加工的不含酒精的新型饮料。随着人们保健意识的提升，茶饮料行业快速发展，产品种类日益丰富多样。同速溶茶一样，酶工程在茶饮料浸提、澄清、增香等工艺中也发挥着关键作用。另外，合理利用酶蛋白的催化性质，改善茶饮料色泽和滋味等感官品质也具有良好的前景。

（一）酶工程在改善茶饮料色泽中的应用

茶汤色泽是构成茶饮料品质的重要因素。然而，绿茶饮料由于浸提、杀菌、灌装过程中的高温处理易造成叶绿素的破坏和多酚类物质的氧化，而使茶汤褐变，降低感官品质。而且在绿茶饮料存放的过程中，高温、光照、氧气又会加速儿茶素的氧化，使得茶饮料的色泽不断加深。另外，与速溶茶一样，茶饮料的"冷后浑"也是亟需解决的问题之一。

方元超等报道，葡萄糖氧化酶可作为护色酶应用于茶饮料生产中，其可稳定茶汤中的茶多酚、维生素等对氧敏感的物质，从而减缓茶汤的褐变进程。Mikimi 等曾报道，茶叶经 90℃ 热水萃取 2min，萃取液中先加 0.001% 单宁酶处理，然后再加入 0.2% β - 环状糊精，可提高茶汤色泽的稳定性。另有专利表明，浓度为 6% 的茶汤在 35℃ 经过葡萄糖氧化酶（配量为 225U/g）和单宁酶（配量为 0.85 ~ 8.5U/g）共处理 2 ~ 4h，可获得外观色泽良好的茶饮料。蛋白酶具有分解蛋白质的作用，在茶汤中添加适量蛋白酶不仅可防止蛋白质沉淀，而且可促进蛋白 - 单宁络合物的形成，经过后续的去除沉淀工艺以提高茶饮料的澄清度。为此，张国栋等探究了木瓜蛋白酶添加量对控制茶汤沉淀的效果，认为添加量 0.05g/100mL 木瓜蛋白酶最为合适（表 3 - 12）。

表 3 - 12　　　　　　　　　　木瓜蛋白酶对沉淀的影响

时间	指标	木瓜蛋白酶添加量/g			
		0	0.02	0.05	0.1
第 1 天	色泽	黄色透明	亮黄色透明	亮黄色透明	亮黄色透明
	沉淀	无	无	无	无
	吸光度	0.06	0.068	0.061	0.062
第 3 天	色泽	黄棕色	黄色透明	黄色透明	黄色透明
	沉淀	浑浊有沉淀	微量	无	无
	吸光度	0.602	0.156	0.098	0.099

（二）酶工程在提高茶饮料滋味中的应用

咖啡碱、酯型儿茶素是构成茶叶苦涩味的主要化合物，而游离氨基酸中的茶氨酸、谷氨酸是鲜爽味的呈味物质。单宁酶可以水解没食子酸单宁中的酯键，从而减少酯型儿茶素含量，降低茶饮料中的苦涩味。而蛋白酶则可分解蛋白质产生游离氨基酸，进而改善茶饮料的滋味，提高鲜度。

Dondero C. M. 等报道，在 45℃、pH5.0 条件下用 0.5% 单宁酶处理茶提取液，不但提高了澄清度，而且茶饮料的滋味强度也得到了提高。另外，苏祝成等研究表明，在绿茶加工中使用单宁酶，可消除或部分消除夏秋绿茶的苦涩味，提高绿茶品质。而在蛋白酶提高茶饮料滋味方面，学者们也进行了大量研究。谭淑宜等研究发现 0.8% 蛋白酶处理红碎茶、绿茶提取液，氨基酸提取率分别比对照高出 196.8%、72.8%，有利于改善茶汤的滋味。而郑宝东等用不同浓度的木瓜蛋白酶处理茶汁，结果表明茶汁中的氨基态氮含量随木瓜蛋白酶用量的增加而增加，增加幅度达 13% ~ 39%，并且与果胶酶配合使用效果更好。

四、酶工程在茶产业中的其他应用

茶叶中含有茶多酚、茶多糖等多种具有保健功能的天然产物，科研工作者对茶叶中这些有效成分的分离制备研究从未间断，并将酶工程技术引入其中，采用纤维素酶、果胶酶的复合酶在低温下提取茶叶中的多酚类物质，不仅可提高茶多酚的提取率，而且其中的活性成分儿茶素含量也较传统的沸水提取大幅度提高。在茶多糖提取制备上，周小玲等分析讨论了果胶酶、胰蛋白酶以及复合酶 3 种提取法和不加酶水浸提法提取茶多糖的效果，认为复合酶提取率最高，但果胶酶法获得的茶多糖总糖含量最高，达 $(95.26 \pm 4.09)\%$。另外，曾盔研究将鲜茶叶中提取的多酚氧化酶与氧电极偶合制成酶传感器，用于茶叶样品与茶多酚制品中茶多酚含量的测定，结果与国家标准方法的相符，为茶多酚含量的测定建立了一种生物传感新方法。由此可见，茶叶酶工程技术不断发展，其应用的范围也越加广泛。

五、展望

酶蛋白具有高效、专一性强、反应条件温和、可降低生化反应的活化能的特性，但易变性失活。酶工程是生物技术的四大支柱之一，在茶产业中的作用日益凸显。多酚氧化酶作为茶叶中最重要的酶蛋白，科研工作者对其的研究从未间断，而分离纯化、酶学特性、固定化方法是其研究的重点。另外，利用酶工程技术合成茶叶中的天然产物，改善速溶茶、茶饮料的品质，提取茶叶中的有效功能成分是目前研究的热点。

近年来，已发现和鉴定的酶蛋白有 8000 多种，但大规模生产应用的商品化酶制剂仅有几十种。这主要是由于茶叶及其他来源的酶蛋白分离纯化困难，并且分离或是发酵获得的酶蛋白稳定性差，生产成本高。虽然固定化酶技术一定程度上提高了酶蛋白的稳定性，可反复使用多次，但如何降低生产成本，制备出更适合茶叶生产实际应用的固定化酶制剂还有待解决。

思考题

1. 简述茶产业中常用的酶种类及其酶学特性。
2. 简述茶产业中常用酶的来源及其生产方法。
3. 简述茶产业中常用酶的分离纯化方法。
4. 简述茶产业中常用酶的固定化方法。
5. 试列举一个酶在茶产业中的应用现状及其存在的问题。

参考文献

[1] 杨子威. 茶尺蠖幼虫口腔分泌物抑制茶树 PPO 活性及相关蛋白的基因克隆

［D］．杭州：中国农业科学院茶叶研究所，2013．

　　［2］杨跃华，王晓萍．茶树抗逆性与新梢中酶系统多态性之间的关系［J］．福建茶叶，1987（1）：14－16．

　　［3］叶庆生．红茶萎凋发酵中多酚氧化酶、过氧化物酶同工酶的活性变化与儿茶素、茶黄素组分的消长［J］．安徽农学院学报，1986（2）：19－29．

　　［4］刘仲华，施兆鹏．红茶制造中多酚氧化酶同工酶谱与活性的变化［J］．茶叶科学，1989（2）：141－150．

　　［5］唐茜．蜀永系列茶树品种多酚氧化酶的等电聚焦研究［J］．四川农业大学学报，1997（2）：14－17．

　　［6］刘琨．茶叶多酚氧化酶酶学特性及红外对其活力与构象的影响［D］．无锡：江南大学，2013．

　　［7］孙慕芳，张洁，郭桂义．白毫早鲜叶茶多酚氧化酶酶学特性［J］．贵州农业科学，2014，42（6）：140－143．

　　［8］许雷．茶树多酚氧化酶的提取、分离纯化及其部分酶性质研究［D］．武汉：华中农业大学，2014．

　　［9］宛晓春．茶叶生物化学［M］．北京：中国农业出版社，2011：179．

　　［10］BARUAH A M, MAHANTA P K. Fermentation characteristics of some, assamica clones and process optimization of black tea manufacturing［J］. Journal of Agricultural and Food Chemistry, 2003, 51（22）: 6578－6588.

　　［11］安徽农学院．茶叶生物化学［M］．北京：农业出版社，1984：18．

　　［12］KETUDAT C J R, ESEN A. β－Glucosidases［J］. Cellular and Molecular Life Sciences, 2010, 67（20）: 3389－3405.

　　［13］王华夫，游小清．茶叶中β－葡糖甙酶活性的测定［J］．中国茶叶，1996（3）：16－17．

　　［14］张正竹，宛晓春，坂田完三．茶叶β－葡萄糖苷酶亲和层析纯化与性质研究［J］．茶叶科学，2005，25（1）：16－22．

　　［15］ŞENER A. Extraction, partial purification and determination of some biochemical properties of β－glucosidase from tea leaves（*Camellia sinensis* L.）［J］. Journal of Food Science and Technology, 2015, 52（12）: 8322－8328.

　　［16］张冬桃，孙君，叶乃兴，等．茶树萜烯类香气物质合成相关酶研究进展［J］．茶叶学报，2015，56（2）：68－79．

　　［17］金孝芳，童华，荣刘耀．茶叶中的脂肪氧化酶［J］．蚕桑茶叶通讯，2007（3）：32－33．

　　［18］张正竹，施兆鹏，宛晓春．茶叶中的脂氧合酶［J］．中国茶叶加工，1998（3）：31－34．

　　［19］马惠民，王雪，钱和，等．脂肪氧合酶在茶叶中的作用［J］．食品科技，2012，37（4）：40－43．

　　［20］王雪．碧螺春脂肪氧合酶的构象与酶学特性研究［D］．无锡：江南大

学，2013.

[21] 夏涛，高丽萍，刘亚军，等. 茶树酯型儿茶素生物合成及水解途径研究进展 [J]. 中国农业科学，2013，46（11）：2307 – 2320.

[22] 吴红梅. 多酚氧化酶酶源筛选及酶法制取茶色素研究 [D]. 合肥：安徽农业大学，2004.

[23] 王坤波，刘仲华，赵淑娟，等. 儿茶素组成和理化条件对茶黄素酶催化合成的影响 [J]. 茶叶科学，2007，27（3）：192 – 200.

[24] 徐芹，乔勇进，方强，等. 砀山酥梨多酚氧化酶酶学特性及抑制效应的研究 [J]. 食品科学，2008，29（4）：74 – 77.

[25] 朱路英，吴伟伟，孙杰，等. 库尔勒梨多酚氧化酶的酶学特性 [J]. 食品科学，2010，31（21）：275 – 278.

[26] 李适. 微生物多酚氧化酶酶源筛选及其在茶黄素合成中的应用 [D]. 长沙：湖南农业大学，2006.

[27] 赵淑娟，王坤波，傅冬和，等. 微生物多酚氧化酶研究进展 [J]. 中国茶叶，2008（3）：18 – 20.

[28] RAJAKUMAR G S, NANDY S C. Isolation, purifieation, and some properties of *Penicillium chrysogenum* tannase [J]. Applied and Environmental microbiology，1983，46（2）：525 – 527.

[29] AOKI K, SHINKE R, NISHIRA H. Purification and some properties of yeast tannase [J]. Agr Biol Chem，1976，40（1）：79 – 85.

[30] 张浩森. 果胶酶高产菌种的筛选及其酶学性质的研究 [D]. 无锡：江南大学，2008.

[31] 邵学良，刘志伟. 纤维素酶的性质及其在食品工业中的应用 [J]. 中国食物与营养，2009（8）：34 – 36.

[32] TAKINO Y. Enzymic solubilitation of tea cream：US，3959497 [P]. 1976 – 05 – 25.

[33] SANDERSON G W, ENGLEWOOD N G, SIMPSON W S, et al. Pectinase enzyme treating process for preparing high bulk desnsity tea powders：US，3787582 [P]. 1974 – 01 – 22.

[34] 李荣林，方辉遂. 多酚氧化酶固定化技术 [J]. 茶叶科学，1997，17（增刊1）：147 – 151.

[35] 屠幼英，夏会龙. 固定化多酚氧化酶催化高纯度茶多酚生产高纯度茶黄素的方法：中国，02136982.8 [P]. 2003 – 03 – 19.

[36] 宛晓春，徐新颜，檀华蓉，等. 丝素膜固定 β – 葡萄糖苷酶性质的研究 [J]. 高技术通讯，1998，8（8）：41 – 44.

[37] YOSHINORI T（CoCo – Cola Co）. US，3959497（Cl. 426 – 52；A23F3/00）[P]. 1976 – 05 – 25.

[38] 曾盈，刘仲华. 用茶叶多酚氧化酶生物传感器测定茶多酚 [J]. 食品科学，2006，27（7）：95 – 98.

[39] 赵东. 茶树多酚氧化酶基因克隆 [D]. 杭州：浙江大学，2001.

［40］刘敬卫．茶树多酚氧化酶的基因克隆与原核表达［D］．武汉：华中农业大学，2009.

［41］WU Y, PAN L, YU S, et al. Cloning, microbial expression and structure-activity relationship of polyphenol oxidases from *Camellia sinensis*［J］．Journal of Biotechnology, 2010, 145（1）：66 – 72.

［42］王乃栋．茶多酚氧化酶基因的克隆及其工程菌的构建［D］．泰安：山东农业大学，2012.

［43］KAR B, BANERJEE R, BHATTACHARYYA B C. Microbial production of gallic acid by modified solid state femientation［J］．Journal of Industrial Microbiology & Biotechnology, 1999, 23：173 – 177.

［44］马如意．单宁酶生产菌的筛选及其发酵条件研究［D］．泰安：山东农业大学，2011.

［45］蔡淑娟．产单宁酶酵母菌株的筛选［D］．济南：山东轻工业学院，2012.

［46］毕云枫，姜仁凤，刘薇薇，等．一种多酚氧化酶提取新方法与几种常规方法的比较研究［J］．安徽农业科学，2013, 41（22）：9418 – 9420.

［47］许雷，张书芹，徐小云，等．龙井茶树多酚氧化酶蛋白提取方法的优化［J］．食品安全质量检测学报，2015（4）：1237 – 1242.

［48］刘乾刚，林智，蔡建明．茶叶酶学研究的方法与进展［J］．福建农林大学学报，2003, 32（1）：74 – 78.

［49］胡建锋，邱树毅，胡秀沂，等．菊芋多酚氧化酶的酶学特性研究［J］．食品科技，2007（9）：22 – 25.

［50］李立祥，吴红梅．提取方法对茶多酚氧化酶活性的影响［J］．中国茶叶加工，2001（4）：26 – 31.

［51］TAKEO T, URITANI I. Tea leaf polyphenol oxidase part Ⅱ. purification and properties of the solubilized polyphenol oxidase in tea leaves［J］．Agr Biol Chem, 1966, 30（2）：155 – 163.

［52］ÜNAL M Ü, YABAC L S N, SENER A. Extraction, partial purification and characterisation of polyphenol oxidase from tea leaf（*Camellia sinensis*）［J］．GIDA, 2011, 36（3）：137 – 144.

［53］COGGON P, MOSS A, SANDERSON G W. Tea catechol oxidase：isolation, purification and kinetic characterization［J］．Phytochemstry, 1973, 12：1947 – 1955.

［54］GREGORY R P F, BENDALL D S. The purification and some properties of the polyphenol oxidase from tea（*Camellia sinensis* L.）［J］．Biochem J, 1966, 101：569 – 581.

［55］HALDER J, TAMULI P, BHADURI A N. Isolation and characterization polyphenol oxidase from Indian tea leaf（*Camellia sinensis*）［J］．Nutritional Biochemistry, 1998（9）：75 – 80.

［56］BARUAH A M, MAHANTA P K. Fermentation characteristics of some assamica clones and process optimization of black tea manufacturing［J］．J Agr Food Chem, 2003,

51（22）：6578－6588.

［57］张书芹. 龙井43号多酚氧化酶同工酶质谱鉴定与酶性质研究［D］. 武汉：华中农业大学，2014.

［58］张树政. 酶制剂工业［M］. 北京：科学出版社，1998：349.

［59］陈建龙，祁建城，曹仪植，等. 固定化酶研究进展［J］. 化学与生物工程，2006，23（2）：7－9.

［60］居乃琥. 酶工程手册［M］. 北京：中国轻工业出版社，2011：399－409；423－425.

［61］ALLAL B，JACQUES F，JACQUES L，et al. Adsorption of succinylated lysozyme on hydroxyapatite［J］. Journal of Colloid Interface Science，1997，189：37－42.

［62］袁新跃. 树脂固定化多酚氧化酶及其催化茶多酚形成茶黄素的研究［D］. 北京：中国农业科学院，2009.

［63］SCHMIDT A，WENZEL D，THOREY I，et al. Application of chitin and chitosan based materials for enzyme immobilizations：a review［J］. Enzyme and Microbial Techn，2004，35：126－139.

［64］BULLOCK C. Immobilized enzymes［J］. Sci Progress，1995，78：119－134.

［65］CHAPLIN M F，BUCKE C. Enzyme technology［D］. Cambridge：Cambridge University，1990.

［66］PSKIN A K. Therapeutic potential of immobilized enzymes［J］. NATOASL SerE，1993，252：191－196.

［67］王昊. 生物工程［M］：北京：中国医药科技出版社，2009：275.

［68］陈晓敏. 茶黄素固定化酶生物合成及其稳定性研究［D］. 杭州：浙江大学，2007.

［69］丁兆堂. 绿茶多酚纳米碳酸钙固定化酶定向转化及其产物的生物学活性研究［D］. 泰安：山东农业大学，2005.

［70］李瑾，王涵，梁红波，等. 一种多酚氧化酶固定化载体的制备方法：中国，201410757779.1［P］. 2015－04－22.

［71］屠幼英，方青，梁惠玲，等. 固定化酶膜催化茶多酚形成茶黄素反应条件优选［J］. 茶叶科学，2004，24（2）：129－134.

［72］苏二正. 单宁酶、β－葡萄糖苷酶的共固定化及其在茶饮料加工中的应用研究［D］. 合肥：安徽农业大学，2005.

［73］舒爱民. β－葡萄糖苷酶固定化及其性质的研究［J］. 中国茶叶，2001（3）：14－15.

［74］张正竹，李英波 苏二正，等. β－葡萄糖苷酶的蚕丝素蛋白膜固定化及其性质研究［J］. 食品与发酵工业，2004，3（6）：6－9.

［75］曾晓雄，罗泽民. 酶在茶叶加工中的应用研究展望［J］. 食品工业科技，1993（5）：24－27.

［76］余凌子，赵正惠. 酶制剂在茶叶加工中的应用［J］. 中国茶叶，1999（4）：

8 – 10.

［77］龚加顺，刘勤晋，肖琳，等．沸石固定化单宁酶及其在茶饮料澄清中的应用［J］．中国食品工业，1999（12）：40 – 41.

［78］谢达平，刘如石，王征，等．固定化单宁酶的研究［J］．常德师范学院学报，2000，12（2）：16 – 17；64.

［79］刘新民，林耀辉，陈移亮，等．果胶酶固定化方法的研究［J］．亚热带植物通讯，1995，24（2）：10 – 15.

［80］林建城，朱丽华，王志鹏，等．明胶固定化果胶酶的制备及酶学性质研究［J］．食品科学，2006，27（12）：315 – 318.

［81］高振红．磁性壳聚糖复合微球固定化果胶酶及反应动力学研究［D］．杨凌：西北农林科技大学，2007.

［82］汤鸣强，陈颉颖．海藻酸钠固定化米曲霉产果胶酶及其性质［J］．食品研究与开发，2010（9）：167 – 170.

［83］汪珈慧，李燕，姚紫涵，等．利用固定化纤维素酶酶解夏季绿茶工艺的研究［J］．茶叶科学，2012，32（1）：37 – 43.

［84］郭锐．固定化纤维素酶的制备及其性质研究［D］．天津：天津大学，2009.

［85］萧伟祥，钟瑾，胡耀武，等．双液相系统酶化学技术制取茶色素［J］．天然产物研究与开发，2001（5）：49 – 52.

［86］王坤波．茶黄素的酶促合成、分离鉴定及功能研究［D］．长沙：湖南农业大学，2007.

［87］龚志华，李徐，朱盛尧，等．茶鲜叶酶促氧化合成茶黄素研究［J］．食品与机械，2012，28（6）：59 – 62；73.

［88］王斌．固定化PPO酶制备茶黄素的生化分化离耦联技术研究［D］．北京：中国农业科学院，2011.

［89］梁靖，须海荣，蒋文莉，等．纤维素酶在速溶茶中的应用研究［J］．茶叶，2002，28（1）：25 – 26.

［90］武永福．酶在速溶绿茶浸提中的应用研究［D］．重庆：西南大学，2009.

［91］刘政权．多酚氧化酶体外氧化技术优化速溶红茶品质的工艺研究［D］．北京：中国农业科学院，2012.

［92］宁井铭，王华，周天山，等．绿茶饮料护色技术的研究［J］．中国茶叶加工，2004（2）：26 – 28.

［93］岳鹏翔，欧阳晓江，张远志．一种冷溶型速溶茶的加工方法：中国，200610146984.X［P］．2008 – 06 – 04.

［94］刘冠卉，屠洁，马海乐，等．壳聚糖固定化单宁酶及其澄清绿茶汤的应用研究［J］．食品与发酵工业，2008（10）：166 – 169.

［95］张正竹，宛晓春，夏涛．天然高香速溶、液体茶的制备方法：中国，001021109［P］．2000 – 10 – 18.

［96］孙其富．绿茶饮料挥发性化合物保持和相关工艺参数研究［D］．杭州：浙

江大学，2004.

［97］方元超，梅丛笑．绿茶饮料的护色技术［J］．茶叶机械杂质，1999（4）：1－3.

［98］KATSUKIKO M. Prevention of milk down of tea extract by cyclodextrin［J］. Seito Gfutsu kenkyn kaishi，1993，44：71－75.

［99］FRANCIS A. Enzymatic clarification of tea extracts：US，US5445836［P］.1995－08－29.

［100］张国栋，马力，刘洪，等．绿茶饮料的制备及品质控制［J］．食品与机械，2002（1）：22－23.

［101］曾晓雄，罗泽民．酶在茶叶加工中的应用研究现状与展望［J］．食品工业科技，1993（5）：24－27.

［102］苏祝成，钱利生，冯云，等．利用单宁酶改善绿茶滋味品质的研究［J］．食品科学，2008，29（12）：305－307.

［103］谭淑宜，曾晓雄，罗泽民．提高速溶茶品质的研究．Ⅰ．酶法提取［J］．湖南农学院学报，1991，17（4）：708－713.

［104］郑宝东，曾绍校．酶处理对绿茶浸提液成分及膜过滤通量影响的研究［J］．农业工程学报，2003，19（6）：212－214.

［105］刘军海，杨海涛，刁宇清．复合酶法提取茶多酚工艺条件研究［J］．食品与机械，2008，24（3）：74－80.

［106］周小玲，汪东风，李素臻，等．不同酶法提取工艺对茶多糖组成的影响［J］．茶叶科学，2007，27（1）：27－32.

第四章　茶叶发酵工程

第一节　茶叶微生物概述

一、微生物的基本知识

众所周知，我们所处的环境（土壤、空气、水体）、人体内外（消化道、呼吸道、体表）以及动植物组织都存在大量肉眼看不见的微小生物，这类形体微小、单细胞或结构较为简单的多细胞、甚至没有细胞结构的生物统称为微生物（Microbes），也称为显微生物（Microscopic Organisms），通常需要借助显微镜才能看清它们的形态和结构。微生物不是一个分类学上的术语，主要根据生物体的大小和研究方法而被人为地划归在一起。

微生物不仅包括最小的生物——病毒（它只能在电子显微镜下才能观察到），也包括那些用肉眼和普通光学显微镜可观察到的生物。原生生物包括单细胞的细菌、原生动物、藻类、真菌和一些多细胞的藻类（如海藻）以及大而惹人注目的真菌（如蘑菇）。尽管微生物体积小，且有的外表也相似，然而在细胞水平上原生生物包含有根本不同的种类。从原生生物的核的形态研究及细胞内细胞器的复杂性来看，原生生物可分为两大类，即原核生物和真核生物。细菌（包括蓝细菌和蓝绿藻类），它们的细胞具有较简单的内部构造，被划归为原核生物。原生动物、藻类和真菌（它们的细胞具有较复杂的内部构造）与多细胞的高度分化的动、植物一起被划归为真核生物。

微生物由于形体微小，因而具有以下共性，即：个体微小、结构简单；生长繁殖迅速、容易变异；种类繁多、分布广泛。分述如下。

1. 个体微小、结构简单

微生物大小多以微米（μm）或纳米（nm）为单位，如大肠杆菌（*Escherichia coli*）只有 $1\sim2\mu m$ 长，个体微小，需要使用显微镜才能看见，这也是微生物无处不在，但不能轻易被发现的原因。

微生物结构简单，既包含原核生物，也包含真核生物；既有单细胞生物或简单的多细胞生物，也有非胞生物。

2. 生长繁殖迅速

微生物由于个体微小，比表面积大，与外界接触和进行物质、信息交流的面积大，为微生物进行旺盛的代谢和活跃的生长繁殖奠定了物质和结构基础。如大肠杆菌每20min 就可分裂繁殖 1 次。

3. 种类繁多、分布广泛

微生物的种类极为丰富，目前已确定的微生物总数在 20 万种左右，但是据估计仅有不到 1% 的微生物被人类发现和研究，绝大部分微生物由于目前的研究手段和分离培养技术的限制，不能获得纯培养，因此还未被研究。

微生物是地球上分布最为广泛的生物，从高山、平原、沙漠到沼泽、湖泊、河流、海洋等各种不同的地理环境，从冰川、雪山到高温热泉，甚至南北极的冰川、盐湖，高空的大气对流层，动植物和人体表面及某些内部器官等处，几乎地球上一切有生命的环境中都可以找到微生物。

4. 容易变异

微生物生长迅速，短时间内就可以繁殖出大量后代，因此即使变异的频率极低，也很容易获得数量较多的变异后代。例如，病原微生物可在较短时间内获得较强的耐药性，因此微生物可以迅速适应地球上复杂多变的自然环境。另一方面，人们也可以利用微生物容易变异的特性通过筛选、诱变，快速获得某些有用代谢产物的高产菌株来满足生产的需要。

二、微生物的益生作用

一般认为，在茶叶固态发酵过程中，微生物产生柠檬酸等有机酸和多酚氧化酶、纤维素酶、果胶酶等多种胞外酶，促使茶叶成分转化，形成茶叶品质风味；同时微生物产生很多次级代谢产物，增加有益物质，形成茶叶的风味品质和增强茶叶保健功效。例如，云南大叶种晒青毛茶在多种益生微生物的作用下，发生了品质与功效的系列变化（图 4-1）。

图 4-1　茶叶固态发酵中的叶相变化

（1）晒青毛茶　　（2）发酵阶段样　　（3）普洱熟茶

（一）有机酸

黑曲霉、塔宾曲霉、米曲霉等真菌可产生如柠檬酸、葡萄糖酸等多种有机酸，在茶叶发酵过程中，微生物产生的有机酸促使茶堆 pH 降低。研究发现，在茶叶固态发酵过程中，发酵基质的 pH 一般为 4.57 ~ 5.90。发酵过程 pH 降低是一个正常现象，但控制不当可能会造成茶叶"发酸"。目前曲霉的生长，柠檬酸、葡萄糖酸等的产生与茶叶"发酸"之间的关系需要进一步研究。

（二）酶

黑曲霉、米曲霉等曲霉是重要的发酵工业菌种，可生产淀粉酶、酸性蛋白酶、纤维素酶、半纤维素酶、果胶酶、葡萄糖氧化酶、β - 葡聚糖苷酶、过氧化氢酶等多种酶，其中与茶叶品质形成有关的酶可能有多酚氧化酶、纤维素酶和半纤维素酶、果胶酶、过氧化氢酶、糖化酶、蛋白酶等。

1. 多酚氧化酶

在茶叶发酵过程中，茶多酚含量降低，与茶叶的"醇和"特征相关。罗龙新等发现，在发酵 45d 后，茶多酚总量减少 62%；梁名志等试验结果表明茶多酚、儿茶素均大幅减少，分别由原料时的 24.19%，13.29% 减少至五翻时混合样的 12.47% 和 1.07%，减幅达 48.45% 和 91.95%。

茶多酚是在多酚氧化酶催化下，发生氧化聚合、降解等反应而含量降低。多酚氧化酶又称儿茶酚氧化酶、酪氨酸酶、苯酚酶、甲酚酶、邻苯二酚氧化还原酶，是六大类酶中的第一大类氧化还原酶，是一种含铜的酶类，广泛存在于植物、真菌、昆虫等机体中。茶树多酚氧化酶由 5 种左右同工酶组成，主酶分子质量（144 ± 16）ku，主酶大部分位于叶表皮细胞中。在制茶过程中随萎凋其含量有所增高，揉捻后含量逐渐下降形成不溶性酶蛋白。在红茶加工中，茶鲜叶中的多酚氧化酶促使茶叶中儿茶素类物质氧化形成茶黄素、茶红素和其他氧化聚合物，同时伴随儿茶素的氧化，产生多种香气化合物，并形成茶的基本风味。在茶叶发酵过程中多酚氧化酶促使茶多酚含量降低，茶褐素含量增加，但普遍认为茶叶发酵中的多酚氧化酶来源于微生物，尤其是黑曲霉。

刘勤晋等发现，茶叶的发酵过程中，多酚氧化酶活力增加，且其酶活与黑曲霉的数量呈正相关（$r = 0.9241$）。刘仲华等研究发现，在传统渥堆中新形成了 4 条多酚氧化酶同工酶带，而无菌渥堆则始终没有发现新的同工酶，且其酶活与真菌类（酵母菌和霉菌）数量变化存在相当高的相关性，这表明渥堆过程中多酚氧化酶来源于微生物代谢分泌的胞外酶。廖东兴等发现发酵样的多酚氧化酶同工酶的凝胶酶带从无到有，酶活力从原料时的零开始增多，表明多酚氧化酶同工酶是微生物分泌的，而并非源于原料本身。不同翻堆样的多酚氧化酶活力先升高后降低，表明多酚氧化酶与发酵中黑曲霉的消长呈高度正相关。

研究表明，茶叶发酵中的多酚氧化酶是发酵过程中的黑曲霉等微生物分泌的胞外酶，在茶叶品质形成中有重要作用。但是有关多酚氧化酶与黑曲霉等微生物的直接关系需要进一步应用分子生物学方法探究。

2. 纤维素酶、半纤维素酶和果胶酶

茶叶中含有 10% ~ 25% 的糖类化合物，它们存在的种类、数量直接或间接地影响茶叶品质。糖类物质的变化是发酵过程中纤维素酶、β-葡萄糖苷酶、半纤维素酶、果胶酶、淀粉酶、糖化酶等综合作用的结果。纤维素酶是指能水解纤维素 $\beta-1,4$ 葡萄糖苷键，使纤维素变成纤维二糖和葡萄糖的一组酶。半纤维素酶是分解半纤维素（包括各种聚戊糖与聚己糖）一类酶的总称，半纤维素酶为一个酶系，主要包括 β-葡聚糖酶、半乳聚糖酶、木聚糖酶和甘露聚糖酶。果胶酶是指能够分解果胶物质的多种酶的总称。糖化酶又称葡萄糖淀粉酶，能把淀粉转化为葡萄糖。纤维素酶、半纤维素酶、果胶酶、糖化酶等广泛存在于自然界的生物体中，细菌、真菌等都能产生。目前，食品、饲料、纺织等工业应用的纤维素酶、半纤维素酶来自于木霉属（*Trichoderma*）、曲霉属（*Aspergillus*）和青霉属（*Penicillium*）真菌。黑曲霉等曲霉可同时产生纤维素酶与半纤维素酶，协同降解植物细胞壁成分，目前黑曲霉发酵产生的纤维素酶、半纤维素酶、果胶酶、糖化酶已经工业化生产。

茶叶发酵过程中，纤维素酶、半纤维素酶水解粗纤维，使茶叶逐渐软化，形成小分子糖，一方面增加茶汤的甜醇度，直接影响茶叶的汤色和滋味，间接影响茶叶香气；另一方面为微生物生长提供了碳源。刘仲华等发现，黑茶初制中纤维素酶、果胶酶活力升高，使茶叶逐渐软化，粘手感增强，甚至还出现泥滑现象，到渥堆结束时其活力是渥堆前的 3 倍，对酶和微生物种群相关性分析发现果胶酶活力与真菌类数量变化（主要是酵母菌和霉菌）高度相关。

3. 过氧化氢酶

过氧化氢酶（Hydrogen-peroxidase or Hydrogen-peroxidase Oxidoreductase，EC），又称触酶（Catalase，CAT），催化过氧化氢还原为水：$2H_2O_2 \rightarrow O_2 + 2H_2O$。过氧化氢酶是一种在自然界中广泛存在的酶，几乎存在于所有好氧生物体内，具有清除自由基，使细胞免受 H_2O_2 的毒害等生理功能。过氧化氢酶广泛用于生物、医药、临床医学和食品领域中的某些成分测定以及纺织、制浆和造纸工业。商品化的过氧化氢酶主要来源于牛肝、微球菌和黑曲霉。

刘勤晋等发现茶叶发酵过程中过氧化氢酶活性有较大幅度增加。刘仲华等发现过氧化氢酶活性与细菌和真菌类微生物的消长无显著相关性。不同翻堆样中过氧化氢酶活性总体呈上升趋势，发酵前期过氧化氢酶活性变化不大，中后期明显增强，出堆样过氧化氢酶活力约是原料的 8 倍。另有研究分析了发酵过程中，过氧化氢酶与茶叶化学成分相关性，发现茶多酚、儿茶素、总醌、茶黄素与过氧化氢酶显著负相关，相关系数分别为 $r=-0.722$、$r=-0.735$、$r=-0.834$、$r=-0.782$，说明过氧化氢酶酶活力升高会导致茶多酚、儿茶素、总醌、茶黄素含量降低。茶褐素与过氧化氢酶呈极显著相关，相关系数为 $r=0.937$，表明过氧化氢酶酶活力升高有利于茶褐素形成。根据以上相关分析，推测在茶多酚、儿茶素、茶黄素等的氧化聚合形成茶褐素过程中有 H_2O_2 产生，而 H_2O_2 的累积，对微生物生长不利，因此需要过氧化氢酶催化 H_2O_2 分解为 O_2 和 H_2O，促进微生物正常生长，也间接促进了茶褐素的形成。

4. 单宁酶

单宁酶（Tannase）是一种水解酶，能够水解没食子酸单宁中的酯键和缩酚酸键，生成没食子酸和其他化合物。单宁酶在饮料、食品、制革及化工等方面有着广泛的应用。单宁酶是一种诱导酶，它是由微生物在单宁酸存在的条件下诱导而产生的，产单宁酶的微生物主要是曲霉属和青霉属真菌，尤其是曲霉属中的黑曲霉和米曲霉。茶叶在发酵过程中没食子酸含量增高，而茶叶固态发酵中存在黑曲霉和米曲霉等曲霉，可产生单宁酶，从而可能导致发酵过程没食子酸含量增加。

没食子酸（Gallic Acid，GA），化学名 3，4，5 - 三羟基苯甲酸，是可水解鞣质的组成部分，广泛存在于葡萄、茶叶等植物中，是传统中药的常见成分。已有文献证实没食子酸具有抗炎、抗突变、抗氧化、抗肿瘤、杀虫、抗病毒等多种生物学活性。Shao 等发现发酵后茶叶没食子酸含量较高；折改梅等发现茶叶发酵过程中没食子酸的含量显著增高；吕海鹏等分析了云南近 30 个普洱茶样品，发现茶叶中的没食子酸含量一般高于其他茶类；吴祯等发现没食子酸含量在固态发酵过程中略有增加。综上所述，茶叶中没食子酸含量升高可能与发酵过程中黑曲霉等产生的单宁酶有关，但其相关联系需进一步深入研究。

（三）次生代谢物

微生物可产生很多次生代谢物，仅在黑曲霉群菌株中，就分离或者检测到 145 种次生代谢物。在茶叶发酵过程中，微生物产生的次生代谢物，增加了茶叶中的有效化学成分，形成了与其他茶类不同的风味和保健功效，提升了茶叶特有的饮用价值的同时，赋予了茶叶很强的养生属性。

微生物可能产生多种对人体有益的次生代谢物，诸如在茶叶中已发现有他汀类（Statins）化合物。他汀药物是羟甲戊二酰辅酶 A（HMG - CoA）还原酶抑制剂，是最为经典和有效的降脂药物，广泛应用于高脂血症的治疗。孙璐西等和谢春生等分别在茶叶发现了洛伐他汀（Lovastatin）；杨登杰等指出茶叶中只发现了洛伐他汀一种他汀。2007 年，陈玉舜等研究证实茶叶中他汀是发酵过程中微生物产生的，并且通过微生物工程的方法可以提高其含量。2009 年，薛水英研究表明，普洱生茶、红茶和绿茶中不含有洛伐他汀，洛伐他汀只存在于普洱熟茶中，这可能与普洱熟茶的后发酵工艺中微生物的代谢活动有关。Hou 等报道茶叶发酵中添加鲜叶水提物，增加了他汀含量。这些研究提示茶叶的主要降脂活性成分可能是他汀化合物，但孙璐西的研究同时发现有些茶叶不含他汀，其检测发现不同茶叶样品洛伐他汀含量变化很大，每克水提物粉末含洛伐他汀 0 ~ 0.86mg。

1979 年，日本学者 Endo 首次从红曲霉（*Monascus ruber*）中分离得到了洛伐他汀（Lovastatin，Mevinolin K）。随后研究者发现曲霉属（*Aspergillus*）、矛束孢属（*Doratomyces*）、正青霉属（*Eupenicillium*）、裸子囊菌属（*Gymnoascus*）、菌寄生菌属（*Hypomyces*）、青霉属（*Penicillium*）、茎点霉属（*Phoma*）和木霉属（*Trichoderma*）等菌株都能产生他汀。目前他汀类药物主要以真菌发酵和人工合成两种方式生产。茶叶中发现多种真菌，可能具有产生他汀化合物的能力，目前也普遍推测茶叶中的他汀化合物可能与曲霉和青霉有关，二者之间的具体关系有待进一步研究。

（四）丰富营养药效成分，提升养生保健功能

茶叶存在的酵母等微生物，富含极丰富的蛋白质，具有人体所必需的 8 种氨基酸、B 族维生素、维生素 D_2 原、脂肪、粗纤维、碳水化合物、矿物质元素、辅酶 I、辅酶

A、辅酶 Q、细胞色素 C、卵磷脂、凝血质、谷胱甘肽和核糖核酸等，因此茶叶同时具有微生物的营养成分和保健功能，能够增加茶叶的保健功效。

（五）增加茶叶滋味

　　酵母菌富含十多种氨基酸、肽、呈味核苷酸、维生素、多种微量元素，滋味鲜美，是天然调味品。由其生产的调味品——酵母精具有强烈的呈味性能，是理想的风味增强剂，能赋予食品浓厚的滋味。酵母菌本身还有缓和酸味、去除苦味、屏蔽咸味及异臭的效果。在我国白酒酿造中，酵母菌除参与酒精发酵外，还能生成许多香、酯、酸等副产物，使白酒风味趋向完善，并因各地的水质和酵母菌种不同，形成各种香型产品。在酱油发酵中添加鲁氏酵母，可以使糖类生成丙三醇、阿拉伯糖醇、赤藓糖醇等多元醇，这些物质对酱油香味的形成起到重要的作用，且具有浓郁的酒香气；添加拟球酵母可生成聚醇类和 4 - 乙基愈创木酚，具有浓郁的酯香气。茶叶是微生物深度作用的产品，说明微生物可以增加茶叶香气和滋味，茶叶特殊风味形成与微生物有关。

三、茶叶微生物的安全性

　　茶叶作为我国传统食品，已有较久的安全食用历史，目前尚没有相关的流行病学调查及食用毒害事例报告。从茶叶的急性毒性和遗传毒性研究结果来看，发酵茶叶是安全的。但是，鉴于茶叶生产中存在一个系列微生物参与的固态发酵工序，部分微生物本身及其代谢途径和产物（如毒素问题）尚不清楚；另外，茶叶的长期贮存过程中的环境条件与其安全饮用期之间的关系尚不清楚。在正常情况下，健康的人和动物体表及体内如口腔、呼吸道、消化道和泌尿生殖道等都生活着特定种类和数量的微生物，称为人体的正常菌群或正常的微生物区系。人体正常的微生物区系可在一定程度上抑制和排斥外来微生物的生长和病原微生物的定居以及侵入，因而对人体具有一定的保护作用，同时还可为人体提供一些人体自身不能合成的维生素等。

　　茶叶固态发酵中发现了具有防治疾病等功效，且无毒，无残留的有益菌，如地衣芽孢杆菌（Bacillus licheniformis）和枯草芽孢杆菌（Bacillus subtilis）是美国食品和药物管理局（FDA）和美国饲料协会（AAFCO）公布的，可以直接饲喂，且一般认为是安全的微生物菌种。这些菌体能够分泌活性蛋白酶、脂肪酶、淀粉酶，通过产生抗菌物质、生物夺氧，从而抑制有害菌生长，增强免疫作用，产生维生素等多种营养物质。因此，加强茶叶发酵微生物的安全卫生研究，从茶叶的加工各环节入手，系统地研究清楚茶叶风味品质形成与各种微生物的相关关系以及发酵和贮藏环境条件与代谢控制的变化规律，充分发挥各种有益微生物对茶叶品质与保健功效的积极作用，排除有害微生物和不利环境条件对茶叶卫生安全的威胁，同时规范茶叶的生产发酵技术将是保证茶叶微生物安全的重要内容。

　　从微生物影响茶叶品质与安全的角度看，有几个问题值得进一步探究。一是茶叶发酵过程中有害微生物的分离鉴定及其变化规律和控制方法。二是茶叶发酵过程中有害微生物的代谢产物（如黄曲霉毒素、棕曲霉毒素、展青霉素、氧雪腐镰刀菌烯醇、玉米赤霉烯酮、橘青霉素、孢子毒等）及其危害的风险评估。虽然现行的 GB 2761—

2011《食品安全国家标准 食品中真菌毒素限量》并没有对发酵茶叶作出明确的规定，但鉴于茶叶发酵过程中有大量微生物的生长，发酵中也会存在杂菌的污染，可能会有真菌毒素的污染。一是通过控制好发酵环境和发酵条件如温度等，一般可控制杂菌的污染和毒素的产生；二是今后应重视对茶叶真菌毒素的风险评估，实现茶叶的清洁化加工；三是茶叶发酵过程中特殊耐高温（如高于60℃）等极端微生物的作用及安全风险评估；四是茶叶产品中有害微生物的种类及其来源、控制方法；五是茶叶产品中有害微生物在长时间贮藏过程以及不同贮藏条件下的变化规律及安全性；六是茶叶产品中残存微生物对茶叶感官品质的影响及控制方法。

第二节　茶叶微生物培养基制备与灭菌

传统的发酵生产中，发酵原料和培养基的选择是个经验性的、逐渐改进的过程。20世纪上半叶以来，用发酵法生产特殊化学品的方法已经形成，并且不断得到改进，主要使用传统的原材料，过程控制的改进已使单一目的产物的工业化生产成为现实。现代生物工艺学方法不同于以往的发酵，它们没有确定的原料作为起点，因此，开发研制具有明显特点的合适的培养基是非常重要的。

培养基的研究是一个多方位的复杂操作，它对整个生产过程起着非常重大的作用。完成一系列满意的培养基设计还不够，还必须保证其对生产的好处不会因粗心大意的配制或不适当的灭菌操作而丧失。做好配制或灭菌操作的关键是操作的一致性，要求每批培养基都有彼此相似的操作结果。此外，当设计生产规模的培养基配制和灭菌的操作体系时，必须确保这些操作可在茶叶工厂发酵设备条件和正常生产调度的条件下完成。

工业发酵有许多操作和阶段，因此必须研究拟定相应于这些操作和阶段的相互有关的整套培养基。在试图设计任何培养基前，必须把生产过程的这个特定阶段的阶段性目标完全弄清楚。培养基需要进行专一的设计，以便在一定情况下达到每一个该达到的目标，如茶叶发酵菌种的分离纯化培养基，用于扩大培养的液体发酵基等。

一、基本营养成分

1. 碳

地球上的生物化学是以碳为基础的，传统上根据碳源营养对微生物进行分类，如异养型微生物和自养型微生物。异养型微生物从有机化合物中获取组成细胞的碳，这一类微生物包括所有的真菌和多数细菌及原生动物。某些藻类在一定条件下可以如异养型那样生长。自养型微生物从CO_2中获取碳（CO_2的固定），这一类群包括藻类和为数不多的几种细菌。这些类群并不相互排斥，因为某些细菌和藻类兼显两种碳源营养类型的性状，同时表现出自养型和异养型性状的微生物称为兼养型微生物（Mixotroph）。它们能同自养型微生物那样生长，但其生长总是受某些有机碳化合物的促进。碳源除了用于细胞物质组成外，常常作为细胞的能源。任何微生物细胞均需要能源，用以转化成细胞合成及其他生命活动中可以直接使用的生物能。

作为细胞物质的一种来源，碳构成细菌和真菌干重的 50% 左右；可以利用的碳化合物的范围是非常广的，尤其是细菌。微生物世界的多样性被这样一个事实所说明，即所有生物合成的碳化合物都是生物可降解的。某些微生物，如某些假单胞菌能利用 90 多种有机化合物作为它们唯一的碳源和能源。碳水化合物，尤其是葡萄糖是生长培养基最普通的选择；合适的碳源还包括碳水化合物的衍生物、脂肪酸、醇、有机酸、烃和有机含氮化合物，它们的选用与否取决于所研究的微生物的营养通用性。

2. 氮

氮元素是以氨的形式进入细胞组分的。在许多的实验和工业规模的发酵中，NH_4^+ 经常是优先选用的氮源，并以 $(NH_4)_2SO_4$ 或 NH_4Cl 的形式加入。但这两种化合物均为生理酸性盐，细胞对 NH_4^+ 的利用通常会使培养基的 pH 迅速下降，从而影响菌体生长。许多微生物可以利用氨作为唯一的氮源，许多丝状真菌、某些细菌和酵母可以利用硝酸盐。如果所研究的微生物能够把有机含氮化合物降解成可以被送进细胞的较小单位（如氨基酸和 NH_4^+）的话，那么这些有机物也可以作为氮源使用。许多丝状真菌和细菌能降解并利用蛋白质和肽，肽也能被酵母利用。许多实例说明用氨基酸作氮源比用 NH_4^+ 更能促进微生物生长。使用氨基酸可使细胞摆脱许多生物合成活动，从而实现更有效的生长。

此外，一些必需氨基酸往往会起生长抑制剂的作用，这常与向细胞内的输送有关系，因为多种氨基酸共用一个输送系统往往导致竞争作用，影响正常的吸收。同样，细胞对氨基酸和 NH_4^+ 的吸收往往相互抑制。由此可见，能被缓慢降解成氨基酸的氮源和 NH_4^+ 是比较实用的。

3. 氢

细胞所有的有机化合物都包含氢元素。这些氢都是从碳源衍生而来的。细胞的水中也有氢存在。

4. 氧

细胞的所有有机组分和水中均含有氧，碳源通常也提供氧。微生物的有氧代谢需要分子氧作为最终的电子受体。

5. 磷

就微生物的营养而言，无机的 PO_4^{3-} 通常是磷元素的来源，这些化合物是 pH 缓冲剂，而且为实现这个缓冲作用而加入的量往往超过实现生长的需求量。RNA 中含有大量的磷元素，微生物对磷元素的需求随生长速率增加而增加。磷在 G^+ 细菌的细胞壁中也是一种重要的结构成分，比如磷壁酸。在茶叶发酵过程中，磷是一个关键元素，因为它影响许多次生代谢物的形成。

6. 硫

对大多数细菌和真菌来说，无机的 SO_4^{2-} 可以满足其对硫的需求，硫酸铵是培养基的一个可同时兼作氮源的硫源。SO_4^{2-} 的吸收和进入细胞中去的过程是一个需能的过程。由于细胞中的硫是以含硫氨基酸的形式（L-半胱氨酸、L-胱氨酸和 L-甲硫氨酸）存在于蛋白质中，所以如果以这些氨基酸代替 SO_4^{2-}，对生长的刺激作用往往是非常明显的。硫也存在于某些辅酶中，如硫胺素、生物素和铁氧还蛋白等。

7. 钾

钾是细胞中重要的无机阳离子。虽然细胞中的相当一部分钾被束缚在原核生物的核糖体中，但它也是一些酶的辅助因子，是糖代谢所需要的，并且参与许多输送过程。就输送而论，K^+ 和其他无机阳离子（特别是 Na^+）的离子平衡或许能起非常重要的生长调节作用，因为细胞倾向于能动地接纳 K^+ 和 Mg^{2+}，逐出 Na^+ 和 Ca^{2+}，虽然在某些微生物中 Na^+、NH_4^+ 可以部分地替代 K^+，但通常还是需要加入一种无机钾盐（例如 K_2SO_4、K_2HPO_4 或 KH_2PO_4）来满足细胞对钾的需求。

8. 镁

细菌和真菌对镁的需求主要是因为核糖体对镁有特殊需求。镁也作为酶的辅助因子，存在于细胞壁和细胞膜中。通常用 $MgSO_4 \cdot 7H_2O$ 提供镁。

9. 铁、锰和锌

这三种元素都是酶的辅助因子，铁存在于细胞色素和铁氧还蛋白。此外，铁和锰是次级代谢调节中最重要的微量元素，对初级代谢产物的分泌也起重要作用。锌对产黄青霉的青霉素发酵有抑制作用。

10. 铜、钴、钼和钙

铜存在于呼吸链的某些组分和酶中，所以它可能是所有好氧微生物都需要的。钴存在于类咕啉化合物中，例如，许多原核生物合成的维生素 B_{12}。钼是硝酸盐还原酶和固氮酶的辅助因子，所以 NO_3^- 或氮气为唯一氮源的微生物需要钼。钙存在于细菌的芽孢，并且是 α - 淀粉酶和许多蛋白酶的辅助因子，它能提高这些酶的稳定性。钙通常从细胞质中排出，但能在细胞壁、蛋白质和胞外聚合物（荚膜等）的结构方面起重要的作用。

11. 钠和氯

某些细菌可能需要微量的钠，微量钠的需求容易满足，因为钠是培养基其他成分的一种很普通的杂质。大量的 Na^+ 经常添加到生长培养基中，因为钠盐（如 $NaHPO_4$、Na_2SO_4）往往是很容易得到的和廉价的。如果用 NaOH 来调培养液的 pH，致使大量的钠经常在不经意间加入，就可能会深刻地影响细胞与其环境的离子平衡。氯化物如同 Na^+ 和 Ca^{2+} 一样，通常被从细胞质逐出细胞而用于维持生存的能量，大部分用来维持 Na^+ 和 Ca^{2+} 在细胞内外的浓度梯度。所以，它只能作为微量元素加入，不能像常量营养源（如 NH_4Cl、KCl 等）一样大量地加入。

12. 维生素

维生素是辅酶或酶的辅基的组分（或是这些组分的前体）。通常所需的维生素有氨基苯甲酸、硫胺素（维生素 B_1）、核黄素（维生素 B_2）、烟酸、泛酸、吡哆醇（维生素 B_6）、生物素、氰钴胺素（维生素 B_{12}）、叶酸、硫辛酸、肌醇、维生素 K、甲羟戊酸和氯高铁血红素。对大多数维生素而言，通常在很低浓度（$10^{-12} \sim 10^{-6}$ mol/戊酸）条件下即能满足任何生长需求。在应激条件下，如在高于最适温度的条件下生长或酵母的厌氧生长，这种需要量可能有所增加。细胞的某些结构组分，如肌醇（磷脂分子的组成部分），其需要量通常在上述浓度范围的上限。由于维生素是高等植物的组分，而高等植物的下脚又往往被用作发酵原料，因而通常不需再向培养基添加维生素。某些微生物的抽提物显然也是维生素的来源，特别是酵母抽提物尤为有用。将维生素的浓度控制在限制生长的浓度以下培养微生物，是某些茶叶发酵生产的重要环节。

二、培养基的选择依据

不同的微生物对培养基的需求是不同的，因此，不同微生物培养过程对原料的要求也是不一样的。应根据具体情况，从微生物营养要求的特点和生产工艺的要求出发，选择合适的营养基，使之既能满足微生物生长的需要，又能获得高产的产品，同时也要符合增产节约、因地制宜的原则。

1. 根据微生物特点选择培养基

用于大规模培养的微生物主要有细菌、酵母菌、霉菌和放线菌等几大类。它们对营养物质的要求不尽相同，有共性也有各自的特性。在实际应用时，要依据微生物的不同特性考虑培养基的组成，对典型的培养基配方需做必要的调整。

2. 根据发酵方式选择培养基

液体和固体培养基各有用途，也各有优缺点。在液体培养基中，营养物质是以溶质状态溶解于水中，这样微生物就能更充分接触和利用营养物质，更有利于微生物的生长和更好地积累代谢产物。工业上，利用液体培养基进行的深层发酵具有发酵效率高，操作方便，便于机械化、自动化，降低劳动强度，占地面积小，产量高等优点。所以发酵工业中大多采用液体培养基培养种子和进行发酵，而固体培养基则常用于微生物菌种的保藏、分离、菌落特征鉴定、活细胞数测定等方面。此外，工业上也常用一些固体原料，如小米、大米、麸皮、马铃薯等直接制作成斜面来培养霉菌、放线菌。

3. 从生产实践和科学试验的不同要求选择

生产过程中，由于菌种的保藏、种子的扩大培养到发酵生产等各个阶段的目的和要求不同，因此，所选择的培养基成分配比也应该有所区别。一般来说，种子培养基主要是供微生物菌体的生长和大量增殖。为了在较短的时间内获得数量较多的强壮的种子细胞，种子培养基要求营养丰富、完全，氮源、维生素的比例应较高，所用的原料也应是易于被微生物菌体吸收利用。常用葡萄糖、硫酸铵、尿素、玉米浆、酵母膏、麦芽汁、米曲汁等作为原料配制培养基。而发酵培养基除需要维持微生物菌体的正常生长外，主要是要求合成预定的发酵产物，所以，发酵培养基碳源物质的含量往往要高于种子培养基。当然，如果产物是含氮物质，应相应地增加氮源的供应量。除此之外，发酵培养基还应考虑便于发酵操作以及不影响产物的提取分离和产品的质量。

4. 从经济效益方面考虑选择生产原料

从科学的角度出发，培养基的经济性通常不被那么重视，而对于生产过程来讲，由于配制发酵培养基的原料大多是粮食、油脂、蛋白质等，且工业发酵消耗原料量大，因此，在工业发酵中选择培养基原料时，除了必须考虑容易被微生物利用并满足生产工艺的要求外，还应考虑到经济效益，必须以价廉、来源丰富、运输方便、就地取材以及没有毒性等为原则选择原料。

三、培养基的设计原则

培养基的配制必须提供合成微生物细胞和发酵产物的基本成分；有利于减少培养基原料的消耗，单位营养物质所合成产物数量大或产率大；有利于提高产物的合成速度，缩短发酵周期；尽量减少副产物的形成；有利于产品的分离和纯化；并尽可能减少产生"三废"的物质。当然，设计任何一种培养基都不可能面面俱到地满足上述各项要求，需根据具体情况，抓主要环节，使其既满足微生物的营养要求，又能获得优质高产的产品，同时也符合增产节约、因地制宜的原则。发酵培养基的主要作用是为了获得预期的产物，必须根据产物特点来设计培养基。因此要求营养要适当丰富和完备，菌体迅速生长和健壮，整个代谢过程 pH 适当且稳定；糖、氮代谢能完全符合茶叶发酵的要求，能充分发挥生产菌种合成代谢产物的能力。此外，还要求成本降低。

1. 根据不同微生物的营养需要配制不同的培养基

不同的微生物所需要的培养基成分是不同的，要确定一个合适的培养基，就需要了解生产用菌种的来源、生理生化特性和一般的营养要求，根据不同生产菌种的培养条件、生物合成的代谢途径、代谢产物的化学性质等确定培养基。

2. 营养成分的恰当配比

微生物所需的营养物质之间应有适当的比例，培养基中的碳氮比例（C/N）在发酵工业中尤其重要。不同的微生物菌种、不同的发酵产物所要求的碳氮比是不同的。菌体在不同生长阶段，对碳氮比的最适要求也不一样。培养基的碳氮比不仅会影响微生物菌体的生长，同时也会影响到发酵的代谢途径。由于碳既作碳架又作能源，所以用量要比氮多。从元素分析来看，酵母细胞中碳氮比约为 100:20，霉菌约为 100:10。

一般情况下，碳氮比偏小，能导致菌体的旺盛生长，易造成菌体提前衰老自溶，影响产物的积累；碳氮比过大，菌体繁殖数量少，不利于产物的积累；碳氮比较合适，但碳源、氮源浓度高，仍能导致菌体的大量繁殖，增大发酵液黏度，影响溶解氧浓度，容易引起菌体的代谢异常，影响产物合成；碳氮比较合适，但碳源、氮源浓度过低，会影响菌体的繁殖，同样不利于产物的积累。

3. 渗透压

配制培养基时，应注意营养物质要有合适的浓度。营养物质的浓度太低，不仅不能满足微生物生长对营养物质的需求，而且也不利于提高发酵产物的产量和提高设备的利用率。但是，培养基中营养物质的浓度过高时，由于培养基溶液的渗透压太大，会抑制微生物的生长。此外，培养基中的各种离子的浓度比例也会影响到培养基的渗透压和微生物的代谢活动，因此，培养基中各种离子的比例需求要平衡。在发酵生产过程中，在不影响微生物的生理特性和代谢转化率的情况下，通常趋向在较高浓度下进行发酵，以提高产物产量，并尽可能选育高渗透压的生产菌株。当然，培养基浓度太大会使培养基黏度增加和溶氧量降低。

4. pH

各种微生物的正常生长均需要有合适的 pH，一般霉菌和酵母菌比较适于微酸性环境，放线菌和细菌适于中性或微碱性环境。为此，当培养基配制好后，若 pH 不合适，必须加以调节。当微生物在培养过程中改变培养基的 pH 而不利于本身的生长时，应以微生物菌体对各种营养成分的利用速度来考虑培养基的组成，同时加入缓冲剂，以调节培养液的 pH。在配制培养基时，除注意以上几条原则外，还要考虑到营养成分的加入顺序，为了避免生成沉淀而造成营养成分的损失，加入的顺序一般为先加入缓冲化合物，溶解后加入主要物质，然后加入维生素、氨基酸等生长素类的物质。

5. 培养基成分配比的选择

培养基的组分（包括这些组分的来源和加入方法）、配比、缓冲能力、黏度、灭菌是否彻底、灭菌后营养破坏的程度及原料中杂质的含量都对菌体生长和产物形成有影响。目前还只能在生物化学、细胞生物学等的基本理论指导下，参照前人所使用的较适合于某一类菌种的培养基（常称为基础培养基）的经验配方，再结合所用菌种和产品的特性，采用摇瓶等小型发酵设备，对碳、氮、无机盐和前体等进行逐个单因子试验，观察这些因子对菌体生长和产物合成量的影响，最后再综合考虑各因素的影响，得到一个适合该菌种的培养基配方，在大规模生产中进行必要的调整，以获得高产。

为了减少实验次数，可考虑用"正交试验设计"等数学方法来确定培养基组分和浓度，它可以通过比较少的实验次数而得到较满意的结果，另外，还可通过方差分析，了解哪些因素影响较大，以引起人们的注意。考虑碳源、氮源时，要注意快速利用的碳（氮）源和慢速利用的碳（氮）源的相互配合，发挥各自优势，避其所短，选用适当的碳氮比（C/N）。氮源过多，则菌体繁殖旺盛，pH 偏高，不利于代谢产物的积累；氮源不足，则菌体繁殖量少，从而影响产量。碳源过多，则容易形成较低的 pH；碳源不足，菌体易衰老和自溶。在考虑培养基所用的有机氮源时，要特别注意原料的来源、加入方法和有效成分的含量。制备培养基时，也应该考虑水分含量。

第三节 茶叶微生物接种与扩繁

一、微生物利用营养物质的基本方式

营养物质要进入（吸收和输送）细胞，主要面临两个问题：①细胞膜是疏水性的，而绝大多数营养物（存在于水溶液环境中）是亲水的；②如果营养物以非常低的浓度存在于环境中，营养物必须逆浓度梯度进入细胞，在营养物向细胞内积聚的过程中必须消耗自由能。

1. 简单扩散

如果营养物分子是充分亲脂的或足够小，跨膜进入细胞将不存在问题。这些营养物顺着电化学势（浓度）梯度进入细胞，此时细胞膜不起阻挡作用。有人认为以前划归于被动扩散机制的溶质传输，在某些场合下，应归于选择性输送系统的补充部分。例如，进入大肠杆菌细胞的甘氨酰甘氨酸中有 10% 是以被动扩散的方式进入的，这个过程可能借助于寡肽输送系统。酵母质膜允许一些溶质进行有限的扩散。线状的糖分子（Linear Sugars）如 D - 核糖能顺利地穿过质膜，而己糖因具空间位阻不能经被动扩散而进入细胞。在酿酒酵母中，已经证明木糖醇、核糖醇、甘露糖醇和山梨糖醇是通过促进扩散通过质膜的。显然，营养物质通过简单扩散进入细胞只能发生在顺浓度梯度情况下，也就是细胞外营养物质的浓度必须大于或等于细胞内该物质的浓度。

2. 促进扩散

促进扩散是输送系统中最简单的类型。亲水性的营养物质的分子（细胞膜对这种营养物质来说是不能自由穿透的）以某种方式与一种或几种膜蛋白质发生相互作用而促使其自身进入细胞。与简单扩散一样，促进扩散也不消耗能量。营养物质顺电化学梯度进入细胞，因此这种输送系统中被输送进入细胞的物质在细胞内的浓度总是小于或等于其在细胞外的浓度。微生物细胞普遍地以这种机制吸收甘油。研究得最透彻的系统是大肠杆菌细胞的甘油输送系统。在研究大肠杆菌的甘油激酶缺陷型突变株的过程中最初发现，以^{14}C标记的甘油可进入细胞，但不能在胞内累积。随后采用渗透技术认定了这种促进作用。最初认为glpT位点的基因产物是促进蛋白（促进因子），现在glpF被确认是促进因子位点（Facilitator Locus），甘油吸收的动力学分析暗示，甘油是通过细胞质膜上的孔道进入细胞的（GlpF蛋白质是细胞质膜的组分）。在一定条件下，更复杂的基团转移系统中的蛋白质组分也能按促进扩散模式，靠它们自己传输营养物而不需消耗能量。

3. 主动运输

在主动运输时营养物质分子穿过质膜进入细胞被细胞吸收，这一过程中营养物质分子的化学状态不发生变化。不过，与促进扩散不同，细胞内营养物质浓度可以大于细胞外，必须消耗能量才能逆浓度梯度（Against a Concentration Gradient）把营养物质吸收进细胞（驱动营养物质向细胞内富集）。逆浓度梯度运输营养物质时可消耗不同来源的自由能，在此基础上可对主动运输系统进行分类。

二、温湿度与茶叶品质的关系

1. 温度

首先，固态发酵产生的热量是物质转化的热化学动力，热能促使发酵茶叶中产生多种物质的化学变化。其次，适宜的温度也能提高酶的活力，促进发酵茶叶发生一系列生化变化，固态发酵叶中的黑曲霉、酵母菌等真菌，能分泌多酚氧化酶、蛋白酶、纤维素酶、果胶酶和各种糖化酶，加上固态发酵叶中原有的内源残留酶（包括氧化酶类和水解酶类），这些酶是固态发酵茶叶中物质变化的生化动力。另外，一定的堆温能够抑制低温有害杂菌的生长。

温度是影响微生物生长繁殖的重要因素之一。同一微生物，其不同的生理生化过程有着不同的最适温度，最适生长温度并不等于生长量最大时的培养温度，也不等于发酵速度最快时的培养温度或积累代谢产物最高时的温度。因此生产上有时会采用分段式变温培养或发酵。

中山大学何国藩等研究认为，由于微生物的呼吸代谢与物质分解产生的大量热量使堆内的温度上升到60℃，通过翻堆，将只有30～40℃的茶堆外围茶叶转入堆心,而将堆心的茶叶转于堆面。这种茶堆温度的变化很重要,因为60℃左右是许多酶促反应的适宜温度,而35℃左右是微生物的适宜生长温度。发酵微生物在茶叶中迅速繁殖后,获得由它们产生的大量酶类,而翻堆至高温的堆心后又可迅速进行生化反应。如此反复多次,最后将茶叶细胞中的酶促底物多次作用完毕,便是发酵结束。

温琼英等在研究黑茶渥堆过程中微生物种群的变化时,通过传统渥堆和无菌渥堆的比较发现,无菌渥堆中由于微生物含量极低,堆温几乎不变。所以湿热作用的热源是微生物新陈代谢的呼吸热。叶温的升高,一方面加大了湿热作用强度,另一方面加快了微生物酶促反应的速率。

在茶叶微生物固态发酵过程中,发酵叶的温度一般保持在符合微生物生长的范围内,适宜的温度既能促使发酵叶中产生多种物质的化学变化,还能抑制有害杂菌的生长,更为重要的是促使有益微生物大量滋生,使得微生物分泌的胞外酶数量及其高效的催化活性相应增加,促进发酵茶叶的一系列变化。

因此,发酵过程中,温度对茶叶风味及品质的影响十分重要,有效地控制好发酵温度的变化,有利于茶叶品质的形成。当堆温控制在一定范围时,可使有益微生物大量繁殖,这有利于发酵茶叶形成较好的品质。当堆温低于或高于一定的范围时,加工出的茶叶品质并不理想。堆温过低,一些化学成分氧化降解所需的热量无法达到,导致发酵不足;堆温过高,会导致茶叶炭化,同样不利于茶叶良好品质的形成。

2. 湿度

水是微生物新陈代谢所必需的六类基本营养要素之一,水在微生物代谢活动中是不可缺少的。首先,水是固态发酵过程中各种生物化学变化的必要介质和直接参与者。茶叶发酵中各种有效物质成分的形成都需要水作为物质变化介质,而且水分子分解而成的 H^+ 和 OH^-,直接参与形成茶叶中茶黄素、茶红素等的分子结构。其次,茶堆中的水分还具有吸氧作用,氧是茶叶固态发酵的必备条件,茶叶固态发酵初期,茶堆含水量一般在30%以上,具有一定的吸氧作用,从而使得固态发酵叶中的氧化作用能够顺利进行。此外,水也是微生物生命活动不可缺少的物质。

加工茶叶所用的原料毛茶含水量一般较低,必须加入一定比例的水分才能在微生物固态发酵中较好地发挥湿热作用,但如果水分过多,则会加快物质的扩散转移和相互作用,甚至促使有害菌种大量繁殖,导致发酵叶腐烂、变质;而水分过少则多酚类物质的正常氧化变化途径以及其他一些生化变化就会受到影响,发酵叶的颜色、茶叶醇厚回甘的品质特点也会受到影响,所以在茶叶发酵过程中需要保持适当的湿度。

发酵茶叶含水量小于20%时,湿度较小,会引起发酵不足,一些生化反应受到影响,生产出的发酵成品色泽泛绿,滋味苦涩,汤色橙红,香气青涩,缺乏优良成品的色泽褐红、滋味醇厚、汤色红浓、陈香显著的风味特征;而发酵茶叶含水量大于35%时,水分含量过高,会导致发酵叶腐烂,严重影响茶叶的汤色与口感,品质劣变。因此,发酵茶叶的水分含量要求适当,偏少或过多都不适宜,一般含水量在25%～35%时,生产出的茶叶才可能具有好的品质。

三、发酵茶叶常见菌种的分离与培养

1. 黑曲霉的分离培养

从采集到的发酵茶样中，通过已知的平板分离黑曲霉菌株（图4-2）。黑曲霉纯化培养基为：葡萄糖30g、NaNO₃ 30g、K₃PO₄ 1g、MgSO₄ 0.25g、KCl 0.25g、琼脂15g、蒸馏水1000mL、pH 6.8，在121℃灭菌30min，再通过碳酸钙透明圈法选出可同时产生酶活力较高的淀粉酶、纤维素酶、果胶酶的菌株。

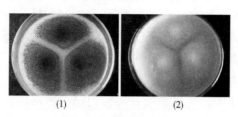

图4-2　黑曲霉菌落
（1）正面　（2）反面

初筛：将分离到的黑曲霉菌株接种到培养基（琼脂20g、葡萄糖20g、CaCO₃ 25g，加水至1000mL，pH6.5~7，在121℃高压蒸汽灭菌锅中灭菌30min）上，于30℃培养3d。原理是葡萄糖淀粉酶会在生长中将培养基中的葡萄糖转化为有机酸并扩散到培养基中，与其中的CaCO₃作用，产生透明圈。选出其中透明圈大的菌株供复筛。

复筛：用250mL三角瓶装50mL培养基［葡萄糖50g、蛋白胨3g、（NH₄）₂HPO₄ 0.4g、KH₂PO₄ 0.2g、MgSO₄·7H₂O 0.1g］灭菌后接入初筛的黑曲霉菌种，于振荡摇瓶培养3d（30℃）。然后，用PHS-2型酸度计测定酸度。每株菌接种3瓶，最后选出一株产酸最多的菌株作为产酶菌种。

培养：最后把选出的菌种接种到天然培养基上（葡萄糖30g、麸皮10g、玉米粉50g、蛋白胨10g、酵母膏1.0g，加蒸馏水至1000mL，pH 6.5~7.0）。放到28℃恒温箱中早、晚摇动培养5~7d后，在无菌操作台上用无菌滤纸过滤，无菌收获滤纸上的菌丝和黑曲霉的孢子，放到28℃恒温箱中干燥。

2. 酿酒酵母的分离培养

从采集到的发酵茶样中，通过已知的平板分离得到酿酒酵母菌株（图4-3）。酿酒酵母纯化培养基为：葡萄糖20g、蛋白胨10g、酵母汁5g、琼脂20g、蒸馏水1000mL、pH自然、121℃灭菌20min。

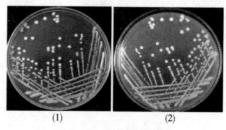

图4-3　酿酒酵母菌落
（1）正面　（2）反面

分离：将固体培养基熔化，冷却至45℃，注入无菌培养皿中，每皿15~20mL，稍微摇转，静置，使成平板，备用。取要分离的茶样2g，加到装有98mL无菌水的研钵中研碎，此时得到的是10^{-2}的菌悬液。按十倍稀释法（指下一管的菌悬液要比上一管的稀十倍）把菌悬液稀释到10^{-8}，以10^{-6}、10^{-7}、10^{-8}三个浓度涂布，放入25~28℃培养24h观察。培养2~5d后，挑取单个菌落，并移植于斜面上培养，待形成明显菌苔后检查是否为纯培养物，且是否符合酿酒酵母的特征。

培养：把选出的菌种接种到天然培养基上（葡萄糖30g、麸皮10g、玉米粉50g、蛋白胨10g、酵母膏1.0g，加蒸馏水至1000mL，不调pH）。放到（28±2）℃恒温箱中早晚摇动培养5~7d后，在无菌操作台上用无菌滤纸过滤，无菌收获滤纸上的菌丝和酿酒酵母的孢子，放到28℃无菌恒温箱中干燥。

3. 绿色木霉的分离培养

从采集到的发酵茶样中，通过平板分离得到绿色木霉菌株。绿色木霉纯化培养基为：马铃薯200g、葡萄糖20g、琼脂20g、蒸馏水1000mL，pH自然。马铃薯去皮，切成块，煮熟0.5h，然后用纱布过滤，再加琼脂和糖，熔化后补足水至1000mL。121℃灭菌20min。

分离：将马铃薯葡萄糖琼脂培养基熔化，冷却至45℃，注入无菌培养皿中，每皿15~20mL，稍微摇转，静置，使成平板备用。取要分离的茶样2g，加到装有98mL无菌水的研钵中研碎，此时得到的是10^{-2}的菌悬液。按十倍稀释法把菌悬液稀释到10^{-8}。10^{-6}、10^{-7}、10^{-8}三个浓度涂布，放入25~28℃培养24h，观察。培养2~5d后，挑取单个菌落，并移植于马铃薯葡萄糖琼脂培养基的斜面上培养，待形成子实器官后检查是否只有一种菌而且这种菌是否符合绿色木霉的特征。

培养：把选出的菌种接种到天然培养基（葡萄糖30g、麸皮10g、玉米粉50g、蛋白胨10g、酵母膏1.0g，加蒸馏水至1000mL，pH自然）上。放到（28±2）℃恒温箱中早晚摇动培养5~7d后，在无菌操作台上用无菌滤纸过滤，无菌收获滤纸上的菌丝和绿色木霉的孢子，放到（28±2）℃恒温箱中干燥。

4. 少根根霉的分离培养

从采集到的发酵茶样中，通过平板分离得到少根根霉菌株（图4-4）。根霉纯化培养基为：马铃薯200g、葡萄糖20g、琼脂20g、蒸馏水1000mL，pH自然。马铃薯去皮，切成块，煮熟0.5h，然后用纱布过滤，再加琼脂和糖，熔化后补足水至1000mL。121℃灭菌20min。

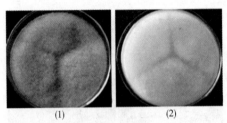

（1）　　　　　（2）

图4-4　根霉菌落
（1）正面　（2）反面

分离：将固体培养基（马铃薯葡萄糖琼脂培养基）熔化，冷却至45℃，注入无菌培养皿中，每皿 $15\sim20mL$，稍微摇转，静置，使成平板备用。取要分离的茶样2g，加到装有98mL无菌水的研钵中研碎，此时得到的是 10^{-2} 的菌悬液。按十倍稀释法把菌悬液稀释至 10^{-8}。事先准备好的平板9套，分别标号为 10^{-6}、10^{-7}、10^{-8}，每个稀释度3套平皿，以便比较。在每个已标号的平皿中注入1mL相应的菌悬液，用涂布棒涂均匀，放入 $25\sim28℃$ 培养24h观察。培养 $2\sim5d$ 后，挑取单个菌落，并移植于马铃薯葡萄糖琼脂培养基的斜面上培养，根据菌体形态和菌落特征鉴别是否是根霉。

培养：把选出的菌种接种到天然培养基上（葡萄糖30g、麸皮10g、玉米粉50g、蛋白胨10g、酵母膏1.0g，加蒸馏水至1000mL，pH自然）。放到 $(25\pm2)℃$ 恒温箱中早晚摇动培养 $5\sim7d$ 后，在无菌操作台上用无菌滤纸过滤，无菌收获滤纸上的菌丝和少根根霉的孢子，放到 $(25\pm2)℃$ 恒温箱中干燥。

第四节 茶叶微生物发酵过程

一、发酵过程与微生物

微生物对茶叶发酵的正常进行具有不可替代的作用。微生物活细胞是个远离平衡状态的开放体系，又是个转换和支配有限的能量和物质资源的经济实体。在发酵法工业生产中可以把微生物细胞看作为生物机器，它们进行能量代谢和物质代谢。微生物细胞的生存方式与动物、植物等高等生物细胞不同，其能独立存在，自主生活。因此每个微生物细胞都具有能量转换机构，为其自身提供生物能。在生物能的支撑下，活细胞才能维持其高度有序的状态。

发酵的概念最早来源于酿酒的过程。广义的"发酵"原来指的是轻度发泡或沸腾状态。随着人们对发酵认识的不断增加，发酵的概念也逐渐成熟。发酵在微生物学或微生物生理学中，狭义的概念是指在厌氧条件下，微生物以代谢中间产物作为最终电子受体并释放能量的过程。而"工业发酵"则把一切依靠微生物的生命活动而实现的工业生产统称为"发酵"。食品发酵泛指食品原料在微生物的作用下转化为新的食品类型或饲料的过程。茶叶发酵则是茶叶在微生物以及光热、湿热等综合条件下品质发生特定有益变化的过程。

微生物在食品加工中应用极为广泛，在酿酒，制作面包，制作传统调味品如酱油、面酱、豆瓣酱、豆豉，腌制泡菜，发酵酸奶等食品的生产加工中都具有重要作用；另外，微生物在氨基酸、黄原胶等的生产上也应用广泛。普洱茶、康砖茶、茯砖茶、六堡茶和云南少数民族地区的酸茶、腌茶等发酵茶的加工中微生物也发挥了重要作用，经过发酵后茶叶具有了独特的色、香、味和营养价值。

二、微生物与茶叶品质

在茶叶固态发酵过程中，各种微生物间彼此消长，存在着竞争、互生和拮抗等多种生态关系，形成了以茶叶为基质的微生物群落。因为温度和湿度的影响，这一群落中有害微生物滋生被抑制，有益微生物却能大量生长和繁殖，从而使得茶叶品质的形成趋向于有利的方向发展。从某种意义上说，微生物是茶叶品质形成的第一功臣，也是第一推动因素，它在茶叶的品质形成过程中发挥了重要作用，促使多种大分子物质快速转化，帮助细胞物质溶出细胞，同时也提供了一些微生物自身合成的具保健和药效的生物活性产物。

一些有益菌可以产生挥发性或非挥发性的抗生物质抑制发酵杂菌生长，抑制发酵茶杂菌孢子萌发与菌丝生长。一些竞争能力强的有益微生物，可大量消耗如铁、氮、碳、氧或其他适合杂菌生长的微量元素，可以抑制发酵茶中杂菌的生长、代谢或孢子萌发。因此，有益微生物主要是通过夺取杂菌所需的养分而竞争性地抑制杂菌生长。一些有益微生物在发酵过程中可分泌胞内和胞外两类酶系。

发酵微生物产生的胞内酶是其进行体内生理代谢以完成生命活动所必需的具有强大催化功能的生物活性蛋白质。陈宗道等的研究提出微生物分泌的胞内酶（多酚氧化酶、抗坏血酸酶、过氧化物酶等）及呼吸代谢产生的热量对茶叶品质形成起着非常重要的作用。

胞外酶是具有重要催化作用的水解酶，一些发酵微生物能分泌约 20 种的水解酶，如葡萄糖淀粉酶、纤维素酶和果胶酶等。微生物分泌的纤维素酶、果胶酶等可分解茶叶细胞壁，使茶叶细胞内容物大量释放，有利于茶叶细胞内化学物质的化学转化。在普洱熟茶固态发酵过程中，有益微生物产生的这些胞外酶还可将发酵茶叶中不溶解的有机物分解为可溶性物质，把大分子有机物催化分解成生物可吸收和利用的小分子有机物。被分解的大分子有机物主要包括多糖、脂肪、蛋白质、天然纤维素、半纤维素、果胶和一些其他不溶性的碳水化合物等，分解产物则大多为单糖、寡糖、氨基酸、水化果胶和可溶性碳水化合物等，从而使茶叶内含物质的有效成分易于渗出，为增强茶叶茶汤滋味提供了前提条件，这也是形成茶叶甘、滑、醇、厚品质的物质基础。固态发酵过程有一定数量的这类微生物参与，有利于茶叶形成甜香的品质，但由于其分泌果胶酶的能力强，发酵过程中这类微生物的大量滋生会造成发酵叶软化甚至腐烂，所以固态发酵过程的每一个阶段都要将这类微生物的数量控制在一定的范围内，且需要控制好温湿等发酵条件，才有利于形成品质稳定的茶叶。

参与茶叶发酵的微生物中，曲霉、根霉、木霉和酵母菌等都是与人类关系极为密切，具有较高经济价值的菌群，也是对茶叶品质形成具有重要影响的微生物。这些微生物含有极丰富的蛋白质，具有人体所必需的 8 种氨基酸、脂肪、粗纤维、碳水化合物、矿物质元素、B 族维生素、维生素 C、维生素 D_2、微量元素等，同时还含有丰富的酶系和生理活性物质，它们分泌的酶类可将茶叶原料中不溶或难溶的大分子化合物转化为易溶于水的小分子化合物。

由此可见，微生物对于茶叶的品质形成有多方面的作用。一是微生物分泌的多种胞内酶和胞外酶（如水解酶、纤维素酶、蛋白酶、氧化酶等）对茶叶加工过程中茶叶原料和半成品内物质的分解、转化、氧化、聚合起到了重要的促进作用，尤其是将原料中的纤维素、半纤维素、果胶、蛋白质等大分子化合物分解，也就是通常说的大分子的小分子化；另外，通过微生物的酶促作用，改变了一些有机物质的构型构象，使一些物质的极性发生了改变，这些作用使原来不能够冲泡出的不溶于水的大分子物质被分解成可以溶于水的小分子物质，这样可极大地丰富茶叶的内含成分，使茶叶的可溶性物质增加，增加了茶叶的水浸出物数量和种类。因为微生物的酶促作用，茶叶原料及半成品中的基础物质（如茶多酚、蛋白质与氨基酸、糖类等）大量快速转化重组，使得茶叶品质特征（干茶色泽红褐，茶汤红浓明亮，香气独特陈香）在较短的时间内快速形成。

发酵茶叶成品中决定茶叶品质和质量的物质成分来源，一是毛茶原料中固有的化学物质成分；另外，就是发酵过程中转化而来的化学成分，这个转化作用得益于微生物的酶促作用，茶叶固态发酵过程中的湿热作用，茶叶贮藏过程中的缓慢氧化作用和微生物转化而成的物质；此外，还可能有毛茶原料在加工过程中残留的部分酶活力的催化作用以及发酵微生物自身组成成分和代谢产生的生物活性物质。茶叶所特有的一些具特殊保健功效和药效的物质，也是由微生物通过发酵作用转化形成的，这为茶叶品质的多样性和保健特性提供了良好的物质基础。通过微生物胞内酶和胞外酶的催化分解作用，可破坏茶叶原料的细胞壁和细胞质，使原料茶叶细胞内的物质溶出增多，这也为微生物酶促反应和湿热作用下茶叶内含化学物质成分的氧化和转化创造了更好的条件，加速了茶叶优良品质的形成。

正是由于茶叶固态发酵过程中，大量有益于茶叶良好品质形成的微生物的生长、繁殖，所加工出的茶叶才会内含成分丰富且协调，形成茶叶甘、滑、醇、厚的独特风味。从实质上讲，茶叶固态发酵过程就是一个微生物作用下的茶叶生物化学变化的过程，有了一定的温度和湿度，在酶促作用下，化学成分大量地快速转化，从而促使了茶叶品质的快速形成。

三、发酵剂研发与应用

发酵剂是指为生产干酪、奶油、酸乳制品及其他发酵产品所用的特定微生物的培养物（如乳杆菌、乳球菌、双歧杆菌、酵母菌、曲霉菌、乳霉菌等）。茶叶发酵剂则是指在茶叶生产和发酵过程中起有效作用的微生物培养物（如黑曲霉发酵剂、酵母发酵剂、木霉发酵剂等）。发酵剂添加到产品中（接种到处理过程的原料中），在控制条件下繁殖、发酵，微生物产生一些能赋予产品特性如酸味、滋味、香味、黏稠度的一些物质。在发酵食品生产中，由于微生物的参与，使发酵食品具有丰富的营养价值，且赋予产品特有的香气、色泽和口感。传统发酵食品工艺中微生物群来源于自然界，而现代科技则采用微生物纯培养，这不仅能提高原料利用率，缩短生产周期，而且便于机械化生产。

茶叶发酵剂的特性包括以下几点：

（1）发酵剂对于产品风味与品质的形成至关重要，往往是影响产品最终风味的重要因素；

（2）发酵剂能提高产品营养价值，许多菌种在代谢过程中产生多种氨基酸、维生素和酶，这些物质不仅能降低抗营养因子的破坏作用，还可以转换有毒化合物为无毒物质；

（3）茶叶发酵剂的使用能简化产品加工工艺、缩短生产周期；

（4）茶叶发酵剂的使用体现了生产的创新性，可以降低成本、增加经济效益；

（5）发酵剂能够产生抗菌物质，从而提高产品的保存性，延长货架期；

（6）茶叶发酵剂在茶叶发酵过程中的使用可以明显地增加内含物，进而改善口感，提高产品的保健功效，给茶叶的品质形成带来积极作用。

表4-1列举了已经得到大生产应用和市场证明的部分茶叶发酵剂。

表4-1　　　　　　　　　　　已应用于茶叶生产的发酵剂类型

菌种名称	发酵剂专利号	对茶叶品质的影响
黑曲霉 （Aspergillus niger）	ZL 200510010941.4	汤色红浓明亮，滋味醇厚甘滑，香气陈香独特显木香，叶底红褐
酿酒酵母 （Saccharomyces cerevisiae）	ZL 200510010940.X	汤色红浓明亮，香气陈香独特透花果香，滋味醇和回甘，叶底棕褐油润
绿色木霉 （Trichoderma viride）	ZL 200710065786.5	汤色红浓明亮，香气陈香独特带花香，滋味醇厚回甘，叶底红褐匀亮
少根根霉 （Rhizopus arrhizus）	ZL 200710065787.X	汤色红褐透亮，香气陈香，滋味醇和滑爽，叶底红褐

近年来，随着科技的发展，发酵技术已经从利用自然界中原有的微生物进行发酵生产的阶段，进入到按照人类的意愿改造成具有特殊性能的微生物以生产人类所需发酵产品的新阶段，进而发展成一门独立学科——发酵工程。发酵工程，是指采用现代工程技术手段，利用微生物的某些特定功能，为人类生产有用的产品，或直接把微生物应用于工业生产过程的一种新技术。发酵工程的内容包括菌种的选育、培养基的配制、灭菌、扩大培养和接种、发酵过程和产品的分离提纯等方面。微生物是发酵工程的灵魂，同时发酵工程最基本的原理也是发酵工程的生物学原理。

茶叶微生物发酵剂的制备建立在对微生物深入研究的基础上，发酵剂的微生物来源主要是在自然状态下参与茶叶固态发酵的一些优势微生物菌种，另外，也可以是非传统茶叶发酵过程中出现的菌种，即没有在茶叶发酵微生物群落中发现过的自然界中的其他微生物菌种。制作微生物发酵制剂的菌种不管是否来源于茶叶发酵体系，都应该是在食品安全生产领域被国家相关法律法规所规定的允许在食品生产领域使用的微生物菌类，生产微生物发酵制剂，应该将制剂微生物的安全性作为首要的选择标准。在确定了用于研制茶叶发酵剂的菌种是安全的前提之后，接下来要考虑该微生物对于茶叶风味和品质的影响的机理是怎样的，该微生物对茶叶色香味形等感官品质和生理生物指标有何影响，在了解清楚微生物对茶叶品质的具体影响后，还要考虑该微生物的繁殖力如何，在茶叶发酵环境里面是否能够正常地生长和繁殖。

根据参与发酵的微生物菌株种类又分为单菌发酵与混合发酵。单菌发酵是指发酵过程中只使用一种微生物，如生产嗜酸乳杆菌奶、啤酒等食品。这种发酵在现代发酵工业中最常见，但在传统工业中并不多见。混合发酵是指采用两种或两种以上的微生物进行发酵的技术。传统的酿酒、制醋、制酱和酱油以及干醋等，都是利用天然的微生物菌种进行混合发酵。这种混合发酵有多种微生物参与（在微生物之间还必须保持一种相对的生态平衡），其产物也是多种多样的，发酵过程较难控制，在许多情况下还依赖于实践的经验。目前虽然工艺上有了许多改进，但仍然保持着原来的基本技术，即采用自然的微生物菌群。传统茶叶生产属于此类。利用已知的纯种进行混合发酵如酸乳发酵、液态酿酒新工艺等，这是食品发酵的发展方向。只有到了这个程度，实现发酵食品生产的全面现代化才会成为可能，发酵食品的安全性才能得到有效保障。这也是茶叶工业化生产发酵的方向。目前，发酵剂在许多食品加工过程中变得越来越重要，已得到相关领域的普遍重视，它展现出了强大的生命力和广阔的前景。随着科技的进步与发展，相信发酵剂在各领域的应用，尤其是在茶叶产业中的使用必将势不可当。

随着社会的发展与进步，越来越多的人将追求高品质的生活，尤其在"食品安全与营养"方面提出了更高的要求，可以肯定的是，科学健康的生活理念已深入人心。俗话说"民以食为天"，在保障了基本生存的前提下，许多消费者期望着更加丰富的食品种类及其拥有的营养保健功效。发酵剂的使用则可以大大增加产品的风味种类以及品质特性；它既能保证不同批次生产产品的风味稳定性，确保产品的生产销售，又能在其他方面同时产生积极的影响，符合消费者的需求。为了适应集约化生产的需求，提高产品风味、缩短生产周期，发酵剂在食品生产加工中，尤其是在茶叶加工过程中已经显示出了其独特的重要性和必要性。

我国是人口大国，随着经济的发展和生活水平的提高，人们对于茶叶的消费需求将日益扩大。由于茶叶香气独特、滋味醇厚回甘，并在养胃护胃、降血脂等方面拥有其独特的功效，使得消费者对其日益青睐。不断增加的供应需求，促使我们要不断优化茶叶的加工制作工艺，实现工艺的创新与运用。因此，茶叶发酵剂在研制开发新品种茶类与保障现有产品品质这一环节显得尤为关键。

茶叶发酵剂的推广使用，创新了茶叶发酵传统工艺，提高了茶叶的发酵效率，优化了茶叶的产品质量，代表了茶叶生产发展的未来方向，为风味和特色茶叶产品的开发提供了强有力的科技支撑。它的推广和应用不仅能促进企业的技术创新、增强企业的核心竞争力，而且也象征了茶叶产业由传统生产到现代科技生产这一历史性的转变，为做大做强茶叶产业起到了示范作用，促进了茶区经济、社会、生态的持续健康发展。

第 五 节　茶叶微生物分离提纯

一、茶叶中微生物的来源

从目前的分离鉴定结果看，茶叶发酵过程中有多种微生物的参与，但优势菌是以黑曲霉、酵母等真菌类为主。参与茶叶发酵的微生物主要有三个方面的来源：一是毛茶原料上的微生物；二是来源于加工环境；三是人工添加的微生物。

1. 毛茶

毛茶上的微生物，可能来自于茶树植物的内生菌，或者来自鲜叶生长、采摘、加工、运输等环节的环境，包括空气、土壤、运输工具，甚至加工人员都可能带给毛茶微生物。

2. 加工环境

微生物无处不在，加工环境可以说是一个巨大的微生物储藏库，尤其是曲霉、青霉等丝状真菌孢子和芽孢杆菌等在自然界的分布极为广泛，在土壤和空气中大量存在。因此从茶叶固态发酵到成品包装储运的各个环节，土壤、空气、人体表面等处的微生物都可通过不同方式传播到原料，参与茶叶固态发酵，并在适宜条件下成为优势菌，对茶叶品质形成起到重要作用。同时，环境微生物还可传播到茶叶成品中，生长繁殖于茶叶的包装、储运及陈化过程中。

3. 人工添加

随着对茶叶发酵机理的研究，对微生物在茶叶品质形成中的作用有了更加深入的认识，已开始了茶叶控菌发酵，即人为添加外源微生物以控制发酵茶叶风味，同时稳定和提高茶叶品质。我国台湾学者分离了贮存20年和25年茶叶中的微生物，并应用于人工发酵，结果表明，可缩短茶叶发酵周期，提高茶叶中洛伐他汀等功能化合物的含量。

目前，在实际生产中由于茶叶原料的成分差异和优势菌群在各阶段作用的差异，最终形成了目前各生产厂家不同风味的茶叶品质特点。这充分说明了茶叶固态发酵过程中微生物的种类变化以及微生物的相互作用是极其复杂的，多种微生物在环境因子影响下与晒青茶化学成分综合作用，经过复杂的生物化学变化，从而形成了茶叶特有的色、香、味和独特的保健功效。一般认为，微生物的作用是产生多种酶类，引起茶多酚氧化、缩合，参与蛋白质的分解、降解，碳水化合物的分解以及产物之间的聚合等一系列复杂的生化反应；分解茶叶原料中所含的多糖、脂肪、蛋白质、天然纤维、果胶等难溶的大分子有机物；增加单糖、氨基酸、黄酮、水化果胶、挥发性香气成分和各种香气物质等的含量；形成茶叶特有的色泽和甘、滑、醇、厚等品质特征。同时，在发酵过程中，黑曲霉、根霉、酵母菌等有益微生物在生长过程中还可代谢产生有机酸、维生素、一些人体必需的氨基酸和其他生物活性物质，从而使茶叶具有某些独特的保健功效。因此，通过多年来项目的研究进一步证实，微生物是普洱茶品质形成中起决定性作用的重要因子。

二、茶叶中微生物的分离鉴定

微生物群落是指生活在一起的物种群体。微生物群落（无论在自然界或实验室中）具有连续生长、自我平衡（Homeostasis）和进化等基本特性。常见的发酵茶叶包括普洱茶、茯砖茶、六堡茶、黑茶、康砖茶和酸茶等。

1. 普洱茶

普洱茶目前在港、澳、台和东南亚，以及法国、日本等地，深受消费者欢迎。普洱茶（熟茶）是将晒青毛茶经过发酵处理精制而成的茶叶，在加工过程中，其特殊保健功能与品质形成的关键就是渥堆。周红杰等在针对普洱茶加工过程中微生物及酶系变化的研究，发现黑曲霉、青霉、根霉、灰绿曲霉和酵母等微生物存在于普洱茶的整个加工过程中，其中初期黑曲霉最多，约占微生物总数的 80%。黑曲霉代谢产生的水解酶，在渥堆中期，表现为增加趋势。在渥堆前期中温型霉菌生长繁殖迅速，后期低温嗜干的灰绿曲霉开始繁殖。在大生产中，渥堆堆表从第 3 天开始滋生大量的微生物，有些甚至结块成团。在渥堆水分适度时，大量酵母的生长对普洱茶甜醇滋味的形成有重要作用。茶叶中的主要生化成分均随渥堆时间延长而剧烈变化，茶叶中的特征性物质茶多酚在整个加工过程呈下降趋势，而甜醇物质呈增加趋势。陈宗道等曾报道普洱熟茶渥堆过程中存在黑曲霉（*Aspergillus niger*）、灰绿曲霉（*Aspergillus glaucus*）、青霉（*Penicillium* sp.）、根霉（*Rhizopus* sp.）和酵母（*Saccharomyces* sp.）等微生物，并认为黑曲霉约占微生物总数的 80% 左右。何国藩等的研究表明，在长达 40～50d 的渥堆过程中，渥堆叶上的微生物呈现一种变化规律，以真菌占绝对优势，特别是渥堆早期，霉菌最先发展起来；酵母菌在渥堆开始几天数量甚少，在中后期迅速繁殖，完全成为优势菌种；放线菌表现早期不明显，后期有所发展；而细菌早期较多，以后逐渐下降，到后期已极少，但未发现有致病细菌。显然这很大程度上是各种微生物之间拮抗作用的结果以及茶叶中的活性成分茶多酚作用的结果。对于普洱茶优势菌的产生，是由于在堆积发酵过程中，水分逐步蒸发减少，酸度增加，这种变化给微生物活动创造了良好条件。而微生物旺盛代谢活动所大量释放的呼吸热促使堆温升高，这又进一步促进了微生物自身的繁殖生长。普洱茶生产过程中温湿度的变化可能是微生物数量消长的主要原因。

2. 茯砖茶

茯砖茶制造过程中有一个独特工序是发花，其目的是通过控制一定的温度和湿度环境条件，促使微生物优势菌种的生长繁殖，产生大量金黄色的闭囊壳，俗称"金花"，金花的多少是鉴别茯砖茶品质好坏的标准。许多学者都对茯砖茶"金花菌"做过研究，但对其最后定名迄今仍存在分歧。1981 年仓道平等鉴定认为优势菌是灰绿曲霉群中的谢瓦曲霉。但由于缺乏扫描，对有性孢子的表面未能观察清楚。1986 年温琼英对该菌的子囊孢子进行电镜观察并摄下了照片，也作了其培养特征观察记载，请中国科学院齐祖同协助鉴定，用英联邦真菌研究所的冠突曲霉模式菌株 172280 作比较，认为此菌与模式菌株在培养特征上和显微特征是一致的，因此将该菌初步定为冠突曲霉；温琼英在制定茯砖茶标准时，对金花菌采用的是冠突曲霉的名称，但仍有疑惑。王志刚等对茯砖茶中关于微生物的种类进行了较为详细的论述，认为茯砖茶中霉菌的优势菌是散囊菌属的种类，冠突散囊菌是主要的，也是出现频率最高的种类，其他还有间型散囊菌、谢瓦散囊菌、匍匐散囊菌、阿姆斯特丹散囊菌等，非散囊菌属的霉菌出现频率也较高，主要是黑曲霉、毛霉、拟青霉、青霉等。在发花初期，有一定量的黑曲霉、青霉及其他霉菌存在，但当优势菌——冠突散囊菌生长起来后，这些霉菌的生长则被抑制。研究表明，发花是茯砖茶所特有的工艺过程，进入发花工序后，砖坯温度已逐渐冷却至接近室温，湿热作用强度大大减弱。然而，正是在这种温度和湿度条件下，茯砖茶中优势微生物种群——冠突散囊菌得以大量繁殖，它们从茶叶中吸取可利用态基质，进行代谢转化，在满足自身生长发育的同时，也产生各种胞外酶（如多酚氧化酶、果胶酶、纤维素酶、蛋白酶等），作为有效的生化动力，催化茶叶中各种相关物质发生氧化、聚合、降解、转化。因此，发花的实质是在一定的温度和湿度条件下，使有益优势菌——冠突散囊菌大量生长繁殖，并借助其体内的物质代谢与分泌的胞外酶的作用，实现色、香、味品质成分的转化，形成茯砖茶特有的品质风味。

3. 六堡茶

六堡茶通过渥堆中微生物的作用而形成特色风味，起主要作用的是霉菌，其中曲霉、青霉在制茶过程中有促进变色作用，但是若干霉菌如黑曲霉则起相反作用。高温高湿条件下茶叶强烈的氧化作用为微生物的发育活动创造了良好条件，而微生物的发育活动又进一步促进了茶叶的氧化作用，如此循环下去，就形成了极适合微生物大量繁殖的条件。六堡茶在后发酵阶段，也有少量金黄色散囊菌出现，能产生淀粉酶、氧化酶。六堡茶在晾置陈化后，茶中便可见到有许多金黄色"金花"，这是有益品质的黄霉菌，它能分泌淀粉酶和氧化酶，可催化茶叶中的淀粉转化为单糖，催化多酚类化合物氧化，使茶叶汤色变棕红，消除粗青味。但也有人认为这种"金花"与茯砖茶中的"金花"相同，关于六堡茶渥堆中的微生物及晾置陈化后的微生物是哪些，有待进一步研究。

4. 黑茶

目前，对于制茶过程中微生物研究的不断深入，人们越来越认识到微生物在茶叶加工中的重要性，这在黑茶制造中尤显突出。黑茶制造过程中，鲜茶叶上黏附的微生物经过杀青几乎全被杀死，以后的揉捻、渥堆（初期）过程中又重新沾染微生物，渥堆 3h，微生物逐渐增多。镜检鉴定结果表明，黑茶在渥堆中微生物群落主要是酵母、霉菌和细菌。其中以酵母菌最多，且为假丝酵母中的种类；霉菌则以黑曲霉占优势，其次为青霉；细菌为无芽孢短小杆菌等。黑曲霉中的许多种类均能分泌纤维素酶、蛋白酶等酶类，这些微生物及其分泌的酶系统对茶叶中的有机物质进行分解、水解、氧化与转化形成了黑茶特征性品质。温琼英研究表明，渥堆中起主导作用的是假丝酵母，中后期霉菌有所上升，其中以黑曲霉为主，还有少量青霉和芽枝霉。初期还有大量细菌参与，主要是无芽孢细菌及少量芽孢细菌，还有金黄色葡萄球菌。这些微生物主要来源于揉捻与渥堆工序中的机具与空气中，加上渥堆叶内富含氮源和碳源，并具备一定的温湿度条件，给微生物的生长繁殖提供了良好的环境。

5. 康砖和青砖茶

在砖茶加工过程中微生物对砖茶品质有重要影响。有研究指出，康砖、青砖等砖茶中都含有多种真菌，康砖茶品质主要是湿热和微生物作用引起内含物变化而形成的。陈云兰等首次从康砖和青砖茶成品中得到了冠突散囊菌，虽然分离频率较低，但是可以说明散囊菌在康砖和青砖的成品中是存在的。在康砖和青砖的加工过程中没有"发花"工艺，其中的散囊菌不能形成有性结构闭囊壳，而是以营养菌丝的形式存在。营养菌丝的环境抗性弱，在砖茶的保存过程中容易死亡。陈云兰等的研究只是首次从康砖和青砖中获得冠突散囊菌，至于它在康砖和青砖茶中起什么作用，还需要科学研究进一步探讨。

6. 其他发酵茶类

酸茶作为一个独特的茶产品，一直以来在中国、泰国、缅甸和新加坡等国家被人们食用或饮用。在我国云南，具有酸味和苦涩味的酸茶作为一种民族特色食品，深受少数民族如德昂族、布朗族的喜爱，酸茶已成为他们日常生活中不可缺少的特有的民俗文化的重要组成部分。目前国内对于酸茶的研究较少，现有报道的仅有酸茶感官品质、主要成分的分析，以及酸茶发酵工艺技术的研究。华中农业大学研究人员对酸茶加工工艺技术进行研究，分别确立了泡制型和腌制型酸茶的加工工艺，并进行了优化。确立腌制型酸茶的基本工艺流程：鲜叶—清洗—水漂杀青—沥水—盐渍—装瓶—压实密封—厌氧发酵—成品。对品质形成动态也进行了分析，酸茶与发酵前相比，游离氨基酸、可溶性糖、水浸出物等含量差异显著。

棋石茶外形紧结重实，色泽乌润，汤色暗褐，香味纯正略带酸味，消费者习于煎饮。阿波晚茶与棋石茶相似，但未经压榨，也具有酸味，主要用作茶粥。日本东京农业大学菌株保存室研究人员分析，阿波晚茶堆积发酵1周后，桶内大量气泡冒出，经对桶内微生物进行微镜检查，主要为圆形酵母、嗜热乳杆菌、胚芽乳杆菌和其他的革兰阴性杆菌；阿波晚茶的发酵主要是细菌和酵母的作用，与我国云南西双版纳的"腌茶"为同一"根"。茶酱菜的制作工序与其他黑茶都不同，先将茶叶用大锅煮，然后放入桶里腌制1个月以上，使乳酸发酵，发酵以后用碾茶机研磨茶叶。作为一种可以吃的茶，Miang在泰国北部生产制作，跟酸茶相似，是一种自然发酵茶。对于Miang的研究较多，香气组分、微生物种群以及抗氧化活性等都有研究，但对其发酵工艺和品质形成机理等的研究较少。

三、茶叶微生物多样性

1. 茶叶原料与微生物多样性

茶叶原料是茶叶品质形成的关键因素之一。自然环境中存在着多种多样的微生物类群，发酵茶叶之所以具有先天的独特性，除了生长环境的特定地理、气候与物种的多样性外，特有的环境微生物类群的参与也是其中一个重要因素。生长环境微生物生态的多样性不仅可帮助茶树抵御外部各种病虫害的侵袭，还可协助茶树源源不断地吸收各种营养物质，使茶树始终靓丽如新，健壮怡人。

不同厂家生产的茶叶具有不同的风味，不同产地原料在茶叶发酵过程中优势菌群有所差异，因此迫切需要研究不同产地原料茶中的微生物类群特点及其与茶叶品质的相关性，为茶叶原料与发酵品质形成的关系提供理论依据。

2. 地域与微生物多样性

微生物无处不在，人类无时不生活在"微生物的海洋"中。微生物对人类的好处，除了制造食物和生产有用的物质外，环境中的微生物，其实是地球上所有生物所构成的生物圈中极重要的一环。在食品的贮藏、运输、加工、制造过程中都存在许多微生物学问题，一方面是利用有益微生物的作用制造发酵食品；另一方面是防止有害微生物污染食品，保证食品安全。茶叶原料在生长、发酵、贮藏过程中，微生物都存在多样性，具有较大的地域性差异。目前研究结果显示，从各地市售茶叶中分离鉴定出的微生物也存在较大差别，在不同地区发酵、贮藏的茶叶品质和风味均存在较大差异。

因此，在探明环境微生物对茶叶品质影响的基础上，结合人工发酵剂的应用应成为我国各地发酵茶叶生产工作的一个重点。今后，应加强对茶叶主要产区环境（水、土壤、空气以及茶树）微生物的分布规律、生长发育规律及其对茶叶的作用机理的研究，明确其影响途径和条件，从而为获得优质茶叶提供科学的发酵方法和条件，趋利避害，甚至从环境中分离出应用前景更大的微生物菌株，服务茶叶产业。

3. 产品与微生物多样性

微生物是茶叶品质风味形成的重要因子，也是茶叶品质形成的关键要素。而微生物作为生物的一大类群，除了具有生物共有的特点外，还具有本身的特性，即微生物种类的多样性、微生物遗传与变异的多样性、微生物代谢的多样性和微生物生态分布的多样性等，正是由于微生物的多样性，使茶叶发酵过程充满了多样的变化。

固态混菌发酵体系中，优势菌群为不同的微生物时，其产生的酶类和生命活动代谢不同，对茶叶品质的影响也不同，形成的茶叶产品也极具多样性。在发酵过程中利用发酵微生物的多样性可能产生不同风格、不同功能的茶叶，推动茶叶产业的健康发展。如可以利用产 γ - 氨基丁酸（GABA）的菌株作为优势菌，可能生产出可降血压的 γ - 氨基丁酸发酵茶叶；利用产洛伐他汀的菌株作为优势菌，可能生产出可降血脂的洛伐他汀发酵茶叶；利用产根霉和酵母菌株作为优势菌，有可能开发出具高含量寡糖的发酵茶叶；同时，其他一些具特殊代谢产物的微生物菌株也可被进一步研究利用来生产多种功能不同的发酵茶叶。

高血压、高血脂、肥胖、糖尿病、心脑血管疾病等是现今社会的高发病，相关药品的市场需求极为巨大。而茶叶作为一种饮品，如何在未来开发出具有特定功能的产品，使人们在享受饮茶的过程中，同时带来降血压、降血脂等效果，将是未来茶叶开发的一个新方向。

4. 茶叶风味多样性

茶叶品质风味形成的实质是在微生物产生各种酶的酶促作用以及湿热作用（其热源包括干燥过程的外源热及发酵过程微生物释放的生物热）综合作用下，使内含成分实现一系列如氧化、聚合、缩合、分解等复杂的化学变化，形成对茶叶品质有利的产物。茶叶特殊的风味是在固态发酵过程中形成的，与参与固态发酵过程的微生物的生物转化作用，以及微生物本身的次生代谢有关。不同种类的微生物，在生长繁殖时能产生出不同的代谢产物，同时其体内的生物酶也是千差万别的。多酚类化学物质和香气成分等的组成的变化是茶叶汤色、香气、口感等不同风味与质量的物质基础。不同厂家生产的茶叶具有不同的风味，是基于不同产地茶叶固态发酵的优势菌群有所差异，这些状况使得加强茶叶固态发酵过程中微生物种类、菌物生长特性的研究，建立茶叶固态发酵菌物库很有必要。对茶叶固态发酵过程中分离到的微生物进行生物学特性研究，选择最佳培养条件，阐明其次生代谢产物的形成积累规律，以及主要的酶系统，并进一步对野生菌株进行驯化培养，选育适于工业生产的发酵菌株，对于揭示茶叶风味形成的物质基础，进行茶叶的规范化工业生产具有重要意义。

5. 茶叶功能多样性

发酵茶具有降低动脉硬化指数、升高高密度脂蛋白胆固醇（HDL－C）的比例、减少胆固醇的生物合成、预防心血管疾病、防癌和抗癌、降血压、降血脂、减肥、抗辐射等功效。经研究，茶叶中的酮苷具有维生素 P 的作用，可防止人体血管的硬化；茶多糖对肿瘤发生的启动、促癌和增殖阶段均有抑制作用；茶多酚是一种天然的抗氧化剂，具有抑制脂质过氧化、抗凝、促纤溶、抗血小板凝集、降血压、降血脂、预防动脉粥样硬化、保护心肌、清除自由基等生物学作用；茶色素具有显著的抗凝、促纤溶、抗血小板凝集、抑制动脉平滑肌细胞增生的作用，能有效预防动脉粥样硬化症。Kuan－Li Kuo 发现茶叶降脂效果优的绿茶、乌龙茶、红茶和晒青毛茶，这些功能的形成与微生物的作用密切相关。

茶叶经过微生物发酵后，其化学成分的总体变化趋势是：水浸出物、总糖、氨基酸和维生素 C 的含量大幅度减少；总灰分、水不溶性灰分、水溶性灰分、寡糖、多糖和水溶性果胶的含量呈增加趋势。茶叶化学成分的变化，与微生物在发酵过程中分泌的胞外酶催化的茶多酚氧化、缩合，蛋白质和氨基酸的分解、降解，碳水化合物的分解以及产物之间的聚合等一系列反应有密切关系。微生物代谢有益物质不仅使茶叶具有甘滑、醇厚和陈香等特点，也增强茶叶保健功效，使茶叶的保健功效有别于其他茶类，成为茶类中的特色茶。微生物代谢有益物质对茶叶的影响机理有待于进一步研究。

思考题

1. 茶叶微生物的特点与产物有哪些？
2. 制备微生物分离培养基应该具有哪些营养成分？
3. 以酿酒酵母为例说明怎样从发酵茶叶中分离纯化微生物。
4. 推广发酵剂在茶叶发酵中有什么重大意义？

参考文献

［1］TALARO K P. 微生物学基础（影印版）［M］. 6 版. 北京：高等教育出版社，2009.

［2］周德庆. 微生物学教程［M］. 北京：高等教育出版社，2002.

［3］AMANN R，LUDWIG W，SCHLEIFER K. Phylogenetic identification and in situ detection of individual microbial cells without cultivation［J］. Microbiol Rev，1995，59：143－169.

［4］沈萍，陈向东. 微生物学［M］. 北京：高等教育出版社，2006.

［5］郭鲁宏，杨顺楷. 黑曲霉产生的酶类及其应用［J］. 天然产物研究与开发，1998，10（4）：87－93.

［6］罗龙新，吴小崇，邓余良，等. 云南普洱茶渥堆过程中生化成分的变化及其与品质形成的关系［J］. 茶叶科学，1998（1）：53－60.

［7］梁名志，夏丽飞，陈林波，等．普洱茶渥堆发酵过程中理化指标的变化研究［J］．中国农学通报，2006，22（10）：321－325.

［8］张堂恒．中国茶学辞典［M］．上海：上海科学技术出版社，1995：284.

［9］刘勤晋，周才琼，许鸿亮，等．普洱茶的渥堆作用［J］．茶叶科学，1986（2）：55－56.

［10］刘仲华，黄建安，施兆鹏．黑茶初制中主要酶类的变化［J］．茶叶科学，1991（增刊1）：17－22.

［11］廖东兴．渥堆中几种微生物及酶与普洱茶品质关系研究［D］．重庆：西南大学，2008.

［12］张晓军，沈佳佳，王浩，等．半纤维素在饲料工业中的应用研究［J］．饲料工业，2005，26（20）：22－23.

［13］薛长湖，张永勤，李兆杰，等．果胶及果胶酶研究进展［J］．食品与生物技术学报，2005，24（6）：94－98.

［14］刘洪斌，杨淑蕙．过氧化氢酶的检测、控制和应用［J］．中国造纸，2007，26（1）：49－51.

［15］张东旭，堵国成，陈坚．微生物过氧化氢酶的发酵生产及其在纺织工业的应用［J］．生物工程学报，2010，26（11）：1474－1481.

［16］苏二正，夏涛，张正竹．单宁酶的研究进展［J］．茶业通报，2004，26（1）：16－19.

［17］李肖玲，崔岚，祝德秋．没食子酸生物学作用的研究进展［J］．中国药师，2004，7（10）：767－769.

［18］SHAO W，POWELL C，CLIFFORD M N. The analysis by HPLC of green，black and Pu'er teas produced in Yunnan［J］．Journal of the Science of Food and Agriculture，1995，69（4）：535 - 540.

［19］折改梅，张香兰，陈可可，等．茶氨酸和没食子酸在普洱茶中的含量变化［J］．云南植物研究，2005，27（5）：572－576.

［20］吕海鹏，谷记平，林智，等．普洱茶的化学成分及生物活性研究进展［J］．茶叶科学，2007，27（1）：8－18.

［21］吴桢．普洱茶渥堆发酵过程中主要生化成分的变化［D］．重庆：西南大学，2008.

［22］NIELSEN K F，MOGENSEN J M，JONANSEN M，et al. Review of secondary metabolites and mycotoxins from the Aspergillus niger group［J］．Anal Bioanal Chem，2009，395：1225－1242.

［23］CHE B，GMIRANDA RU. Biotechnological production and applications of statins［J］．Appl Microbiol Biotechnol，2010，85：869－883.

［24］HWANG L S，LIN L C，CHEN N T，et al. Hypolipidemic effect and antiatherogenic potential of Pu - Erh tea［J］．ACS Symp Ser，2003，859：87－103.

［25］谢春生，谢知音．普洱茶中降血脂的有效成分他汀类化合物的新发现［J］．

河北医学, 2006 (12): 1326 - 1327.

[26] YANG D J, HWANG L S. Study on the conversion of three natural statins from lactone forms to their corresponding hydroxy acid forms and their determination in Pu - Erh tea [J]. J Chromatogr A, 2006, 1119: 277 - 284.

[27] JENG K C, CHEN C S, FANG Y P, et al. Effect of microbial fermentation on content of statin, GABA, and polyphenols in Pu - Erh tea [J]. J Agric Food Chem, 2007, 55: 8787 - 8792.

[28] XUE S Y. Detection and evaluation of effective hypolipidemic components in Yunnan Pu'er tea [D]. Chengdu: Chengdu University of Technology, 2009.

[29] HOU C W, JENG K C, CHEN Y S. Enhancement of fermentation process in Pu - erh tea by tea - leaf extracts [J]. J Food Sci, 2010, 75: H44 - H48.

[30] HWANG L S, LIN L C, CHEN N T, et al. Hypolipidemic effect and antiatherogenic potential of Pu - Erh tea [J]. ACS Symp Ser, 2003, 859: 87 - 103.

[31] ENDO A, MONACOLIN K. A new hypocholesterolemic agent produced by a monascus species [J]. The Journal of Autibiotics, 1979, 32 (8): 852 - 854.

[32] ALBERTS A W, CHEN J, KURON G, et al. Mevinolin: A highly potent competitive inhibitor of hydroxymethylglutaryl - coenzyme a reductase and a cholesterol - lowering agent [J]. Proc Natl Acad Sci USA, 1980, 77 (7): 3957 - 3961.

[33] ENDO A, HASUMI K, YAMADA A, et al. The synthesis of compactin (ml - 236b) and monacolin k in Fungi [J]. The Journal of Antibiotics, 1986, 39 (11): 1609 - 1610.

[34] 王定昌, 赖荣婷. 酵母的用途 [J]. 粮油食品科技, 2002, 10 (1): 12 - 16.

[35] 李国基. 酵母菌在调味食品中的应用 [J]. 中国酿造, 1997 (3): 7.

[36] JOHNSTON E A, An G H. Astaxanthin from Microbial Sources [J]. Critical Reviews in Biotechnol, 1991, 11 (4): 297 - 326.

[37] 刘洪斌, 杨淑蕙. 过氧化氢酶的检测、控制和应用 [J]. 中国造纸, 2007, 26 (1): 49 - 51.

[38] 刘国红, 林乃铨, 林营志, 等. 芽孢杆菌分类与应用研究进展 [J]. 福建农业学报, 2008, 23 (1): 92 - 99.

[39] 陈文品. 普洱茶急性毒性及遗传毒性安全评价研究 [D]. 重庆: 西南农业大学, 2003.

[40] 龚加顺, 陈文品, 周红杰, 等. 云南普洱茶特征成分的功能与毒理学评价 [J]. 茶叶科学, 2007, 27 (3): 201 - 210.

[41] 陈娜, 侯艳, 徐昆龙, 等. 云南普洱茶急性毒性研究 [J]. 云南农业大学学报, 2008, 23 (2): 233 - 237; 244.

[42] 饶华, 曹振辉, 刘二伟, 等. 普洱茶对大鼠钙磷吸收利用的影响 [J]. 云南农业大学学报, 2008, 23 (5): 644 - 647.

[43] MALINOWSKA E, INKIELEWICZ I, ZARNOWSKI W C, et al. Assessment of

fluoride concentration and daily intake by Human from tea and herbal infusions ［J］. Food and Chemical Toxicology，2008，46：1055 – 1061.

［44］WANG D，XIAO R，HU X T，et al. Comparative safety evaluation of Chinese Pu – erh green tea extract and Pu – erh black tea extract in Wistar rats ［J］. Agric Food Chem，2010，58：1350 – 1358.

［45］刘小文，高熹，高晓余，等. 云南主要茶区土壤重金属的监测与污染评价 ［J］. 安徽农业科学，2008，36（33）：14727 – 14728.

［46］何国潘，林月蝉. 广东普洱沤堆过程咖啡碱和茶多酚含量变化及饮效 ［J］. 中国茶叶，1986（5）：8 – 9.

［47］温琼英，刘素纯. 黑茶发酵（堆积发酵）过程中微生物种群的变化 ［J］. 茶叶科学，1991，11（增刊1）：10 – 16.

［48］郝林，杨宁. 发酵食品加工技术 ［M］. 北京：中国社会出版社，2006.

［49］洪坚平，来航线. 应用微生物学 ［M］. 北京：中国林业出版社，2005.

［50］陈宗道，刘勤晋，周才琼. 微生物与普洱茶发酵 ［J］. 中国茶叶，1988（4）：4 – 7.

［51］苏东海，胡丽花，苏东民. 传统主食发酵剂及其微生物的研究现状 ［J］. 农产品加工，2009（3）：50 – 52；72.

［52］龄南，胡新宇. 酸奶发酵剂的研究与应用现状 ［J］. 中国乳业，2009（7）：28 – 29.

［53］周红杰，秘鸣，韩俊，等. 普洱茶的功效及品质形成机理研究进展 ［J］. 茶叶，2003，29（2）：75 – 77.

［54］何国藩，林月婵，徐福祥. 广东普洱茶渥堆中细胞组织的显微变化及微生物分析 ［J］. 茶叶科学，1987（2）：54 – 57.

［55］仓道平，温琼英. 茯砖茶发酵中优势菌与有害菌类的分离鉴定 ［J］. 茶叶通讯，1981（2）：12 – 14.

［56］温琼英. 茯砖茶中主要微生物的研究 ［J］. 茶叶通讯，1986（4）：19 – 21.

［57］王志刚，童哲，程苏云. 茯砖茶中霉菌含量和散囊菌鉴定及利弊分析 ［J］. 食品科学，1992（5）：1 – 5.

［58］廖庆梅. 谈谈六堡茶的加工技术及工艺 ［J］. 茶业通报，2000，22（3）：30 – 32.

［59］马静，罗龙新. 黑茶加工中微生物鉴定研究进展 ［J］. 中国茶叶，1994（4）：12 – 13.

［60］张凯农，肖纯，张弦. 康砖渥堆中主要成分的变化规律 ［J］. 茶叶通讯，1992（1）：19 – 23.

［61］王增盛，施兆鹏，刘仲华，等. 论茯砖茶品质风味形成机理 ［J］. 茶叶科学，1991，11（增刊1）：49 – 55.

［62］朱俊生，李明非，李卓，等. 康砖渥堆与霉菌作用 ［J］. 茶叶通报，1982（3）：17 – 21.

［63］陈云兰，于汉寿，吕毅，等．康砖和青砖茶中散囊菌的分离、鉴定及其生物学特性研究［J］．茶叶科学，2006，26（3）：232－236.

［64］昌建纳．云南少数民族与茶［J］．茶业通报，2006（2）：91－93.

［65］陈红伟．布朗族与茶［J］．中国茶叶加工，2000（3）：46－47.

［66］刘勤晋．日本黑茶考［J］．西南农业大学学报，1986（4）：142－146.

［67］周桦．微生物与茶叶及茶制品的加工［J］．贵州茶叶，1998（2）：36－38.

［68］OH H W，KIM B C，LEE K H，et al. *Paenibacillus camelliae* sp. Nov.，isolated from fermented leaves of *Camellia sinensis*［J］．The Journal of Microbiology，2008，46（5）：530－534.

［69］俞俊堂，唐孝宣．生物工艺学［M］．上海：华东理工大学出版社，1991.

［70］ALEXOPOULOS C J，MIMS C W．真菌学概论［M］．余永年，宋大康，等译．北京：农业出版社，1983：1－2；247－256.

［71］张星海，沈生荣，杨贤强．茶多酚对心脑血管疾病防治作用的研究进展［J］．福建茶叶，2011（4）：24－27.

［72］KUO K L，WENG M S，CHIANG CHUN－T，et al. Comparative studies on the hypolipidemic and growth suppressive effects of Oolong，Black，Pu－erh，and Green Tea leaves in rats［J］．Journal of Agricultural and Food Chemistry，2005，53（2）：480－489.

第五章　茶树基因工程

　　基因工程（Genetic Engineering），又称基因重组（Gene Recombination）或者基因修饰（Genetic Modification），是指利用现代分子生物学手段将外源基因或 DNA 序列整合入目标生物并使之发挥相应功能的技术。经过基因修饰后目标生物中的相应基因可以被强化，也可以被抑制和弱化（Knock Down）或"敲除"（Knock Out）。基因工程的特点在于，可以对基因等目标进行直接遗传操作，实现基因功能的验证和检测，明确 DNA 序列与性状之间的关系，可预见性强；同时可打破物种之间的生殖隔离，实现基因或生物信息的跨物种表达和传播。虽然通过基因工程手段可以较为精确地实现目标基因或序列强化或抑制，但是外源基因或序列在宿主生物基因组中的整合位点和拷贝数可能存在一定的不确定性，因此经过基因修饰或转基因的生物（Genetically Modified Organism，GMO）仍然可能存在某些不可预测的性状改变。创造 GMO 并不是基因工程的唯一目的，就目前而言，基因工程更多地还是一种对基因功能、代谢途径、遗传规律、变异机制等进行研究的重要工具。

第 一 节　茶树基因工程基础理论与技术

　　从基因工程的定义可以看出，基因工程至少需要几个基本要素，即目的基因或序列、整合方法、目标生物等。其中目的基因或序列是指由各种核苷酸按照一定方式排列而成的一段核酸分子。虽然各种生物具有不同的进化进程和等级，但是核苷酸在各种生物之间是共享的，这也是基因工程操作得以实现的重要基础。整合方法是将目的基因或序列按照一定要求插入载体，并最终转移至宿主生物的过程和方法。目标生物是最终接纳外源目的基因或序列的受体或宿主。不同进化程度的受体接纳外源基因或序列的能力差异巨大，一般而言，进化程度越低越容易接纳外源基因，但是即便实现了跨物种的基因转移，仍可能会面临基因转录、剪接、翻译乃至翻译后修饰等障碍而影响目的基因功能的发挥。那么，基因是什么，其存在形态和结构如何？它又是如何发挥其遗传功能的呢？

一、基因工程基础理论

　　早在 19 世纪 60 年代，奥地利学者孟德尔（Gregor Johann Mendel）就根据对豌豆实验的观察总结出了经典遗传理论，并提出了"遗传因子"概念。20 世纪初，丹麦遗传学家约翰逊（Wilhelm Ludwig Johannsen）在其《遗传学原理》一书中，首次提出了"基因"的概念。虽然约翰逊已经意识到基因与孟德尔的遗传因子具有类似功能和意义，但在当时基因仅被认为是"一种计算或统计单位"，与现在含义的基因有较大的差别。但之后的大量研究，使该概念所代表的本质逐渐明晰起来。

生物（Organism），又称为细胞生命体（Cellular Life），其种类多种多样，控制性状的遗传物质特点也必然是千差万别的。在明确核酸是生物遗传物质之前，有多种大分子如蛋白质、多糖和核酸等，曾被作为可能的候选物质。1928 年，英国细菌学家格里菲思（Frederick Griffith）研究发现，平滑（S）型肺炎球菌可使小鼠死于败血症，而粗糙（R）型肺炎球菌对小鼠没有致死作用，但将高温杀死的 S 型细菌和活的 R 型细菌一起注射小鼠时，仍可致许多小鼠死亡。该实验虽然没能揭示遗传物质的本质，但为细菌转化研究开辟了先河。1944 年，美国生物学家艾弗里（Osward Theodore Avery）和他的同事，在格里菲思实验的基础上，分别采用蛋白酶和脱氧核糖核酸酶处理高温杀死的 S 型肺炎球菌，并与 R 型细菌混合后注射小鼠，发现经蛋白酶处理后 S 型细菌残留物能使 R 型细菌转化并致小鼠死亡，而经脱氧核糖核酸酶处理的 S 型细菌残留物没有致死效果。该实验首次证明了细菌中的脱氧核糖核酸（Deoxyribonucleic Acid，DNA）是基因的载体。1952 年美国遗传学家赫尔希（Alfred Hershey）和蔡斯（Martha Cowles Chase）利用同位素标记噬菌体实验再次确认了 DNA 就是生物体的遗传物质。

在自然界，除了细菌（古细菌）、真菌、植物和动物等细胞生物外，还存在大量的非细胞生命体（Non‐cellular Life），例如病毒（Virus）、类病毒（Viroid）、朊病毒（Prion）等。虽然这些非细胞生命体没有细胞结构、不能自动增殖和代谢，但是它们能借助宿主细胞的酶类、代谢机制进行扩增和进化。大量的研究显示，病毒中的遗传信息贮存方式复杂多样，既有以 DNA 为遗传物质的，比如噬菌体（Phage）、核型多角体病毒（Nuclear Polyhedrosis Viruse）、乙肝病毒（Hepatitis B Virus）、腺病毒（Adenoviruses）、细小病毒（Parvovirus），也有以 RNA 为遗传物质的，比如埃博拉病毒（Ebola Virus）、SARS 病毒、禽流感 H5N1、艾滋病毒 HIV、轮状病毒（Rotavirus）、烟草花叶病毒（Tobacco Mosaic Virus）等。类病毒是比病毒更小（一般只有几百个核苷酸）、没有蛋白外壳、但仍具侵染和传播能力的环状 RNA 分子，如马铃薯纺锤块茎病类病毒（Potato Spindle Tuber Viroid）等。无论是病毒还是类病毒，都能以自身携带的 DNA 或 RNA 为遗传物质，借助宿主细胞代谢体系将遗传信息进行扩增并转化成行使功能的蛋白质或 RNA。朊病毒是一类不含核酸、但可自我复制并具感染性的蛋白质侵染因子，是导致疯牛病、羊瘙痒症等的元凶，可见，朊病毒不是传统意义的病毒，其自我复制过程实际是由致病蛋白指导的正常蛋白质的构象转变，而正常蛋白是由宿主细胞正常基因编码的。因此，广义地说，细胞生物、非细胞生命体，可归结为"大生物"范畴。

由于本书的描述对象主要为茶树，本节主要以 DNA 为遗传物质的细胞生物为例，介绍 DNA 在生物细胞中的存在形态、结构特征、遗传信息传递以及对性状的控制。

（一）染色体

早在 19 世纪 80 年代初，德国动物学家鲁克斯（Wilhelm Roux）就已观察到了细胞核内能够被染色的丝状体，并猜测"遗传物质在细胞核丝状体上"。1888 年德国解剖学家沃尔德耶－哈茨（Heinrich Wilhelm Gottfried von Waldeyer－Hartz）开始将这种丝状体称为染色体（Chromosome）。20 世纪初，德国生物学家鲍维里（Theodor Heinrich Boveri）和美国遗传学家萨顿（Walter Stanborough Sutton）分别在海胆和蝗虫的独立实验中发现了细胞分裂过程中的染色体行为，提出了著名的"鲍维里－萨顿染色体理论"，在该理论中提出了"染色体是遗传物质载体"，同时对孟德尔经典遗传实验机理进行了合理解释。1915 年前后，美国遗传学家摩尔根（Thomas Hunt Morgan），在麦克朗（Clarence Erwin McClung）、斯蒂文斯（Neil Everett Stevens）、威尔逊（Edmund Beecher Wilson）等发现决定生物性别的性染色体的基础上，利用果蝇实验首次证明了"染色体是遗传物质载体"学说，并提出了基因连锁交换等概念。

之后遗传理论有了较快发展，迄今为止，人们已经知道，在很多原核生物细胞中，如大肠杆菌和蓝藻等，一般存在一个大的环状主染色体，同时可能还存在一些小的环状染色体，如质粒（Plasmid）。而在真核生物细胞中，通常包含多条线状细胞核染色体，同时还含有环状的线粒体染色体或质体染色体，而且在高等生物的体细胞核中线状的染色体通常是成对的，其中一条来自父本、另一条来自母本，如表 5 - 1 所示。

表 5 - 1　　　　　　　　　　　不同生物中的核染色体数目

物种	染色体数目	物种	染色体数目
酿酒酵母	16	马蛔虫	2
衣藻	16	水螅	40
松	24	蟑螂	雌 48，雄 46
柏	22	蚊子	6
杉	22	果蝇	8
拟南芥	10	蝗虫	雌 24，雄 23
豌豆	14	蜜蜂	雌 32，雄 16
蚕豆	12	蟾蜍	36
大豆	40	青蛙	26
梨	34	鸽子	80
南瓜	40	鸡	78
西瓜	22	驴	62
萝卜	18	骡子	63
烟草	48	马	64
玉米	20	老鼠	42
水稻	24	兔子	44
马铃薯	48	猫	38
普通小麦	42	山羊	60

续表

物种	染色体数目	物种	染色体数目
大麦	14	绵羊	54
黑麦	14	狗	38
高粱	20	猪	38
陆地棉	52	牛	60
番茄	24	猴	42
甘薯	90	黑猩猩	48
茶树	30	人	46

生物体中的 DNA 以染色体的形态存在于细胞中，在结构上，原核生物和真核生物染色体有很大的区别。原核生物的大染色体位于类核（Nucleoid）内，其 DNA 与类核相关蛋白（Nucleoid – associated Proteins）结合，使丝状 DNA 形成相对致密的空间结构；而真核生物主染色体位于细胞核内，是由 DNA 与多种碱性蛋白——组蛋白以及核糖核酸（Ribonucleic Acid，RNA）等有规律结合而成的。

在真核生物中，有 5 种组蛋白，即 H1、H2A、H2B、H3 和 H4，DNA 与组蛋白相互作用形成绳珠状（Beads on a String）核小体，即约有 147bp 的核心 DNA（Core DNA）在组蛋白八聚体（分别由 2 个 H2A、H2B、H3 和 H4 分子组成）表面缠绕 1. 67 圈，并通过一段 8 ~ 80bp 未缠绕的连接 DNA（Linker DNA）与下一个核小体单元相连，而组蛋白 H1 则相对较为松散地结合于连接 DNA 的外围（图 5 – 1）。研究还显示，核小体中核心 DNA 和连接 DNA 位置不是一成不变的，而是动态的，可以通过其他蛋白因子和 ATP 的作用发生滑动（Sliding）。通过核小体结构可使 DNA 链进行一定程度的压缩，形成染色质（Chromatin）。根据染色质的压缩程度，可将其分为常染色质（Euchromatin）和异染色质（Heterochromatin），常染色质具有相对松散的结构，可与 RNA 聚合酶等多种蛋白因子发生互作，因此，处于常染色质状态的 DNA 中的基因一般表达活性较强；而异染色质具有超压缩结构，处于该状态的 DNA 一般不具转录和表达活性。异染色质又可分为组成型异染色质和偶发型异染色质，其中组成型异染色质通常位于具有重复序列的着丝点（Centromere）和近端粒（Telomere）位置，而偶发型异染

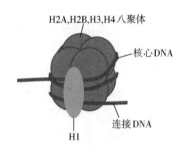

图 5 – 1　核小体结构

色质通常与一定发育阶段或环境条件下由 RNA 干扰等介导的 DNA 甲基化、组蛋白修饰引发的基因沉默（Gene Silencing）和染色质重塑（Chromatin Remodeling）等事件有关。在真核生物细胞分裂中期，染色质进一步压缩形成更加致密的、超凝聚态的染色单体（Chromatid），可在普通光镜下观察。

（二）DNA 和 RNA

1. DNA

DNA 是细胞生物的遗传物质，也是染色体的关键成分。细胞中的 DNA 分子总和，即为该生物的基因组，其中包括核基因组、线粒体基因组、质体基因组等。DNA 分子由碱基、脱氧核糖和磷酸组成，其中碱基以腺嘌呤（A）、鸟嘌呤（G）、胸腺嘧啶（T）和胞嘧啶（C）为主，还有一定比例的 5 - 甲基胞嘧啶（5mC）、5 - 羟甲基胞嘧啶（5hmC）以及少量 N6 - 甲基腺嘌呤（N6 - mA）和 7 - 甲基鸟嘌呤（7 - mG）。1953年，美国遗传学家沃森（James Dewey Watson）和英国生物物理学家克里克（Francis Harry Compton Crick）在富兰克林（Rosalind Elsie Franklin）等 DNA X 衍射以及查伽夫（Erwin Chargaff）DNA 碱基组成规律等研究基础上，发现了著名的 DNA 双螺旋结构，即 DNA 分子是由两股反向平行的、以磷酸和脱氧核糖为骨架的链相互缠绕形成的双螺旋，脱氧核糖上的碱基通过 A - T 和 C - G 之间氢键的互补配对稳定其结构。该结构模型的提出为 DNA 分子的复制、转录等机制阐明奠定了重要基础，打开了"生命之谜"的大门，开启了分子生物学时代，使通过生物工程手段进行 DNA 重组成为可能。1956年克里克提出了分子生物学中心法则（Central Dogma），明确了 DNA、RNA 和蛋白质之间的信息流关系。即 DNA 可通过半保留复制（Semiconservative Replication）方式实现遗传信息在亲代细胞和子代细胞之间的传递，也可通过转录将遗传信息传递给 RNA，并指导转译合成蛋白质。1958 年，梅塞尔森（Matthew Stanley Meselson）和斯塔尔（Franklin William Stahl）利用同位素标记试验证实了沃森和克里克提出的 DNA 半保留复制模型。虽然早在 1951 年西班牙物理和生化学家奥乔亚（Severo Ochoa）就发现了多核苷酸磷酸化酶（RNA 聚合酶），但直至 1960 年赫维茨（Jerard Hurwitz）等、史蒂文斯（Audrey Stevens）、黄（Huang R C）等多个独立研究小组才在不同生物中发现和证实了 RNA 合成过程；1961 年法国生物学家雅各布（François Jacob）和莫诺德（Jacques Lucien Monod）根据大肠杆菌（Escherichia coli，E. coli）乳糖利用实验提出了著名的操纵子学说，对基因的转录和调节进行合理的阐述；1961—1962 年赫维茨等研究小组纯化了 RNA 聚合酶并对 RNA 合成进行了深入研究，基本明确了原核生物中 DNA 转录机制；1961 年克里克（Crick）和他同事利用缺失突变造成的移码错误证明了 3 个核苷酸对应于 1 个氨基酸，同年，尼伦伯格（Marshall Warren Nirenberg）等首次阐述了 UUU 密码子特性，之后奥乔亚实验室的研究人员以及科拉纳（Har Gobind Khorana）等发现了其他密码子；1964 年霍利（Robert William Holley）等首次分离并鉴定了转运 RNA（tRNA），从而证实了中心法则中遗传信息从 RNA 到蛋白的编码过程。至此，克里克提出的中心法则设想均被实验所证实，即 DNA 可在拓扑酶、解旋酶等的作用下从复制起点（Origin of Replication）形成复制叉，并在 DNA 聚合酶的催化下通过半保留复制方式实现遗传信息在亲代细胞和子代细胞之间的传递；细胞中存在的依赖于 DNA 的

RNA 聚合酶及其辅助因子，可以识别 DNA 分子"AT"富集的普里布诺框（Pribnow Box）或霍格内斯盒（Hogness Box）启动子区，与 DNA 分子结合并在其下游开始转录，将遗传信息传递给 RNA；RNA 分子可直接行使相应的功能，或者将携带的信息在核糖体内由 tRNA 协助根据三联体密码子原则转译合成蛋白质。

之后的研究表明，DNA 分子除了沃森和克里克提出的 B 型右手螺旋结构外，还存在 A 型和 Z 型构象（表 5-2）；而且在高等生物的线状染色体末端存在一些单链 DNA 和结合蛋白组成的复合物，即端粒（Telomere），在这些区段中 DNA 分子常以一种称为 "G-四链体"（G-quadruplex）的"帽子"结构方式存在，以防止染色体融合、降解以及保持细胞分裂活性。随着逆转录病毒的发现及其增殖方式的研究，现已明确，遗传信息除了克里克 1956 年最初提出的流动方向外，还存在 RNA→DNA 和 RNA→RNA 等方向。

表 5-2　　　　　　　　　　　　　不同构型的 DNA 双螺旋分析参数

构型	旋向	螺距/nm	碱基数（每圈）	螺旋直径/nm	骨架走向	存在条件
A 型	右手	2.53	11	2.55	平滑	体外脱水
B 型	右手	3.54	10.5	2.37	平滑	生理条件
Z 型	左手	4.56	12	1.84	锯齿形	甲基化 CG 序列

正如前面介绍的，DNA 分子中除了 4 种主要碱基外，还存在甲基化的碱基。Cao 等研究表明，DNA 甲基化主要发生在 DNA 分子 CG、CNG（N 为任意碱基）和 CHH（H 指 A、C、T 中的任一碱基）基序中的胞嘧啶，其中又以 CG 基序中胞嘧啶最为常见。Finnegan 等报道，DNA 分子中的甲基化碱基不是在复制的过程中直接添加上去的，而且在 DNA 复制后，由 S-腺苷甲硫氨酸提供甲基，通过甲基转移酶（Methyltransferase，MET）、域重排甲基转移酶（Domains Rearranged Methyltransferase，DRM）和染色质甲基化酶（Chromomethylase，CMT）3 种主要催化途径修饰形成的。其中，Finnegan 和 Dennis 认为 MET 主要负责细胞增殖过程中新生 DNA 分子相应 CG 位点的甲基化维持；Cao 认为 DRM 主要根据外界环境信号通过小 RNA 干涉介导方式重头建立新的甲基化标记；Papa 认为 CMT 主要负责异染色质区 CNG 位点甲基化，是染色质重塑等细胞事件的重要参与者。Agius、Melamed-Bessudo 和 Levy 认为在生物体内还存在多条主动和被动的 DNA 去甲基化途径，而且通常与 DNA 甲基化途径相互协调，维持基因组的稳定，精确地控制着生物体的正常生长和发育。DNA 甲基化是最为重要的表观遗传变异形式之一，与组蛋白甲基化、乙酰化等修饰相互协调，是基因组印记（Genetic Imprinting）、基因转录沉默（Transcript Silencing）、染色质重塑（Chromatin Remodeling）等表观遗传事件的基础，也是基因表达、细胞分化以及个体发育的重要调控手段之一，目前已成为重要的研究热点。

2. RNA

RNA 是由磷酸、核糖和碱基组成的链状生物大分子，其中碱基主要为腺嘌呤 A、尿嘧啶 U、鸟嘌呤 G 和胞嘧啶 C，还有一些稀有的碱基核苷，如假尿嘧啶核苷（Pseudouridine）、胸腺嘧啶核糖核苷（Ribothymidine）、次黄嘌呤核苷（Inosine）以及甲基化核糖核苷等。与 DNA 甲基化类似，RNA 分子中的稀有碱基核糖核苷也是转录后修饰而成的。与 DNA 不同，RNA 分子的类型丰富和功能复杂，常见的有：作为遗传物质的病毒 RNA 分子，具有催化功能的核酶（Ribozyme），传递遗传信息和编码蛋白的信使 RNA（Messenger RNA，即 mRNA），运输氨基酸残基的 tRNA，作为蛋白合成场所的核糖体 RNA（Ribosome RNA，rRNA），参与信号介导和基因沉默等的微小 RNA（MicroRNA，即 miRNA），以及其他非编码 RNA，如小核 RNA（Small Nucleolar RNA，即 snRNA）、细胞质小 RNA（Small Cytoplasmic RNA，即 scRNA）、小干涉 RNA（Small Interfering RNA，即 siRNA）、反义 RNA（Antisense RNA）、端体酶 RNA（Telomerase RNA）等。虽然除了病毒 RNA 存在双链结构外，其他 RNA 多数为单链分子，但是 RNA 分子内也可通过局部的碱基配对以及与相关蛋白互作，形成复杂的、较为稳定的高级结构。RNA 组成复杂和功能多样，细胞中很多细胞器离开了 RNA 均无法正常运作，因此有"RNA 世界（RNA world）"之说。

"RNA 世界"假说是由诺贝尔化学奖得主吉尔伯特（Walter Gilbert）于 1986 年首次提出，该假说的核心是，现有的生命形式都起源于 RNA 分子。其主要依据有，RNA 分子可自主复制，可传递遗传信息，也可直接参与催化反应或者作为辅酶参与催化反应，还能调控基因表达和翻译等，兼具 DNA 和蛋白的功能。比如，一些类病毒的 RNA 分子不编码蛋白但能自主复制，一些人工合成 RNA 也具自我复制能力；很多病毒的遗传物质是 RNA，而且既有单链的，也有双链的；有些刚转录的编码 RNA 中具有自我剪切和拼接能力的内含子，还有 rRNA 以及锤头状核酶（Hammerhead Ribozyme）等均具类似酶的催化活力，而辅酶Ⅰ、辅酶Ⅱ和黄素嘌呤核苷等均包含核糖核苷成分；一些 mRNA 非编码区存在核糖开关（Riboswitch），可响应外界刺激、调控基因转录和翻译。鉴于 RNA 的多类型、多功能特性，有不少科学家相信 RNA"既是鸡又是蛋"，是生命的起源分子。由此，在早期的分子进化过程中，可能先形成了 RNA 分子，之后由于 RNA 本身的不稳定性、酶性催化效率较低等原因，RNA 的两项主要功能，即携带遗传信息和催化生理反应由功能更专一、效率更高的 DNA 和蛋白所取代，而 RNA 则更多地扮演了传递和调控 DNA 遗传信息至功能蛋白的角色。

3. 基因的基本功能

基因是可遗传的、能控制生命体性状表现的一段核酸链。在细胞生物中，基因是染色体上的一段 DNA 分子区域（Region）或一个位点（Locus），是遗传的基本分子单位；基因转录产物可以是具编码蛋白功能的 mRNA，也可以是非编码 RNA，如 rRNA、tRNA、miRNA、snRNA、scRNA 等。蛋白是参与细胞构造、催化生理反应、参与物质运输等重要功能的分子，是影响生物性状表现的直接成分。而非编码 RNA 具有调节基因转录、实施前体 mRNA 转录后修饰以及成熟 mRNA 的翻译等多种功能。

非细胞生命体——病毒的基因主要用于编码蛋白，类病毒的基因则一般不编码蛋白。而且，DNA 类型的病毒基因转录和翻译与细胞生物相似；RNA 类型病毒的基因转录和翻译比较复杂，其中，逆转录病毒需要先将 RNA 分子转化成 DNA 然后再行转录和翻译；有些 RNA 病毒（如正单链 RNA，＋ssRNA）的 RNA 分子可直接编码蛋白，无需转录环节；还有些 RNA 病毒（如负单链 RNA， − ssRNA）则需以 RNA 为模板转录新的 mRNA 才能翻译；另有些病毒（如双链 RNA，dsRNA）可以采用类似于 DNA 分子的方式转录和翻译。

1969 年美国芝加哥大学生物学家夏皮罗（James Alan Shapiro）等从大肠杆菌（*E. coli*）中成功分离到了雅各布和莫诺德提出的乳糖操纵子中编码 β − 半乳糖苷酶的 *LacZ* 基因，并且使之在离体条件下转录，这是世界上第一个得到克隆的基因。目前该基因的功能已在分子生物学中得到广泛应用，如蓝白斑选择实验就是利用异丙基硫代 − β − D − 半乳糖苷（Isopropyl − β − D − Thiogalactoside，IPTG）诱导空载质粒携带的该基因编码部分 β − 半乳糖苷酶肽段，与缺陷型 *E. coli* 菌株（DH5α 等）基因组编码的 β − 半乳糖苷酶区段实现 α 互补，并对 5 − 溴 − 4 − 氯 − 3 − 吲哚 − β − D − 半乳糖苷（5 − Bromo − 4 − Chloro − 3 − Indolyl β − D − Galactoside，X − gal）进行消化产生深蓝色的 5 − 溴 − 4 − 靛蓝，使包含空载质粒的菌落表现为蓝色外观，而当有外源基因插入质粒的多克隆位点后，质粒编码的 β − 半乳糖苷酶肽段失去活性，无法实现 α 互补和消化 X − gal，使有外源插入基因的转化细菌表现为白色菌落。

4. 基因的基本结构

自首个基因获得分离后，目前已有大量的不同物种基因获得了分离。已有的研究显示，一个完整的细胞生物基因由很多元件组成，包括增强子（Enhancer）/沉默子（Silencer）、启动子（Promoter）和转录单位（Transcription Unit）等，其中增强子、沉默子、启动子均为可与蛋白发生互作、但一般不转录的基因调节元件。增强子是一个 DNA 区段，可以与称为激活子（Activator）的蛋白相互作用，使 DNA 分子的构象趋向于容易转录；相反，作为沉默子的 DNA 区段可以与阻遏物（Repressor）相互作用，使 DNA 构象趋向于不易转录，原核生物中还存在与沉默子的功能类似的操纵子（Operator）；启动子是一个与转录因子和 RNA 聚合酶相互作用的 DNA 区段，在启动子区常常还存在一类称为反应元件（Response Element）的基序（Motif），可与响应外界环境变化的转录因子结合。现有的资料显示，增强子/沉默子可以在基因转录单位的上游或下游，而且与转录区的距离可以很近、也可以很远，只要在空间或者拓扑结构上彼此接近就能发挥作用。启动子通常又可分为核心启动子区（Core Promoter）、邻近启动子区（Proximal Promoter）和远端启动子区（Distal Promoter）等，核心启动子是基因转录必需的、最小的区段，主要为转录因子和 RNA 聚合酶结合区，在真核生物中该区域通常在转录单位起始上游的 −25bp 附近（Hogness TATA 盒）和 −75bp 附近（CAAT 盒），在原核生物中该区通常在 −10bp（Pribnow 盒）和 −35bp（TTGACA 盒）；邻近启动子区通常在转录起始上游 −250bp 左右的区域，而远端启动子可以在转录起始位点很远的区域，邻近和远端启动子均是特异转录因子结合区。转录单位是基因的核心部分，其产物直接关系着生物的性状表现，但启动子等元件对生物性状也有极其重要的调控作用，因为这些元件直接影响转录单位的转录活性，现有的研究显示，启动子区的 DNA 甲基化/去甲基化能与组蛋白去乙酰化/乙酰化相互协同，阻遏/激活基因的转录。

不同生物转录单位的组织形式、内部结构和功能等有明显的差异，但同一个转录单位只位于 DNA 链中的某一条，不同的转录单位可位于 DNA 的不同链上，其中作为模板转录 RNA 的 DNA 链称为模板链或反义链，而与模板链互补的称为编码链或正义链。原核生物中相同代谢途径的多个基因往往排列成一个转录单位，各基因之间只通过一些非翻译区（Untranslated Region，UTR）隔开，基因中一般没有内含子（Intron）；而且当这些编码蛋白的基因簇转录后通常不经过加工就直接翻译成蛋白，有的甚至在转录单元开始转录后不久即开始翻译。真核生物中，除了编码 rRNA 等的基因是成串排列的，多数基因散布在不同的染色体上，而且基因中存在外显子（Exon）和内含子间隔排列的现象，称为断裂基因（Split Gene）。转录形成的 RNA 称为不均一核 RNA（Heterogeneous Nuclear RNA，hnRNA），经 5′加帽和 3′加 PolyA 尾后，在核内由蛋白和 snRNA 组成的剪接体（Spliceosome）的协助下，去除内含子，并将外显子拼接得到成熟的 mRNA；有些 hnRNA 也可以自我剪接去除内含子，形成 mRNA。成熟 mRNA 通过核孔进入细胞质中核糖体进行翻译。

在转录单位中，编码蛋白的基因（mRNA）占比很少，而非编码蛋白基因占比很高，其中 rRNA 一般占总转录本的 75% 以上，tRNA 则占 15% 左右。原核生物 rRNA 有三种，5S（120nt）（nt 为核苷酸数）、16S（1540nt）及 23S（2900nt）；真核生物 rRNA 有 4 种，即 5S（约 120nt）、5.8S（约 160nt）、18S（约 1900nt）和 28S（约 4700nt）。在真核生物中，负责在核中转录三类 RNA 分子的聚合酶也有所不同（表 5-3），其中，编码蛋白的 mRNA 主要由 RNA 聚合酶Ⅱ负责转录。在原核生物中，转录一般只有一种多亚基的 RNA 聚合酶完成。

表 5-3　　　　　　　　　　　　真核生物 RNA 聚合酶特性

RNA 聚合酶	位置	转录产物	对 α-鹅膏蕈碱敏感性
Ⅰ	核仁	rRNA 前体	不敏感
Ⅱ	核质	mRNA 前体及大多数 snRNA	低浓度敏感
Ⅲ	核质	5S rRNA 前体、tRNA 前体及 scRNA 和少部分 snRNA 前体	高浓度敏感

虽然地球已存在 46 亿年，但据基因进化推算，生命起源大概始于 40 亿年前，2016 年 9 月澳大利亚伍伦贡大学地质学家努特曼（Allen Nutman）等在格陵兰岛发现了一些距今有 37 亿年历史的史前细菌小型圆锥结构"叠层岩"化石，与基因进化推演结果已然较为接近，也说明经过 3 亿年进化，相对复杂的微生物群体已出现在 37 亿年前的"原始汤"中。最近普遍性共同祖先（the Last Universal Common Ancestor，LUCA）理论认为，现有的纷繁复杂的地球生物由共同的祖先进化而来；2016 年 7 月，美国分子生物学家马丁（William F. Martin）团队对不同进化程度的原核生物基因组中 610 多万个编码蛋白的基因进行了测序，从 286514 个蛋白聚类中鉴定出 355 个可能的 LUCA 蛋白家族，这些蛋白与厌氧、CO_2 固定、乙酰辅酶 A 途径（Wood-Ljungdahl Pathway）H_2 依赖性还原、N_2 固定和嗜热等特性有关，该结果暗示 LUCA 可能生活在拥有大量活性 H_2、CO_2 和铁的厌氧性海底火山热泉附近，而且至少包含 355 个编码蛋白的基因。根据基因组测序结果，基因组大小、编码基因多少与生物的进化程度并不一定呈正比。例如，*E. coli* 基因组为 4.1Mbp，有约 4800 个基因；酿酒酵母基因组约为 12Mbp，约编码

6300 个基因；线虫为 100Mbp，约编码 2 万个基因；模式植物拟南芥为 125Mbp，约有 2.5 万个基因；模式动物果蝇为 120Mbp，约有 1.5 个基因；人类基因组为 2.91Gbp，约有 3 万个基因；茶树基因组也约为 3Gbp，可能也约有 3 万个基因。

二、基因工程的基本技术和工具

早在公元前 12000 年，人类祖先就开始采用人工选择方式对动植物进行驯化，那是广义的基因工程和遗传操控。现代基因工程技术的开发得益于人类对染色体、基因等结构和功能的不断认识，1971 年伯耶（Herbert Wayne Boyer）实验室分离到了 *E. coli* 核酸内切酶 EcoRI，1972 年伯格（Paul Berg）首次实现了噬菌体基因与猴空泡病毒 40（Simian Virus 40，SV40）基因体外连接，1973 年科恩（Stanley Norman Cohen）和伯耶首次将含有抗青霉素基因的金黄色葡萄球菌质粒转到大肠杆菌体内，揭开了转基因技术应用的序幕；1980 年世界第一只转基因小鼠培育成功，1983 年获得转基因烟草，1996 年第一只核移植克隆羊诞生。这些转基因的成功案例均离不开基因的分离、整合、转化、验证等现代分子生物学相关技术。其中，聚合酶链反应（Polymerase Chain Reaction，PCR）、分子杂交（Molecular Hybridization）和遗传转化等是最基本的基因工程技术。

（一）聚合酶链反应

1971 年克莱普（Kjell Kleppe）和霍拉纳（Har Gobind Khorana）等在研究 DNA 修复复制机制时提出了 PCR 概念的雏形，1976 年我国台湾省科学家钱嘉韵等在研究嗜热菌（*Thermus aquaticus*）时分离了耐高温的 *Taq* DNA 聚合酶，1983 年美国生物学家穆利斯（Kary Banks Mullis）阐明了将双引物和耐高温 DNA 聚合酶等引入 DNA 合成步骤的 PCR 反应原理，并于 1985 年申请了专利，至 1986 年 PCR 技术已能获得完美实验效果。低浓度的 DNA 模板分子经 PCR 反应后，分子数量呈几何级数增长，进而可以通过简单的分析方法加以检测。PCR 技术使基因体外扩增的效率大大提高，是现代分子生物学的关键和基本技术之一。

1. PCR 技术原理

PCR 技术原理为：双链 DNA 分子在高温下发生变性（Melting）分解成单链分子，然后在较低的温度下引物（Primer）与单链 DNA 分子因存在竞争性退火（Annealing）优势而结合，之后在 DNA 聚合酶的催化下，根据碱基配对原则将 dNTP（脱氧核糖核苷三磷酸）逐个连接在引物上，延伸（Extension）出新的互补的 DNA 分子。在合适的反应条件下，经过每一轮变性—退火—延伸，可以使 DNA 分子加倍，因此经过 30 个左右循环，就可以使目标产物增加十亿倍以上。

2. PCR 技术和影响因素

从原理可以看出，PCR 反应主要由变性—退火—延伸三个基本步骤构成，一般地，使用耐热 *Taq* DNA 聚合酶的 PCR，还有一个预变性步骤，其目的是为了使 DNA 模板分子能充分地解链，并灭活添加在酶液中的抗体，以获得更高的初始反应效率。PCR 反应实际上是利用温度的循环变化实现目标产物的特异性扩增，因此，其反应可在热循环仪（也称 PCR 仪或基因扩增仪）中进行。最初的热循环仪由三口温度不同的锅组成，通过程序控制的机械臂将反应物在三口锅中循环移动来实现。由于 PCR 反应对温度敏感，反应混合物一般置于导热性良好的薄壁管中。由于锅式热循环仪受环境因素影响大、反应时间长（除实际的反应时间外，还需机械臂的移动时间）、体积大、易出现机械故障，已被体积小、控温更加快速精确的热敏半导体多孔加热板型热循环仪所取代。PCR 实验的基本操作包括模板分子准备和引物设计、反应液配制、热循环反应等步骤。

模板准备主要是样品中的 DNA 或 RNA 提取，其要领是尽可能获得完整、高浓度、低污染（内源或外源）的目标物。传统的动植物基因组 DNA 和总 RNA 提取，均可采用十六烷基三甲基溴化铵（Cetyltrimethyl Ammonium Bromide，CTAB）方法，只是在具体的离心参数、沉淀和去杂操作侧重点控制不同而已，对于茶树等叶片多酚类含量高的材料，可以通过添加聚乙烯吡咯烷酮（PVP）和 β - 巯基乙醇等方法去除多酚、防止多酚氧化；目前不同生物的基因组 DNA、质粒 DNA、RNA（mRNA）等均有专门的试剂盒可以使用，操作方便而且可以标准化。提取的 DNA 或 RNA 在进行 PCR 或逆转录 PCR（Reverse Transcription PCR，RT - PCR）前，应通过紫外分光光度法测定浓度和纯度，并结合电泳考察质量。对于 DNA 而言，PCR 前应结合浓度测定结果，将各样品浓度调成一致；对于 RNA 而言，用于基因表达研究时，为了获得各样品较为一致的背景，普通 RT - PCR 可根据 28S rRNA 或者内参基因［如肌动蛋白（β - actin）、微管蛋白（Tubulin）、甘油醛 - 3 - 磷酸脱氢酶（GAPDH）］进行模板浓度调节，而 qPCR 一般只采用内参基因进行调节。

引物是影响 PCR 成败的关键因素之一。引物可分为随机引物或特异引物两类，其中随机引物是短的随机排列的寡核苷酸，其中用于 DNA 扩增的随机引物一般为 10 ~ 12nt，以 RNA 为模板合成第一链 cDNA 的随机引物一般为 6nt；特异引物是根据已知 DNA、互补 DNA（Complementary DNA，cDNA）或蛋白质序列设计的，引物主要为成对的，但也有单条的，比如用于简单重复间序列（Inter - simple sequence repeat，ISSR）研究的单引物是由美国哥伦比亚大学根据基因组测序中获得的重复序列特点设计的，具有较好的通用性，通过一定引物比较研究可以从中选择一部分用于特定要求的实验。对于成对引物而言，通常分为上游引物（Upper Primer）或正向引物（Forward Primer）和下游引物（Lower Primer）或反向引物（Reverse Primer）。对于具体碱基组成而言，引物的碱基可以是固定的，也可以是可变的，一般可变碱基称为兼并引物（Degenerate Primer），主要用于基因同源克隆，兼并碱基引物实际上是多种引物的混合物，比如上游引物中有 3 个兼并位置，每个位置有 2 种兼并可能，那么该上游引物实际上是由 8 种引物组成的混合物，而扩增时真正能与模板紧密结合的只有其中 1 种，因此在使用过程中兼并引物的浓度通常需比非兼并引物高一些。引物可以借助专门的软件进行设计，比如常用的有，Lasegene 公司（www. dnastar. com）DNAStar 软件包中 PrimerSelect、ThermoFisher Scientific 公司（www. thermofisher. com）的 Vector NTI Advance 中的 Primer Design 功能、Premier Biosoft 公司（www. premierbiosoft. com）的 Primer Premier、Molecular Biology Insights 公司（www. oligo. net）的 Oligo 等；一些网站还提供免费的在线设计服务，比如 www. ncbi. nlm. nih. gov/tools/primer - blast 和 www. yeastgenome. org/cgi -

bin/web - primer 等。在引物设计过程中应注意几个基本要求，即特异引物长度一般为 17 ~ 30nt，G + C 含量为 40% ~ 60%，同一引物或引物对内互补碱基尽量要少，3′端的三个碱基尽量不兼并，引物对的退火温度差异应尽量小；此外，对于不同要求的 PCR，产物长度也应适当考虑，比如克隆基因时产物可以大一些，常规表达用 RT - PCR 产物可控制在 250 ~ 600bp、实时定量 PCR（Real Time Quantitative PCR，qPCR）产物可控制在 80 ~ 250bp。

　　PCR 反应液主要包括模板、dNTP、Taq DNA 聚合酶、缓冲液（有些包含 Mg^{2+}）、Mg^{2+} 等。在配制反应液时，一般先根据实验所需反应数、反应体积、重复数等计算所需 dNTP、缓冲液、Mg^{2+} 以及用于补足实验体系的灭菌重蒸水等的总用量，并配制成预混液（用量可以比计算的理论值约大 5%），然后分装到合适的薄壁管中，再在每一个反应体系中加入要求的模板、引物和 Taq 酶，并适当混匀后，稍离心收集液滴后，视情况加入 2 ~ 4μL 矿物油（有热盖的 PCR 仪可不加、qPCR 不加），尽快置于 PCR 仪中，采用预设的程序进行反应。对于引物相同或者模板相同的反应，也可以将引物或模板与 dNTP 等一起配成预混液；对于反应数目较少的 PCR，也可将 Taq 酶一起预混。一般地，在 25μL 反应体系中，需要模板 0.05 ~ 0.5μg、dNTP 0.5 ~ 1μL（10mmol/L each）、引物各 0.5 ~ 1.0μL（10μmol/L）、Taq 酶约 0.5U、Mg^{2+} 约 2.5μL（20mmol/L）、10 × 缓冲液 2.5μL，以及适量的灭菌水。值得注意的是，不同的 PCR 目的还需选用不同类型的 Taq 酶，比如，一般的 PCR 可采用普通 Taq 酶，对碱基错误率要求高的实验可采用高保真 Pfu 聚合酶（Pfu 原意是来自嗜热古细菌 Pyrococcus furiosus，后泛指具有 3′→5′外切酶活力、错配校正能力），而当目的产物超过 2kb 时可采用适用于长片段扩增的 LA - Taq DNA 聚合酶和 KOD（来自 Thermococcus kodakaraensis）DNA 聚合酶。此外，对于不同的模板以及引物，需要通过预实验对模板、引物、Taq 酶以及 Mg^{2+} 用量进行适当的优化，以获得特异性最佳、产量最高的反应条件。目前一些生物公司还提供 PCR 预混液，只要加入模板和引物即可。

　　PCR 反应程序也是影响分析效果的重要因素之一，其通常步骤包括，约 94℃ 预变性 3 ~ 5min、1 个循环，约 94℃ 变性 30 ~ 60s、35 ~ 65℃ 退火 30 ~ 60s、72℃ 延伸 30 ~ 120s、25 ~ 40 个循环，72℃ 后延伸 5 ~ 10min、1 个循环，4℃ 低温冷藏。对于不同的引物、不同模板、不同产物以及不同研究目的实验可进行适当参数调整。一般地，引物中寡核苷酸数目越少，其退火温度也越低，比如 10 ~ 12nt 引物的退火温度可控制在约 36℃，> 17nt 引物的温度可控制在 45 ~ 65℃，具体可按照熔解温度 T_m - 5℃ 来估算（$T_m = 4℃ × (G + C) + 2℃ × (A + T)$，nt ≤ 14；$T_m = 64.9℃ + 41℃ × (G + C - 16.4) / (A + T + G + C)$，nt > 13），生物技术公司也会提供较为精确的合成引物 T_m 值；对于兼并引物，可采用降落式（Touchdown）退火，即先以较高温度退火进行几轮 PCR，然后再以较低的温度退火进行后续的 PCR，其目的是前期提高产物的特异性，后期增加产物的产量。就不同模板而言，结构复杂或 GC 含量高的模板退火温度应高一些，以防止模板的自身复性。此外，Taq 酶在最适的反应条件下每分钟可催化合成 1000bp 的产物，因此，可根据产物长度调整延伸时间。在一些分子标记（如扩增片段长度多态性 AFLP 等）和快速扩增 5′和 3′基因末端（Rapid - amplification of cDNA Ends，

RACE）过程中，常采用巢式 PCR（Nested PCR），即先用一对特异性较小（或选择性碱基较少）的外侧引物在较低的温度下进行几轮 PCR，然后以适当稀释后的产物为模板再以一对特异性更高（或选择性碱基较多）的内侧引物在较高的温度下进行余下的 PCR，其目的是先以较低温度扩增增加模板浓度，再以较高温度扩增提高产物精度；qPCR 时，由于产物小，程序与普通 PCR 有较大差异，一般先进行 95℃变性 2~10min（不同的机型和体系时间要求不同），然后为 95℃变性 15s、60℃退火和延伸 15s、40 个循环，之后为熔解曲线测试程序，一般 qPCR 总体时间较短，只为普通 PCR 一半或三分之一左右；此外，对于一些验证用的菌液 PCR，也可采用退火温度和延伸温度一致的两段式 PCR 循环程序，而对于根据 cDNA 或 mRNA 序列克隆具有内含子的基因组基因时，通常采用适用于长片段序列扩增的 DNA 聚合酶（如 LA *Taq* DNA 聚合酶等），相应的延伸时间也要延长。

3. PCR 技术发展

自 1983 年穆利斯提出 PCR 原理以来，PCR 技术已经历多个发展阶段，第一阶段为常规 PCR，即采用普通 PCR 仪来对目标序列进行扩增，并采用琼脂糖或聚丙烯酰胺凝胶电泳等手段对产物加以分析。该阶段 PCR 技术的主要优点是，极大提升了目标序列的浓度，简化了后续定性或半定量检测方法，并使很多的以 PCR 为基础的分子标记、基因克隆和表达、基因体外组装成为可能，但是普通 PCR 也存在一些缺点，检测耗时较长，操作相对繁琐，表达研究时只能进行粗略的半定量分析，此外，琼脂糖凝胶显带的溴乙啶具有遗传毒性。

第二阶段为荧光定量 PCR，该技术由日本学者 Higuchi 等在 1993 年提出，其核心技术为，在反应体系中加入能指示反应进程的荧光试剂来实时监测扩增产物的积累，借助荧光曲线的 Ct（Cycle Threshold）值或 Cq（Quantification Cycle）值或 Cp（Crossing Point）来定量起始靶基因的浓度。Ct 值是指每个反应管内的荧光信号到达设定的域值时所经历的循环数；每个模板 Ct 值与该模板的起始拷贝数的对数存在线性关系，起始拷贝数越多，Ct 值越小。因此，该技术可采用外标法对基因丰度进行绝对定量，但是通常情况下，qPCR 常以内参基因为基准对靶基因进行相对表达强度分析，即分析靶基因的同时，选择肌动蛋白（β-actin）、微管蛋白（Tubulin）、甘油醛-3-磷酸脱氢酶（GAPDH）等看家基因作为内参，分别进行 qPCR，并根据熔解曲线获得各基因的 Ct 值，然后计算靶基因 Ct 与内参基因 Ct 的差值（ΔCt），按 $2^{-\Delta Ct}$ 计算与参比基因的相对表达量，或者以同一批实验处理中的一个为对照，计算各处理与对照之间的差值 ΔΔCt，再按 $2^{-\Delta\Delta Ct}$ 计算与处理对照的相对表达量，按此公式计算对照的表达量恒为 1。

目前用于 qPCR 的荧光标记主要有 3 种，即 SYBR（Synergy Brands）荧光染料、*Taq*Man 荧光探针和分子信标，以 SYBR 染料最为常用。常见的 SYBR 染料有三类，SYBR Green Ⅰ、SYBR Green Ⅱ和 SYBR Gold，其中，SYBR Green Ⅰ能与双链 DNA 的小沟特异结合，并在紫外激发下释放荧光，其荧光强度至少较溴乙啶高 10 倍，因此常用于 qPCR 实时检测；SYBR Green Ⅱ可与单链 DNA 或 RNA 结合，常用于凝胶染色；SYBR Gold 能与双链 DNA、单链 DNA 以及 RNA 分子结合，而且灵敏度更高，但不适合于 qPCR。所以，在 qPCR 中荧光染料主要以 SYBR Green Ⅰ为主，在实验时可将染料与反应液直接混合，只有当有新生的双链 DNA 存在时才能激发荧光。*Taq*Man 荧光探针是专门设计的能与靶序列特异性结合、并在分子两端分别标记有报告荧光基团和淬灭荧光基团的寡核苷酸，完整探针的报告基团发射的荧光可被淬灭基团吸收，在 qPCR 时 *Taq* 酶发挥 5′→3′聚合酶作用在引物后按照碱基互补原则添加核苷酸，同时 *Taq* 酶还会发挥 3′→5′外切酶活力将探针降解，荧光报告基团与淬灭基团分离，从而使检测系统监测到荧光信号，每扩增一条 DNA 链，就有一个荧光分子形成，实现了荧光信号的累积与 PCR 产物形成同步。为了保证 *Taq*Man 探针 qPCR 效果，设计引物时应保证扩增产物约为 150bp，引物结合区应尽量接近探针，但不与之重叠，最好相距 3nt，探针长度一般为 30nt，退火温度（68~70℃）应较引物约高 8℃，5′端不应为碱基 G 且链中 C 应多于 G。分子信标是一种在 5′和 3′端可形成一个 8bp 左右的发夹结构的茎环双标记寡核苷酸探针，因两端核酸序列互补配对使荧光基团与淬灭基团紧紧靠近，不产生荧光，PCR 产物生成后，退火过程中分子信标中间部分与特定 DNA 序列配对，荧光基因与淬灭基因分离，进而产生荧光。三种荧光标记中，目前以 SYBR Green I 使用最为广泛，其主要原因是廉价和方便。

虽然 qPCR 较常规 PCR 具有更高的灵敏度，反应时间短，能实现高通量，还能进行可靠的定量，同时当使用多种荧光分子时还能较好地胜任多重 qPCR，但是 qPCR 也存在一些问题，如校准品和样品间背景不同而引入偏差，难以检测低拷贝数的靶 DNA，样品与校准物的扩增效率不同，有时平行实验间误差也较大等。

第三阶段为数字 PCR（Digital PCR，dPCR）。dPCR 是 1999 年由 Vogelstein 等提出，主要做法为，将一个样本分成几十到几万份，分配到不同的反应单元，每个单元包含一个或多个拷贝 DNA 模板，在每个反应单元中分别对目标分子进行 PCR 扩增，扩增结束后对各个反应单元的荧光信号进行统计学分析。Pohl 和 Shih 报道目前接受程度较高的 dPCR 一般采用微流控或微滴化方法，即将大量稀释后的核酸溶液分散至芯片的微反应器或微滴中，每个反应器的核酸模板数≤1 个，经 PCR 循环后有核酸模板的反应器就会给出荧光信号，没有模板的反应器就没有荧光信号，根据相对比例和反应器的体积，就可以推算出原始溶液的核酸浓度。这是一种真正的绝对定量技术。但目前该技术应用尚不普遍。

（二）分子杂交技术

分子杂交（Molecular Hybridation）是指核酸或蛋白与相应的核酸探针（Probe）或抗体（Antibody）通过非共价作用方式进行特异性结合的过程。利用分子杂交作用对 DNA、RNA 和蛋白靶标分子进行特异性检测的方法，称为分子杂交技术，又称分子印迹技术。其中，以 DNA 为靶标分子时称为 Southern 杂交，以 RNA 为靶标分子时称为 Northern 杂交，以蛋白为靶标分子时称为 Western 杂交，以蛋白脂质化、磷酸化和糖苷化修饰为靶标时称为 Eastern 杂交。分子杂交是分子生物学常用的 DNA、RNA 和蛋白及其修饰示踪的重要技术手段，广泛应用于克隆基因筛选、DNA 指纹图谱制作、基因定性和定量检测、蛋白定性和定量等方面。

1. Southern 杂交

1975 年英国爱丁堡大学生物学家萨瑟恩（Edwin Mellor Southern）首次发表了有关

利用放射性或荧光标记的 rRNA 对基因组 DNA 限制性消化片段进行检测的论文，后人用发明人的姓氏对该技术进行命名，称为 Southern 杂交或 Southern 印迹。Southern 杂交是利用标记的 DNA 或 RNA 探针与样品中能与之通过碱基互补配对实现特异性结合来检测靶标 DNA 序列的技术。

该技术的基本操作包括标记探针的制备、基因组 DNA 限制性酶切、DNA 酶切产物电泳和转膜印迹、探针与转膜后 DNA 片段杂交、显影等过程。

（1）探针制备　Southern 杂交的探针是标记的、已知的 DNA 和 RNA 分子，放射性 ^{32}P、地高辛（Digoxigenin，DIG）和生物素（Biotin，BIO）是常用的标记方式，其中放射性标记灵敏度高，效果好，价格便宜，但有半衰期限制和放射性污染问题；DIG 和 BIO 标记没有半衰期，安全性好，特异性和灵敏度相对低一些。对于 RNA 探针标记，一般采用噬菌体 SP6、T7 或 T3 RNA 聚合酶在 α – ^{32}P – NTP 或 DIG – 11 – UTP/NTP 或 BIO – 16 – UTP（BIO – 11 – UTP）/NTP 存在下，对靶标序列进行体外转录，即可将 ^{32}P、DIG 或 BIO 记到 RNA 探针上。DNA 探针制备时，可采用 PCR、缺口平移、随机引物延伸以及末端标记等多种方法。由于 DNA 分子比较稳定而且可以经 PCR 等扩增和标记，因此，Southern 杂交中 DNA 探针较为常见。

PCR 法标记探针的基本过程为，在反应液中加入基因组 DNA、α – ^{32}P – dNTP、扩增目标片段的特异性引物、Taq 酶以及其他成分，按照常规 PCR 程序进行扩增，经适当的纯化后用于杂交。PCR 可以直接以基因组 DNA 为模板，也可将能与靶标序列杂交的 cDNA 片段插入载体并转化感受态细胞进行扩增，使用时提取质粒并以之为模板进行 PCR 扩增。当采用 DIG 标记时，可用 DIG – 11 – dUTP（或 BIO – 16 – dUTP、BIO – 11 – dUTP）代替 dNTP 中的部分 dTTP，并采用上述类似方法进行 PCR 扩增。PCR 标记法，操作简单，而且扩增和标记效率高。

缺口平移也是常用的探针标记方法，本方法主要利用脱氧核糖核酸酶 I（Deoxyribonuclease I，DNase I）和 DNA 聚合酶 I（DNA Polymerase I，DNA Pol I）对 DNA 分子的切割和修复功能实现标记。其具体做法是，先用适量的 DNase I 处理待标记 DNA 分子使之产生若干个单链缺口（Nick），然后在 E. coli DNA Pol I 的 5′→3′ 外切活性和聚合活性的交替作用下，在缺口下游合成新的带 ^{32}P（DIG、BIO）标记的 DNA 链。缺口平移法快速、简便、成本较低、比活力较高、标记较均匀，并适用于大分子 DNA（>1kb）标记。

随机引物法标记类似于 PCR 标记法，只不过只进行一轮扩增。具体做法是，将随机引物与待标记 DNA 探针混合后变性、并退火，再加入经枯草杆菌蛋白酶处理的 E. coli DNA Pol I 获得的 Klenow 片段以及 ^{32}P – dNTP 或部分 dTTP 被 DIG – 11 – dUTP（BIO – 16 – dUTP）代替的 dNTP，催化合成与探针互补的 DNA 链。该法的主要特点是，对于单双 DNA 均可标记，标记均匀，标记率高，标记探针一般长 400～600bp，对环状 DNA 和超长 DNA（>10kb）必须先进行线性化和酶切消化才能标记。

末端标记法探针制备一般有两个主要步骤，首先人工合成能与靶标序列杂交的寡核苷酸（20～100nt），再将相应的标记修饰到寡核苷酸末端。对于放射性标记而言，可以利用 T4 多核苷酸激酶（Polynucleotide Kinase）将 ^{32}P – ATP 中的 γ 位磷酸基团标记到寡核苷酸上。对于 DIG 和 BIO 标记而言，可采用末端转移酶在寡核苷酸 3′端添加一个或多个地高辛（DIG – 11 – dUTP）或生物素残基（BIO – 16 – dUTP）；也可采用 5′端标记法，即在寡核苷酸 5′末端加一个氨基连接臂残基，然后与 ε –（地高辛 – 3 – O – 乙酰胺基）– 己酸 – N – 羟基琥珀酰亚胺酯 [ε –（Digoxigenin – 3 – O – acetamido）Caproic Acid N – hydroxysuccinimide Ester，DIG – NHS］发生共价反应，获得 5′ – DIG 标记的寡核苷酸探针。

（2）基因组 DNA 限制性酶切　基因组 DNA 在 Southern 杂交前，一般先进行限制性酶切，使之形成特定的 DNA 片段。DNA 限制性内切酶可分为三类，Ⅰ类内切酶能识别特定的核苷酸顺序，但只能随机地切割核苷酸顺序，如 EcoB、EcoK 等；Ⅱ类内切酶不仅能识别专一的回文对称核苷酸顺序，并能在该顺序内的固定位置上切割双链，如 EcoR Ⅰ、Alu Ⅰ等；Ⅲ类内切酶可识别专一的非回文顺序，并在识别顺序附近几个核苷酸对的固定位置上切割双链，但这几个核苷酸对是任意的。Ⅱ类限制性内切酶是 DNA 重组技术中最常用的工具酶之一。经Ⅱ类酶消化后，DNA 分子可产生固定的黏性末端或平末端，而且有些Ⅱ类酶对 DNA 甲基化修饰敏感，具体如表 5 – 4 所示。

表 5 – 4　　　　　　　　　　　部分Ⅱ类内切酶识别和酶切位点

酶	识别切割位点	酶	识别切割位点	酶	识别切割位点
Apa Ⅰ	G↑GGCC↓C	EcoR V	GAT↑↓ATC	Pac Ⅰ	TTA↑AT↓TAA
Asc Ⅰ	GG↓CGCG↑CC	Hind Ⅲ	A↓AGCT↑T	Pst Ⅰ	C↑TGCA↓G
Ase Ⅰ	A↓TTAA↑T	Hpa Ⅰ	GTT↑↓AAC	Sac Ⅰ	G↑AGCT↓C
BamH Ⅰ	G↓GATC↑C	Hpa Ⅱ	$^-$$^mC↓$ – $^mCG↑G$	Sma Ⅰ	CCC↑↓GGG
Bgl Ⅱ	A↓GATC↑T	Msc Ⅰ	TGG↑↓CCA	Swa Ⅰ	ATT↑TA↓AAT
BsaA Ⅰ	YAC↑↓GTR	Mse Ⅰ	T↓TA↑A	Taq Ⅰ	T↓CG↑A
BssH Ⅱ	G↓CGCG↑C	Msp Ⅰ	$^-$$^mC↓$ $^±$$^mCG↑G$	Xba Ⅰ	T↓CTAG↑A
EcoR Ⅰ	G↓AATT↑C	Not Ⅰ	GC↓GGCC↑GC	Xho Ⅰ	C↓TCGA↑G

　　注：R = G 或 A，Y = C 或 T，^mC 为甲基化胞嘧啶（$^-$^{m}为甲基化敏感、$^±$^{m}为甲基化不敏感），箭头代表切割方向。

酶切时，将 DNA 溶液与酶、缓冲液混合后进行保温，虽然Ⅱ类酶识别位点和切割位点是固定的，但消化时间的长短对产物特异性有较大的影响，因此有必要对用酶量和消化时间进行优化。此外，在进行双酶或多酶切时，还需考虑缓冲液的兼容性，如果所用的酶缓冲液差异较小，可以同时加入多种酶进行消化；反之，则先用一种酶消化，用乙醇等将缓冲液除去，再进行第二种酶的消化。

（3）DNA 酶切产物电泳和转膜印迹　将酶切产物在 0.8% ~ 1.0% 琼脂糖凝胶上电泳，电泳结束后，将凝胶转移至 0.25mol/L HCl 中进行脱嘌呤处理，一般植物基因组样品应控制在 20min 以内，该步骤对于 5kb 以上的片段尤为重要，因为经过酸处理可以使较大的 DNA 发生断裂提高转膜效率；将脱嘌呤处理后的凝胶适当清洗，并转移至碱溶液（0.5mol/L NaOH，1.5mol/L NaCl）中变性 2 次（每次约 15min），使 DNA 分子变成单链分子；变性处理后的凝胶再转移至缓冲液（0.5mol/L Tris – HCl，pH7.5，

1. 5mol/L NaCl）中和处理 2 次（每次约 15min），并转至 20x 柠檬酸钠缓冲液 SSC（3mol/L NaCl，0.3mmol/L 柠檬酸钠，pH7.0）中平衡 10min；将凝胶转移至转膜三明治中，通过负压或毛细管虹吸作用将片段化的、单链 DNA 转移并结合在硝酸纤维素膜或者尼龙膜上。

（4）探针与转膜后 DNA 片段杂交　将转膜后的硝酸纤维素膜或者尼龙膜用 2 × SSC 浸润后，加入含 200μg/mL 变性鲑鱼精子 DNA、去离子甲酰胺、SSC、SDS 和 Denhardt's 试剂的预杂交液（必要时可加入 PolyA RNA），于约 42℃水浴温育 4~6h，封闭膜上所有非特异性结合位点；然后加入热变性后的探针 DNA，约 42℃温育至少 18h，以充分杂交。当杂交液中不含甲酰胺时，需适当提高杂交温度。将杂交后的薄膜取出，依次用浓度逐渐降低的 SSC 多次洗膜，以去除未杂交的探针。对于 ^{32}P 探针的杂交液以及洗涤液等应妥善处理，对于 DIG 和 BIO 探针杂交液用后回收再利用。

（5）显影　不同探针标记的杂交反应需采用不同的方法进行显影。对于 ^{32}P 标记，可将杂交膜与 1~2 张底片置于暗盒中，于低温（-70℃）条件下曝光 1~3d（视情况可延长），然后对底片进行冲印即可。对于 DIG 标记，可采用化学发光或化学显色进行检测。化学发光检测时，为防止抗体对膜的特异性吸引，先用封闭剂处理杂交膜，之后加入结合有碱性磷酸酶的抗 DIG 的抗体（Anti-DIG-AP），形成酶联抗体-半抗原复合物，再加入化学发光底物 CSPD（Chloro-5-Substituted Adamantyl-1,2-Dioxetane Phosphate）或 CDP-Star™，然后在 X 光片上曝光；化学显色检测时，当杂交膜经封闭、抗体结合处理后，加入 BCIP（5-溴-4-氯-3-吲哚酚磷酸盐）和 NBT（氮蓝四唑盐），并显色 24h。对于 BIO 标记，也可采用类似于 DIG 标记的方法进行显色，不同的是加入结合碱性磷酸酶的抗生物素-蛋白（抗体）和相应的显色剂。

2. Northern 杂交

1977 年，美国斯坦福大学生物学家阿尔文（James Alwine）等开发了 Northern 杂交技术，其检测对象是 RNA，对于茶树等植物而言，该技术主要用于基因表达研究。Northern 杂交在原理和操作上与 Southern 杂交较为相似，主要差别有几个方面：其一，普通 RNA 电泳一般在含甲醛、乙二醛和甲基氢氧化银等变性剂的琼脂糖凝胶中进行，对于分子较小的 miRNA 等也可在变性聚酰胺凝胶中电泳；其二，上样前 RNA 也需用甲醛等变性剂处理；其三，转膜后 RNA 与尼龙膜等结合相对较弱，需要紫外线或烘烤铰链。

3. Western 杂交

1979 年，瑞士米歇尔弗雷德里希生物研究所学者托宾（Harry Towbin）等开发了 Western 杂交技术，其检测对象为蛋白质，所以又称蛋白质印迹。Western 杂交在基本操作上与 Southern 和 Northern 杂交有相似之处，但在原理和探针（抗体）制备上有明显的不同。

Western 杂交的原理为，将提取的细胞或组织蛋白进行 SDS-PAGE 电泳、转膜，并用制备的特异性探针（抗体）来检测或显示目标蛋白。与核酸杂交中的碱基互补不同，该技术主要利用类似于动物免疫反应过程中的抗原蛋白与抗体蛋白特异性互作来实现对目标蛋白的检测。

Western 杂交的探针制备基本过程为，首先从研究对象（或包含目的蛋白基因表达载体的宿主菌）中分离和纯化一定数量的目标蛋白，将其作为抗原注射到兔子等动物体内制备抗体，从动物血液中收集和纯化抗体（一抗），并将一抗注射另一种动物制备抗体的抗体（二抗），纯化二抗并用生物素 BIO 或酶（活辣根过氧化物酶或碱性磷酸酶等）或放射性物质等进行标记。该过程与酶联免疫分析（Enzyme – linked Immunosorbent Assay, ELISA）的抗体制备类似。抗体质量直接关系到目标蛋白的检测效果，因此抗体制备是 Western 杂交的关键步骤。由于 Western 探针制备比较复杂、费时，很多研究者往往委托专业公司来制备，或者直接购买商品化的目标蛋白 Western 杂交试剂盒。

此外，SDS – PAGE 中的蛋白较难通过虹吸作用转到硝化纤维素或聚偏（二）氟乙烯 PVDF 膜，通常采用电转移方式进行；转膜后非特异性杂交位点常以牛血清白蛋白 BSA 或脱脂牛奶加以封闭；如果一抗的特异很好，也可在一抗上直接标记并显影或显色。

4. Eastern 杂交

目前学术界尚没有一个统一的、精确的 Eastern 杂交定义，但鉴于蛋白翻译后修饰种类多种多样，包括脂化、磷酸化、糖苷化、乙酰化、酰胺化、烷基化和异戊二烯化等，而且这些修饰对蛋白功能的发挥有重要影响，相信随着研究的深入和修饰基团特异性抗体的改进，Eastern 杂交技术将更加完善。

（三）转化技术

在证明"DNA 是遗传物质"的过程中，人们已经发现了细菌的转化。转化（Transformation）指将质粒或其他外源 DNA 导入处于感受态的宿主细胞，并使其获得新表型的过程。当通过噬菌体或病毒介导将外源基因整合入宿主基因组时，该技术也称为转导（Transduction）；对于动物细胞而言，转化又称转染（Transfection），以使与癌症发展过程中的术语"转化"阶段有所区别。

1. 载体和外源基因插入

一些低等生物可以通过细胞之间的接触和通道形成，直接进行 DNA 片段的输送或交换，如海绵的接合生殖等；高等生物也可以借助外力将 DNA 片段直接输入宿主细胞，如基因枪和显微注射等。但更多的遗传物质在不同生物或细胞间的横向转移，主要通过载体完成。载体是可以将携带的外源基因在生物不同个体或不同生物间进行传递的核酸分子，常见的有质粒、病毒载体、黏粒以及人工染色体，其中质粒是遗传转化最基本的工具。自然条件下的质粒包括复制子（Replicon）、抗生素基因或毒素基因等元件，经改造用于基因克隆和表达的质粒，除了包括复制子外，一般还有抗生素筛选基因、报告基因（如 GUS）、多克隆位点（Multiple Clone Size, MCS）、超强启动子、基因组整合元件（真核表达）等。根据用途质粒可分为克隆载体和表达载体，其中克隆载体主要用于外源基因的插入、扩增和序列分析等，如 T – 载体、pUC 系列载体等；表达载体可依据宿主特异性不同分为，原核表达载体（如 pET 系列）和真核表达载体（如 pCAMBIA 系列）等（图 5 – 2）；也可依据功能特性分为，正义表达载体、反义表达载体、双链干涉表达载体、基因组打靶载体等。

T – 载体或普通克隆载体是目标基因序列的中间过渡载体，主要用于测序、保存、扩增。T 载体是由 pBR 或 pUC 载体改造并经 EcoR V 处理得到的具有一个"T"尾的线性化分子，主要适用于 PCR 产物的克隆，因为普通 PCR 时 *Taq* 酶会在目标产物 3′后面多加一个突出的"A"尾，这样 PCR 产物与 T 载体通过碱基互补和 T4 连接酶的作用，形成环状分子，进而进行转化和自我复制。普通克隆载体可以在 MCS 处进行单酶切或双酶切，形成平末端或黏末端的线性化载体，平末端载体一般还需通过碱性磷酸酶进行 5′去磷酸化处理以防止载体自连，对于双酶切的黏末端线性载体通常不需要去磷酸化处理，但常以一个 4 碱基以及另一个 2 碱基黏末端酶进行组配较为常见，而且插入序列也应以相同的双酶组合或同裂酶组合进行酶切。

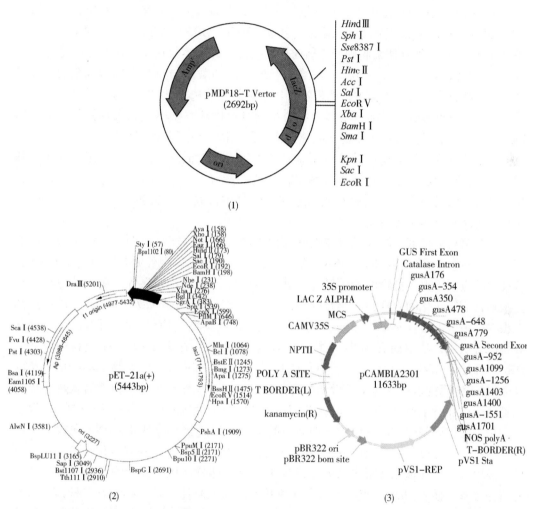

图 5-2 pMD18-T 载体（1）、原核表达载体 pET-21a（+）（2）和真核表达载体 pCAMBIA2301（3）

表达载体是验证基因功能或获得转基因茶树材料的重要工具。其中原核表达载体主要用于目标基因功能验证，即编码蛋白特性研究。骆颖颖等认为真核表达载体除了可以验证基因功能（如瞬时表达或整合表达），也可以借此获得转基因茶树材料。载体构建时，可将空载表达载体在大肠杆菌等宿主中扩增，然后提取载体后进行酶切，回收大片段；同时将包含目标基因的 T 载体也进行酶切，回收小片段（目标基因）；然后进行连接并转化大肠杆菌进行扩增，经测序、酶切或 PCR 验证后，可用于转化茶树。表达载体构建时酶的选择尤为关键，首先要对目标基因进行酶切图谱分析，载体酶切选用的内切酶应在目标基因中无切点；其次，一般采用双酶切方式，以利于后续的连接；再次，对于不同的构建要求，酶切产物的连接方向也必须在选酶时加以考虑，比如反义载体或双链干涉载体反向插入序列构建时，消化表达载体的双酶方向应与消化含目标基因 T - 载体的双酶方向相反，这样可使目标序列按原来的相反方向连接入载体。

2. 转化

对于大肠杆菌的转化比较容易实现，一般采用 Ca^{2+} 和热击就可以实现。具体做法为，收集在对数生长期的缺陷菌株（比如 DH5α、BL21 等），在 0 ~ 4℃用 $CaCl_2$（0.1mol/L）进行处理使细胞膜产生暂时性的孔洞，即为容易接受外源基因的感受态细胞，然后在低温条件下（-70℃）将含有目的基因的载体与感受态细胞混合后，42℃热击，能使载体顺利进入宿主，然后进行扩繁培养和筛选（比如蓝白斑筛选等），即可得到转化的重组菌株。目前，很多生物公司均可提供缺陷型感受态大肠杆菌，在具体转化过程中，需根据载体大小优化载体与宿主菌比例，以期获得高转化效率。

对于茶树等植物的遗传转化较困难，转化频率也较低。方法有农杆菌介导法、基因枪法、花粉管通道法、脂质体包埋法，聚乙二醇介导法、显微注射技术、电激法、离子束法、激光微束法、生殖细胞浸泡法等，其中，农杆菌法和基因枪法最为常用，而且转化体系也相对较为完善。

农杆菌转化技术的原理是，在农杆菌侵染和基因编码产物协助下，将该菌质粒所携带的可转移 DNA 区域（T - DNA）整合入宿主基因组，实现外源基因对宿主的转化。该技术已应用于很多植物的遗传转化，其中双子叶植物转化效果优于单子叶植物。奚彪报道，用于转化的农杆菌主要有两类，即根癌农杆菌（*Agrobacterium tumefaciens*）和发根农杆菌（*Agrobacterium rhizogenes*）等两类。这两类细菌均属于革兰阴性土壤杆菌，并均内含质粒，其中前者为 Ti 质粒，后者为 Ri 质粒。在野生型的 Ti 质粒中有 T - DNA、毒性区（Vir 区）以及冠瘿碱代谢基因编码区，其中 T - DNA 区 *iaaM* 和 *iaaH* 以及 *ipt* 基因编码的蛋白参与生长素和细胞分裂素代谢，是导致被感染植物瘤状物形成的关键诱因；在野生型 Ri 质粒中也有 T - DNA 区以及毒性区基因，其中 T - DNA 有根毛发生相关的编码基因。两种质粒毒性区中的基因编码产物与指导 T - DNA 向宿主基因组转移有关。通过一定途径改造 Ti 和 Ri 质粒，并以三亲交配等途径将包含启动子、目的基因以及选择性基因或报告基因等代替 T - DNA 部分区域，或者购买双元表达载体并将外源基因插入 MCS 位点构建包含外源基因的双元载体、转化感受态农杆菌，就可以利用农杆菌侵染实现外源基因整合入宿主基因组，验证目的基因的功能和获得转基因植株。常见的农杆菌菌株有 LBA440、LBA9402、EHA105、GV3101、AGL1、A4、R1601 和 ATCC15834 等。奚彪等研究显示，影响农杆菌转化效率的因素较多，主要包括物种基因型、外植体类型和状态、农杆菌菌株类型、载体、菌液浓度、共培养条件（培养基、温度、时间、诱导剂等）、筛选方式等。

基因枪转化法的基本原理是，将外源 DNA 包被在微小的金粒或钨粒表面，在高压作用下微粒被高速射入受体细胞或组织，微粒上负着的外源 DNA 或 DNA 表达载体进入细胞后，整合到植物染色体上得到表达，实现遗传转化。该技术在诸多植物转基因中获得成功。吴姗报道，影响该技术转化效率的主要因素有物种和基因型、外植体状态、微弹制备、轰击参数以及筛选培养等。

第二节　茶树基因克隆技术及其主要进展

基因克隆是茶树基因工程的核心研究内容之一，也是茶树基因工程的重要基础。通过基因克隆，可以获得基因的核苷酸序列、推演可能的编码区和氨基酸序列（或不编码的 rRNA）、明确基因在染色体上的组织方式、分析不同条件和发育阶段的基因表达情况，以及阐述基因之间的互作网络等。其方法很多，常见的有功能克隆法、同源序列克隆法、差异表达克隆法、电子克隆法、定位克隆法和转座子标签法等。在这些方法中，同源序列克隆法技术较为简单，在早期的茶树基因克隆中应用较为普遍；功能克隆法、定位克隆法以及转座子标签法需要有较多的研究基础，而差异表达克隆法和电子克隆法是目前应用较多的基因克隆技术，而且通量较高。

一、基因克隆主要方法

（一）功能克隆法

功能克隆的主要原理是，从分离与表型相关的功能蛋白入手，通过蛋白氨基酸组成测序来逆推核苷酸序列，并结合 PCR 等技术获得基因全长。该方法的一般操作流程为，蛋白提取→纯化→N/C 端部分氨基酸测序→引物设计→提取基因组 DNA 或 mRNA→PCR 或 RT‐PCR→产物测序验证→RACE→获全长基因序列→基因表达和功能验证等。下面以茶树咖啡因合成酶（Caffeine Synthase，CS）等基因克隆为例介绍该方法。

CS 是茶树咖啡因代谢的关键酶，催化咖啡因合成过程的 N‐甲基转移。CS 基因最早由日本学者 Kato 等于 2000 年分离，研究结果发表在 *Nature* 杂志上。他们首先从茶树鲜叶丙酮粉中提取粗蛋白，然后以 $(NH_4)_2SO_4$ 分步沉淀、羟磷灰石色谱、阴离子交换色谱、腺苷‐琼脂糖亲和色谱、Superdex200 凝胶过滤等步骤对粗蛋白进行纯化，根据酶活力和蛋白检测，纯化后 CS 的得率不足 4%，但酶的比活力提高了 500 多倍；之后将纯化蛋白经 SDS‐PAGE 后转膜，并以 Edman 降解测定得到 N 端的 20 个氨基酸残基序列（FMN-RGEEESSYAQNSQFTQV）；并以此序列逆向推演出核苷酸序列为 TTYATGAAYMGNG-GNGARGARGARWSNWSNTAYGCNCARAAYWSNCARTTYACNCARGTN（N 为任意氨基酸，R 为 G 或 A，Y 为 C 或 T，S 为 C 或 G，W 为 A 或 T），并设计引物；提取茶鲜叶 mRNA，逆转录后进行 5′和 3′RACE，获得 CS 基因全长序列，命名为 *CS1*（AB031280）基因。该基因 cDNA 长 1438bp，具有 1110bp 的开放阅读框（Open Reading Frame，ORF），可编码 369 个氨基酸；将该基因插入表达载体并转化大肠杆菌，编码产物能催化单甲基黄嘌呤和双甲基黄嘌呤的 N‐3 和 N‐1 甲基化。之后 Mizutani 等也采用功能克隆法获得了对茶树挥发性成分释放有重要贡献的 β‐樱草糖苷酶基因。在他们的研究中，采用缓冲液提取粗酶→丙酮沉淀→40%（NH_4）$_2SO_4$ 沉淀（目标酶在上清中）→butyl‐Toyopearl 650M 柱层析→透析→CM‐Toyopearl 柱层析→Mono S 柱层析→纯酶→Edman 降解得部分氨基酸序列→设计引物→RT-PCR→部分基因序列→插入 T-载体→制备杂交探针→cDNA 文库杂交→阳性克隆测序等过程获得了 β-樱草糖苷酶全长基因。

从上面的例子可以看出，该法克隆基因的难点主要在于蛋白的纯化，且主要适用于具有特异催化活力的酶蛋白基因克隆，因为酶活力的检测是蛋白质纯化过程的主要依据。对于茶树细胞中普通的结构蛋白，该技术较难应用。

（二）同源序列克隆法

同源序列克隆是指利用不同生物相同基因在进化上的相似性分离相关基因的方法。其一般过程为，从美国生物信息中心 NCBI 等网站下载不同生物目标基因的核苷酸序列或氨基酸序列，通过 Blast 比对搜索可能的核苷酸保守区域或者氨基酸签名基序（Signature Motif），并根据保守共有序列（或者签名基序）设计兼并引物，然后提取 mRNA 和 RT-PCR 获得目标基因的部分核心片段，再以此序列为基础进行引物设计以及 5′和 3′端序列克隆，根据重叠区进行拼接获得全长基因序列。在获得和验证了核心片段后，也可以通过 RACE 或者 cDNA 文库杂交等方法获得全长基因。冯燕飞等报道，由于同源序列克隆技术要求简单，早期的很多茶树基因都是采用该法获得的。下面以茶树 S-腺苷甲硫氨酸合成酶（S-adenosylmethionine Synthase，SAMS）为例介绍基因同源克隆方法。

SAMS（E. C. 2. 5. 1. 6）是催化甲硫氨酸和 ATP 反应生成 S-腺苷甲硫氨酸（SAM）的重要酶。SAM 是植物体内多胺和乙烯合成前体，也是转甲基反应的主要甲基供体，咖啡因合成过程的三步甲基化都是由 SAM 提供甲基。鉴于 SAMS 对茶树生长发育以及内含成分代谢的重要性，2001 年浙江大学梁月荣研究小组，从 NCBI 下载黑杨等植物的 SAMS 基因序列，以 DNAStar 中的 MegAlign 进行序列比对确定保守区域，并设计了兼并引物（Upper Primer（上游引物）1：5′-ARGACCCTGACAGCAARGT，Lower Primer（下游引物）1：5′-GCAAKSCCRYTAGCMACAA，产物为827bp），经 RNA 提取和 RT-PCR 获得了设计大小一致的产物，插入 T-载体后转化感受态大肠杆菌，经蓝白斑筛选获得阳性克隆，测序并 Blast 比对后发现目标片段正确；根据得到的目标片段序列，重新设计了用于克隆 5′端（Upper primer2：5′-ATGGAGACTTTCTATT CACATC，Lower primer2：5′-CTTGGGTTTTGCCATCAGGTCTTA，产物 513bp）和 3′端（Upper primer3：5′-TCTCCACCCAACACGATGAG，Lower primer3：5′-AGCTTGAGGTTTGTCCCAC TT-GAG，产物 602bp）的引物，并采用 RT-PCR 获得了与预期一致的 5′和 3′产物，插入 T-载体后测序证实克隆序列正确，根据三个片段的重叠区进行拼接获得了茶树 SAMS 基因全长。该基因（AB041534）长 1303bp，具有 1182bp 的 ORF，编码 393 个氨基酸，比对显示，该基因核苷酸和氨基酸序列与 NCBI 中很多植物的 SAMS 高度同源，并具有 SAMS 超家族成员多个保守域。

同源序列克隆获得目标基因的关键在于引物设计，一般来说，需要对 NCBI 等进行搜库，尽可能获得较多的与茶树亲缘关系较近物种的相应序列，然后进行比对找出保守区，并据此设计引物，这样可以获得良好的实验结果；如果需要研究的目标基因在数据库中很少或者与茶树亲缘关系较远，在设计引物时，可以同时多设计几对引物进行尝试，以利获得好的实验效果。此外，获得了基因全长一般还需要进行原核表达等实验，通过蛋白性质分析来明确获得的基因序列的准确性。同源克隆虽然研究目标集中，但通量较低，一般适用于已知功能的重点基因分离。

（三）差异表达克隆法

差异表达法克隆基因的主要原理是，通过不同发育阶段、不同器官或不同处理条件下不同表型样品转录组文库构建和比较，筛选出差异表达基因片段，并通过 RACE 等方法获得全长基因序列。主要方法有差异显示（Differential Display，DD）、代表性差异分析（Representational Differential Analysis，RDA）、限制性片段长度多态性区段定向的差异显示（RFLP Domain Directed Differential Display，RC4D）、cDNA – 限制性片段长度多态性（cDNA Amplified Fragment Length Polymorphisms，cDNA – AFLP）、限制性消减杂交（Suppression Subtractive Hybridization，SSH）、差异性消减显示（Differential Subtraction Display，DSD）等。

1. 差异显示

差异显示（DD）是由 Liang 等 1992 年开发的技术。该技术的流程为，提取样品 mRNA 并以 Cy5 – 荧光标记的锚定 Oligo – dT$_{(17)}$ VN（V 为 A/G/C，N 为 A/T/C/G，共 12 种组合）为引物合成 cDNA 第一链，然后以 6 ~ 12nt 的随机引物和 Oligo – dT$_{(17)}$ VN 进行 PCR，将产物在 6% 的聚丙烯酰胺凝胶中电泳，割取差异条带，验证后插入载体测序，制备探针和 Southern 从基因组文库中获得全长基因，或者经 RACE 等获得全长 cDNA。该技术在早期的茶树基因差异表达分析中应用较多，其特点是，引物组合较多，工作量较大，操作简单，但是引物短、退火温度低、假阳性率偏高。

2. 代表性差异分析

代表性差异分析（RDA）是由 Hubank 等（1994）开发的基因差异表达和克隆技术，其工作原理是，将提取的实验组（Tester）、对照组（Driver）样品的 mRNA 逆转录成双链 cDNA，以 4bp 的黏末端内切酶消化两组 cDNA，然后连接第一轮双链接头（5′去磷酸化，其中 1 链为 24nt，另一链为 12nt），在 72℃变性去除因 5′去磷酸化而未能连接的 12nt 短接头，进行末端补平，然后以 24nt 接头引物进行 PCR 获得 Tester 和 Driver 扩增子；以 4bp 内切酶消化 Tester 扩增子去除接头序列，然后在 Tester 上连接第二轮双链接头（5′去磷酸化，其中 1 链为 24nt，另一链为 12nt，但与第一轮序列不同），连接产物按照 Tester/Driver = 1/100 的比例进行混合、变性和复性，形成 Tester/Tester（具有 24nt 黏性末端的差异基因）、Tester/Driver、Driver/Driver 三种主要的杂交分子以及一些单链 DNA，末端补平后以第二轮接头引物进行 PCR，由于 Tester/Driver 和 Driver/Driver 杂交分子缺乏接头序列无法有效扩增，而一些单链的 DNA 也无法扩增，只有两端均具接头序列的 Tester/Tester 分子得到有效扩增并富集；经过富集后的 PCR 产物经电泳割取主要条带插入载体后测序，或者直接将富集后的 PCR 产物直接插入载体制备差异基因文库进行测序；得到差异基因片段后可通过杂交或 RACE 获得全长基因。该技术设计较为巧妙，消减杂交和 PCR 后直接可得到差异基因；但操作步骤较繁琐，适用实验样品数也较少。此外，如果经过一轮杂交和 PCR 效果不理想，还可以进一步采用类似策略增加一轮消减杂交和 PCR。

3. 限制性片段长度多态性区段定向的差异显示

限制性片段长度多态性区段定向的差异显示（RC4D）技术是由 Fischer 等（1995）

发明的。该技术的原理为，提取不同样品中的 mRNA，以 3′RACE 引物进行逆转录合成 cDNA 第一链，接着以某一家族基因特异性区域（Family Special Domain，FSD）设计的引物进行单引物线性 PCR，然后以 3′RACE 引物和 FSD 引物进行 PCR 扩增，并以限制性内切酶消化扩增子并连接接头，再以 FSD 引物和接头序列同源的引物进行第二次 PCR 扩增，最后以放射性标记的 FSD 引物（单引物）进行线性 PCR，产物经凝胶电泳后放射自显影，对差异条带进行测序。该技术的主要特点是将 RFLP 与 PCR 相结合，对样品中的特殊家族基因进行差异表达分析，并克隆相应的目标基因。FSD 引物设计是实验成败的关键，与同源序列克隆类似，需要进行多重序列比对找出保守区并设计多个兼并引物。该技术每次只能进行一种家族基因的差异分析，通量相对较小。该技术目前在茶树基因克隆中应用较少。

4. cDNA - 限制性片段长度多态性

Bachem（1996）报道，cDNA - 限制性片段长度多态性（cDNA - AFLP）是在基因组 AFLP 基础上发展起来的基因差异表达和克隆技术。该技术的基本要点是，提取样品中的 mRNA，经逆转录、第二链合成形成双链 cDNA，以两个可产生黏性末端（分别为 4bp 和 2bp 黏性末端）的 DNA 内切酶消化双链 cDNA，然后加入两种按照酶的识别序列设计的不同接头进行连接，以接头序列设计的一对引物对连接产物进行 PCR 预扩增，以适当稀释的预扩增产物为模板，以预扩增引物加 1~3 个选择性碱基的再扩增引物进行二次 PCR，产物经聚丙烯酰胺凝胶电泳和银染显色，割取差异条带经扩增插入 T - 载体测序，并结合 RACE 获得目标基因全长。该技术事先不需要了解差异基因的任何信息，通用性好；酶切产物具黏性末端，与接头连接效率高；操作流程方便，差异条带丰富；但由于相同酶切位点的产物很多，一般需要消减才能出现清新的条带，所以二次扩增时要在预扩增引物的基础上加选择性碱基，选择性碱基越多引物组合也越多，比如 2 个选择性碱基时一个样品有 16 种组合，3 个选择性碱基有 64 种组合，因此工作量较大。迄今，Mammti、余梅、袁支红、邹中伟、杨冬青、陈林波、Yang 等都对该技术在茶树基因差异表达和克隆中进行过应用。

5. 限制性消减杂交

限制性消减杂交（SSH）是由 Diatchenk 等（1996）开发的基因差异表达和克隆技术。该技术的操作要点是，将需要对比的两个样品分别命名为 Tester 和 Driver，提取这两个样品的 mRNA，并以嵌有 Rsa I 酶切位点的 oligodT 引物合成双链 cDNA；以 Rsa I 平末端内切酶消化 Tester 和 Driver 双链 cDNA，然后将 Tester 酶切产物分成两份，一份加接头 I（5′端去磷酸化），另一份加接头 2R（5′端去磷酸化），并经变性和退火，去除因 5′去磷酸化而未连接的短接头；将酶切后的 Driver cDNA 分别与加接头 I 或 2R 的 Tester 进行杂交，每组杂交中均存在一端有接头的单链 Tester 分子（差异基因）、两端均有接头的 Tester/Tester 杂交分子、一端有接头的 Tester/Driver 杂交分子、Driver/Driver 杂交分子以及单链的 Driver 分子。将两组杂交产物进行混合同时加入过量变性的 Driver 进行二次杂交，在杂交产物中除了上述分子外，又新产生了带接头 I Tester/带接头 2R Tester 杂交分子（差异基因）。对杂交产物进行末端补平，根据接头序列设计外侧引物对和内侧引物对，并依次用两对引物进行巢式 PCR。将产物在凝胶上电泳，割取清晰条带插入载体测序或者直接将 PCR 产物插入载体构建差异表达基因文库并测序；根据测序结果设计引物进行 RACE，获得差异基因全长。以此过程获得的所有差异基因都是样品 Tester 较 Driver 显著上调的基因。为了获得 Tester 较 Driver 显著下调的差异基因，还需将酶切后的两种双链 cDNA 互换再进行类似消减杂交，即在 Driver 样品中加接头后与 Tester 杂交。该技术的主要特点是，经过两次消减杂交，可最大程度去掉非差异基因，获得的巢式 PCR 产物几乎都是显著差异表达的基因，假阳性率很低；而且可以直接区分基因差异表达的上下调关系。该技术的主要不足是一次一般只能进行 2 个样品的分析。迄今，Wang、Wei、李远华等应用该技术已在茶树基因挖掘中取得较好效果。

6. 差异性消减显示

差异性消减显示（DSD）是 Alves 等为了减少 DD 的假阳性率而开发的技术。其操作过程的前半部分与 DD 一致，在凝胶电泳后，分别割取差异条带并提取其中的 DNA，通过 PCR 对比较的样品分别进行生物素或放射性标记，然后将 PCR 产物进行杂交和磁珠吸附，去除可杂交的双链分子，对未杂交的分子再次 PCR，并插入载体测序。该技术的主要特点是，通过杂交验证大大降低了 DD 的假阳性率。目前该技术在茶树基因挖掘中应用较少。

（四）电子克隆技术

所谓电子克隆就是借助基因测序仪对目的基因序列进行测定的方法。根据测序时起始物的不同，可分为基因组 DNA 测序和转录组（表达谱）测序。转录组测序与基因组测序的主要差异是，首先要把提取的 RNA 逆转录成 cDNA 再行测序；其次测序深度和拼接参数上有较大不同，转录组测序中每一个转录单位较短，拼接相对较容易。自 20 世纪 70 年代中后期桑格（Frederick Sanger）和考尔森（Alan Coulson）发明双脱氧链末端终止测序技术以及马克西姆（Allan Maxam）和吉尔伯特（Walter Gilbert）发明化学降解测序技术以来，基因序列分析技术已经有了长足的进步。根据测序原理和效率大致可以将其分为四个阶段，即一代测序、二代测序、三代测序和四代测序，其中二代和三代测序已经成为挖掘茶树基因信息最为重要的方法，Chen、Wang、Wu、Cao 等都有相关报道。

1. 第一代测序技术

第一代测序一般采用桑格法，其原理为，将待测样品 DNA（或 cDNA）打断，并插入载体构建文库，将文库中每个克隆的 DNA（或 cDNA）分成 4 管，分别进行 PCR，在每管反应液中除了普通的 4 种 dNTP 外，再限量添加一种带有放射性同位素标记的 ddNTP（ddATP 或 ddCTP 或 ddGTP 或 ddTTP），由于 ddNTP 的 2′和 3′均无羟基无法形成链延伸的磷酸二酯键，可导致 PCR 过程中 DNA 链合成终止，同时限量的 ddNTP 使其渗入 DNA 的频率较低，形成随机的不同长度 PCR 产物，然后通过高分辨率凝胶电泳和放射自显影，由电泳谱带的位置"读出"目标 DNA 的核苷酸序列；根据文库中所有插入序列的测定结果，拼接出目标 DNA（或 cDNA）全长。利用该技术的第一台自动测序仪于 1986 年开发成功。第一代测序的特点是单次测序读序长（约 1000bp）、准确性高（99.999%），但通量低、工作量大、成本高，当插入序列超过 1500bp 时需要亚克隆或重新合成新测序引物进行多次反应才能读通。最早发布的人类基因组序列就是利用该技术获得的。

2. 第二代测序技术

随着技术的不断改进，在 2005—2007 年前后出现了多个较为成熟的第二代测序技术，其中以 Roche 公司的 454 技术、Illumina 公司的 Solexa 及升级版 Hiseq 技术以及 ABI 公司的 SOLiD 技术应用较为广泛。

454 测序技术是 Roche 公司于 2005 年开发的，是开创性的第二代测序方法。该技术的主要原理是，在 DNA 聚合酶、ATP 硫酸化酶、荧光素酶和双磷酸酶的作用下，将每一个 dNTP 的聚合与一次荧光信号释放偶联起来，通过检测荧光信号释放的有无和强度，达到实时测定 DNA 序列的目的。其操作过程为：利用喷雾法等手段将待测 DNA（或 cDNA）打断，电泳割胶（或磁珠）回收 300 ~ 800bp 长的片段，经末端补平、3′加 A、5′磷酸化后，在 DNA（或 cDNA）两端添加带标记的接头，用结合有与接头序列互补的磁珠进行变性和杂交，回收结合有单链 DNA（或 cDNA）的磁珠，构建单链 DNA 文库；将单链 DNA 磁珠和 PCR 反应液注入高速旋转的矿物油表面进行乳化，形成无数独立的油包水 PCR 液滴（即所谓的 Emulsion），每个液滴中只有一种单链 DNA 分子和一个磁珠，通过 PCR 将液滴中的模板扩增 100 万倍；然后打破液滴、收集结合有 PCR 产物的磁珠，与聚合酶和单链结合蛋白混合后，置于 PTP 平板的微孔中，每个小孔仅容纳一个磁珠；以磁珠上结合的大量单链 DNA 为模板进行 PCR，每次反应仅加入一种 dNTP，若 dNTP 能与待测序列配对，则会延伸一个碱基并释放焦磷酸基团，该焦磷酸基团与反应体系中的 ATP 硫酸化学酶反应生成 ATP，新生 ATP 和荧光素酶共同氧化体系中的荧光素分子并发出荧光，对荧光信息用 CCD（电荷耦合器件）照相机记录，反应结束后游离的 dNTP 在双磷酸酶的作用下降解 ATP，从而淬灭荧光，完成一次测序循环；如此循环即可读出模板的完整序列。该技术的主要优点是，不需要荧光标记的引物或核酸探针，也不需要电泳；高灵敏度、高自动化、较高通量，分析结果快速准确（准确性超过 99.5%）；且每个反应都在 PTP 板上独立的微孔中进行，测序干扰和偏差小；每个测序读长可达 400bp。该技术的主要不足在于，无法准确测量同聚物的长度，当模板序列中存在连续的多个相同碱基时，测序反应可能会一次渗入多个互补碱基，而添加的碱基个数只能通过荧光强度来推测，引起结果不准确，常导致插入和缺失测序错误。

Illumina 技术平台的主要工作流程为：利用超声等方式将 DNA（或 cDNA）打断，经末端补平、3′加 A、5′磷酸化后，电泳割胶或磁珠纯化进行文库大小选择（一端测序一般为 150 ~ 250bp，两端测序约为 500bp），在 DNA（或 cDNA）两端添加带标记的接头，PCR 扩增（该步为可选步骤，低浓度目标需要），构建片段大小较一致的 DNA（或 cDNA）文库；将文库中的 DNA 通过流动小室（Flowcell）随机吸附在结合有不同接头序列引物（能与接头序列配对）的泳道（Channel）上，经起始延伸和退火去除未结合的原始链，形成均一的单链文库；经桥式 PCR 扩增成 DNA 簇并单链化；再以接头序列设计的引物进行退火，利用不同荧光标记的 dNTP（3′- OH 封闭）对目标序列进行延伸，通过碱基渗入（因 3′- OH 封闭致一次只延伸一个碱基）、释放荧光、读取信号、3′- OH 封闭解除的边合成边读序的方式测序。该技术的特点是，测序效率非常高，错误率较低（1% ~ 1.5%），且能准确地测定同聚物序列，若进行人类基因组重测序，30×测序深度大约需要 1 周时间。

寡聚物连接检测测序（Sequencing by Oligo Ligation Detection，SOLiD）技术是由 ABI 公司开发的，该技术于 2007 年正式投入商业运行。该技术的主要原理为，利用两个碱基确定一种标记，将带荧光标记的探针与模板杂交后，经连接酶连接并释放荧光信号来读取模板链序列。该技术在前期文库制备方面与 454 技术类似，但文库序列较短，一般为 60～110bp；将制备的 DNA（cDNA）文库以及结合有能与接头序列互补引物的磁珠混合，然后通过注水入油进行乳化，制备直径 $1\mu m$ 左右的液滴，并将液滴中的磁珠共价结合至 SOLiD 玻板上，进行 PCR，反应结束后，变性去除未结合 DNA 产物，形成磁珠结合的、大量扩增的单链 DNA（cDNA）文库；加入 n 个碱基的能与接头序列配对的引物，以及 5′端有 CY5、TexasRed、CY3 和 6－FAM™ 四种荧光染料标记的探针，这些探针的 3′端第 1 和第 2 位碱基组合确定一种荧光（如以 6－FAM™ 标记 TT、GG、CC 和 AA，以 CY3 标记 GT、TG、AC 和 CA，以 TexasRed 标记 CT、TC、AG 和 GA，以 CY5 标记 AT、TA、CG 和 GC）、第 3～5 位为兼并碱基、第 6～8 位碱基可以与任意模板配对；当一种探针能与模板配对时，DNA 连接酶就将其连接到引物上并激发和记录荧光信号，之后在第 5 位和第 6 位之间磷酸基团处水解、淬灭荧光；之后采用类似方法在模板对应的第 6 和 7 位（第 3～5 位为第一次反应的配对碱基）渗入后续的碱基并记录荧光信号，如此循环直至链末，可见经过一轮测序只读出了模板链的部分碱基顺序（第 1、2，6、7，11、12，…）；第一轮测序后，将合成的新链退火洗脱，并以长度为 $n-1$ 的引物进行第二轮测序，读出与第一轮有一位重叠的序列（第 0、1、5、6、10、11、…）；如此经过 $n-2$、$n-3$、$n-4$ 引物共 5 轮读序，即可将模板所有碱基均读取两遍；最后根据一定的转换规律将读取的碱基顺序拼接成完整序列。该技术的主要特点是，每个碱基都经两次检测，一次读序准确性可达 99.94%，而 15×测序深度时准确性可达 99.999%，是二代测序技术中准确性最高的方法；但该技术读取碱基顺序的后续拼接较为复杂，易发生连锁的解码错误。

总体而言，二代测序，采用了高通量、短读长、高覆盖率以及复杂拼接的测序策略，整个测序效率较一代技术有了很大提高。

3. 第三代测序技术

近年来了，测序技术又有了新发展，以太平洋生物科学公司（Pacific Biosicences）的 SMRT（Single Molecule Real Time）为代表的第三代测序技术应运而生。与前两代相比，其最大的特点是，测序过程无需进行 PCR 扩增，即所谓的单分子测序。

太平洋生物科学公司在 2009 年推出了 SMRT 测序技术，该技术采用了边合成边测序的思想，其工作原理为，构建 DNA（cDNA）测序单链文库，并将其转移至 SMRT Cell 测序小室中，每个 SMRT Cell 含有 15000 个纳米级的零模波导孔（Zero－mode Waveguides，ZMWs），每个 ZMW 可容纳一个单链 DNA 模板分子、一个 DNA 聚合酶、引物以及 4 种不同荧光标记和 3′－OH 封闭的 dNTP，聚合酶每添加一个碱基，机器可实时检测插入碱基的荧光信号，之后荧光基团被解离，并释放新链的 3′－OH，用于聚合下一个碱基，如此重复即可读取目标 DNA 的碱基顺序。此外，该技术还可以根据碱基渗入速度的差异检测碱基甲基化等修饰情况。SMRT 技术测序速度很快，每秒约 10

个碱基；平均测序读长能达到 7000 ~ 8000bp，最长读长能达到 30000bp；但错误率比较高，一般在 15% 左右，可通过增加测序深度加以纠正。除了 SMRT 技术外，Helico Bio-Science 在 2008 年也开发了类似的单分子测序技术。

4. 第四代测序技术

2005—2008 年牛津纳米孔公司（Oxford Nanopore Technologies）推出了纳米孔单分子测序技术，经过逐步完善，于 2013 年启动了 MinION 测序仪的试用计划，至目前为止，该技术尚处在不断改进之中。

纳米孔单分子测序技术与以往的技术不同，它是基于电信号而不是光信号的测序方法。以 α - 溶血素构建生物纳米孔，核酸外切酶依附在孔一侧的外表面，合成的环糊精作为传感器共价结合在纳米孔的内表面，组装后的纳米孔被镶嵌在双磷脂层内；在合适条件下，核酸外切酶消化目标单链 DNA 或 RNA，单个碱基在电场作用下落入孔中，并与孔内环糊精短暂相互作用，影响了流过纳米孔原本的电流，因不同的碱基具有不同的电流和时间扰动，用灵敏的电子设备可把不同碱基信号区分开来，并据此建立模板分子的碱基顺序。纳米孔测序的主要特点是，读长很长，可以达几万碱基对；但由于碱基通过孔的速度太快，不同碱基存在重叠现象，引起序列判读错误。为了克服这一不足，已有公司推出了碱基替换方法，将目标链上的一个碱基与 12nt 荧光标记的信标进行对应，然后通过杂交、光信号读取和转换等途径，但该技术也还处于测试阶段。纳米孔是很有发展前途的测序技术，相信随着技术的不断发展和完善，今后会有更加高效、低廉、广谱的测序技术。

（五）定位克隆法

植物的定位克隆一般先通过高世代回交（Multigeneration Backcross）建立只有 1 ~ 2 个性状差异的近等基因系（Near – isogenic Lines，NIL），并在高密度分子标记连锁图谱的帮助下确定目标基因在染色体的位置，再以染色体区带显微切割等技术获得可能的含目标基因的 DNA 区段，进行测序或者体外转录等获得相应的基因。对于已经有基因组序列的生物而言，在高密度分子标记的基础上可直接进行图位克隆；对于显微切割中目标基因序列不完整的，可借助染色体步移或者基因组文库筛选获得全长基因。由于茶树童期长、杂交效率很低，很难通过高世代回交方式获得 NIL，同时高密度分子标记连锁图谱也尚未建立，因此迄今尚未有通过该技术克隆茶树基因的报道。

（六）转座子标签法

转座子是一段由两端反向重复序列以及转座酶等编码基因组成的 DNA 分子，在一定条件下，转座子在宿主基因组中可以发生跳跃，进而导致宿主产生变异表型。转座子标签法克隆基因的原理是，利用农杆菌等转化体系将转座子序列插入野生型材料基因组，经筛选获得具有突变表型的个体，然后通过 Sourthern 杂交等手段定位该转座子标签所在位置，克隆出插入位置区域的可能基因，然后通过外显子捕捉获得推测的 cD-NA，再经引物设计、RT – PCR 等对目标基因进行验证。对于遗传转化和再生容易的物种，该技术在基因挖掘和基因功能验证方面非常有效。目前，该技术尚未应用于茶树基因挖掘，但在拟南芥中已得到广泛应用。

二、茶树基因克隆研究进展

随着技术的不断发展和研究的持续深入，茶树基因克隆等有了长足的进步。2000年时，在美国生物信息中心 NCBI 中登录的茶树核苷酸序列不足 100 条，至 2010 年时增加至约 14000 条，目前约已超过 368000 条。茶树基因信息的不断丰富和积累，为茶树遗传育种研究以及栽培调控措施开发奠定了良好基础。下面按次生代谢、基础代谢以及抗性相关等几个方面简要介绍茶树基因克隆研究进展。

（一）次生代谢相关基因克隆

多酚类、生物碱、茶氨酸和萜类物质是茶的主要次生代谢产物，不仅影响茶叶滋味和香气，同时也是茶叶功效的关键成分。因此，茶树次生代谢相关基因的克隆和表达研究一直是茶树基因工程的重点研究内容。

1. 酚类物质代谢相关基因

Liu 报道茶叶酚类物质主要由莽草酸—苯丙烷—类黄酮途径合成，其起点为苯丙氨酸脱氨反应，并在查尔酮合成酶和查尔酮异构酶的催化下形成黄烷酮，之后在羟基化酶和还原酶的作用下形成黄烷醇类等物质。1994 年，Matsumoto 等以水稻的苯丙氨酸解氨酶 PAL 的 cDNA 为探针，获得了茶树 *PAL* 基因，该基因全长 2330bp，ORF 位于 132～2276bp 之间，编码 714 个氨基酸残基；同年，Takeuchi 等从 "Yabukita" 嫩叶中分离获得了 3 个查尔酮合成酶 *CHS* 基因（CHS1、CHS2 和 CHS3），三个基因长度分别为 1390bp、1405bp 和 1425bp，但均具有编码 389 个氨基酸残基的 ORF；1999 年该研究小组还克隆了二氢黄酮醇 4 - 还原酶 *DFR* 基因。Park、马春雷等报道，催化该途径的大部分酶类编码基因相继获得分离，如黄酮醇 3 羟基化酶 F3H、黄酮醇 3′ 和 5′ 羟基化酶 F3′5′H、漆酶、胺氧化酶、细胞色素 P450 氧化酶、异黄酮还原酶和异黄酮 - 7 甲基转移酶、查尔酮异构酶 CHI、黄酮醇合成酶 FLS、无色花色素还原酶 LAR 以及 MYB1 和 MYB2 转录因子等。宛晓春领导的研究小组通过转录组深度测序，获得 13 个类黄酮合成途径功能基因。夏涛研究小组分离到了与酯型儿茶素类合成相关的 UDP - 糖基转移酶基因，并证明 3 个 MYB、2 个 bHLH 和 1 个 WD40 转录因子对茶树类黄酮生物合成途径有重要调控作用。最近，催化非酯型儿茶素没食子酰基化的酰基转移酶 SCPL、甲基化儿茶素类合成相关的氧甲基转移酶 OMT、与酚类物质合成前体物质转运相关的磷酸烯醇式丙酮酸转运子 PPT、参与酚酸和木质素合成调控的转录因子 MYB4 - 5 和 MYB4 - 6、催化 *p* - 香豆酸合成的肉桂酸 4 - 羟基化酶 C4H 等也相继获得分离。

2. 生物碱代谢相关基因

咖啡因是多数茶树品种的优势生物碱，Mohanpuria 报道其主要代谢途径为，在 *S* - 腺苷甲硫氨酸（SAM）甲基供体存在条件下，黄嘌呤核苷（XR）经 *N* - 甲基转移酶催化 3 次甲基化反应和一次核糖核苷水解酶催化的脱核糖反应生成。该途径中的关键酶有 AMP 脱氨酶、咖啡碱合成酶（TCS）、次黄嘌呤核苷酸脱氢酶（IMPDH）和 *S* - 腺苷甲硫氨酸合成酶（SAMS）等。2000 年，Kato 等利用蛋白纯化、氨基酸 N 端测序和 RACE 技术分离到了咖啡因合成酶 *CS1* 和 *CS2* 基因。2001 年，梁月荣带领的研究小组采用同源克隆技术分离了茶树 *S* - 腺苷加硫氨酸合成酶 *SAMS* 基因。之后，华南农业大学许煜华研究通过 cDNA 文库构建和菌落杂交，获得 12 个 *NMT* 全长基因，并采用原核表达技术，证实其中的 *YH - NMT*13 编码催化 7 - 甲基黄嘌呤合成 3，7 - 二甲基黄嘌呤（可可碱）功能，*YH - NMT*14 催化可可碱合成咖啡因功能，*YH - NMT*4、*YH - NMT*8 和 *YH - NMT*10 催化 1，7 - 二甲基黄嘌呤合成咖啡因的功能，*YH - NMT*1、*YH - NMT*2 和 *YH - NMT*5 可催化 7 - 甲基黄嘌呤合成可可碱，且可催化 1，7 - 二甲基黄嘌呤合成咖啡因；2014 年，陈亮研究小组采用 PCR 和基因步移法也获得了 6 个咖啡因合成相关的 *NMT* 基因组 DNA 序列。

3. 茶氨酸代谢相关基因

在茶树体内，谷氨酸和乙胺在茶氨酸合成酶（TS）的催化下合成茶氨酸。乙胺作为茶氨酸合成的前体物质，在茶树根部由丙氨酸经丙氨酸脱羧酶催化形成。谷氨酸主要由谷氨酰胺合成酶/谷氨酰胺 - α - 酮戊二酸氨基转移酶（GS/GOGAT）系统生成。目前该过程中的主要基因均已被 Shi、陈琪等分离出来。

4. 萜类物质代谢相关基因

萜类及其衍生物是重要茶树次生代谢产物，对茶树生长发育有重要贡献，同时对茶叶香气也有重要影响。植物有两种萜类合成途径：胞质甲瓦龙酸（MVA）途径和质体甲基赤藓糖 4 - 磷酸（MEP）途径。早在 2002 年，日本学者 Mizutani 就采用功能克隆法从茶树鲜叶中分离到了催化萜类糖苷前体物质水解的 β - 樱草糖苷酶基因，之后范方媛利用 SSH 和 RACE 技术分离获得了另一个催化萜类糖苷前体物质水解的 β - 葡糖苷酶 bGlu。到目前为止，研究人员已克隆关键基因，有萜类代谢途径中的紫黄质脱环氧化酶 VDE、八氢番茄红素合成酶 PSY、1 - 脱氧 - 木酮糖 - 5 - 磷酸合成酶 DXS、脱氧木酮糖 - 5 - 磷酸还原异构酶 DXR、法尼基焦磷酸合成酶 FPS、牻牛儿牻牛儿基焦磷酸合酶 GGPS 和芳樟醇合成酶 Lins、4 - 羟基 - 2 - 甲基 - 2 - E - 丁烯基 - 4 - 焦磷酸合酶 HDS 和 4 - 羟基 - 2 - 甲基 - 2 - E - 丁烯基 - 4 - 焦磷酸还原酶 HDR、HMG - CoA 还原酶 HMGR、八氢番茄红素脱氢酶 PSD 等。

（二）基础代谢相关基因克隆

基础代谢为茶树各种生命活动提供能量，是茶树高产优质的重要保证。陆建良等报道，早在 2006 年之前，与细胞周期相关的 cdkA、cdkB、cycB、cycD3、cullin、丝氨酸/苏氨酸蛋白激酶、亲环素、组蛋白基因等，与光合作用相关的 Rubisco 大亚基 rbcL、maturase K、光合系统蛋白 psbC、光合系统 I 中心蛋白 V、光合系统 II D1 蛋白、ATP 合成酶 β 亚单位，与呼吸作用相关的 NADH 脱氢酶亚单位 5、NADH 脱氢酶亚单位 7、NADH 脱氢酶 F、NADH 脱氢酶 I、ATP 合成酶 α 亚单位、细胞色素氧化酶亚基 II 等基因已得到分离。与茶树光合和呼吸作用相关的更多基因获得了分离，如光捕获叶绿素 a/b 结合蛋白 lhcb、光合系统 I P700 脱辅蛋白质 A2 psaB、Rubisco 活化酶 RCA、Rubisco 小亚基 rbcS、终端氧化酶 TOX、乙酰辅酶 A 羧化酶 accD、细胞色素 f 脱辅基蛋白 petA、细胞色素 b563 脱辅基蛋白 petB 基因等；与花芽发育相关的 α - 微管蛋白以及花芽发育晚期细胞信号传导有关的 14 - 3 - 3 蛋白基因全长也得到了克隆；至 2011 年，参与茶树基础代谢的糖酵解途径、柠檬酸循环、磷酸戊糖途径和卡尔文循环的关键基因（全长或部分序列）均已获得分离。最近，有关研究人员克隆了与茶树 N 素响应和利用相关的硝酸盐转运蛋白 NRT 和 NRT2.5、硝酸还原酶 NR 以及 6 个 Dof 转录因子基因，与茶树生长/休眠调节有关的 ARF1、赤霉素信号转导的受体 GID1a、生长素受体 CsTIR1 基因。此外，近期由李远华、陈玫、马春雷等克隆的基因还有糖转运蛋白 PLT、细胞骨架肌动蛋白、谷氨酸 – tRNA 还原酶 GluTR、叶绿素合酶基因 *ChlS*、叶绿素酸酯氧化酶基因 *CAO* 等。这些成果为进一步探讨茶树生长发育调控研究奠定了基础。

（三）抗性相关基因克隆

抗性是茶树高产优质的重要保障，与抗性相关基因的挖掘一直以来也是茶树基因克隆研究的重点之一。陆建良等报道，1997—2006 近 10 年间，茶树病程相关蛋白 PR – 1、过氧化氢酶 CAT、热激蛋白 HSP70、超氧化物歧化酶、半胱氨酸蛋白酶抑制剂 Cystatin、$\beta – 1$，3 – 葡聚糖酶、1 – 氨基环丙烷 – 1 – 羧酸氧化酶 ACO、过氧化物酶 AsPOD、金属硫蛋白等抗逆性相关基因得到了克隆；之后与安吉白茶温度感应相关的逆转座子和低温逆境反应相关的转录因子 CBF，以及一批与茶树逆境休眠有关的差异基因、与茶树叶片被茶尺蠖取食后生理反应相关的差异基因相继也研究获得分离。

最近几年，很多研究小组又分离了大量与茶树抗逆性相关的基因，与光保护相关的早期光诱导蛋白 ELIP 基因，与 UVB 逆境反应相关的 α – 半乳糖苷酶、β – 半乳糖苷酶和 β – 葡糖苷酶等 16 种基因，与生物性或非生物性损伤反应相关的醇脱氢酶 ADH1、香豆酰辅酶 A：莽草酸/奎宁酸香豆酰转移酶 EV12、Ⅱ型核糖体失活蛋白 RIP 和反转录转座子 GAGP 以及转录因子 CsAP2 和 CsRAV2 基因，与水分胁迫相关的脱水素 DHN 和脱水应答元件结合蛋白 DREB – A4 基因，与冷驯化相关的甜菜碱脱氢酶 BADH 和甲基转移酶 DRM2 基因，与抗逆物质脯氨酸和维生素 C 等合成相关的 $\Delta1$ – 吡咯啉 – 5 – 羧酸合成酶 P5CS、GDP – D – 甘露糖焦磷酸化酶 GMP 基因等。相关研究为茶树抗逆分子机制的阐明奠定了基础，同时为抗逆措施开发创造了条件。

第三节　茶树基因功能验证技术

从差异表达、基因组测序等研究中分离的大量茶树基因，可以通过与核酸、蛋白质、基因本体（Gene Ontology，GO）、蛋白直系同源（Cluster of Orthologous Groups of Proteins，COG）、代谢通路 Pathway 等数据库比对，获得大多数基因功能的初步注释，但一些茶树物种特异性的新基因可能得不到注释。为了了解目标基因的确切功能及其影响因素，必须通过转基因或基因表达等手段进行深入的验证。常见的基因功能验证方法，可分成两类，一类是本体表达验证，另一类是转基因客体表达验证。转基因客体表达验证可根据验证思路分为正向验证和逆向验证，还可依据基因受体不同分为原核表达验证、模式植物表达验证、茶树表达验证等。

一、本体表达验证

本体表达验证是通过 RT – PCR 或 qPCR 分析已分离的目的基因在不同茶树材料中的 mRNA 丰度或者通过抗体制备和 Western 分析目的基因翻译产物在不同材料的分布情况，进而明确目的基因的相关功能。具体操作方法可参照本章第一节相关内容。目前，已有大量有关茶树次生代谢如酚类物质代谢、咖啡因代谢、茶氨酸代谢相关、茶树初生代谢相关基因如脂溶性色素、糖类代谢相关，以及抗逆性相关等的基因表达的研究报道。

二、转基因客体表达验证技术

（一）正向验证

基因功能正向验证是指，将目标基因按照正确的顺序插入表达载体，使之在超强启动子的驱动下，在被转化的宿主中超量表达，进而验证基因的功能。正向验证的主要对象是编码蛋白的基因，一般可以在原核、模式植物和茶树等多个宿主层次中验证基因功能。

正向验证过程中，首先利用 DNAStar 中的 SeqBuilder 等软件对目标基因 ORF 区的酶切位点进行深入分析，然后根据 ORF 及其相邻区域设计引物。值得注意的是，上下游引物中应内嵌特异的酶切位点，并确保在 ORF 中没有相同的酶切位点，而在表达载体中有相应的、同方向的位点；而且还要保证由该引物对扩增的产物经酶切后在插入表达载体时不会造成移码错误。具体过程为，利用设计的引物和 RT - PCR，克隆目标基因的 ORF 区域，插入 T - 载体，并转化大肠杆菌，经 PCR 等验证后提取重组质粒，用可识别引物区的内切酶对重组质粒进行双酶切，将目标基因插入表达载体，并转化大肠杆菌进行扩增，经验证，提取扩增后的重组表达载体，可用于原核表达验证、模式植物表达验证或茶树表达验证。

1. 原核表达验证

目标基因原核表达验证时，应选择合适的载体和宿主菌。原核载体一般包括以下主要区段：原核转录启动子、MCS（多克隆位点）、转录调控序列（转录终止子、核糖体结合位点）、若干选择标记基因以及自主复制序列等。其中，T7（噬菌体 RNA 聚合酶识别的 T7 启动子）、T7lac（噬菌体 RNA 聚合酶识别 T7 启动子及大肠杆菌乳糖操纵启动子，受 Lac 阻遏蛋白负调、IPTG 正调）、Plac（大肠杆菌乳糖操纵启动子，受 Lac 阻遏蛋白负调、IPTG 正调）、Ptrp（大肠杆菌色氨酸操纵子启动子）和 Ptac（大肠杆菌 Lac 和 Trp 的杂合启动子）等是常见的原核启动子。Plac、Ptrp 和 Ptac 可使外源目标基因表达，但需对宿主菌基因组进行改造，以增加外源基因表达量；T7 和 T7lac 是强的特异性启动子，可由噬菌体 RNA 聚合酶识别，因此也需在宿主菌增加编码噬菌体 RNA 聚合酶的基因以达到原核表达载体和宿主菌的相互协调和外源基因的强表达（表 5 - 5 和表 5 - 6）。此外，为了提高外源基因表达产物的可溶性、活性以及便于纯化分离，一般采用融合表达方式，即将外源基因 ORF 插在融合标记（Fusion Tag）之后或之前，以 Novagen 公司提供的载体为例，常见的融合标记有 GST - Tag™、His - Tag®、HSV - Tag®、Nus - Tag™、S - Tag™、Strep - Tag® II、T7 - Tag® 和 Trx - Tag™等。在转化时，可将构建好的表达载体与感受态宿主菌混合，通过热击或电穿孔等方式将载体导入宿主菌（具体可参照第一节相关内容），通过 IPTG、UV 或温度变化进行诱导，以使外源基因获得超量表达，采用 SDS - PAGE 分析表达产物的分子质量，并通过特殊酶活力检测验证蛋白功能（图 5 - 3）。原核表达系统非常高效，而且转化等操作很容易实现，已在多个茶树基因功能验证中得到了应用，但是值得注意的是，很多茶树编码基因翻译后需要进行特定的氨基酸侧链糖基化、乙酰基化、磷酸化或肽段切除等修饰，才能发挥蛋白质的正常功能；而在原核表达系统往往缺少这样的修饰能力，而使外源基因功能验证遇到障碍。

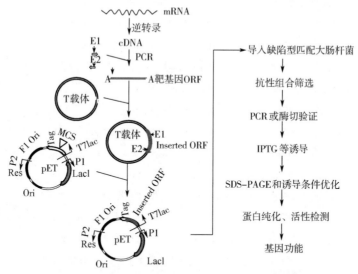

图 5－3　基因功能在原核生物中的验证操作过程

MCS—多克隆位点　E1、E2—核酸内切酶　P1、P2 和 T7lac—启动子　Tag—融合标签
Inserted ORF—插入的目的基因　Res—抗性基因　LacI—乳糖操纵子抑制基因

表 5－5　　　　　　　　　　**Novagen 公司的 pET 系列原核表达载体特性**

载体	抗生素标记	启动子	融合标记	蛋白酶 II	周质信号序列
pET－3a－d	amp^R	T7	T7－Tag$^®$（N）、T7－Tag$^®$（N）		
pET－9a－d	kan^R	T7	T7－Tag$^®$（N）		
pET－11a－d	amp^R	T7lac	T7－Tag$^®$（N）		
pET－14b	amp^R	T7	His－Tag$^®$（N）	T	
pET－15b	amp^R	T7lac	His－Tag$^®$（N）	T	
pET－16b	amp^R	T7lac	His－Tag$^®$（N）	X	
pET－17b	amp^R	T7	T7－Tag$^®$、T7－Tag$^®$（N）		
pET－19b	amp^R	T7lac	His－Tag$^®$（N）	E	
pET－20b（＋）	amp^R	T7	His－Tag$^®$（C）		√
pET－21a－d（＋）	amp^R	T7lac	His－Tag$^®$（C）、T7－Tag$^®$（N）		
pET－22b（＋）	amp^R	T7lac	His－Tag$^®$（C）		√
pET－23a－d（＋）	amp^R	T7	His－Tag$^®$（C）、T7－Tag$^®$（N）		
pET－24a－d（＋）	kan^R	T7lac	His－Tag$^®$（C）、T7－Tag$^®$（N）		
pET－25b（＋）	amp^R	T7lac	His－Tag$^®$（C）、HSV－Tag$^®$（C）		√

续表

载体	抗生素标记	启动子	融合标记	蛋白酶Ⅱ	周质信号序列
pET-26b（+）	kan^R	T7lac	His-Tag®（C）		√
pET-27b（+）	kan^R	T7lac	His-Tag®（C）、HSV-Tag®（C）		√
pET-28a-c（+）	kan^R	T7lac	His-Tag®（N，C）、T7-Tag®（I）	T	
pET-29a-c（+）	kan^R	T7lac	His-Tag®（C）、S-Tag™（N）	T	
pET-30a-c（+）	kan^R	T7lac	His-Tag®（N，C）、S-Tag™（I）	T，E	
pET-30 Ek/LIC	kan^R	T7lac	His-Tag®（N，C）、S-Tag™（I）	T，E	
pET-30 Xa/LIC	kan^R	T7lac	His-Tag®（N，C）、S-Tag™（I）	T，X	
pET-31b（+）	amp^R	T7lac	His-Tag®（C）、KSI（N）		
pET-32a-c（+）	amp^R	T7lac	His-Tag®（I，C）、S-Tag™（I）、Trx-Tag™（N）	T，E	
pET-32 Ek/LIC	amp^R	T7lac	His-Tag®（I，C）、S-Tag™（I）、Trx-Tag™（N）	T，E	
pET-32 Xa/LIC	amp^R	T7lac	His-Tag®（I，C）、S-Tag™（I）Trx-Tag™（N）	T，X	
pET-33b（+）	kan^R	T7lac	His-Tag®（N，C）、T7-Tag®（I）、PKA（I）	T	
pET-39b（+）	kan^R	T7lac	His-Tag®（I，C）、S-Tag™（I）、Dsb-Tag™（N）	T，E	√
pET-40b（+）	kan^R	T7lac	His-Tag®（I，C）、S-Tag™（I）、Dsb-Tag™（N）	T，E	√
pET-41a-c（+）	kan^R	T7lac	His-Tag®（I，C）、S-Tag™（I）、GST-Tag™（N）	T，E	
pET-41 Ek/LIC	kan^R	T7lac	His-Tag®（I，C）、S-Tag™（I）、GST-Tag™（N）	T，E	
pET-42a-c（+）	kan^R	T7lac	His-Tag®（I，C）、S-Tag™（I）、GST-Tag™（N）	T，X	
pET-43.1a-c（+）	amp^R	T7lac	His-Tag®（I，C）、S-Tag™（I）、HSV-Tag®（C）、Nus-Tag™（N）	T，E	
pET-43.1 Ek/LIC	amp^R	T7lac	His-Tag®（I，C）、S-Tag™（I）、HSV-Tag®（C）、Nus-Tag™（N）	T，E	
pET-44a-c（+）	amp^R	T7lac	His-Tag®（N，I，C）、S-Tag™（I）、HSV-Tag®（C）、Nus-Tag™（I）	T，E	
pET-45b（+）	amp^R	T7lac	His-Tag®（N）、S-Tag™（C）	E	
pET-46 Ek/LIC	amp^R	T7lac	His-Tag®（N）、S-Tag™（C）	E	
pET-47b（+）	kan^R	T7lac	His-Tag®（N）、S-Tag™（C）	H，T	
pET-48b（+）	kan^R	T7lac	His-Tag®（I）、S-Tag™（C）Trx-Tag™（N）	H，T	
pET-49b（+）	kan^R	T7lac	His-Tag®（I）、S-Tag™（C）、GST-Tag™（N）	H，T	
pET-50b（+）	kan^R	T7lac	His-Tag®（N，I）、S-Tag™（C）、Nus-Tag™（I）	H，T	
pET-51b（+）	amp^R	T7lac	His-Tag®（C）、Strep-Tag®（N）	E	
pET-51 Ek/LIC	amp^R	T7lac	His-Tag®（C）、Strep-Tag®（N）	E	
pET-52b（+）	amp^R	T7lac	His-Tag®（C）、Strep-Tag®（N）	H，T	
pET-52 3C/LIC	amp^R	T7lac	His-Tag®（C）、Strep-Tag®（N）	H，T	

注：融合标记中 N 为氮端标记、Ⅰ为中间标记、C 为碳端标记，蛋白酶Ⅱ位点中 H 为 HRV 3C、E 为肠激酶、T 为凝血酶、X 为因子 Xa，周质信号序列中√代表存在。

表 5 - 6 Novagen 公司的表达型大肠杆菌特性

菌株	亲本	基因型	描述与应用	抗性
B834	B	F⁻ ompT hsdS_B (r_B⁻ m_B⁻) gal dcm met	Met 缺陷型、BL21 亲本、非表达型对照菌株	无
B834 (DE3)	B	F⁻ ompT hsdS_B (r_B⁻ m_B⁻) gal dcm met (DE3)	Met 缺陷型、BL21 亲本、一般表达宿主、³⁵S - Met 标记	无
B834 (DE3) pLysS	B	F⁻ ompT hsdS_B (r_B⁻ m_B⁻) gal dcm met (DE3) pLysS	Met 缺陷型、BL21 亲本、高严谨型宿主、³⁵S - Met 标记	Cam^R
BL21	B834	F⁻ ompT hsdS_B (r_B⁻ m_B⁻) gal dcm	非表达型对照宿主	无
BL21 (DE3)	B834	F⁻ ompT hsdS_B (r_B⁻ m_B⁻) gal dcm (DE3)	一般目的表达宿主	无
BL21 (DE3) pLysS	B834	F⁻ ompT hsdS_B (r_B⁻ m_B⁻) gal dcm (DE3) pLysS	高严谨型表达宿主	Cam^R
BLR	BL21	F⁻ ompT hsdS_B (r_B⁻ m_B⁻) gal dcm Δ (srl - recA) 306∷Tn10	推荐用于串联重复表达 recA⁻ 型对照宿主	Tet^R
BLR (DE3)	BL21	F⁻ ompT hsdS_B (r_B⁻ m_B⁻) gal dcm (DE3) Δ (srl - recA) 306∷Tn10	推荐用于串联重复表达 recA⁻ 型宿主	Tet^R
BLR (DE3) pLysS	BL21	F⁻ ompT hsdS_B (r_B⁻ m_B⁻) gal dcm (DE3) Δ (srl - recA) 306∷Tn10 pLysS	推荐用于串联重复表达 recA⁻ 高严谨型宿主	Cam^R、Tet^R
HMS174	K - 12	F⁻ recA1 hsdR (r_K12⁻ m_K12⁺)	非表达对照宿主	Rif^R
HMS174 (DE3)	K - 12	F⁻ recA1 hsdR (r_K12⁻ m_K12⁺) (DE3)	recA⁻ 型 K - 12 表达宿主	Rif^R
HMS174 (DE3) pLysS	K - 12	F⁻ recA1 hsdR (r_K12⁻ m_K12⁺) (DE3) pLysS	recA⁻ 高严谨型 K - 12 表达宿主	Cam^R、Rif^R
NovaBlue	K - 12	endA1 hsdR17 (r_K12⁻ m_K12⁺) supE44 thi - 1 recA1 gyrA96 relA1 lac F' [proA⁺B⁺ lacI^q ZΔM15∷Tn10]	一般克隆宿主、非表达宿主	Tet^R
NovaBlue (DE3)	K - 12	endA1 hsdR17 (r_K12⁻ m_K12⁺) supE44 thi - 1 recA1 gyrA96 relA1 lac (DE3) F' [proA⁺B⁺ lacI^qΔZ M15∷Tn10]	推荐用于 NovaTope ⓒ体系的 recA⁻、endA⁻ 型 K - 12 lacI^q 表达载体	Tet^R
NovaBlue T1R	K - 12	endA1 hsdR17 (r_K12⁻ m_K12⁺) supE44 thi - 1 recA1 gyrA96 relA1 lac tonAF' [proA⁺B⁺ lacI^qΔ Z M15∷Tn10]	一般克隆宿主、非表达宿主，抗 T1 和 T5 噬菌体	Tet^R

续表

菌株	亲本	基因型	描述与应用	抗性
NovaXG	K-12	F⁻ mcrA Δ（mcrC－mrr）endA1 recA1 φ80dlacZ M15 lacX74 araD139 Δ（ara－leu）7697 galU galK rpsL nupG λ⁻ tonA	非表达宿主、甲基化限制缺陷、抗T1和T5噬菌体	无
NovaXGF'	K-12	mcrA Δ（mcrC－mrr）endA1 recA1 φ80dlacZ M15 lacX74 araD139 Δ（ara－leu）7697 galU galK rpsL nupG λ⁻ ton A F'［lacIq Tn10］	非表达宿主、甲基化限制缺陷、抗T1和T5噬菌体	TetR
Origami™	K-12	Δara－leu7697 ΔlacX74 ΔphoA PvuII phoR araD139 ahpC galE galK rpsL F'［lac⁺ lacIq pro］gor522∷Tn10 trxB	非表达对照宿主	KanR、StrR、TetR
Origami（DE3）	K-12	Δara－leu7697 ΔlacX74 ΔphoA PvuII phoR araD139 ahpC galE galK rpsL F'［lac⁺ lacIq pro］（DE3）gor522∷Tn10 trxB	一般表达宿主、细胞质二硫键还原途径双突变可促进二硫键形成	KanR、StrR、TetR
Origami（DE3）pLysS	K-12	Δara－leu7697 ΔlacX74 ΔphoA PvuII phoR araD139 ahpC galE galK rpsL F'［lac⁺ lacIq pro］（DE3）gor522∷Tn10 trxB pLysS	高严谨型表达宿主、细胞质二硫键还原途径双突变可促进二硫键形成	CamR、KanR、StrR、TetR
Origami 2	K-12	Δara－leu7697 ΔlacX74 ΔphoA PvuII phoR araD139 ahpC galE galK rpsL F'［lac⁺ lacIq pro］gor522∷Tn10 trxB	非表达对照宿主、卡那霉素敏感	StrR、TetR
Origami 2（DE3）	K-12	Δara－leu7697 ΔlacX74 ΔphoA PvuII phoR araD139 ahpC galE galK rpsL F'［lac⁺ lacIq pro］（DE3）gor522∷Tn10 trxB	一般表达宿主、细胞质二硫键还原途径双突变可增加二硫键形成、卡那霉素敏感	StrR、TetR
Origami 2（DE3）pLysS	K-12	Δara－leu7697Δ lacX74Δ phoA PvuII phoR araD139 ahpC galE galK rpsL F'［lac⁺ lacIq pro］（DE3）gor522∷Tn10 trxB pLysS	高严谨型表达宿主、细胞质二硫键还原途径双突变可增加二硫键形成、卡那霉素敏感	CamR、StrR、TetR
Origami™ B	Tuner™（B strain）	F⁻ ompT hsdSB（rB⁻ mB⁻）gal dcm lacY1 ahpC gor522∷Tn10 trxB	非表达对照宿主	KanR、TetR
Origami B（DE3）	Tuner（B strain）	F⁻ ompT hsdSB（rB⁻ mB⁻）gal dcm lacY1 ahpC（DE3）gor522∷Tn10 trxB	一般表达宿主、包含有利于细胞质二硫键形成的半乳糖苷渗透调节突变和trxB/gor突变	KanR、TetR

菌株	亲本	基因型	描述与应用	抗性
Origami B（DE3）pLysS	Tuner（B strain）	F⁻ ompT hsdS_B（r_B⁻ m_B⁻）gal dcm lacY1 ahpC（DE3）gor522∷Tn10 trxB pLysS	一般表达宿主、包含有利于细胞质二硫键形成的半乳糖苷渗透调节突变和 trxB/gor 突变	Cam^R、Kan^R、Tet^R
Rosetta™	BL21	F⁻ ompT hsdS_B（r_B⁻ m_B⁻）gal dcm pRARE6	非表达对照宿主	Cam^R
Rosetta（DE3）	BL21	F⁻ ompT hsdS_B（r_B⁻ m_B⁻）gal dcm（DE3）pRARE6	一般表达宿主、提供6种稀有密码子 tRNA	Cam^R
Rosetta（DE3）pLysS	BL21	F⁻ ompT hsdS_B（r_B⁻ m_B⁻）gal dcm（DE3）pLysSRARE6	高严谨型表达宿主、提供6种稀有密码子 tRNA	Cam^R
Rosetta 2	BL21	F⁻ ompT hsdS_B（r_B⁻ m_B⁻）gal dcm pRARE2	非表达对照宿主	Cam^R
Rosetta 2（DE3）	BL21	F⁻ ompT hsdS_B（r_B⁻ m_B⁻）gal dcm（DE3）pRARE2	一般表达宿主、提供7稀有密码子 tRNA	Cam^R
Rosetta 2（DE3）pLysS	BL21	F⁻ ompT hsdS_B（r_B⁻ m_B⁻）gal dcm（DE3）pLysSRARE2	高严谨型表达宿主、提供7种稀有密码子 tRNA	Cam^R
RosettaBlue™	K – 12	endA1 hsdR17（r_{K12}⁻ m_{K12}⁺）supE44 thi – 1 recA1 gyrA96 relA1 lac F′〔proA⁺B⁺ lacI^q ΔZM15∷Tn10〕pRARE6	非表达对照宿主	Cam^R、Tet^R
RosettaBlue（DE3）	K – 12	endA1 hsdR17（r_{K12}⁻ m_{K12}⁺）supE44 thi – 1 recA1 gyr96 relA1 lac（DE3）F′〔proA⁺B⁺ lacI^q ΔZ M15∷Tn10〕pRARE6	recA⁻、endA⁻ K – 12 lacIq 一般表达宿主、提供6种稀有密码子 tRNA	Cam^R、Tet^R
RosettaBlue（DE3）pLysS	K – 12	endA1 hsdR17（r_{K12}⁻ m_{K12}⁺）supE44 thi – 1 recA1 gyrA96 relA1 lac（DE3）F′〔proA⁺B⁺ lacI^q ΔZ M15∷Tn10〕pLysSRARE6	recA⁻、endA⁻ K – 12 lacIq 严谨型表达宿主、提供6种稀有密码子 tRNA	Cam^R、Tet^R
Rosetta – gami™	Origami（K – 12）	Δara – leu7697 ΔlacX74 ΔphoA PvuII phoR araD139 ahpC galE galK rpsL F′〔lac⁺ lacI^q pro〕gor522∷Tn10 trxB pRARE6	非表达对照宿主	Cam^R、Kan^R、Str^R、Tet^R

续表

菌株	亲本	基因型	描述与应用	抗性
Rosetta - gami（DE3）	Origami（K - 12）	Δara - leu7697 ΔlacX74 ΔphoA PvuII phoR araD139 ahpC galE galK rpsL（DE3）F'［lac⁺ lacI^q pro］gor522 :: Tn10 trxB pRARE6	一般表达宿主、细胞质二硫键还原途径双突变可增加二硫键形成、提供6种稀有密码子tRNA	Cam^R、Kan^R、Str^R、Tet^R
Rosetta - gami™（DE3）pLysS	Origami（K - 12）	Δara - leu7697 ΔlacX74 ΔphoA PvuII phoR araD139 ahpC galE galK rpsL（DE3）F'［lac⁺ lacI^q pro］gor522 :: Tn10 trxB pLysSRARE6	高严谨型表达宿主、细胞质二硫键还原途径双突变可增加二硫键形成、提供6种稀有密码子tRNA	Cam^R、Kan^R、Str^R、Tet^R
Rosetta - gami™ 2	Origami（K - 12）	Δara - leu7697 ΔlacX74 ΔphoA PvuII phoR araD139 ahpC galE galK rpsL F'［lac⁺ lacI^q pro］gor522 :: Tn10 trxB pRARE2	非表达对照宿主	Cam^R、Str^R、Tet^R
Rosetta - gami 2（DE3）	Origami（K - 12）	Δara - leu7697 ΔlacX74 ΔphoA PvuII phoR araD139 ahpC galE galK rpsL（DE3）F'［lac⁺ lacI^q pro］gor522 :: Tn10 trxB pRARE2	一般表达宿主、细胞质二硫键还原途径双突变可增加二硫键形成、提供7种稀有密码子tRNA、卡那霉素敏感	Cam^R、Str^R、Tet^R
Rosetta - gami 2（DE3）pLysS	Origami（K - 12）	Δara - leu7697 ΔlacX74 ΔphoA PvuII phoR araD139 ahpC galE galK rpsL（DE3）F'［lac⁺ lacI^q pro］gor522 :: Tn10 trxB pLysSRARE2	严谨型表达宿主、细胞质二硫键还原途径双突变可增加二硫键形成、提供7种稀有密码子tRNA、卡那霉素敏感	Cam^R、Str^R、Tet^R
Rosetta - gami B	Tuner™（B strain）	F^- ompT $hsdS_B$（r_B^- m_B^-）gal dcm lacY1 ahpC gor522 :: Tn10 trxB pRARE	非表达对照宿主	Cam^R、Kan^R、Tet^R
Rosetta - gami B（DE3）	Tuner（B strain）	F^- ompT $hsdS_B$（r_B^- m_B^-）gal dcm lacY1 ahpC（DE3）gor522 :: Tn10 trxB pRARE	一般表达宿主、包含有利于细胞质二硫键形成的半乳糖苷渗透调节突变和trxB/gor突变、提供6种稀有密码子tRNA	Cam^R、Kan^R、Tet^R
Rosetta - gami B（DE3）pLysS	Tuner（B strain）	F^- ompT $hsdS_B$（r_B^- m_B^-）gal dcm lacY1 ahpC（DE3）gor522 :: Tn10 trxB pLysSRARE	严谨型表达宿主、包含有利于细胞质二硫键形成的半乳糖苷渗透调节突变和trxB/gor突变、提供6种稀有密码子tRNA	Cam^R、Kan^R、Tet^R
Tuner™	BL21	F^- ompT $hsdS_B$（r_B^- m_B^-）gal dcm lacY1	非表达对照宿主	无

菌株	亲本	基因型	描述与应用	抗性
Tuner（DE3）	BL21	F⁻ ompT hsdS$_B$（r$_B$⁻ m$_B$⁻）gal dcm lacY1（DE3）	一般表达宿主、半乳糖苷渗透酶突变可调节外源基因表达水平	无
Tuner（DE3）pLysS	BL21	F⁻ ompT hsdS$_B$（r$_B$⁻ m$_B$⁻）gal dcm lacY1 pLysS（DE3）	高严谨型表达宿主、半乳糖苷渗透酶突变可调节外源基因表达水平	Cam^R

注：Cam^{R}为氯霉素（34μg/mL）抗性、Kan^{R}为卡那霉素（15μg/mL）抗性、Rif^{R}为利福平（200μg/mL）抗性、Str^{R}为链霉素（50μg/mL）抗性、Tet^{R}为四环素（12.5μg/mL）抗性。

2. 模式植物表达验证

在模式植物表达茶树基因时，需将茶树基因插入真核表达载体，如 pCAMBIA 系列等，使之置于花椰菜花叶病毒启动子 CaMV35S、农杆菌胭脂碱合成酶启动子 pNOS 或植物肌动蛋白启动子 pAct 和泛素蛋白启动子 pUbi 等控制之下，通过农杆菌或基因枪途径，转化拟南芥、烟草、番茄等愈伤组织、体胚或者子叶，然后通过抗性筛选获得转化材料，并进行植株诱导，通过 RT-PCR、qPCR 或 Western 等分析外源基因在模式植物中的表达情况，并考察超量表达下模式植物表型差异，进而明确插入的茶树基因的关键功能。真核表达验证时，除瞬时表达外，一般都要求将外源基因整合入宿主基因组，因此真核表达载体中除启动子、抗生素标记、报告基因（如 β-葡萄糖苷酸酶 GUS 和荧光蛋白 GFP）外，载体中一般还包含转移 DNA 左右边界；在载体构建时可将"启动子 + 目标基因 ORF + 终止序列"插入 MCS，也可以直接将目的基因 ORF 插在 35S 启动子与报告基因之间（图 5-4）。迄今研究表明，模式植物表达已在茶树 CsCOR1、ICE1、MYB 转录因子、4-羟基化酶等基因功能验证中得到应用。应用模式植物进行茶树基因功能验证时，可以得到较高的转化效率，而且制备拟南芥等突变体相对较为容易，可在拟南芥突变体的基础上进行目的基因转化，可以规避基因本底表达对结果的影响，尤其适合茶树基础代谢相关基因的功能验证；但是对于一些茶树物种特异性次级代谢途径基因，在模式植物中可能很难从产物等表型差异中得到验证，比如咖啡因代谢途径基因、茶氨酸代谢途径基因等。

3. 茶树转基因表达

为了克服原核和模式植物表达验证的不足，实现对茶树材料的转基因就显得尤为重要。已有的研究显示，外植体对基因功能正向验证影响巨大，茶树愈伤等材料一般只适合用于瞬时表达验证，因为从愈伤实现植株再生是茶树等木本植物的重要技术瓶颈，而多数基因功能发挥需要一定的形态建成；体细胞胚能正常发芽生根，是良好的茶树转基因受体，目前多数获得转基因诱导植株的报道如 Mondal、Jeyaramraja、Singh 等均采用了体细胞胚这一材料。

（二）逆向验证

逆向验证的主要原理是，利用反义 RNA、RNAi 和 Crisp/Cas 技术，将外源基因导

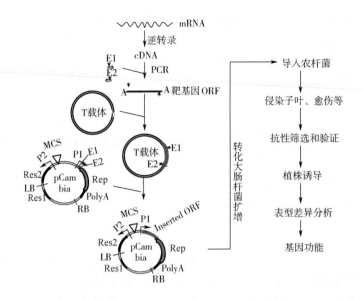

图 5 - 4　利用模式植物进行基因功能正向验证操作过程

MCS—多克隆位点　E1、E2—核酸内切酶　P1、P2—启动子

Inserted ORF—插入的目的基因　Rep—报告基因

Res1、Res2—抗性基因　LB、RB—转移 DNA 左、右边界

PolyA—寡聚腺苷酸尾

入宿主，使内源相应基因活性下降和出现表型缺陷或改变，从反面验证目的基因的功能。与正向的上调目的基因不同，逆向验证的主要目的是下调目的基因表达。虽然转座子插入也会引发基因失去活性，但由于转座有较大的随机性，一般主要用于基因挖掘，而不是目的基因功能验证。

1. 反义 RNA 验证技术

Henzi 和 McNeil 报道，反义 RNA（Antisense RNA）是指可与目标 mRNA 互补的 RNA 分子。由于 RNA 分子一旦形成双链分子（Double - stranded RNA，dsRNA）就不能与核糖体结合和（或）有效翻译，使之发生转录后沉默（Posttranscriptional Gene Silencing，PTGS）。反义 RNA 最初是在原核生物中发现的一种基因表达调控方式，现已证明反义 RNA 同样对真核生物有效，其作用原理可能与 RNAi 原理类似。反义 RNA 技术，是通过转基因途径导入与目标基因 mRNA 能互补配对的反义 RNA，来抑制茶树靶基因和控制表型。其一般过程为，构建反义 RNA 表达载体，并通过农杆菌、基因枪等途径转化茶树。反义 RNA 载体构建过程中，首先对目标基因进行内切酶酶切图谱分析，选择目标基因 5′端 UTR 中无酶切位点的 200～400bp 片段（应尽量避免 ATG 基序）作为候选插入序列，然后根据该序列设计引物，并在上下游引物中添加一个酶切识别位点和相应的保护碱基。值得指出的是，上下游引物中酶切位点要与表达载体插入位置的酶切位点相同但次序相反；采用 RT - PCR 方式克隆相应候选片段，并插入 T - 载体、转化大肠杆菌扩增；提取扩增含目标片段的 T - 载体，用设计的内切酶进行双酶切获取目标基因小片段，并反向插入真核表达载体的强启动子之后，转化大肠杆菌后扩增，表达载体用基因枪转化茶树或先导入农杆菌再转化茶树（图5-5）。目前，吴颖用该技术已在茶树 *SAMs* 基因等功能验证中得到了应用。

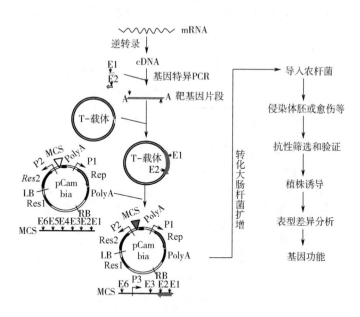

图5-5 利用反义RNA技术验证基因功能操作过程

MCS—多克隆位点　E1～E6—核酸内切酶　P1～P3—启动子　Rep—报告基因
Res1、Res2—抗性基因　LB、RB—转移DNA左、右边界　PolyA—寡聚腺苷酸尾

2. RNAi 验证技术

RNAi 是一种 dsRNA 诱导的 PTGS，存在于各种生物体内，是一种重要的基因敲除（Knock out）或敲减（Knock down）技术，已广泛应用于基因功能分析。RNAi 的主要分子机理为，dsRNA 或发卡状 RNA 由 RNAase Ⅲ 家族成员 Dicer 识别，并切割成 21～23nt 的双链干涉小 RNA（Small Interference RNA，siRNA），siRNA 在解旋酶的作用下解链成正义链和反义链，其中反义链与内切酶、外切酶和解旋酶等结合形成 RNA 诱导的沉默复合体（RNA-induced Silencing Complex，RISC）；之后 RISC 特异地与 siRNA 同源的目标 mRNA 结合，并切割 mRNA，从而使目的基因发生 PTGS。Matzke 报道，siRNA 不仅可直接导致 PTGS，也可作为引物与靶 mRNA 结合并在 RNA 聚合酶作用下合成更多新的 dsRNA，经 Dicer 切割产生大量的次级 siRNA，使 RNAi 的作用放大，并最终将靶基因 mRNA 完全降解。研究还显示，RNAi 不仅具有特异性、高效性、进化保守性，同时具有远距离传递性，即生物体可将部分细胞发生的 RNAi 传送至整个机体，因此在基因功能研究等领域有巨大的应用前景。在研究基因功能过程中，RNAi 基因敲除的一般做法是，根据目标基因酶切位点分析选择合适的片段作为候选序列，并设计嵌有酶切位点的引物（每一个引物内嵌2个酶切位点），然后通过 RT-PCR 等过程将目标序列插入 T-载体扩增，并以设计的两种酶切组合消化 T-载体回收目标片段，并将其正向和反向插入双链干涉真核表达载体，并通过病毒侵染、基因枪和农杆菌侵染导

入宿主基因组，在超强启动子的驱动下转录成与目标基因 mRNA 同源的发卡 RNA，并借助宿主的 Dicer 和 RISC 实现对目标 mRNA 的 PTGS（图 5 - 6）。目前，张广辉、汤志近等的研究小组对茶树咖啡因合成酶等基因 RNAi 载体构建和遗传转化进行了卓有成效的研究，为该技术在茶树功能鉴定和转基因资源创新奠定了扎实的基础。

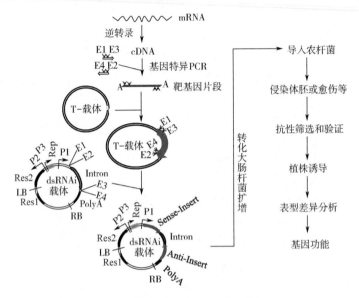

图 5 - 6 利用 RNAi 技术验证基因功能操作过程

E1～E4—核酸内切酶　P1～P3—启动子　Rep—报告基因　Res1、Res2—抗性基因

LB、RB—转移 DNA 左、右边界　Sense - Insert、Anti - Insert—正向和反向插入　Intron—内含子

PolyA—寡聚腺苷酸尾

3. 基因组打靶技术

成簇规律间隔短回文重复（Clustered Regultory Interspaced Short Plindromic Repeat，CRISPR）/CRISPR 相关体系（CRISPR - associated System，Cas）是由细菌和古细菌的获得性免疫系统发展而来的、继锌指核酸酶（Zinc - finger Nucleases，ZFNs）和转录激活因子样效应物核酸酶（Transcription Activator Like Effector Nucleases，TALENs）之后又一项基因组编辑新技术。在细菌或古细菌中，CRISPR/Cas 是对付噬菌体或质粒入侵的防御系统，当噬菌体初始入侵时，细菌中的 Cas 蛋白复合物靶向裂解噬菌体基因组中的原型间隔序列（Protospacer），并将该原型间隔序列整合入宿主基因组的 CRISPR 位点的 5′端；当同种噬菌体再次入侵时，在 CRISPR 前导序列启动子和 RNA 聚合酶作用下将间隔序列转录成前体 crRNA（CRISPR），该前体 crRNA 在反式作用 CRISPR RNA（Trans - acting CRISPR RNA，tracrRNA）和 Cas 的协助下被 RNAase Ⅲ 切割形成成熟的 crRNA；之后 crRNA 与 tracrRNA 形成一种部分双链二级结构的单向导 RNA（Single Guide RNA，sgRNA），并招募 Cas 蛋白，形成 crRNA、tracrRNA 和 Cas 蛋白复合体，识别原型间隔序列毗邻基序（Protospacer Adjacent Motif，PAM），常见为 NGG；之后 Cas 蛋白的核酸酶结构域对与 crRNA 互补的噬菌体原型间隔序列双链 DNA 区域进行切割，抑制同类噬菌体再次入侵，Bhaya 等已有报道。Sapranauskas 研究还显示，主要存在三

类 CRISPR/Cas，其中，Ⅰ型和Ⅲ型中的 Cas 均为多组分蛋白复合物，而Ⅱ型 Cas 为单一蛋白，称为 Cas9，因此，现在应用较多的均为改造后的Ⅱ型 CRISPR/Cas 系统。

利用Ⅱ型 CRISPR/Cas 系统对包括植物在内的生物进行基因组编辑的工作原理虽与细菌体内一致，但实际操作更加快捷方便，其一般过程为，利用 ZiFiT Targeter（http://zifit. partners. org/Zi - FiT/Introduction. aspx）等在线工具对需要编辑的目的基因进行分析，在起始密码子 ATG 后搜索合适的候选 sgRNA 靶点序列（一般为 20nt，3′端为 NGG 或 5′端 CCN），并在靶点序列的两端嵌入酶切黏性末端；分别合成 sgRNA 靶点的正、负链，经变性、退火后形成双链，并将其插入线性化、带同样黏性末端的中间载体（如 pYLsgRNA - AtU3d 等）的真核启动子之后、sgRNA 保守序列之前，转化大肠杆菌扩增；提取包含靶点 sgRNA 的中间载体，利用内切酶将真核启动子及其下游的靶点 sgRNA 切出，并插入线性化的已包含有 Cas9 基因的 CRISPR/Cas 打靶载体（如 pYL-CRISPR/Cas9P35s - H 等）中；然后利用冻融法转化农杆菌，利用农杆菌侵染将外源基因转化茶树等植物外植体，利用转入的 Cas9 基因编码蛋白，在基因特异的靶点 sgRNA 序列的引导下，对目标基因的靶序列进行切割，使之发生双链断裂（Double Strand Breaks，DSBs），并借助茶树等基因组 DNA 修复机制使靶基因产生缺失、插入等突变，达到破坏原有基因功能目的；通过筛选和植株再生，获得目标基因失活的突变个体，观察突变性状明确基因功能（图 5 - 7）。值得指出的是，CRISPR/Cas 系统是针对基因组的永久性编辑，与反义 RNA 和 RNAi 有较大的区别，该技术可在转录（靶点 sgRNA

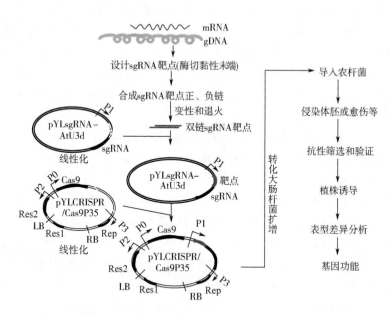

图 5 - 7　利用 CRISPR/Cas9 打靶技术验证基因功能操作过程

pYLsgRNA—中间载体　pYLCRISPR/Cas9P35—CRISPR/Cas9 载体　P0 ~ P3—启动子
sgRNA—单定向 RNA 保守序列　Cas9—CRISPR 相关蛋白 9　Res1、Res2—抗性标记
LB、RB—转移 DNA 左边界和右边界

在目标基因启动子区，影响转录活性）和翻译（sgRNA 靶点在目标基因编码区，导致移码突变）等多个层次发挥作用；为了高效地敲除目标基因，可将针对某个基因的多个"启动子＋靶点 sgRNA"串联起来一起转化，彻底敲除一个基因，也可以将针对多个基因的多个"启动子＋靶点 sgRNA"串联起来一起转化，一次敲除多个基因；此外，该技术也能用于特定基因的敲入（Knock in）。CRISPR/Cas 技术不仅操作简单、成本低，而且基因位点特异性强、物种普适性好、编辑效率高。目前该技术已在拟南芥、水稻、烟草、杨树中得到了广泛应用，茶树中应用也刚刚开始起步。

思考题

1. 茶树基因工程研究主要包括哪些内容？基因的基本结构和功能有哪些？
2. 简述 PCR 技术和分子杂交技术的基本原理和主要步骤。
3. 茶树基因克隆的主要技术有哪些？各有什么特点？
4. 茶树基因克隆主要有哪些进展？
5. 茶树基因功能验证的主要手段有哪些？各有什么特点？

参考文献

［1］AGIUS F, KAPOOR A & ZHU J K. Role of the *Arabidopsis* DNA glycosylase/lyase ROS1 in active DNA demethylation ［J］. Proc Natl Acad Sci USA, 2006, 103：11796 – 11801.

［2］ALVES J D, VAN TOAI T T, KAYA N. Differential display：A novel PCR – based method for gene isolation and cloning ［J］. Revista Brasileira de Fisiologia Vegetal, 1998, 10：161 – 164.

［3］ALWINE J C, KEMP D J, STARK G R. Method for detection of specific RNAs in agarose gels by transfer to diazobenzyloxymethyl – paper and hybridization with DNA probes ［J］. Proc Nat Acad Sci USA, 1977, 74：5350 – 5354.

［4］BACHERN C W B, HOEVEN R S V D, BRUIJN S M D, et al. Visualization of differential gene expression using a novel method of RNA fingerprinting based on AFLP：analysis of gene expression during potato tuber development ［J］. Plant J, 1996, 9：745 – 753.

［5］BHAYA D, DAVISON M, BARRANGOU R. CRISPR – Cas systems in bacteria and archaea：versatile small RNAs for adaptive defense and regulation ［J］. Annu Rev Genet, 2011, 45：273 – 297.

［6］BORTHAKUR D, DU Y Y, CHEN H, et al. Cloning and characterization of a cDNA encoding phytoene synthase（psy）in tea ［J］. Afr J Biotechnol, 2010, 7：3577 – 3581.

［7］CAO H, WANG L, YUE C, et al. Isolation and expression analysis of 18 CsbZIP genes implicated in abiotic stress responses in the tea plant（*Camellia sinensis*）［J］. Plant

Physiol Biochem, 2015, 97: 432 – 442.

[8] CAO X, JAXOBSEN S E. Locus – specific control of asymmetric and CpNpG methylation by the *DRM* and *CMT*3 methyltransferase genes [J]. Proc Natl Acad Sci USA, 2002, 99: 16491 – 16498.

[9] CAO X, SPRINGER N M, MUSZYNSKI M G, et al. Conserved plant genes with similarity to mammalian de novo DNA methyltransferases [J]. Proc Natl Acad sci USA, 2000, 97: 4979 – 4984.

[10] CHEN L, ZHAO L, GAO Q. Generation and analysis of expressed sequence tags from the tender shoots cDNA library of tea plant (*Camellia sinensis*) [J]. Plant Sci, 2005, 168: 359 – 363.

[11] DIATCHENKO L, LAU Y F, CAMPBELL A P, et al. Suppression subtractive hybridization: A method for generating differentially regulated or tissue – specific cDNA probes and libraries [J]. Proc Natl Acad sci USA, 1996, 93: 6025 – 6030.

[12] FINNEGAN E J, DENNIS E S. Isolation and identification by sequence homology of a putative cytosine methyltransferase from *Arabidopsis thaliana* [J]. Nucl Acids Res, 1993, 21: 2383 – 2388.

[13] FINNEGAN E J, KOVAC K A. Plant DNA methyltransferases [J]. Plant Mol Biol, 2000, 43: 189 – 201.

[14] FISCHER A, SAEDLER H, THEISSEN G. Restriction fragment length polymorphism – coupled domain – directed differential display: a highly efficient technique for expression analysis of multigene families [J]. Proc Natl Acad Sci USA, 1995, 92: 5331 – 5335.

[15] HENZI M X, MCNEIL D L. A tomato antisense 1 – aminocyclopropane – 1 – carboxylic acid oxidase gene causes reduced ethylene production in transgenic broccoli [J]. Funct Plant Biol, 1999, 26: 179 – 183.

[16] HIGUCHI R, FOCKLER C, DOLLINGER G, et al. Kinetic PCR analysis: real – time monitoring of DNA amplification reactions [J]. Nature Biotechnol, 1993, 11: 1026 – 1030.

[17] HUBANK M, SCHATZ D G. Identifying differences in mRNA expression by representational difference analysis of cDNA [J]. Nucleic Acids Res, 1994, 22: 5640 – 5648.

[18] JEYARAMRAJA P R, MEENAKSHI S. Agrobacterium tumefaciens – mediated transformation of embryogenic tissues of tea (*Camellia sinensis* (L.) O. Kuntze) [J]. Plant Mol Biol Report, 2005, 23: 299a – 299i.

[19] KATO M, MIZUNO K, CROZIER A, et al. Caffeine synthase gene from tea leaves [J]. Nature, 2000, 406: 956 – 957.

[20] LI X W, FENG Z G, YANG H M, et al. A novel cold – regulated gene from *Camellia sinensis*, CsCOR1, enhances salt – and dehydration – tolerance in tobacco [J]. Biochem Biophys Res Commun, 2010, 394: 354 – 359.

[21] LIANG P, PARDEE A B. Differential display of eukaryotic messenger RNA by

means of the polymerase chain reaction [J]. Science, 1992, 257: 967 –971.

[22] LIU M, CHEN X J, QI X H, et al. Changes in the expression of genes related to the biosynthesis of catechins in tea (*Camellia sinensis* L.) under greenhouse conditions [J]. J Hort Sci Biotechnol, 2015, 90: 150 – 156.

[23] MAKOTO K. RNA interference in crop plants [J]. Curr Opin Biotechnol, 2004, 15: 139 –143.

[24] MAMATI G E. Tea polyphenols biossynthesis and genes expression control in tea (*Camellia sinensis*) [D]. 杭州: 浙江大学, 2005.

[25] MATSUMOTO S, TAKEUEHI A, HAYATSU M, et al. Molecularcloning of phenylalanine ammonium lyase cDNA andclassification of varieties and cultivars of tea plants (*Camellia sinensis*) using a tea PAL cDNA probe [J]. Theor Appl Genet, 1994, 89: 671 –675.

[26] MATZKE M, AUFSATZ W, KANNO T, et al. Genetic analysis of RNA – mediated transcriptional gene silencing [J]. Biochimica et Biophysica Acta, 2004, 1677: 129 – 141.

[27] MATZKE M, MATZKE A J M, KOOTE J M. RNA: Guiding Gene Silencing [J]. Science, 2001, 293: 1080 – 1803.

[28] MELAMED – BESSUDO C, LEVY A A. Deficiency in DNA methylation increases meiotic crossover rates in euchromatic but not in heterochromatic regions in Arabidopsis [J]. Proc Natl Acad Sci USA, 2012, 109: E981 – E988.

[29] MIZUTANI M, NAKANISHI H, EMA J, et al. Cloning of beta – primeverosidase from tea leaves, a key enzyme in tea aroma formation [J]. J Plant Physiol, 2002, 130: 2164 –2176.

[30] MOHANPURIA P, KUMAR V, JOSHI R, et al. Caffeine biosynthesis and degradation in tea [*Camellia sinensis* (L.) O. Kuntze] is under Developmental and Seasonal Regulation [J]. Mol Biotechnol, 2009, 43: 104 –111.

[31] MONDAL T K, BHATTACHARYA A, AHUJA P S, et al. Transgenic tea (*Camellia sinensis* (L.) O. Kuntze cv. Kangra Jat) plants obtained by Agrobacterium mediated transformation of somatic embryos [J]. Plant Cell Rep, 2001, 20: 712 –720.

[32] NUTMAN A P, BENNETT V C, FRIEND C R L, et al. Rapid emergence of life shown by discovery of 3, 700 – million – year – old microbial structures [J]. Nature, 2016, 537: 535 –538.

[33] PAPA C H, SPRINGER N M, MUSZYNSKI M G, et al. Maize chromomethylase Zea methyltransferase2 is required for CpNpG methylation [J]. Plant Cell, 2001, 13: 1919 –1928.

[34] PARK J S, KIM J B, HAHN B S, et al. EST analysis of genes involved in secondary metabolism in *Camellia sinensis* (tea), using suppression subtractive hybridization [J]. Plant Sci, 2004, 166: 953 –961.

[35] POHL G, SHIH I M. Principle and applications of digital PCR [J]. Expert Rev Mol Diagn, 2004, 4: 41 – 47.

[36] SANDAL I, SAINI U, LACROIX B. Agrobacterium – mediated genetic transformation of tea leaf explants: effects of counter – acting bactericidity of leaf polyphenols without loss of bacterial virulence [J]. Plant Cell Rep, 2007, 26: 169 – 176.

[37] SHI C Y, YANG H, WEI C L, et al. Deep sequencing of the *Camellia sinensis* transcriptome revealed candidate genes for major metabolic pathways of tea – specific compounds [J]. BMC Genomics, 2011, 12: 131.

[38] SINGH H R, BHATTACHARYYA N, AGARWALA N, et al. Exogenous gene transfer in Assam tea [*Camellia assamica* (Masters)] by Agrobacterium – mediated transformation using somatic embryo [J]. Eur J Exp Biol, 2014, 4: 166 – 175.

[39] SINGH H R, DEKA M, DAS S. Enhanced resistance to blister blight in transgenic tea (*Camellia sinensis* (L.) O. Kuntze) by overexpression of class I chitinase gene from potato (*Solanum tuberosum*) [J]. Funct Integr Genomics, 2015, 15: 461 – 480.

[40] SOUTHERN E M. Detection of specific sequences among DNA fragments separated by gel electrophoresis [J]. J Mol Biol, 1975, 98: 503 – 517.

[41] TAKEUCHI A, MATSUMOTO S, HAYATSU M. Chalcone synthase from *Camellia sinensis* isolation of the cDNA and the organ specific and sugar responsive expression of thegenes [J]. Plant Cell Physiol, 1994, 5: 1011 – 1018.

[42] TERNS M P, TERNS R M. CRISPR – based adaptive immune systems [J]. Curt Opin Microbiol, 2011, 14: 321 – 327.

[43] TOWBIN H, STAEHELIN T, GORDON J. Electrophoretic transfer of proteins from polyacrylamide gels to nitrocellulose sheets: procedure and some applications [J]. Proc Natl Acad Sci USA, 1979, 6: 4350 – 354.

[44] VOGELSTEIN B, KINZLER K W. Digital PCR [J]. Proc Natl Acad Sci USA, 1999, 96: 9236 – 9241.

[45] WANG D, LI CF, MA C L, et al. Novel insights into the molecular mechanisms underlying the resistance of *Camellia sinensis* to *Ectropis oblique* provided by strategic transcriptomic comparisons [J]. Scientia Horticulturae, 2015, 192: 429 – 440.

[46] WANG L, CAO H, CHEN C, et al. Complementary transcriptomic and proteomic analyses of a chlorophyll deficient tea plant cultivar reveal multiple metabolic pathway changes [J]. J Prot, 2016, 130: 160 – 169.

[47] WANG L, WANG X, YUE C, et al. Development of a 44 K custom oligo microarray using 454 pyrosequencing data for large – scale gene expressionanalysis of *Camellia sinensis* [J]. Scientia Horticulturae, 2014, 174: 133 – 141.

[48] WANG X C, ZHAO Q Y, MA C L, et al. Global transcriptome profiles of *Camellia sinensis* during cold acclimation [J]. BMC Genomics 2013, 14: 415.

[49] WANG Y S, GAO L P, WANG Z R, et al. Light – induced expression of genes

involved in phenylpropanoid biosynthetic pathways in callus of tea (*Camellia sinensis* (L.) O. Kuntze) [J]. Scientia Horticulturae, 2012, 133: 72 – 83.

[50] WEI K, WANG L, CHENG H, et al. Identification of genes involved in indole – 3 – butyric acid – induced adventitious root formation in nodal cuttings of *Camellia sinensis* (L.) by suppression subtractive hybridization [J]. Gene, 2013, 514: 91 – 98.

[51] WEISS M C, SOUSA F L, MRNJAVAC N, et al. The physiology and habitat of the last universal common ancestor [J]. Nature Microbiol, 2016 (1): 16116.

[52] WIEDENHEFT B, STERNBERG S H, DOUDNA J A. RNA – guided genetic silencing systems in bacteria and archaea [J]. Nature, 2012, 482: 331 – 338.

[53] WU Z J, LI X H, LIU Z W, et al. Transcriptome – based discovery of AP2/ERF transcription factors related to temperature stress in tea plant (*Camellia sinensis*) [J]. Funct Integr Genomics, 2015, 15: 741 – 752.

[54] WU Z J, LI X H, LIU Z W, et al. De novo assembly and transcriptome characterization: novel insights into catechins biosynthesis in *Camellia sinensis* [J]. BMC Plant Biol, 2014, 14: 277.

[55] YANG D, LIU Y, SUN M, et al. Differential gene expression in tea (*Camellia sinensis* L.) calli with different morphologies and catechin contents [J]. J Plant Physiol, 2012, 169: 163 – 175.

[56] ZEMACH A, MCDANIEL I E, SILVA P, et al. Genome – wide evolutionary analysis of eukaryotic DNA methylation [J]. Science, 2010, 328: 916 – 919.

[57] 曹红利, 郝心愿, 岳川, 等. 茶树甜菜碱醛脱氢酶基因 (*CsBADH*1) 的全长 cDNA 克隆与表达分析 [J]. 茶叶科学, 2013, 33 (2): 99 – 108.

[58] 曹士先, 程曦, 蒋正中, 等. 基于 cDNA – AFLP 发掘茶树被茶尺蠖取食诱导的相关差异基因及其表达特征 [J]. 中国农业科学, 2013, 46 (19): 4119 – 4130.

[59] 陈静. 茶树脱水素基因结构与表达差异分析 [D]. 合肥: 安徽农业大学, 2014.

[60] 陈丽萍, 陈忠正, 李斌, 等. 天然无咖啡碱茶叶 *N* – 甲基转移酶基因克隆与序列分析 [J]. 食品科学, 2006, 27 (7): 99 – 103.

[61] 陈林波, 李叶云, 房超, 等. 茶树冷诱导基因的 AFLP 筛选及其表达分析 [J]. 西北植物学报, 2011, 31 (1): 1 – 7.

[62] 陈玫, 夏丽飞, 陈林波, 等. 茶树糖转运蛋白 CsPLt 基因的克隆与序列分析 [J]. 湖南农业科学, 2014 (6): 4 – 6.

[63] 陈琪, 江雪梅, 孟祥宇, 等. 茶树茶氨酸合成酶基因的酶活性验证与蛋白三维结构分析 [J]. 广西植物, 2015 (3): 384 – 392.

[64] 陈暄, 房婉萍, 邹中伟, 等. 茶树冷胁迫诱导抗寒基因 *CBF* 的克隆与表达分析 [J]. 茶叶科学, 2009, 29 (1): 53 – 59.

[65] 仇传慧, 李伟伟, 王云生, 等. 茶树丝氨酸羧肽酶基因的克隆及表达分析 [J]. 茶叶科学, 2013, 33 (3): 202 – 211.

［66］杜颖颖．新梢白化茶树品种白化机理研究［D］．杭州：浙江大学，2009.

［67］范方媛．UV－B 辐射对离体茶树新梢物质代谢及其相关基因表达的影响［D］．杭州：浙江大学，2014.

［68］方成刚，夏丽飞，陈林波，等．茶树 *CsAP2* 基因的全长 cDNA 克隆与序列分析［J］．茶叶科学，2014，34（6）：577－582.

［69］冯素花，王丽鸳，陈常颂，等．茶树硝酸根转运蛋白基因 *NRT2.5* 的克隆及表达分析［J］．茶叶科学，2014，34（4）：364－370.

［70］冯艳飞，梁月荣．茶树 *S*－腺苷甲硫氨酸合成酶基因的克隆和序列分析［J］．茶叶科学，2001，21（1）：21－25.

［71］贡年娣，郭丽丽，王弘雪，等．茶树两个 MYB 转录因子基因的克隆及功能验证［J］．茶叶科学，2014，34（1）：36－44.

［72］郝心愿，曹红利，杨亚军，等．茶树生长素响应因子基因 *CsARF*1 的克隆与表达分析［J］．作物学报，2013，39（3）：389－397.

［73］胡娟．与氮代谢相关的茶树 DOF 转录因子发掘［D］．杭州：中国农业科学院茶叶研究所，2015.

［74］蒋正中．茶树 MEP 途径中 *HDS* 与 *HDR* 基因的 cDNA 全长克隆、功能分析和表达特征研究［D］．合肥：安徽农业大学，2013.

［75］金基强，姚明哲，马春雷，等．合成茶树咖啡碱相关的 *N*－甲基转移酶基因家族的克隆及序列分析［J］．茶叶科学，2014，34（2）：188－194.

［76］李君，张毅，陈坤玲，等．CRISPR/Cas 系统：RNA 靶向的基因组定向编辑新技术［J］．遗传，2013，35（11）：1265－1273.

［77］李萌萌．茶树咖啡碱生物合成相关酶基因原核多基因表达载体的构建及其体外表达调控［D］．合肥：安徽农业大学，2014.

［78］李娜娜．新梢白化茶树生理生化特征及白化分子机理研究［D］．杭州：浙江大学，2015.

［79］李先文，崔友勇，罗秉轮，等．茶树早期光诱导蛋白 1 基因的克隆和表达分析［J］．信阳师范学院学报：自然科学版，2013（2）：208－212.

［80］李远华，陆建良，范方媛，等．茶树根系 *HGMR* 基因克隆及表达分析［J］．茶叶科学，2014，34（6）：583－590.

［81］李远华，陆建良，范方媛，等．茶树 *GAGP* 基因克隆及表达分析［J］．茶叶科学，2015，35（1）：64－72.

［82］李远华，陆建良，范方媛，等．茶树根系 *Actin* 基因克隆及表达分析［J］．茶叶科学，2015，35（4）：336－346.

［83］刘婷婷，范迪，冉玲玉，等．应用 CRISPR/Cas9 技术在杨树中高效敲除多个靶基因［J］．遗传，2015，37（10）：1044－1052.

［84］刘志薇，熊洋洋，李彤，等．茶树转录因子基因 *CsDREB－A4* 的克隆与温度胁迫响应的分析［J］．茶叶科学，2015，35（1）：24－34.

［85］陆建良，梁月荣，吴颖，等．茶树根际土壤真菌 alf－1（*Neurospora* sp.）耐

酸铝基因片段克隆［J］．茶叶科学，2004，24（1）：41－43.

［86］陆建良，林晨，骆颖颖，等．茶树重要功能基因克隆研究进展［J］．茶叶科学，2007，27（2）：95－103.

［87］骆颖颖，梁月荣．*Bt* 基因表达载体的构建及对茶树遗传转化的研究［J］．茶叶科学，2000，20（2）：141－147.

［88］马成英，施江，吕海鹏，等．茶树氧甲基转移酶基因的克隆及原核表达［J］．茶叶科学，2013，33（6）：532－540.

［89］马成英，施江，吕海鹏，等．茶树氧甲基转移酶基因的克隆及原核表达［J］．茶叶科学，2013，33（6）：532－540.

［90］马春雷，陈亮．茶树黄酮醇合成酶基因的克隆与原核表达［J］．基因组学与应用生物学，2009，28（3）：433－438.

［91］马春雷，乔小燕，陈亮．茶树无色花色素还原酶基因克隆及表达分析［J］．茶叶科学，2010，30（1）：27－36.

［92］马春雷，姚明哲，王新超，等．茶树叶绿素合成相关基因克隆及在白叶 1 号不同白化阶段的表达分析［J］．作物学报，2015，41（2）：240－250.

［93］马春雷，姚明哲，王新超，等．利用基因芯片筛选茶树芽叶紫化相关基因［J］．茶叶科学，2011，31（1）：59－65.

［94］马春雷，姚明哲，王新超，等．茶树 2 个 MYB 转录因子基因的克隆及表达分析［J］．林业科学，2012，48（3）：31－37.

［95］马春雷，赵丽萍，张亚，等．茶树查尔酮异构酶基因克隆及序列分析［J］．茶叶科学，2007，27（2）：127－132.

［96］梅菊芬，王新超，杨亚军，等．茶树冷驯化过程中基因表达差异的初步分析［J］．茶叶科学，2007，27（4）：286－292.

［97］时慧．茶树 *ICE*1 基因的克隆及转拟南芥功能验证［D］．青岛：青岛农业大学，2013.

［98］谭振，童鑫，房超，等．茶树 α－tubulin 基因的原核表达及其多克隆抗体的制备［J］．茶叶科学，2009，29（5）：336－340.

［99］汤志近．茶氨酸合成相关基因 RNAi 载体的构建及茶树遗传转化研究［D］．合肥：安徽农业大学，2013.

［100］唐鱼薇，刘丽萍，王若娴，等．茶树咖啡碱合成酶 CRISPR/Cas9 基因组编辑载体的构建［J］．茶叶科学，2016，36（4）：414－426.

［101］汪进．茶树氮素转运蛋白相关基因的克隆和功能分析［D］．合肥：安徽农业大学，2014.

［102］王丽珊，林清凡，陈兰平，等．茶树 *P5CS* 基因克隆及其在渗透和高盐胁迫下的表达分析［J］．热带作物学报，2015，36（1）：68－75.

［103］王新超，赵丽萍，姚明哲，等．安吉白茶正常与白化叶片基因表达差异的初步研究［J］．茶叶科学，2008，28（1）：50－55.

［104］王新超，杨亚军，陈亮，等．茶树休眠芽与萌动芽抑制消减杂交文库的构

建与初步分析［J］．茶叶科学，2010，30（2）：129－135．

［105］王云生，许玉娇，胡晓婧，等．茶树二氢黄酮醇4－还原酶基因的克隆、表达及功能分析［J］．茶叶科学，2013，33（3）：193－201．

［106］韦朝领，高香凤，叶爱华，等．基于DDRT－PCR研究茶树对茶尺蠖取食诱导的基因表达谱差异［J］．茶叶科学，2007，27（2）：133－140．

［107］韦朝领，江昌俊，陶汉之，等．茶树紫黄素脱环氧化酶基因的cDNA克隆及其生物信息学分析［J］．南京农业大学学报，2003，26（1）：14－19．

［108］吴姗．农杆菌及基因枪介导的茶树外源基因导入体系优化研究［D］．杭州：浙江大学，2004．

［109］吴姗，梁月荣，陆建良，等．基因枪及其与农杆菌相结合的茶树外源基因转化条件优化［J］．茶叶科学，2005，25（4）：255－264．

［110］吴颖．茶树主要品质性状关键基因的反义基因遗传转化及表达研究［D］．杭州：浙江大学，2005．

［111］吴致君，黎星辉，房婉萍，等．茶树CsRAV2转录因子基因的克隆与表达特性分析［J］．茶叶科学，2014，34（3）：297－306．

［112］奚彪．茶树再生系统建立与遗传转化的研究［D］．杭州：浙江农业大学，1995．

［113］夏建冰．幼龄茶树在干旱胁迫下基因表达差异分析［D］．雅安：四川农业大学，2010．

［114］肖瑶，周天山，李佼，等．茶树GDP－D－甘露糖焦磷酸化酶基因cDNA全长的克隆与表达分析［J］．茶叶科学，2015，35（1）：55－63．

［115］谢素霞，程琳，曾威，等．茶树HCT基因的克隆及表达［J］．东北林业大学学报，2013（6）：19－22．

［116］辛肇军，孙晓玲，陈宗懋．茶树醇脱氢酶基因的表达特征及番茄遗传转化分析［J］．西北植物学报，2013（5）：864－871．

［117］徐燕．茶树萜类合成途径关键基因克隆及表达研究［D］．杭州：浙江大学，2013．

［118］许煜华．茶叶咖啡碱合成N－甲基转移酶基因克隆和功能鉴定［D］．广州：华南农业大学，2011．

［119］杨冬青．不同儿茶素含量茶树愈伤组织差异表达基因的cDNA－AFLP分析［D］．合肥：安徽农业大学，2010．

［120］姚胜波，王文钊，李明卓，等．茶树肉桂酸4－羟基化酶基因的克隆及表达分析［J］．茶叶科学，2015，35（1）：35－44．

［121］余梅，江昌俊，房婉萍，等．茶树花蕾14－3－3蛋白基因的分子克隆及差异表达分析［J］．中国农业科学，2008，41（10）：2983－2991．

［122］袁红雨，马宁，杨会敏，等．茶树Ⅱ型核糖体失活蛋白基因CsRIP1和CsRIP2的克隆与表达分析［J］．林业科学，2015，51（2）：147－153．

［123］袁红雨，朱小佩，曾威，等．茶树CsCBF1基因克隆和转录活性分析［J］．

西北植物学报，2013，33（9）：1717－1723.

［124］袁支红，江昌俊，戴银，等．茶树种子脱水过程差异基因的研究［J］．生物学通报，2008（8）：50－53.

［125］岳川，曾建明，曹红利，等．茶树赤霉素受体基因 *CsGID1a* 的克隆与表达分析［J］．作物学报，2013，39（4）：599－608.

［126］张广辉．茶树遗传转化及 UV－B 对香气相关基因表达影响的研究［D］．杭州：浙江大学，2007.

［127］张广辉，梁月荣，陆建良．发根农杆菌介导的茶树发根高频诱导与遗传转化［J］．茶叶科学，2006，26（1）：1－10.

［128］赵东，刘祖生，陆建良，等．根癌农杆菌介导茶树转化研究［J］．茶叶科学，2001，21（2）：108－111.

［129］赵东，刘祖生，奚彪．茶树多酚氧化酶基因的克隆及其序列比较［J］．茶叶科学，2001，21（2）：94－98.

［130］赵真，陈暄，王明乐，等．茶树磷酸烯醇式丙酮酸转运子基因 *CsPPT* 的克隆与表达分析［J］．茶叶科学，2015，35（5）：491－500.

［131］郑华坤，黄志伟，颜霜飞，等．茶树花色素还原酶基因的克隆与原核表达［J］．福建农林大学学报：自然科学版，2008，37（6）：620－624.

［132］周艳华，曹红利，岳川，等．茶树 DNA 甲基转移酶基因 *CsDRM2* 的克隆及表达分析［J］．茶叶学报，2015，35（1）：1－7.

［133］周月琴，庞磊，李叶云，等．茶树硝酸还原酶基因克隆及表达分析［J］．西北植物学报，2013（7）：1292－1297.

［134］邹中伟，房婉萍，张定，等．低温胁迫下茶树基因表达的差异分析［J］．茶叶科学，2008，28（4）：249－254.

第六章　茶树基因组学

　　自 1986 年 Thomas Roderick 提出基因组学（Genomics）的概念以来，基因组学及其相关研究取得了丰硕成果，并迅速成为一门新兴的热门学科。随着基因组测序技术的改进发展，人类基因组测序完成后，多种生物的全基因组序列也相继被测序。其中重要农作物和经济作物的基因组学研究也获得了充分的发展。目前，包括模式植物、主要粮食作物、经济作物、园艺作物和藻类等在内的上百种植物的基因组被全部或部分测序，基因组测序完成后，可通过高通量数据分析获得大量基因信息，进而了解植物体内基因参与调控各种新陈代谢途径的分子机制，更深层次地解释植物的各种生长发育现象，进而为作物的栽培育种等工作奠定理论基础。

　　目前，虽然茶树的大量重要功能基因已经被克隆研究，但较其他作物来说，数量还非常少。对茶叶进行基因组学研究不仅会获得大量的基因信息，加速茶树基因功能的研究，还会促进茶树的遗传育种、良种选育等工作的发展，还可以从分子水平上更深层次地了解、认识茶树次生代谢等生长发育的重要途径及规律。但茶树作为多年生木本植物，其遗传背景复杂，基因组大，且全基因组序列未知，给基因组学研究带来了困难。目前从事茶树研究的科学家们推测茶树基因组大小约为 4.0Gbp（安徽农业大学测得茶树二倍体品种"舒茶早"的基因组大小约为 3.0Gbp），其大小约为拟南芥的40 倍、水稻的 7 倍。2017 年，中国科学院昆明植物研究所高立志研究团队研究获得了栽培茶树大叶茶种云抗 10 号约 3.02Gbp 的高质量基因组参考序列，注释得到 36951 个蛋白编码基因。此外，茶树是常异交植物，有些茶树基因组在进化中可能经历了多倍化，给茶树基因组的研究带来了更大困难。但随着科学家的努力，茶树基因组学研究也取得了很大的进展。本章就茶树基因组学研究的概况及相关基础知识进行阐述。

第 一 节　基因组学概论

　　植物基因组学研究是目前植物学研究的前沿热点之一，模式植物拟南芥基因组序列的公布为其他植物的基因组学研究提供了重要的参考，也促进了重要农作物的基因组学研究。但对于庞大的植物资源来说，已经获得基因组数据资料的植物还是非常少，已经测序获得基因组序列的物种中，能够详细解释其序列中包含的基因结构和功能的更少。所以各种重要农作物及经济作物的基因组测序和基因组功能研究将会继续成为植物学研究的重要方向。

一、基因组学的概念

1909 年丹麦植物学家 W. Johannsen 提出了"基因"的概念，随着分子生物学的发展，基因的概念得到不断的修改及补充，逐渐定义为：基因是存储和表达某一多肽链信息或 RNA 分子信息所必需的全部核苷酸序列，是生物体传递和表达遗传信息的基本单位。

随着计算机、生物学及相关交叉学科的飞速发展，生命科学已经进入了大综合的数据时代，"组学"的概念也应运而生，是指研究细胞、组织或是整个生物体内某种分子（DNA、RNA、蛋白质、代谢物或其他分子）的所有组成内容的学科，是对生命科学研究的重新定位，也是多学科交叉综合的体现。

1920 年德国汉堡大学 H. Kinkles 教授创立了"基因组（Genome）"的概念，用来表示生物的全部基因和染色体组成，是指生物的整套染色体所含的全部 DNA 序列；目前，基因组是指生物体所具有的携带遗传信息的遗传物质的总和，包括所有的基因和基因间序列。1986 年，美国科学家 Thomas Roderick 提出了基因组学（Genomics）的概念，是指对所有基因进行基因组作图（包括遗传图谱、物理图谱、转录图谱）、核苷酸序列分析、基因定位和基因功能分析的一门科学。人类基因组计划实施以来，基因组学研究发展迅速，已经成为生命科学研究的核心热点。

目前，比较全面的基因组学概念为：基因组学是指对所有基因进行基因作图（包括遗传图谱、物理图谱、转录图谱）、核苷酸序列分析、基因定位和基因功能分析的一门科学。简言之，就是基因组水平上研究基因结构和功能的科学，其研究内容包括基因的结构、组成、存在方式、表达调控模式、基因的功能及相互作用等，是研究与解读生物基因组所蕴藏的生物全部性状的所有遗传信息的一门新的前沿学科，包括结构基因组学、功能基因组学和比较基因组学。

结构基因组学（Structural Genomics）是基因组学的一个重要组成部分和研究领域，它是一门通过基因作图、核苷酸序列分析确定基因组成、基因定位的学科。

功能基因组学（Functional Genomics）又被称为后基因组学（Post Genomics），它是利用结构基因组学提供的信息和产物，通过在基因组或系统水平上全面分析基因的功能，使得生物学研究从对单一基因或蛋白质的研究转向对多个基因或蛋白质同时进行系统的研究。

比较基因组学（Comparative Genomics）是基于基因组图谱和测序基础之上，对已知的基因和基因组结构进行比较，来了解基因的功能、表达机理和物种进化的学科。

二、基因组学的发展历史

1909 年丹麦植物学家 W. Johannsen 根据希腊文单词 genos（birth，给予生命）创造了"基因"这个名词。目前，基因的概念通常认为是：基因是存储和表达某一多肽链信息或 RNA 分子信息所必需的全部核苷酸序列，是生物体传递和表达遗传信息的基本单位。

20 世纪 80 年代，基因组学开始出现，90 年代随着几个物种基因组测序计划的启动，基因组学研究取得长足发展。但主要相关领域是遗传学，研究基因及其在遗传中的功能。

1980 年，噬菌体 φ-X174（5368 bp）完全测序，成为第一个被测定的基因组。

1995 年，嗜血流感菌（*Haemophilus influenzae*，1.8Mb）测序完成，是第一个测定的自由生活物种。从这时起，基因组测序工作迅速展开。

1996 年，酵母菌基因组测序完成。

1998 年 12 月，线虫完整基因组测序完成。

2000 年 3 月，果蝇的基因组测序完成。

2001 年 12 月，拟南芥基因组的完整图谱测序完成。

2001 年，人类基因组计划公布了人类基因组草图，为基因组学研究揭开了新的一页。

2002 年 4 月，我国完成超级杂交稻基因组的测序。

2003 年人类基因组计划全面完成后，生物学家并没有局限于此，而是将人类基因组计划所解决的一些诸如物理图谱构建、高通量序列测定、序列拼接等关键技术，运用于其他物种基因组序列的研究。至今，已经有较完整的全基因组序列数据的物种包括 333 种真核生物、3770 种细菌和 229 种古细菌，其中包含 37 种双子叶植物，10 种单子叶植物、10 种绿藻、3 种红藻、1 种苔藓、1 种蕨类、1 种基础被子植物共 63 种植物（Kyoto Encyclopedia of Genes and Genomes 数据库）。

表 6-1　　　　　　　　　已知植物代表性物种的基因组大小

物种	基因组大小/bp
拟南芥	1.25×10^8
衣藻	1.30×10^8
团藻	1.38×10^8
桃树	2.65×10^8
蓖麻	3.50×10^8
甜橙	3.67×10^8
番木瓜	3.70×10^8
麻风树	4.10×10^8
西瓜	4.25×10^8
水稻	4.67×10^8
葡萄	4.90×10^8
香蕉	5.23×10^8
菠萝	5.26×10^8
党参	6.41×10^8
高粱	7.30×10^8

续表

物种	基因组大小/bp
苹果	7.42×10^8
番茄	7.60×10^8
棉花	7.75×10^8
马铃薯	8.44×10^8
大豆	1.10×10^9
玉米	2.30×10^9
青稞	4.50×10^9
普通小麦	1.70×10^{10}

如表6-1所示，目前已完成全基因组序列测定的植物主要分为三大类：模式植物、农作物和其他经济作物等。模式植物主要有拟南芥等；农作物和经济作物有：水稻、玉米、大豆、甘蓝、白菜、高粱、黄瓜、西瓜、马铃薯、番茄、杨树、麻风树、苹果、桃、葡萄、花生等；另外还有药用植物或真菌类等，例如灵芝、茯苓等。

随着信息技术和生命科学的迅速发展，基因组学研究的发展也是更加迅猛，与此同时转录组学和蛋白质组学的研究也有了前所未有的发展速度。以中心法则为中心，这三种组学的研究将相互融合关联，共同解释生命的神奇密码。正是如此，生命科学研究也将进入后基因组学时代，功能基因组学的研究将可能成为当前研究的重心。

虽然植物基因组学研究的方法和技术大多数都已应用于茶树的生物学研究，但是由于茶树自身遗传条件的限制，其基因组学研究的发展相对迟缓。虽然目前已经通过基因组文库和RNA-Seq技术获得了大量的基因序列数据，但对于整个茶树庞大的基因组来说，还是太少，且茶树基因的功能及基因间、基因与蛋白质间、蛋白质与蛋白质之间的相互作用等方面的了解就更少。但茶树基因组学研究的深入，研究手段和数据库的不断更新都会为茶树功能基因组学的深入研究提供平台和机会。

中国农科院茶叶研究所陈亮率先启动茶树功能基因组学相关的研究，建立了我国第一个（国际上第二个）茶树cDNA文库，通过高通量基因测序和生物信息学比对、分离、克隆和注释茶树功能基因。且他们采用新的技术，在EST数据库基础上建立了第一张广谱型茶树基因芯片，初步构建了一个基于基因芯片的茶树资源与育种研究平台。

2010年2月，世界上第一个茶树基因组测序计划由中国科学院昆明植物研究所正式启动，这是继人类基因组测序计划、水稻基因组测序计划、血吸虫基因组测序计划、家蚕基因组测序计划、黄瓜基因组测序计划、大熊猫基因组测序计划等大规模全基因组测序计划项目之后，由我国科学家首次独立启动的一项对树木开展的全基因组测序。同时也是迄今为止世界上首次且最大的一次树木基因组测序项目。另外，安徽农业大学茶树生物学与资源利用国家重点实验室也对茶树国家品种"安徽一号"和"铁观音"分别进行了覆盖度为30倍的基因组初步测序，各自得到了130Gb的序列信息，并注释了 10 万多条基因和 10 万个 SSR 分子标记。

三、研究基因组学的意义

基因组学研究的最终目标是获得所有生物体的全部基因组序列，并注解基因组所含有的全部基因，鉴定所有基因的功能及基因间的相互作用及关系，阐明基因组的复制及进化规律。

研究基因组学的意义有：①确定物种特有的基因序列；②研究物种的遗传多样性；③研究物种的起源及系统进化；④进行新基因的克隆；⑤进行基因功能的预测；⑥获得功能分子标记。

通过对茶树基因组的测序及基因组学研究，可以揭示茶树中各种重要农艺性状的基因调控基础，解析、鉴别及揭示与次生代谢及功能化合物生物合成相关的重要功能基因、基因组的功能乃至整个代谢途径研究，进而破解茶树的遗传密码。进而利用获得的大量遗传信息构建优质的育种平台，筛选培育出优质高产、有生态适应性和满足深加工发展的茶树优良品种。

四、基因组学研究的方法

1. 遗传图谱的构建

遗传图谱，又称连锁图谱，是以在某个遗传位点上具有多个等位基因的遗传标记作为"路标"，以遗传学上的距离即两个遗传位点之间进行交换、重组的百分率作为"图距"，反映基因遗传效应的基因组图谱。遗传图谱包括以形态性状为标记的经典遗传图谱和基于各种分子标记的分子连锁遗传图谱。建立遗传图谱的关键是要有足够多的高度多态的遗传标记。

茶树世代周期长，自交不亲和，遗传组成高度异质杂合，利用常规育种方法培育新品种费时耗力。高质量的茶树遗传图谱，可以用于茶树基因组结构及遗传演化分析、数量性状位点定位、基因克隆，也可为分子标记辅助育种奠定良好的基础，对加快茶树良种培育进程具有重要意义。

2. 物理图谱的构建

遗传图谱中基于重组率所确定的遗传图距具有相对性，它不能直接反映核苷酸的对数。物理图谱是反映生物基因组中基因或标记间实际距离的图谱，其图距单位通常为 kb（Kilobases）或者 Mb（Megabases）。随着越来越多的生物遗传图谱趋于饱和，其相应物理图谱的构建便逐渐成为可能。物理图谱依其产生方法的不同分为限制酶切图谱、放射性杂交图谱、表达序列图谱。

3. 全基因组测序

随着测序技术的不断发展，全基因组测序的趋势已在向更多物种更多个体上进行，通过全基因组测序获得了包括全基因组序列、转录组及表达数据、蛋白质组和代谢组数据、基因型和表型数据、遗传图谱与物理图谱在内的大量生物学信息。

开展对茶树基因组的测序和组学研究，可揭示其各种重要农艺性状的基因组学基础，解析、鉴别、揭示次生代谢成分并开展对其生物合成相关功能基因、基因组功能乃至代谢途径研究，进而破解其遗传密码，发掘重要功能基因，构建出比较功能基因组学为基础的分子育种平台，为筛选出更具有优质高产、更具有生态适应性和满足深加工发展的茶树优良品种奠定坚实的科学基础。

4. 基因鉴定及功能研究

无论是基因组作图，还是大规模的全基因组测序，最终目的都是获得物种全部基因序列的信息，只有正确解读这些信息才能最终利用这些信息来达到更好地改造作物，培育良种的目的。所以基因功能的研究是基因组学研究的最为重要的一部分，就相当于购买了书之后，如何去阅读，如何从千千万万的文字中获得自己需要的有用信息。目前 NCBI 数据库中，已经登录的茶树基因有 1500 多个，但对于庞大的茶树基因组来说，这只是冰山一角，还有大量的茶树基因及其功能等待人类开发利用。

第 二 节　茶树基因组多态性与作图

在植物漫长的进化史中，基因组 DNA 会不断发生各种变异，在自然选择和人工选择的过程中，其中一些变异（对植物自身的生存有利或满足人类的生产需求）被保留下来，导致了不同物种和生物个体基因组之间的差异性，而正是这些变化形成了基因组的多态性（Genome Polymorphism）。基因组的多态性是指在不同群体或个体之间，基因组的某些位点上碱基的差异性，这种差异性也被看做是遗传标记（Genetic Marker），它们是能够稳定遗传的物质，通过一定方法可以检测其客观存在，常用于区分不同的个体和群体。基因组的多态性种类繁多，主要有限制性片段长度多态性（Restriction Fragment Length Polymorphism，RFLP）、微卫星 DNA（Microsatellite DNA）、单核苷酸多态性（Single Nucleotide Polymorphism，SNP），表达序列标签（Expressed Sequence Tag，EST）、序列标签位点（Sequence Tagged Site，STS）和表观遗传修饰（Epigenetic Modification）等。

面对庞大而复杂的植物基因组，科学家们在研究的过程中，利用了基因组的多态性和遗传标记进行了作图研究的策略，也就是基因组作图（Genomic Mapping），它是指应用界标或遗传标记对基因组进行精细的划分，进而标示出 DNA 碱基序列或基因排列的研究工作。基因组图谱主要包括遗传图谱（Genetic Map）、物理图谱（Physical Map）、序列图谱（Sequence Map）和基因图谱（Gene Map）。

一、基因组多态性

1. 限制性片段长度多态性

限制性片段长度多态性（RFLP）是 1974 年由 Grodzicker 等发明，是以 Southern 杂交为核心的分子标记技术。该技术的原理是不同生物个体的等位基因由于碱基的替换、重排、缺失、插入等变化导致限制内切酶的识别位点和酶切位点发生改变，因而利用特定的限制性内切酶识别并切割所产生的 DNA 片段的长度不同。通过凝胶电泳分离然后进行 Southern 杂交和放射显影能够获得反映个体特异性的 RFLP 图谱，即特定限制性内切酶切割不同生物个体基因组 DNA 后产生的限制性片段在长度上的差异。

　　此技术的优点是多态性稳定、重复性好，具有共显性。其缺点是工作量大，操作烦琐，检测中需要使用放射性同位素。虽然现在已经开发了非放射性同位素标记方法，但随着新型分子标记技术的出现，该方法在实际应用中受到限制。

2. 微卫星 DNA

　　微卫星 DNA（Microsatellite DNA），又称（SSR）简单序列重复，是近年来发展起来的一种以特异引物 PCR 为基础的分子标记技术。SSR 是多次串联重复的 DNA 序列，串联重复单位长度通常是 2~4 个核苷酸，少数是 1~6 个核苷酸。SSR 可以存在于内含子、外显子及染色体的其他任何区域，在基因组中呈随机分布。尽管 SSR 重复单位的碱基组成及拷贝数随物种的不同而存在差异，但人们发现 SSR 两端的序列是保守的。该技术的原理是对特定 SSR 的两侧序列进行克隆、测序，然后根据测得的 SSR 的两侧序列设计引物进行 PCR 扩增出特定的 SSR 位点。不同生物个体基因组特定的 SSR 位点重复单元在数量上的不同产生扩增产物长度的多态性，每个扩增位点就代表基因组相应位置上的一对等位基因。不同生物个体基因组中 SSR 重复数目变化较大，与 RFLP 标记相比，SSR 能够揭示更高的多态性。SSR 是一种共显性标记，重复性和稳定性都较好，分析简便。缺点是可以利用的已经开发的引物有限，未知引物开发费时费力，限制了该技术的广泛应用。

3. 单核苷酸多态性

　　单核苷酸多态性（SNP），1996 年由 Lander E 首次提出，SNPs 是新一代分子标记。SNP 是指由单个核苷酸的变异导致的 DNA 序列多态性。在不同生物个体基因组 DNA 中的任何碱基都有可能发生变异，包括置换、颠换、缺失和插入。位于基因组的非编码区大多数 SNP 对个体的表现型是无意义的，但这些 SNPs 作为遗传标记在群体遗传和生物进化的研究中却很有意义。极少数 SNP 的改变将导致基因功能的改变，从而导致生物性状发生改变，这是功能标记开发的重要遗传资源。

　　SNP 具有密度高、遗传稳定性高和易于自动化分析等特点。随着新一代 DNA 测序技术和 DNA 芯片技术的发展，实验成本的降低，DNA 芯片由于分析简便有望成为最理想的 SNP 检测技术。

4. 相关序列扩增多态性

　　相关序列扩增多态性（SRAP），是 2001 年由 Li 和 Quiros 开发的一类无需任何序列信息即可直接进行 PCR 扩增的技术，又称为基于序列扩增多态性（Sequence Based Amplified Polymorphism，SBAP）。

5. 表达序列标签和序列标签位点

　　表达序列标签（EST）是指从不同组织来源的 cDNA 文库中随机挑选克隆进行5′和3′端测序后得到的部分 cDNA 序列。EST 代表一个完整基因的一小部分，在数据库中其长度一般从 20~700bp 不等，平均长度为 300~500bp。EST 序列具有单拷贝特性，其位点称为序列标签位点（STS），也是一种遗传标记。这个标记不是区别个体和群体，而是区分不同的染色体位点。STS 数目多，覆盖密度大，达到平均 1kb/个或更密集。STS 在基因的定位上可以发挥很大的作用。任何 DNA 序列，只要知道它在基因组中的位置，都能被用作 STS 标签。如图 6-1 所示，STS 技术路线为：首先从样品组织中提取 mRNA，在逆转录酶的作用下用 oligo（dT）作为引物进行 RT - PCR 合成 cDNA，再选择合适的载体构建 cDNA 文库，对各菌株加以整理，将每一个菌株的插入片段根据载体多克隆位点设计引物进行两端一次性自动化测序，这就是 EST 序列的产生过程。

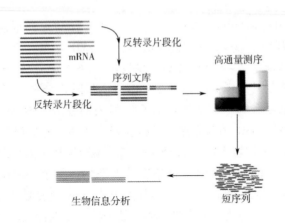

图 6 - 1　序列标签位点技术路线

6. 表观遗传修饰

表观遗传学是与遗传学相对应的概念。遗传学是研究基因序列改变所导致的基因表达水平变化，如基因突变、基因缺失、基因易位等的学科。如果在基因的 DNA 序列没有发生变化的情况下，基因功能发生了可遗传的变化，并最终导致了生物个体表型的变化，则称为表观遗传。因此，表观遗传学是研究基因的核苷酸序列不变的情况下，基因表达了可遗传变异的一门遗传学的分支学科。目前公认，基因组含两类遗传信息，一类是传统意义上的遗传信息，即 DNA 序列指导蛋白质合成的遗传信息；另一类则是表观遗传信息，它提供了何时、何地、以何种方式去执行遗传信息的指令。表观遗传现象也是一种基因组的多态性。表观遗传的现象很多，已知植物中有 DNA 甲基化、组蛋白修饰（组蛋白甲基化修饰、乙酰化修饰、磷酸化修饰、泛素化修饰等）、非编码 RNA 调控、基因组印迹等。

二、基因组作图

基因组作图的概念是应用界标或遗传标记对基因组进行精细的划分，进而标示出 DNA 的碱基序列或基因排列，也就是在整条长链 DNA 分子的不同位置寻找特征性的分子标记，并根据可用的分子标记将包括这些序列的克隆进行连锁定位，绘制基因组图谱的研究。这也是进行全基因组测序的基础。基因图谱主要有遗传图谱、物理图谱、基因组序列图谱、表观遗传学图谱。

（一）遗传图谱

遗传图谱又称连锁图谱（Linkage Map）或遗传连锁图谱（Genetic Linkage Map），是根据重组率估算出来的基因或遗传标记在染色体上相对位置的线性排列图，是指同一条染色体上不同基因或专一多态性标记之间的排列顺序及其相对距离的线形图。

1. 遗传图谱构建原理

遗传图谱构建的理论基础是染色体上位点间的交换和重组。细胞减数分裂时，同源染色体上的非姐妹染色单体发生交换和重组，形成重组型配子，其占总配子数的比例称为重组率。重组率的高低取决于染色体的交换频率，而交换频率随基因间距离的增大而增大。因此，可以通过基因间的重组率来确定它们在染色体上的遗传图距，即遗传作图是由重组子推算重组率，并转化为遗传图距，从而将遗传标记依次排列在连锁群上的过程。标记间的距离通常以厘摩（centimorgan，cM）表示，1cM 图距近似于1% 的重组率。

2. 遗传图谱构建方法

自 1993 年 Sturtevant 成功地将 5 个基因定位在果蝇 X 染色体上，并构建出第一张遗传图谱以来，遗传图谱的研究经历了经典遗传图谱和分子遗传图谱两个阶段。经典遗传图谱阶段的研究主要是基于形态学标记、细胞学标记和生化标记，构建的图谱直接反映了功能基因在染色体上的排列顺序。但受标记数目、多态性等因素的限制，进展十分缓慢。分子遗传图谱则是指采用 DNA 分子标记构建的遗传图谱，由于此类标记不受取材和外部环境条件的影响，且数量丰富，使得构建高密度遗传图谱成为可能。

构建分子遗传图谱主要包括以下步骤：①根据遗传材料间的 DNA 多态性，选择亲本组合，亲本的选择是成功作图的关键因素，直接影响到图谱构建的难易程度及所建图谱的适用范围。亲本要有高的 DNA 多态性、可育、纯度高，要选择多个不同的亲本；②建立作图群体（也称分离群体），不同作图群体各有其优缺点，在具体操作时应根据研究目标充分考虑物种生殖特性、群体构建所需时间和难易程度后再做选择；③选择适当的分子标记，测定作图群体中不同个体或株系的标记基因型，所选择的分子标记要具有共显性、多态性高、易检测、重现性好等优点，同时易于实现自动化，能够在较短时间内对大量样品进行分析，具有极强的实用性，已被广泛应用于各种作物的遗传作图研究；④分析标记基因型数据，构建连锁图谱。

遗传图谱提供了基因在染色体上的坐标，为基因识别和基因定位创造了条件，也是基因组物理图绘制的基础。

（二）物理图谱

因为遗传图谱的分辨率依赖于得到的交换的数目，所以其分辨率和精确度有限，不能满足对整个基因组进行详细解读的要求，所以需要更加精细的图谱——物理图谱，物理图谱的构建是基因组进行序列测定的基础，具有承上启下的作用。

物理图谱及其构建原理：物理图谱的作图是采用分子生物学方法直接将 DNA 分子标记、基因或克隆标定在基因组上的实际位置，与遗传图谱相互参考，是进一步精确认识基因组的基础。图 6-2 呈现了物理作图的简单步骤，物理图谱常用的制作方法可分为以下四类：限制性酶切作图（Restriction Mapping）、DNA 大片段重叠克隆的基因组作图、荧光标记原位杂交作图（Fluorescent Hybridization，FISH）、序列标签位点作图（Sequence Tagged Sites Mapping，STS）。

1. 限制性酶切作图

限制性内切酶将染色体切成片段，根据重叠序列确定酶切片段间连接顺序，以及

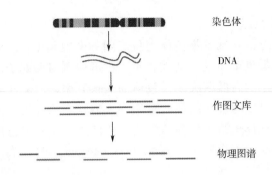

染色体

DNA

作图文库

物理图谱

图 6 – 2　物理图谱作图的途径简图

遗传标记之间物理距离的图谱，主要适合对小基因组的原核生物和大片段进行限制性位点分析。限制性内切酶作图的主要依据是重叠群，也就是相互间存在的重叠序列的一组克隆。在对 DNA 进行限制性酶切时，如果控制反应条件避免完全酶切，可产生部分重叠片段。可根据重叠顺序的相对位置将各个克隆首尾连接，构成连续顺序图。限制性酶切后，以大片段基因组 DNA 分子为基本单位，以连续的重叠群为基本框架，通过遗传标记将重叠群或基因组 DNA 分子排列于染色体上。

2. 荧光标记原位杂交作图

将分子标记与完整染色体杂交来确定标记的位置（图6 –3）。将一组不同颜色的荧光标记探针与单个变性的染色体杂交，分辨出每种杂交信号，从而测定出各探针序列的相对位置，探针之间的位置关系提供了 DNA 序列与基因组图谱间的联系（图6 –4）。

(a)　　　　　　　　(b)　　　　　　　　(c)

图 6 – 3　FISH 技术在基因染色体定位中的应用（Klinger K. , 1992）

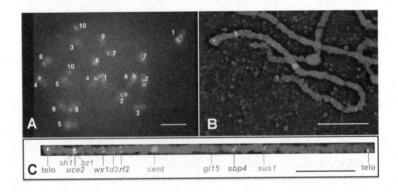

图 6 – 4　FISH 技术在植物基因组研究中的应用（Jiang Jiming，2006）

3. 序列标签位点作图

构建染色体物理图谱需要大量的特异性短序列（Sequence Tagged Site，STS）作为界标。由于大多数基因是单拷贝的，而且其对应的 EST 又是基因特异的，片段长度 200～500bp，所以 EST 可以用来建立一套新的存在于表达区域内的 STS 系统。可以通过对基因组片段进行 PCR 和杂交分析，以对短序列进行定位作图。两个 STS 出现在同一片段的机会取决于他们在基因组中的距离，彼此靠得越近，分离的概率越小，彼此相隔越远，分离的概率越大。两个 STS 之间相对距离的估算与连锁分析的原理一样，它们之间的图距根据它们的分离频率来算。

（三）基因组序列图谱

基因组序列图谱即全基因组测序，全基因组测序覆盖面广，能检测个体基因组中的全部遗传信息；准确性高，其准确率可高达 99.99％。目前大规模全基因组测序的主要策略有两种：以物理图为基础，以大片段克隆为单位的定向测序和全基因组随机测序，表 6-2 展示了两种大规模基因组测序策略的优缺点。

表 6-2 两种大规模基因组测序策略的比较

项目	策略	
	全基因组随机测序	定向克隆法
遗传背景	不需要	需要（需构建精确的物理图谱）
速度	快	慢
费用	低	高
计算机性能	高（以全基因组为单位进行拼接）	低（以 BAC 为单位进行拼接）
适用范围	工作框架图	精准图
代表测序物种	果蝇、水稻	人、线虫

定向测序策略：是从一个大片段 DNA 的一端开始按顺序进行分析。传统的方法是用高分辨率限制酶切图谱确定小片段的排列顺序，然后将小片段亚克隆进合适的克隆载体并进行序列分析。近几年又有多种方法得到发展：①引物引导的序列分析：第一轮 DNA 分析以载体的通用引物进行酶切测序，接下来每一轮反应的引物由上一轮测序反应所获得的 DNA 片段末端序列确定，这样通过"行走"可以逐步进行全基因组测序；②外切酶制造缺失片段法：克隆的 DNA 片段在末端特异的外切酶如 BalⅢ 等不同时间长度处理下，可产生具有共同末端的不同长度的 DNA 片段，于是便可用共同引物从缺失末端开始进行测序；③转座子插入分析法：从同源克隆中产生一批克隆，使每一批克隆仅含随机插入的单一转座子。然后从中挑选转座子间距离进行比较，对转座子间片段长度适于测序的克隆进行测序，引物由转座子的末端序列决定，这样可用一对共用引物完成所有序列分析。

随机测序：随机测序战略又称"鸟枪战略""霰弹法"，此策略是将基因组 DNA 用机械方法随机切割成 2kb 左右的小片段，把这些 DNA 片段装入适当载体，建立亚克隆文库，从中随机挑取克隆片段测序，最后通过克隆片段的重叠组装确定大片段 DNA

序列。该方法的优点在于不需要预先了解任何基因组的情况，有利于未知物种的基因组测序工作的开展。

（四）表观遗传学图谱

我们最早知道的是 DNA 携带遗传指令能够遗传给后代。近年来的研究又指出，表观遗传（基因组上的不会改变 DNA 序列的化学和结构修饰）也参与了遗传调控。

表观遗传学（Epigenetics）是研究未发生基因组 DNA 序列改变的情况下，基因功能的可逆的、可遗传的改变的学科。表观遗传调控机制是生命过程中普遍存在的一种调控方式，是调控生长与发育的重要机制，涉及生命现象的方方面面。表观遗传学的现象包括 DNA 甲基化、RNA 干扰、组蛋白修饰等。表观遗传标记是一种化学标签，将自己附着在 DNA 上，并在不改变遗传密码的同时修改它的功能。表观遗传调控也广泛参与植物的生长发育及逆境胁迫的响应过程。科学家们也正在绘制各种植物的表观遗传图谱，来解释其调控基因表达的模式。

三、茶树基因组作图的研究进展

由于茶树自身生长周期及自交不亲和等原因，茶树基因组作图的发展没有拟南芥和水稻等模式植物迅速。且茶树多数性状由多基因控制，易受环境影响，遗传作图难度大。但是茶树也有其自身适于作图的特点，由于遗传组成高度杂合，许多遗传位点在 F_1 代即发生分离，基于此，可利用"双假测交"（Double Pseudotestcross），也称"拟测交"（Pseudo – Testcross）策略构建图谱（图 6 – 5），其原理为：2 个高度杂合的亲本中，1 个亲本的杂合位点与另一亲本的杂合或隐性纯合位点在 F_1 代便发生分离，若一亲本为杂合位点，另一亲本为隐性纯合位点，F_1 代呈 1:1 分离，相当于"测交"，可用于构建亲本的图谱；当双亲均为杂合位点时，呈 3:1（显示标记）或 1:2:1（共显性标记）分离，可用于构建双亲共同的分子连锁图及判断双亲间的同源连锁群。目前包括茶树、林木、果树在内的多数木本植物大都采用"双假测交"法构建遗传图谱。随着 DNA 分子标记技术的发展和"双假测交"理论的提出，茶树分子遗传图谱的研究得以开展。

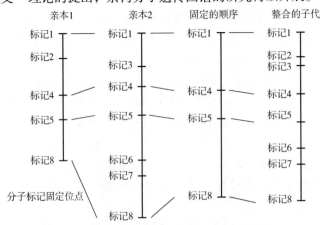

图 6 – 5　多种分子标记整合图谱构建方法示意图

20 世纪以来，茶树遗传图谱的研究也取得了较多成果，表 6 – 3 列举了部分已经报道的茶树遗传图谱。田中淳一等用"薮北"种茶树的 46 个个体，经过 RAPD 分子标记构建了包含 6 个连锁群的部分遗传图谱；Hackett 等用 SF150 为母本的半同胞 F_1 茶树群体，采用 RAPD 和 AFLP 标记构建了一张包含 15 个连锁群，126 个标记，图距为 11.7cM 的遗传图谱；Taniguehi 等采用 SSR（图 6-6）、RAPD 和 CAPS 标记，构建了图谱长度分别为 3091cM 和 3314cM 的覆盖较全面、标记密度较大的茶树遗传图谱。黄建安等采用改进的 AFLP 技术体系，分别构建了祁门 4 号与潮安大乌叶的 AFLP 分子连锁图，这是国内首次茶树遗传图谱的建立；随后，黄福平等采用 46 个 RAPD 和 16 个 ISSR 的标记构建了福鼎大白茶回交第一代的遗传连锁图。该遗传连锁图的总图距为 1180.9cM，标记间的平均距离为 20.1cM；Mewan 等以 'TRI2043' × 'TRI2023' 构建 F_1 分离群体，采用 SSR 标记技术，结合"拟测交"策略，分别构建了双亲遗传图谱，其中母本遗传图谱的 139 个标记分布在 15 个连锁群上，覆盖基因组长 1018cM，父本遗传图谱共 15 个连锁群，包含 173 个 SSR 标记，图谱总长 1192.9cM；Kamunya 等以 "TRFCA SFS150" × "AHP S15/10" 的 F_1 子代为作图群体，采用 RAPD、AFLP 和 SSR 标记技术，构建了一张包含 100 个标记，30 个连锁群，覆盖基因组总长 1411.5cM，平均图距 14.1cM 的遗传图谱；Taniguchi 等以 "Sayamakaori" × "Kana - CK17" 的 F_1 群体，采用 RAPD、STS、CAPS 和 SSR 标记技术，结合"拟测交"策略分别构建了包含 701 个标记的双亲遗传图谱，并通过 bridge marker 获得了一张总长 1218cM 的框架遗传图谱，该图谱包含 279 个连锁标记，分属于 15 个连锁群，与茶树染色体数相同，标记分布较为均匀，是迄今为止质量最高的茶树遗传图谱；陈亮等采用"拟测交"策略分别构建双亲遗传图谱，利用同源位点进行双亲图谱整合，最终得到的整合图谱共 15 个连锁群，与茶树染色体数一致，包含 1101 个标记（SSR，373；SNP，728），图谱覆盖基因组长 1632.8cM，相邻标记间最大距离 19.6cM，最小间距 0.1cM，平均图距为 1.5cM，连锁群长范围 80.2～184.8cM。

随着基因组测序技术的发展，基因组作图也得到新的发展，例如，利用高通量测序技术对中国茶树品种"龙井 43"叶绿体基因组的全序列进行测定，最终得到"龙井 43"叶绿体基因组全序列，该基因组大小为 157085bp，其中大单拷贝的长度为 86642bp，小单拷贝的长度为 18283bp，反向重复区的长度为 26080bp，共注释叶绿体基因 134 个，并据此绘制了茶树叶绿体的整个基因图谱。

表 6-3　　　　　　　　　　　部分已经报道的茶树遗传图谱的构建

品种	作图群体	标记类型	连锁群数	图谱长度/cM	参考文献
薮北种 静 - 印杂 131	46 F_1 单株	RAPD	6	—	田中淳一，1996
Sayamakari Kana - CK17	54 F_1 单株	RAPD，	14 17	1550 1640	Ota 等， 1999
SFS150	90 F_1 单株	RAPD，AFLP	15	1349.7	Hackett 等， 2000
祁门 4 号 潮安大乌叶	69 F_1 株	AFLP	17 16	2457.7 2545.3	黄建安等， 2005

续表

品种	作图群体	标记类型	连锁群数	图谱长度/cM	参考文献
福鼎大白茶	94 BC1 单株	RAPD，ISSR	6	1180.9	黄福平等，2006
TRI2043	141 F₁ 单株	SSR	15	1081	Mewan 等，2007
TRI2023			15	1192.9	
Sayamakari	64 F₁ 单株	SSR，RAPD，CAPS	17	3091	Taniguchi 等，2007
Kana – CK17			15	3314	

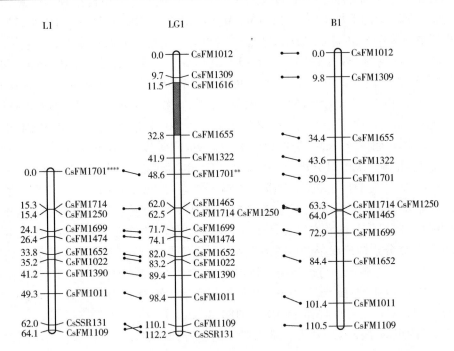

图 6-6　茶树中用 SSR 分子标记所做 1 号染色体的遗传图谱（Tan Li – Qiang，2013）

精细准确的遗传图谱是深入研究并开展茶树 QTLs 解析、基因克隆与分离及遗传育种工作的基础。我们应该通过作图理论和方法的创新，不断研发适合茶树自身特点的作图理论和方法，提高遗传信息的使用效率，也加速茶树精准遗传图谱的构建。另外，茶树全基因组序列公布后，可根据高通量数据和基因功能的分析，明确茶树每条染色体上所有基因的位置和功能，绘制更加精准的遗传图谱。

第三节　基因组的进化与分子系统学

一、基因组进化的分子基础

在漫长的进化过程中，生物基因组的组成及结构不断发生演变，包括染色体片段的断裂与交换、基因的重排及复制、基因单个或者少数几个碱基的突变，这些变化主要可以分为突变、重组与转座三大类，这也是基因组进化的分子生物学基础。

（一）突变

突变是指基因组中小区域内核苷酸序列的改变。大多数突变是点突变，即核苷酸序列中某一碱基被替换成另一碱基，其他的突变则涉及一个或几个核苷酸的插入或缺失。突变是生物进化的基本动力。

点突变又称为简单变化，有时也称代换突变。点突变分两种类型：嘌呤碱基变成另一个嘌呤碱基的转换和嘌呤（嘧啶）变成嘧啶（嘌呤）的颠换。

引起基因组突变的因素主要有：复制中的损伤、碱基的自发性化学改变、自发脱碱基、细胞的代谢产物对 DNA 的损伤等基因组自发性损伤；电离辐射和紫外线等物理因素引起的损伤；烷化剂、碱基类似物等化学因素引起的损伤。

突变对基因组的影响：①同义突变：没有改变产物氨基酸序列的密码子；②错义突变：碱基序列的改变引起了氨基酸序列的改变；③无义突变：碱基的改变使代表某种氨基酸的密码子变为蛋白质合成的终止密码子；④连续突变：与终止突变正好相反，终止密码子变成指令某一氨基酸的密码子，使翻译连续进行。

（二）重组

重组是指染色体或 DNA 分子之间的交换与重组，涉及染色体区段或 DNA 序列之间新的连锁关系，包括同源重组、位点特异性重组和转座重组。

同源重组也称一般性重组，它发生在含有同源序列的两个 DNA 分子之间，即在两个 DNA 分子的同源序列之间直接进行交换。进行交换的同源序列可能是完全相同的，也可能是相近的。细菌的接合、转导、转化和真核细胞的同源染色体之间的交换等都属于同源重组。

位点特异性重组是指在 DNA 特定位点上发生的重组，它需要专门的蛋白质识别发生重组的特异性位点并催化重组反应。位点特异性重组可以发生在 2 个 DNA 分子之间，也可以发生在 1 个 DNA 分子之内。如果发生在 2 个 DNA 分子之间，通常导致 2 个 DNA 分子之间发生整合；如果是发生在 1 个 DNA 分子之内，则可能发生缺失或倒位。

转座重组是指 DNA 上的核苷酸序列从一个位置转位或跳跃到另外一个位置的现象，在原核生物和真核生物的基因组内均可以发生，发生转位或跳跃的核苷酸序列被称为转座子或可移位的遗传元件。与同源重组和位点特异性重组不同的是，转座子的靶点与转座子并不存在序列的同源性。接受转座子的靶位点可能是随机的，也可能是具有一定的倾向性，这与转座子本身的性质有关。

重组是基因组中发生新组合的区段，具有重要的生物学意义。通过重组，可将基因组变异的范围扩大，增加进化的潜力。

（三）转座

转座是基因进化的一种重要方式，出现在几乎所有生物类型中。它不是重组，但利用了重组的过程，它是一段 DNA 或其拷贝从基因组的一个位置转移到另一位置，并在插入位点两侧产生很短的正向重复序列。根据转座机制可分为 2 个大的范畴：DNA 转座子和逆转录转座子。

1. DNA 转座子

直接以 DNA 区段作为转座成分，又可分为复制型转座、非复制型转座和保守型转座。

（1）复制型转座　指转座过程中伴随着新拷贝的复制的转座，由转座酶和离析酶参与完成，转座后原来位置上的转座因子保持不变，转座过程中会形成一个共合体。

（2）非复制型转座　指 DNA 的一个位点移动到另一位点，由转座酶参与完成，完成转座后供体中无转座子，是一个断裂和重接使得靶位点重构的复合反应，供体保持残缺，不形成共合体。

（3）保守转座　转座完成形成杂种分子后，细菌中转座子切除后留下的空缺不能修复，供体分子降解；真核生物中，宿主的修复系统能识别此处双链断裂并进行修复。

2. 逆转录转座子

以 RNA 为中介，通过逆转录酶将转座子 RNA 逆转录为 cDNA 后再整合到寄主基因组中。

转座作用的遗传效应主要有引起插入突变和产生新基因两方面，这些均为生物进化的动力源泉。

二、基因组进化的模式

在整个基因组的长期进化过程中，不仅仅存在突变、重组和转座，受不同时期的外界环境的影响，还存在复杂的基因组进化模式，将这些模式了解清楚，才能够准确解释基因组的进化。

（一）遗传系统的起源

在地球形成初期的自然条件下，气体不断冷凝回流形成海洋，火山爆发和闪电的能量使气体合成简单有机物不断进入海洋，溅到岩石上的氨基酸聚合成肽链也重新回到水中，各大分子在海洋中进化成原核细胞和真核细胞。最初的生命形式是什么？生物大分子是如何从随机组合到有序组装形成生命的？围绕这些问题，科学家们进行了一系列的探讨。

1. RNA 世界假说

1986 年，诺贝尔奖获得者 W. Gilbert 提出该假说：生命起源的某时期，生命体仅由一种高分子化合物 RNA 组成。该学说认为最初的生化系统可能是以 RNA 为核心的，RNA 是生命初期最关键的分子，是能自我复制并指导简单的生化反应的分子，符合生命起源物质的最基本要求，后来当 DNA 和蛋白质的功能远远超过最初 RNA 的作用时，它的地位才被取代。由 RNA 组成的早期生命系统的基因组称为原基因组（Protogenome）。

20 世纪 80 年代中期，由于具有催化活性的 RNA 被发现，关于生化系统起源的研究发生了根本性的改变。这些具有催化活性的 RNA 称为核酶（Ribozyme），包括 rRNA 和 tRNA，可以完成多种生化反应。核酶的发现给"RNA 世界"假说提供了重要依据。

实验证明，具有复制能力的 RNA 可以突变生成新的 RNA 分子，后者比前者复制效率更高。精确的复制使 RNA 分子长度增加，而且不失其序列专一性，最终可能达到像 I 型内含子或核糖体 RNA 这样的复杂结构。这类 RNA 分子已经兼备生命所具有本属性——复制和催化。

2. 基因组的起源

地球上最早出现的生物大分子为 RNA，RNA 同时具有催化与编码两种功能。RNA 可以催化肽键形成并合成蛋白质，此后 RNA 与蛋白质联手以 RNA 为模板合成 DNA。这是一个关键的转变时期，生命世界的三大主要多聚生物大分子，RNA、蛋白质和 DNA 的分工就基本定型：RNA 的编码功能由结构更加稳定的 DNA 取代，催化功能转移到具有更多结构和分类的蛋白质，RNA 自身则称为传达遗传信息的中介分子。但在现存生物的生化体系中我们仍然可发现这些原始关系的痕迹，RNA 分子仍在许多方面保留着其最初的功能。从此，DNA 组成基因组成为生命进化的主角，即遗传系统基因组的起源学说。

3. 生命的三界

长期以来，两界学说认为生物界划分为原核、真核两大界，真核生物由原始的原核生物进化而来。细胞与分子生物学的研究表明：现在的原核生物在极早的时候就已分化为两大类：真细菌（Eubacteria）与古细菌（Archaebacteria）。真细菌包括几乎所有的细菌、蓝细菌、放线菌及支原体等；而古细菌是一些生长在特殊环境中的细菌，且后来发现的其他古细菌中，盐细菌生长在高浓度的盐水如沿海的盐碱地、大盐湖或死海之类的内陆水域中。1990 年，Woese 等对各种类型生物的 rRNA 核苷酸序列同源性进行测定，选择高度保守的 SSrRNA（Small Subunit rRNA、原核 16S、真核 18S）作为绘制系统进化树的标尺，将生命体系划分为真核生物、原核生物、古核生物三界。在生物进化过程的早期，由生物的共同祖先分三条路径进化，即形成了生命的三种形式：真细菌（Eubacteria），包括蓝细菌和各种原核生物（没有细胞核）；真核生物（Eucaryotes），包括真菌、动物和植物（有细胞核）；古细菌（Archaes），包括产甲烷菌、极端嗜盐菌和嗜热嗜酸菌。古细菌通常称为生命的第三形式，对古细菌 RNA 的研究发现，它们与真核生物的关系比与真细菌的关系更为密切。

近年来，一些基因组学研究支持了三界学说，如 1996 年 8 月，*Science*（美国《科学》杂志）以最快速度发表了美国基因组研究中心 L·Bult 领导的研究小组的最新学术成果——产甲烷球菌的全基因组序列。这是自 C·Woese 教授提出三界学说以来测定的第一个原核、真核之外的生物体的全基因组序列，为古核生物的研究提供了充分的序列材料，使在基因组整体水平上研究古核生物成为可能。L·Bult 称：C·Woese 教授终于得到了若干年来一直找寻的坚实证据。*Nature*（英国《自然》杂志）称这个成果是三界学说发展史上的"里程碑"。产甲烷球菌基因组全序列的测定，是第一个测定的自养生物的全基因组序列。产甲烷球菌是甲烷菌，通过无机物高效、无污染地合成甲烷，并能固氮，完全厌氧型基因组的规模虽然很小，然而这么小的序列所编码的蛋白质能够涵盖自养生活的各个方面，它的研究无疑丰富了三界学说的研究内容，是三界学说发展的重要进展。

如图 6-7 所示，三界学说的建立与发展，是对生命世界认识的深化，它摒弃了以表型为主的分类体系，深入到了基因组层面揭示生命进化的意义。古细菌的生活环境与生命起源初期的地球环境有类似之处，在进化分支上最接近祖细胞，所以研究其基因特性有助于生命起源的揭示。美国基因组研究中心宣布下一个将要测定的古核生物全基因组序列是更接近系统发育树根部的泉古菌（Crenarchaeota），其基因组序列具有更多祖细胞的特征。

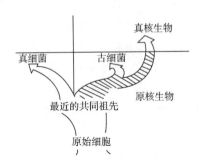

图 6－7　三界学说

（二）新基因的产生

　　随着人类和其他一系列物种全基因组序列的测定，人们发现不同生物在基因组大小及基因数目上存在巨大的差异，如一种支原体猪肺炎支原体（*Mycoplasma genitalium*）基因组大小为 5.8×10^5 bp，仅含 470 个基因，而人的基因组大小为 3.0×10^9 bp，基因数目为 3 万多个，两者基因数目相差数十倍。从横向上看，正如我们在果蝇中所观察到的，即使分化时间很短的近缘物种间，基因的种类和数目也不尽相同，说明生物进化的过程伴随着基因组的大小及基因数目的不断变化。由此引出一个根本性的生物学问题：这些新基因是如何产生的？对此问题的了解还有助于我们解决其他一些进化生物学的问题，如种的形成和分子进化与物种进化的关系等。

　　对新基因起源机制的探索，可以追溯到大半个世纪以前，然而直到 20 世纪 90 年代第一个年轻基因——精卫基因（jingwei）的发现，才使以实证方法研究新基因起源的分子机制成为可能。此后的 10 多年中又陆续发现一些新的年轻基因的例子，对这些基因起源与进化的研究极大地丰富了人们在这一领域的认识。

　　年轻基因由于产生时间短，保留了大量进化过程中的重要信息，是研究新基因产生的理想材料。通过对目前已发现的年轻基因的分析，我们可以看出基因重复、外显子重排和逆转座等分子机制为新基因的产生提供了原材料，随后由于序列结构的改变导致新功能的产生，使生物体得以更好地适应环境，在正选择的驱动下这些新基因最终在群体中被固定下来。

　　基因组获得新基因的途径：①基因加倍之后的趋异，基因的加倍包括基因组的整体加倍（如异源多倍体化）、单条或者部分染色体的加倍以及单个或者成群基因的加倍（如多基因家族）。②外显子或结构域的重排，当功能结构域（或外显子）由不同基因中不同结构的片段重新组合时，可形成一个全新的功能域，具有新的功能，为细胞提供完全不同的生物学功能。③逆转座及其随后产生的趋异或重排，逆转座产生的新拷贝一般不含启动子和调控序列，使得大部分产生的序列转为假基因。然而，在特殊情况下，逆转座序列通过原基因不正常转录携带有启动子，或者插入到基因组后获得外源调控序列而具有表达活性，进而可形成新的表达特异性或新的功能。④基因水平转移，是指遗传物质从一个物种通过各种方式转移到另一个物种的基因组中，在原核生物中，转化、转导、接合等现象是频繁发生的。因此，基因水平转移对原核生物的基因组贡献是相当大的。⑤基因的断裂和融合，通过终止密码子和基因上游转录终止信号的删除突变和点突变，两个相邻的基因可以通过通读转录融合为一个基因。相反，一个基因也可以提前结束转录，断裂为两个单独的基因。0.5%的原核生物的基因源于该种方式。⑥从头起源，即从原先非编码序列转变为新基因的编码序列的方式，尽管这种起源很稀少，但是有很多基因的一部分蛋白编码区序列是从头起源的。

（三）非编码序列的扩张

真核生物，特别是高等真核生物基因组 DNA 的绝大部分是非编码序列，如人类基因组仅有 1.5% 为编码顺序。迄今为止，我们对非编码顺序的进化及其对基因组结构和表达的影响了解不多。大部分非编码 DNA 序列是以相当随意的方式进化。

关于非编码 DNA 序列的作用，有两种不同的观点，一种观点认为非编码 DNA 序列具有某种尚未识别的功能，很多物种中的 3′ 端翻译区（3′–UTR）的分散重复顺序，与转录后调控有关，也可以参与 mRNA 的可变剪辑；另一种观点认为大多数非编码 DNA 序列实际上并无功能，基因组之所以能容忍它的存在是因为选择压力，并不作用于它们。

三、基因组与生物进化

生物遗传的核心是基因，物种的本质是基因的种类或差异，生命的进化从根本上理解是基因组的进化。生物基因组的发展记录了生命每一步进化的痕迹，生物越复杂，它所需要的最小基因组也就越大，从支原体到高等植物和高等动物，基因从数量上和种类上随着物种的进化发生了巨大的变化。基因组研究发现，一个能独立生存的细胞所需要的最小基因组大小为 1.5Mb，包含 1500 条基因，少于这个数目的物种只能沦落为寄生物种，需要宿主细胞提供代谢物质完成生命周期。随着基因组大小和数量的发展，物种的表现也从低等到高等有了根本上的改变，直至人类这样高智能的物种出现。基因复制和外来物种基因的加入是基因组进化的主要动力。从总体上说，生物基因组的大小同生物在进化上所处地位的高低无关，但每类生物的最小基因组的大小基本上对应于生物在进化上所处地位的高低。这说明生物进化的总趋势是 C 值（单倍体基因组中的 DNA 总量）的增加，但进化的过程曲折而艰辛。每种生物基因组比它所处的生物类的最小基因组所多的那部分 C 值就是它在进化道路上留下的痕迹。环境压力越大，这种痕迹越明显。

理解基因组演化的历史，破解其规律意味着将达尔文以来的进化生物学推到前所未有的高度和深度，最终有可能实现遗传、发育和进化的统一。在基因组进化的研究中，基因组的结构和组织形式是重要的研究对象。每一个基因组测序工作完成后，研究人员都要看看基因组的大小，基因分布的形式、重复序列和转座子的多少，与其他生物的差异等。其中新基因和新结构的产生就是生物进化的标志。

基因组时代的到来，也极大地改变了许多传统进化生物学研究领域的面貌。例如，人们将有机会彻底检验关于生物进化的中性进化论和选择论的激烈争论。中性进化论认为，大多数的变异是中性的。最近一项对果蝇基因组变异模式的研究表明，基因组中绝大部分的变异只能用选择理论解释。更多的研究提示，达尔文意义上的正选择是普遍存在的。

四、茶树起源与进化的分子生物学证据

（一）茶树的起源与进化

要想了解茶树的起源，先要明确茶树在植物界进化史中的地位。茶树在植物界中的地位如下。

植物界（Botania）

　被子植物门（Embryophyto）

　　种子植物亚门（Spermatophyto）

　　　双子叶植物纲（Dicotyledoneas）

　　　　原始花被亚纲（Archlamydeae）

　　　　　山茶目（Theales）

　　　　　　山茶亚目（Thealesdeae）

　　　　　　　山茶科（Theaceae）

　　　　　　　　山茶亚科（Theainae）

　　　　　　　　　山茶族（Theeae）

　　　　　　　　　　山茶亚族（Camellinae）

　　　　　　　　　　　山茶属（*Camellia*）

　　　　　　　　　　　　山茶亚属（Subgenus Thea）

　　　　　　　　　　　　　茶组（Section Tha）

　　　　　　　　　　　　　　茶系（Series Sinensis）

　　　　　　　　　　　　　　　茶种（*Camellia sinensis*（L.）O·KunTze

山茶属植物是山茶科中最原始的代表，是华夏植物区系的特有属。分为原始山茶亚属（*Subgen protocamellia* Chang）、山茶亚属（subgen *Camellia*）、茶亚属［*Thea*（L）Chang］和后生山茶亚属（*Metacamellia* Chang）。茶隶属于茶亚属茶组植物，其系统发育虽比原始山茶亚属晚，据文献记载推测，茶起源于第三纪早期至上白垩纪末，处于热带、亚热带气候。现在野生大茶树集中分布区、适生环境及其生态学特性，同样证明了该推测结果。茶树起源于滇、桂、黔、川毗邻区的中心地带，我国西南部是目前世界公认的茶的起源中心。到了第三世纪中期，茶得到迅速发展，并广布于我国西南、华南、东南地区，形成许多次生中心。但由于遭受第四纪冰期的毁灭性袭击或严重影响，茶树原生种仅在未受严重袭击的西南、华南、东南海滨以及四川盆地南缘等皱褶山谷地带被全部或部分保存下来。因而，现今茶树都是冰期后，重新从各保存区扩散发展起来的。但由于地理、气候的不同，使隔离分居后的同源茶树，又各自演化出许多不同的种群。所以，我国现存野生茶树及历史上的栽培茶树都应该是由这些同源分区后的不同种群逐步演化发展的产物，由于同源异出及分区演化的关系，其系统发育路线，亲缘关系相当复杂，所以要想很准确地去研究探索现今各地栽培种群的演化路线是比较困难的。

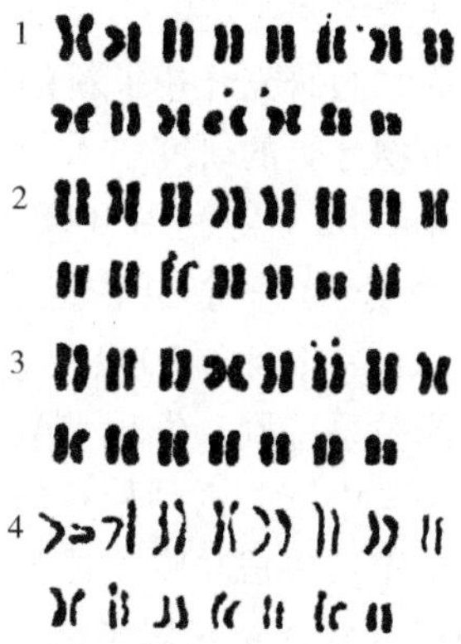

细胞学研究表明，一般茶树都是二倍体（$2n = 30$）植株（图6-8），但在自然群体中，不断发现不同染色体数目的变异体。1935年曾报道有天然三倍体茶树；1956年，从不同的茶树品种中发现了天然三倍体（图6-9）；1971年Eezbaruaeh等从一种有一定结实率的三倍体后代中获得了许多单倍体和多倍体的幼苗；1969年和1971年，Venkataraman和Jagasuriya、Govindjulu在三倍体后代中不仅发现有四倍体，还得到了非整倍体，志村乔等在我国皋卢茶或其他中国大叶变种中，发现有较高频率的三倍体；在日本、斯里兰卡和印度都曾发现过三倍体无性系茶树。野生种以二倍体居多，基于栽培和杂交种变异较多的事实，由二倍体向多倍体进化可能是山茶属植物进化的一个重要途径。

图6-8 四种类型茶树的染色体核型（李光涛，1983）

1—云南大叶种 2—中国小叶种
3—南糯山"茶树王" 4—巴达野生茶

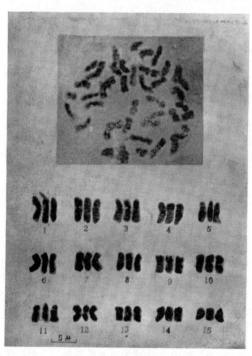

图6-9 三倍体茶树的核型分析（叶大鹏，1991）

（二）茶组植物的遗传学分类

DNA是生物最本质的遗传物质，应用DNA的分子标记技术把茶树起源、进化、分类、亲缘关系鉴定的研究推向 DNA 分子水平。茶树 DNA 分子标记技术的发展为茶树种质资源的研究开拓了新的发展空间，为茶组植物分类研究提供了新的研究手段，将茶组植物分类的研究引入分子水平。

Wachira F 等利用 RAPD、AFLP 分子标记对茶树遗传多样性进行了大量研究，将茶组植物分为三个群，包括茶（*C. sinensis*）、普洱茶（*C. assamica*）和异质种群（*C. heterogenous*）；2000 年，梁月荣等利用 RAPD 分子标记法进行茶树及其近缘种分类和亲缘关系鉴别，发现 RAPD 能有效地区分物种间和茶树种内变种间的差异。日本茶树品种与中国茶树品种有较近的亲缘关系，部分越南茶树品种为中－印杂交种；2002 年，罗军武等成功将遗传分子标记 RAPD 技术应用于茶树的亲子鉴定；2002 年，陈亮等利用 RAPD 标记对茶组植物进行分子系统学分析，提出将茶组植物分为与形态上子房 5 室、花柱 5 裂和子房 3 室、花柱 3 裂相对应的"五室类群"和"三室类群"两大类；2003 年，Shao 等利用 RAPD 分子标记对云南的 45 份茶树资源进行研究，将云南茶树资源分为 7 类，包括 5 个复杂类群和 2 个简单类群；2004 年，陈亮等采用 RAPD 分子标记技术（图 6 – 10），将选取的 15 份优异种质资源划分成 3 个类群，从相似性系数讨论了资源间的亲缘关系。

对茶树进行基因组测序及功能基因组学研究将在分子水平上深入探讨茶组植物的系统演化及其种间亲缘关系，并可以在此基础上建立更为合理的分类系统，促进茶组植物的有利功能基因的利用，将是茶组植物分类研究和茶树新品种选育的关键因素。

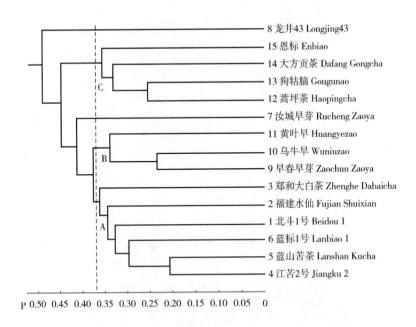

图 6 – 10 用 RAPD 数据构建的茶树优质种质资源分子系统树

第四节 茶树生物芯片的应用与发展

一、生物芯片的概念

生物芯片（Biochip 或 Bioarray）是指包被在固相载体上的高密度 DNA、寡核苷酸探针、多肽、抗体、抗原、细胞或组织的微点阵（Microarray），是分子生物学技术与计算机技术相结合而发展起来的一种分子生物学高新技术。生物芯片是缩小了的生物化学分析器，通过芯片上的微加工技术获得的微米结构和生物化学处理结合，将成千上万乃至十几万个与生命相关的信息集成在一块很小尺寸的芯片上，以实现对细胞、蛋白质、核酸及其他生物分子的准确、快速、高通量的信息采集、分析和处理。

二、生物芯片的种类

根据芯片上固定的探针的种类，生物芯片包括 DNA 芯片、蛋白质芯片、抗体芯片、抗原芯片、细胞芯片、组织芯片等。另外，根据工作原理，生物芯片又分为微点阵芯片（Microarray）、微流体芯片（Liquichip）和微型实验室芯片（Lab－on－a－chip）等。生物芯片是 1998 年世界十大科技突破之一，是最具发展潜力和利用价值的技术之一，是融合微电子学、生物学、物理学、化学、计算机科学为一体的高度交叉的新技术，具有重大的基础研究价值，又具有明显的产业化前景。由于用该技术可以将其大量的探针同时固定于支持物上，所以一次可以对大量的生物分子进行检测分析，从而解决了传统核酸印迹杂交（Southern Blotting 和 Northern Blotting 等）技术复杂、自动化程度低、检测目的分子数量少、低通量等不足。而且通过设计不同的探针阵列、使用特定的分析方法可使该技术具有多种不同的应用价值，如基因表达谱测定、突变检测、多态性分析、基因组文库作图及杂交测序等，为后基因组计划时期基因功能的研究及现代医学科学及医学诊断学的发展提供了强有力的工具，将会使新基因的发现、基因诊断、药物筛选、给药个性化等方面取得重要突破，为整个人类社会带来深刻广泛的变革。

DNA 芯片也称基因芯片（Gene Chip），是指在固相载体（玻璃、硅等）上有序地、高密度地排列固定了大量的靶基因或寡核苷酸，也称探针。这些被固定的分子探针在基质上形成高密度的 DNA 微阵列，因此，DNA 芯片又称 DNA 微矩阵（DNA Microarray）。

基因芯片技术是建立在 Southern blot 基础之上的，可以说它是 Southern blot 的改进和发展，它的基本原理是：变性 DNA 加入探针后，在一定温度下退火，同源片段之间通过碱基互补形成双链杂交分子。

基因芯片的测序原理是杂交测序方法，即通过与一组已知序列的核酸探针杂交进行核算序列测定的方法，在一块基片表面固定了序列已知的八核苷酸生物探针。当溶液中带有荧光标记的核酸序列，例如 TATGCAATCTAG，与基因芯片上对应位置的核酸探针产生互补匹配时，通过确定荧光强度最强的探针位置，获得一组序列完全互补的探针序列。据此可重组出靶核酸的序列。以此类推，如果一个 DNA 芯片上的随机 8 聚体有足够的数量时，理论上便可以测出样品的基因组序列，这是发展基因芯片的初衷。

三、生物芯片的发展简史

1987 年，美国阿贡国家实验室的 Drmanac 提出了用杂交法测定核酸序列；

1988 年，英国牛津大学的 Southern 取得了在载体上固定寡核苷酸及杂交法测序的国际专利；

1992 年，Affymatrix 开发 Oligo GENECHIP；

1994 年，美国、俄罗斯共同出资 1000 万美元研制出一种检测地中海贫血的基因芯片；

1995 年，Stanford 大学 Brown Lab 发明了 cDNA microarray；

1999 年，Agilent & Ciphergen 开发流体芯片；

2003 年，Illumina 推出 BeadChips。

目前，生物芯片已经获得飞速发展，涌现出各种各样的生物芯片，其中著名制作商业化生物芯片的公司有 Affymetric、Packard、General Scanning Inc、Telechem、Amersham、Pharmacia Biotech、Clontech、Hyseq、Protogene、Synteni、Nanogen、Incyte Pharmaceuticals、Genetic Co. UK、Sequenom 等。

四、生物芯片的基本操作流程

如图 6 - 11 所示，生物芯片技术主要包括四个基本要点：芯片方阵的构建、样品制备、生物分子反应和信号的检测。各要点对应的操作如下。

1. 芯片制备

目前制备芯片主要以玻璃片或硅片为载体，采用原位合成和微矩阵的方法将寡核苷酸片段或 cDNA 作为探针按顺序排列在载体上。芯片的制备除了用到微加工工艺外，还需要使用机器人技术，以便能快速、准确地将探针放置到芯片上的指定位置。

2. 样品制备

生物样品往往是复杂的生物分子混合体，除少数特殊样品外，一般不能直接与芯片反应，有时样品的量很小。所以，必须将样品进行提取、扩增，获取其中的蛋白质或 DNA、RNA，然后用荧光标记，以提高检测的灵敏度和使用者的安全性。

3. 杂交反应

杂交反应是荧光标记的样品与芯片上的探针进行反应产生一系列信息的过程。选择合适的反应条件能使生物分子间反应处于最佳状况中，减少生物分子之间的错配率。

4. 信号检测和结果分析

杂交反应后的芯片上各个反应点的荧光位置、荧光强弱经过芯片扫描仪和相关软件可以分析图像，将荧光转换成数据，即可以获得有关生物信息。基因芯片技术发展的最终目标是将从样品制备、杂交反应到信号检测的整个分析过程集成化以获得微型全分析系统（Micro Total Analytical System）或称缩微芯片实验室（Laboratory on a Chip）。使用缩微芯片实验室，就可以在一个封闭的系统内以很短的时间完成从原始样品到获取所需分析结果的全套操作。

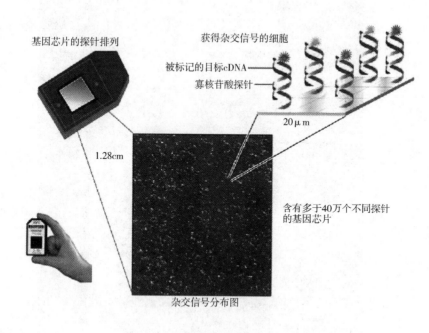

基因芯片的探针排列

获得杂交信号的细胞

被标记的目标cDNA

寡核苷酸探针

20μm

1.28cm

含有多于40万个不同探针的基因芯片

杂交信号分布图

图6-11 基因芯片

五、生物芯片的应用

自生物芯片发明以来，已经被广泛应用于生命科学研究的各个方面，包括医学、微生物学、动植物基础科学研究、司法及亲子鉴定等。生物芯片在植物学研究中的应用范围也非常广泛，主要包括以下几点。

1. 基因表达水平的检测

用基因芯片进行的表达水平检测可自动、快速地检测出成千上万个基因的表达情况。Schena 等采用拟南芥基因组内共 45 个基因的 cDNA 微阵列（其中 14 个为完全序列，31 个为 EST），检测该植物的根、叶组织内这些基因的表达水平，用不同颜色的荧光素标记逆转录产物后分别与该微阵列杂交，经激光共聚焦显微扫描，发现该植物根和叶组织中存在 26 个基因的表达差异，而参与叶绿素合成的 *CAB*1 基因在叶组织较根组织表达高 500 倍。2006 年，赵丽萍等利用 EST 计划获得 1680 个基因片段，制备了国内外首张茶树 cDNA 芯片。利用该芯片检测了 2 个与茶叶香气密切相关的基因，β-葡萄糖苷酶基因和 β-樱草糖苷酶基因。在 3 个茶树品种中，2 个基因的表达水平有明显差异。通过荧光定量 PCR 验证，基因表达变化趋势与 DNA 芯片检测结果一致，同时验证了 cDNA 芯片杂交结果的可靠性。利用芯片技术可以检测茶树不同基因在不同组织中的表达水平（图 6-12），也可利用基因芯片来检测茶树在不同逆境胁迫处理下的基因表达差异（图 6 – 13）。

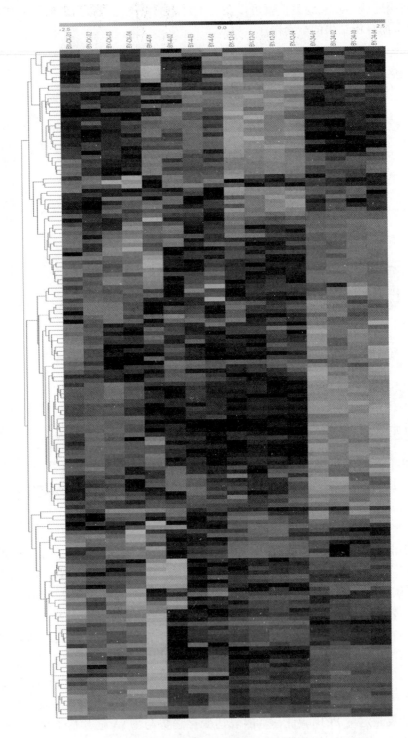

图 6 – 12　茶树不同组织的基因表达差异（Zhang H. B. , 2015）

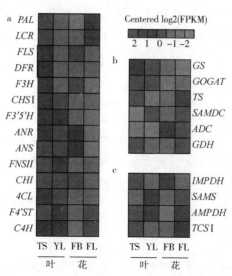

**图 6 – 13　高通量芯片技术检测茶树冷胁迫条件下
基因的表达差异（Zhang Y.，2014）**

2. 功能相关基因的检测及新基因的发现

DNA 芯片技术鉴定重要目标基因，通常采用两种途径：对目标性状具有相对差异的个体的基因表达差异的比较分析，鉴定感兴趣的目标基因或相关的基因群；对同一材料的某一重要目标性状的基因表达谱差异分析，鉴定目标性状形成过程中与特定的生理过程相关的基因，从中筛选并证实感兴趣的目标基因，同时也可以阐述目标性状形成的机理。赵丽萍等对 3 个茶多酚含量有差异的品种与 DNA 芯片进行杂交，获得 3 个品种的基因表达谱及表达差异基因，其中有 7 个次生代谢途径相关基因，主要为 *CHS*、*FLS* 等茶多酚代谢途径中的关键酶基因。2011 年马春雷等应用 DNA 芯片对龙井群体中紫芽和绿芽进行分析，探索茶树紫化相关的差异表达基因。差异表达基因主要与能量代谢、次生代谢和转录调控等基因功能有关，其中 *PAL* 和 *ANR* 基因与花青素代谢途径直接相关，转录因子 MYB 蛋白和 WD40 蛋白可能调控花青素的合成。

3. 病虫害诊断

从正常茶树的基因组中分离出 DNA 与 DNA 芯片杂交就可以得出标准图谱。从发生病虫害的茶树基因组中分离出 DNA 与 DNA 芯片杂交就可以得出病变图谱。通过比较、分析这两种图谱，就可以得出病变的 DNA 信息。这种基因芯片诊断技术以其快速、高效、敏感、经济、平行化、自动化等特点，将成为一项现代化诊断茶树病害的新技术。

4. 茶叶生化成分有益健康的机理研究

如何解释茶叶的有效成分的作用机理是目前茶产业和茶产品开发遇到的一大难题之一，基因芯片技术是解决这一障碍的有效手段，它能够大规模地筛选，通用性强，能够从基因水平解释茶叶功能成分的作用机理，即可以利用基因芯片分析饮茶（或服用茶树中分离的单一功能化合物）前后机体的不同组织、器官基因表达的差异。如果再用 cDNA 表达文库得到的肽库并制作多肽芯片，则可以从众多茶叶化学成分中筛选到起作用的部分物质。生物芯片技术使得茶叶功能物质作用机理的研究获得分子水平上的验证及解释。

5. 优良性状突变体的筛选及鉴定

传统的研究性状与基因关系的方法往往是从一个或几个基因入手，但是植物的性状一般是由多个基因及不同基因组成的网络共同调控的。基因芯片则可从整个转录组入手，揭示大量基因的表达和调控情况，再结合生物信息学的分析方法，从而建立起与某一性状相关的基因网络，并筛选出起到关键作用的差异表达基因。陈亮等采用基因芯片技术对龙井群体中紫芽资源和绿芽资源进行分析，探索茶树紫化相关的差异表达基因。结果检测到差异表达基因 43 个，其中上调表达基因 17 个，下调表达基因 26 个。

6. 测序

基因芯片利用固定探针与样品进行分子杂交产生的杂交图谱而排列出待测样品的序列，这种测定方法快速而具有十分诱人的前景。Mark C 等用含 135000 个寡核苷酸探针的阵列测定了全长为 16.6kb 的人线粒体基因组序列，准确率达 99%。部分茶树的转录组测序工作就是应用了基因芯片技术。

第五节　茶树分子标记及其应用

20 世纪 90 年代以来，随着分子生物学技术的发展与完善，分子标记的研究和应用也得以迅速发展，已广泛应用于多种植物遗传育种研究的诸多领域，包括遗传图谱构建、遗传多样性分析、种和品种起源、分类和进化、基因定位、构建品种指纹图谱、品种或杂交种纯度的鉴定、辅助育种、追踪遗传物质在杂交种后代中的遗传动态，质量和数量性状基因位点分析等多个方面。

一、遗传标记和分子标记的概念

（一）遗传标记

遗传标记（Genetic Marker）指可追踪染色体、染色体某一节段、某个基因座在家系中传递的任何一种遗传特性。遗传标记具有两个基本特征，即可遗传性和可识别性，因此生物的任何有差异表型的基因突变型均可作为遗传标记。遗传标记经历了形态学标记、细胞学标记、生化标记和分子标记 4 个阶段。

最早的植物遗传标记是那些可直接观察到的影响植物形态性状的标记，如矮秆、白化以及叶片形态学的改变等；20 世纪 60—70 年代，同工酶（等位酶）作为一种基因的直接产物而被广泛用作遗传标记。80 年代以来，随着分子遗传学技术的发展，特别是随着大量限制性核酸内切酶的成功分离和提纯，基于 DNA 杂交的限制性片段长度多态性（RFLP）技术受到密切关注，并被广泛用于遗传作图、基因标记、系统与进化等研究领域。90 年代，聚合酶链式反应（PCR）技术的出现，给分子生物学的研究带来了划时代的意义，许多在 PCR 基础上改进的分子标记技术相继出现，包括 RAPD、

SSR、AFLP 等受到广泛重视和应用。

形态学标记（Morphological Marker）是指能够用肉眼识别和观察、明确显示遗传多样性的外观形状。形态学标记简单直观，但标记数目少，多态性低，易受外界条件的影响，所以依据它进行选择的准确性较差，所需时间较长，选择效率也比较低。

细胞学标记是指植物细胞染色体的变异：包括染色体核型（染色体数目、结构、随体有无、着丝粒位置等）和带型（C 带、N 带、G 带等）的变化。与形态标记相比，细胞学标记的优点是能进行一些重要基因的染色体或染色体区域定位。但细胞学标记材料需要花费较大的人力和较长时间来培育，难度很大。同时某些物种对染色体变异反应敏感，还有些变异难以用细胞学方法进行检测。

生化标记是利用电泳技术对蛋白质、酶等生物大分子进行鉴定，主要包括同工酶和等位酶标记。生化标记具有两个方面的优点：一是表型近中性，对植物经济性状一般没有大的不良影响；二是直接反映了基因产物差异，受环境影响较小。但目前可使用的生化标记数量还相当有限，且有些酶的染色方法和电泳技术有一定难度，因此其实际应用受到一定限制。

（二）分子标记

分子标记是指 DNA 序列中便于识别的标识或者记号。生物在长期的进化过程中产生了许多由 DNA 碱基序列变异所致的可遗传变异，基于物种内这种极为丰富的 DNA 碱基序列变异为基础而开发起来的遗传标记即为分子标记。分子标记（Molecular Markers）是以个体间遗传物质内核苷酸序列变异为基础的遗传标记，是 DNA 水平遗传多态性的直接反映。与其他几种遗传标记——形态学标记、生物化学标记、细胞学标记相比，DNA 分子标记具有的优越性有：大多数分子标记为共显性，对隐性的性状的选择十分便利；基因组变异极其丰富，分子标记的数量几乎是无限的；在生物发育的不同阶段，不同组织的 DNA 都可用于标记分析；分子标记揭示来自 DNA 的变异；表现为中性，不影响目标性状的表达，与不良性状无连锁；检测手段简单、迅速。随着分子生物学技术的发展，DNA 分子标记技术已有数十种，广泛应用于遗传育种、基因组作图、基因定位、物种亲缘关系鉴定、基因库构建、基因克隆等方面。

理想的分子标记必须达到以下要求：①具有高多态性；②共显性遗传，即利用分子标记可鉴别二倍体中杂合和纯合基因型；③能明确辨别等位基因；④遍布整个基因组；⑤除特殊位点的标记外，要求分子标记均匀分布于整个基因组；⑥选择中性（即无基因多效性）；⑦检测手段简单、快速（如实验程序易自动化）；⑧开发成本和使用成本尽量低廉；⑨在实验室内和实验空间重复性好（便于数据交换）。特别需要提出的是，所有的分子标记都必须满足和某个基因或者已知标记紧密连锁（连锁程度越高越好）甚至共分离。

二、分子标记的分类及特点

随着人们对生命认识的不断加深以及遗传学的不断深入发展，越来越多的遗传标记被发现，遗传标记的种类和数量越来越多。目前广泛应用的 DNA 分子标记有三类，第一类是以分子杂交为核心的分子标记技术，包括限制性片段长度多态性标记（RFLP）、

DNA 指纹技术、原位杂交等；第二类是以聚合酶链式反应（PCR）为核心的分子标记技术，包括随机扩增多态性 DNA 标记（RAPD）、简单序列重复标记（SSR）、扩展片段长度多态性标记（AFLP）、序标位（STS）、序列特征化扩增区域（SCAR）等；第三类是基于 DNA 芯片技术的分子标记，如单核苷酸多态性（SNP）、表达序列标签（EST）等。

（一）限制性片段长度多态性

限制性片段长度多态性（Restriction Fragment Length Polymorphism，RFLP）技术是发展最早的 DNA 标记技术，是植物遗传研究中使用最广泛的一种标记，已被广泛用于基因组遗传图谱构建、基因定位以及生物进化和分类的研究。RFLP 标记是第一代分子标记技术。所谓 RFLP 是指用限制性内切酶酶切不同个体基因组 DNA 后，含同源序列的酶切片在长度上具有差异，其差异的检测是利用标记的同源序列 DNA 片段作探针（即 RFLP 标记）进行分子杂交，再通过放射自显影（或非同位素技术）实现的。其原理是限制性内切酶识别特定的核苷酸顺序并切割 DNA，由于酶识别序列的点突变或由于部分 DNA 片段的缺失、插入、倒位而引起酶切位点缺失或获得，会使切割 DNA 所得的片段发生变化，从而导致限制性片段的多态性。它主要用于作物遗传连锁图的绘制和目标基因的标记。RFLP 的技术路线如图 6 – 14 所示。

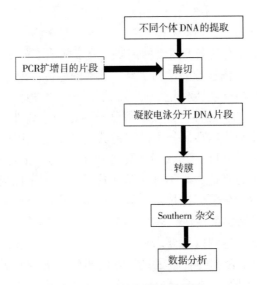

图 6 – 14　RFLP 技术路线图

与传统的遗传标记相比，RFLP 标记具有下列优点：①具有共显性特点，可以区别基因型纯合与杂合，能提供单个位点上较完整的资料；②标记无表型效应，不受环境条件和发育条件影响；③在非等位 RFLP 标记之间不存在上位效应，因而互不干扰；④标记源于基因组 DNA 的自然变异，数量上几乎不受限制。但是由于 RFLP 标记对 DNA 需要量较大，操作繁琐花费昂贵，使其应用受到一定程度的限制。RFLP 标记也有其自身的不足，RFLP 分析需要大量高纯度的 DNA，而且通常都用同位素来鉴定，对技术、劳力及费用要求都比较高。同时，它的检测结果与内切酶的选用密切相关，只能选用一定的内切酶，某个位点才可能表现出多态性，而且它不能够检测出酶切后相同长度 DNA 片段内的碱基变异。

（二）扩增片段长度多态性 （AFLP）

扩增片段长度多态性（Amplified Fragment Length Polymorphism，AFLP）是一种十分有效的 DNA 指纹图谱技术，基本原理见图 6 – 15。目前已经广泛用于植物研究中。

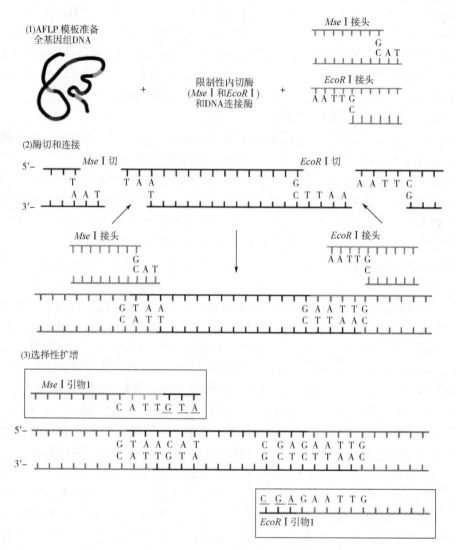

图 6 – 15　AFLP 操作原理示意图

它由 PCR 扩增术和酶切片段长度多态性 RFLP 技术相结合而成，即 DNA 应用两个不同内切酶酶切后，在两末端各连上一个相应的接头，随后经一个与接头和相邻酶切位点互补的引物进行扩增，再通过序列胶分离有标记的扩增产物，得到 DNA 指纹图谱用于分析。此项技术与过去常用的 DNA 指纹图谱技术 RFLP 和 RAPD 相比有许多优点：①稳定，重复性好；②需用的 DNA 量少，适用于分析的 DNA 大小范围宽；③能产生更多的多态性标记（Marker），得到的条带也更密集，一般比 RFLP 和 RAPD 多 10 ~

100 倍，便于比较分析；④操作易于标准化和自动化，适用于大批量的样品分析。

AFLP 技术主要缺点在于很难鉴别等位基因，如在 20 世纪 90 年代中期，世界主要产茶区都各自采用 RAPD 法开展了茶树品种分类和遗传多样性的研究。肯尼亚等用 RAPD 对中国茶（*C. sinensis*）、阿萨姆茶（*C. assamica*）和尖萼茶（*C. assamica ssp. lasiocalyx*）的共 38 个无性系茶树品种研究得到多态性为 62%；韩国 35 个自生茶树品种的多态性为 84.5%。陈亮等采用 RAPD 标记对各自的茶树材料进行了遗传多样性分析，结果显示供试引物多态性程度在 75% ~ 95%，证明中国茶树品种资源在 DNA 分子水平上具有很高的遗传多样性，同时他们还利用 Nei 指数和 UPGMA 法构建了茶组植物分子系统树，并从遗传距离探讨了一些种的亲缘关系和分子进化。

（三）随机扩增多态性 DNA（RAPD）

随机扩增多态性 DNA（Random Amplified Polymorphic DNA，RAPD）是运用随机引物扩增寻找多态性 DNA 片段作为分子标记的技术（图 6 - 16）。它是以一系列人工合成的十聚体寡核苷酸单链为引物，对所研究的基因组 DNA 进行 PCR 扩增，扩增出的产物通过聚丙烯酰胺或琼脂糖凝胶电泳分离，经 EB 染色或放射自显影来检测扩增产物 DNA 片段的多态性。由于进行 RAPD 分析时所用的引物数大，对单个引物而言，其检测基因组 DNA 多态性的区域是有限的，但是，利用一系列的引物则可以使检测区域几乎覆盖整个基因组。因此，RAPD 技术可以对整个基因组 DNA 进行多态性检测。

RAPD 技术的特点包括：①不需 DNA 探针，RAPD 技术可以在物种毫无任何分子生物学研究背景的情况下，对其基因组 DNA 进行多态性分析和亲缘关系鉴定，构建基因遗传图谱，为其分类研究提供分子水平上的理论依据；②用一个引物就可扩增出许多片段（一般一个引物可扩增 6 ~ 12 条片段，但对某些材料可能不能产生扩增产物），总的来说 RAPD 在检测多态性时是一种相当快速的方法；③技术简单，RAPD 技术可以直接对所检测的基因组 DNA 进行分析，省去了目的基因的克隆、Southern 印迹、同位素标记及分子杂交等复杂的分子生物学实验操作程序；④ RAPD 技术是 PCR 技术的延伸，继承了 PCR 技术效率高的优点，RAPD 分析只需少量 DNA，检测容易且灵敏度高；⑤成本较低，无需专门设计 RAPD 引物，并且引物较短（9 ~ 20bp），随机引物可在公司买到，其价格不高；⑥RAPD 标记一般是显性遗传（极少数是共显性遗传的），这样对扩增产物的记录就可记为"有/无"，但这也意味着不能鉴别杂合子和纯合子；⑦RAPD 分析中存在的最大问题是重复性不太高，因为在 PCR 反应中条件的变化会引起一些扩增产物的改变；但是，如果把条件标准化，还是可以获得重复结果的；⑧由于存在共迁移问题，在不同个体中出现相同分子质量的带后，并不能保证这些个体拥有同一条（同源）的片段；同时，在胶上看见的一条带也有可能包含了不同的扩增产物，因为所用的凝胶电泳类型（一般是琼脂糖凝胶电泳）只能分开不同大小的片段，而不能分开含有不同碱基序列，但大小相同的片段。

（四）简单重复序列（SSR）标记和简单重复间序列（ISSR）

SSR 也称微卫星 DNA（Microsatellite DNA）、短串联重复（Tendom - repeats）或简单序列长度多态性（Simple Sequence Length Polymorphism），通常是指以 2 ~ 5 个核苷酸为单

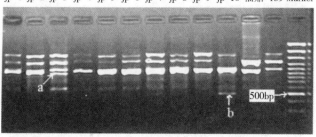

jp-1　jp-2　jp-3　jp-4　jp-5　jp-6　jp-7　jp-8　jp-9　jp-10　福鼎　139　Marker

图 6－16　引物 S55 扩增的 RAPD 图谱

位多次串联重复的 DNA 序列，也有少数以 1～6 个核苷酸为串联重复单位。串联重复次数一般为 10～50 次，同一类微卫星 DNA 可分布在基因组的不同位置上，长度一般在 100bp 以下。由于重复次数不同，从而造成了每个位点的多态性。每个 SSR 两端的序列一般是相对保守的单拷贝序列，通过这段序列可以设计一段互补寡聚核苷酸引物，对 SSR 进行 PCR 扩增，由于 SSR 多态性多由简单序列重复次数的差异引起，通常表现为共显性。SSR 扩增产物通常采用高浓度的琼脂糖胶或聚丙烯酰胺凝胶电泳检测。

与其他分子标记相比，SSR 标记具有以下优点：①数量丰富，覆盖整个基因组，揭示的多态性高；②具遗传信息量大，一个 SSR 座位最多可以检测到 26 个等位基因，有多等位基因的特性，提供的信息量高；③共显性遗传，不易被自然选择和人工选择所淘汰，符合孟德尔遗传定律可以鉴别纯合基因型和杂合基因型，提供完整的遗传信息；④易于利用 PCR 技术分析，对 DNA 质量要求低，用量少，不需使用同位素，即使是部分降解的样品也可进行分析；⑤实验程序简单，耗时短，结果重复性好。

ISSR（Inter－simple Sequence Repeat）是由 Zietkiewicz 等创建的一种新型 DNA 分子标记。它的生物学基础是植物基因组中存在的 SSR。ISSR 标记主要优点是无需知道 DNA 序列信息；显性标记；重复性好，克服了 RAPD 不稳定缺陷；多态性丰富。由于真核生物中 SSR 分布普遍，且进化变异速度特别快，因而利用加锚 SSR 寡聚核苷酸为引物，对 SSR 之间的 DNA 序列进行扩增，能够检测基因组中许多位点的差异。ISSR 标记在植物遗传育种研究中已经被广泛应用，SSR 标记根据微卫星序列两侧的保守序列设计引物，对串联重复的微卫星序列进行 PCR 扩增，结果可以显示出微卫星序列拷贝数的差异，该技术重复性和稳定性都较好，被广泛用于遗传作图、种质鉴定等研究中，但由于 SSR 两侧引物具有物种特异性，具体实验中引物设计费时耗力，要检测多个基因座是不现实的，这在一定程度上阻碍了该技术的广泛应用。

如图 6－17 所示，ISSR 基本原理与 SSR 相似，是近几年人们发展的一种新的分子标记，该技术以加锚 SSR 寡聚核苷酸作引物，对位于反向排列的 SSR 之间的 DNA 序列进行 PCR 扩增，而不是扩增 SSR 本身，它在引物设计上比 SSR 技术简单得多，不需知道 DNA 序列即可用引物进行扩增，又可以揭示比 RFLP、RAPD、SSR 更多的多态性，现已在遗传作图、基因定位、遗传多样性、进化、系统发育（图 6－18）等研究方面被广泛应用。

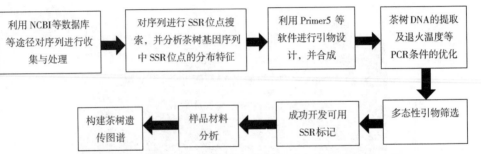

图 6 – 17　利用 ISSR 分子标记构建遗传图谱的过程示意图

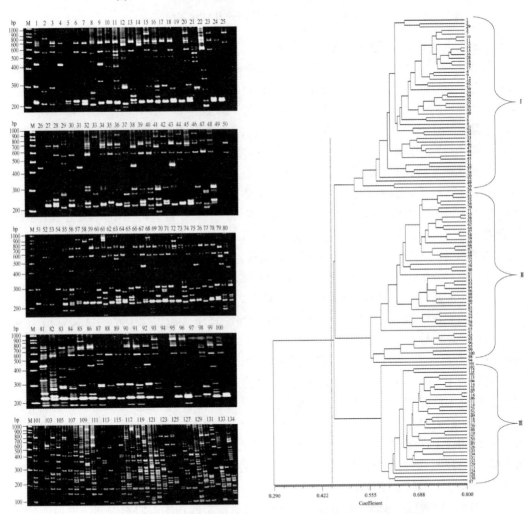

图 6 – 18　基于 ISSR 数据采用 UPGMA 方法构建的 134 个茶树资源系统关系

（五）单核苷酸多态性（SNP）

单核苷酸多态性（Single Nucleotide Polymorphism，SNP）是指由于单个核苷酸替换以及较短片段的插入或缺失所引起的多态性。主要由单个碱基的转换（C↔T，A↔G）、颠换（A↔C，C↔G，A↔T，G↔T）以及小片段的插入缺失组成。根据 SNPs 的分布位置可分为基因编码区 SNPs、基因周边 SNPs 和基因间 SNPs 等。其中，位于基因编码区的 SNPs 数量较少，但它们可能会引起氨基酸的改变，而具有实际的功能。所以基于编码区的 SNPs 构建的遗传图谱，可能会真正建立起基因和复杂性状之间的相互对应关系。而大多数 SNPs 位于非编码区，它们并不对个体的表型直接产生影响，但对群体而言，这些 SNPs 作为遗传标记对群体遗传和生物进化等研究却很有用。

单核苷酸多态性标记数量多，并广泛分布于基因组中，而且，它对不同基因型之间的比较更加直接，更适应于对复杂性状的遗传分析，对构建高密度遗传图谱、克隆新基因以及分子标记辅助育种等具有十分重要的作用。但是，该技术也存在缺点，比如检测成本高、多态性信息含量低等。目前 SNP 技术已经在拟南芥、水稻、小麦等植物研究方面得到广泛应用。

目前 SNP 的检测技术多种多样，基本可以分为两大类。一类是以凝胶电泳为基础的检测方法，如酶切扩增多态性序列法（CAPS）、单链构象多态性法（PCR - SSCP）、变性梯度凝胶电泳（DDGE）、等位基因特异性 PCR（ASPCR）法等，这些方法对设备要求不高，花费较低，但速度慢，不能实现高通量的 SNP 检测。另一类是高通量、自动化程度较高的检测方法，如 DNA 测序法、DNA 芯片检测、飞行质谱仪检测、变性高效液相色谱法等，这一类能实现大规模的 SNP 检测，但对设备和技术要求高，成本较高（表6 - 4）。

表6 - 4 几种常用分子标记方法比较

项目	RFLP	RAPD	SSR	Minisatellite	AFLP
遗传特性	共显性	显性	显性	共显性	显性/共显性
多态性水平	低	中等	高	高	高
检测基础	分子杂交	随机 PCR	专一 PCR	分子杂交	专一 PCR
检测部位	单/低拷贝	整个基因组	重复序列区	重复序列区	整个基因组
技术难点	难	易	易	难	易
DNA 质量要求	高	低	低	高	低
DNA 用量	5～10μg	<50ng	50ng	5～10μg	<50ng
探针	DNA 短片段	随机引物	专一性引物	DNA 短片段	专一性引物
费用	中等	低	高	中等	高

（六）STS 技术和 CAPS 技术

序列标签位点（STS）技术和酶切扩增多态性（CAPS）技术都是利用 PCR 对 RFLP 标记的转化。STS 技术的基本原理是通过对 RFLP 标记使用的 cDNA 克隆进行测序，然后根据其序列设计一对引物，利用这对引物对基因组 DNA 进行特异扩增。由于在 cDNA 中内部存在着插入、缺失等非表达区域，从而使得与两引物配对的区域形成多个不同扩增子，并表现出扩增片段的多态性。但并不是所有 RFLP 标记均可以转化为 STS 标记，主要是由于在 RFLP 标记的许多插入序列远远超过了 PCR 扩增子的长度，因此，这类 RFLP 标记就无法转化为 STS 标记。CAPS 技术是在获得某个位点特异扩增产物的基础上，将该扩增产物进行酶切，电泳检测酶切片段的多态性。其引物通常来自基因库染色体组 DNA 克隆、cDNA 克隆或 RAPD 谱带克隆的测序。

酶切扩增多态性序列（Cleaved Amplified Polymorphic Sequence, CAPS）技术，是利用酶切位点上的 SNPs 引起的目的片段酶切特性的改变而产生多态性，可用于 SNPs 的检测。该技术具有操作简便、稳定性强、成本低等优点，已经广泛应用于水稻、大豆等大田作物，以及猕猴桃、葡萄等林木作物的 SNPs 分型。张成才等建立了使用 dCAPS 方法检测茶树 SNPs 的方法，将 8 个茶树 SNPs 转化为 dCAPS 标记进行检测，8 个 dCAPS 标记中的 DCC229 和 DCC371 在长叶白毫和福鼎大白之间表现有多态性，经检测，它们在这 2 个品种的 F_1 群体中均符合孟德尔 1:1 分离。

三、分子标记在茶树基因组学研究中的应用

相对于模式植物和重要粮食和经济作物，茶树中分子标记的研究工作起步较晚，进展也相对缓慢。目前分子标记在茶树中的应用主要集中在遗传多样性、指纹图谱构建、种质鉴定等方面。近年来随着测序技术的飞速发展，为茶树遗传研究提供了新思路和新方法，分子标记在茶树种质间遗传多样性分析、亲缘关系分析、DNA 指纹图谱构建等方面也得到广泛应用。

（一）茶树种质间遗传多样性分析

遗传多样性（Genetie Diversity）是生物多样性（Biodiversity）的基本组成部分，是遗传信息的总和，蕴藏在地球上植物、动物和微生物个体的基因中，它决定着物种的发生、进化和变异。广义遗传多样性包括物种以上的分类群以及种群以上的生态学系统的遗传多样性，从群体遗传学角度，遗传多样性主要指种内的群体内和群体间的遗传变异。遗传多样性是生物多样性的核心，是其他一切多样性的基础和最重要的成分。遗传多样性是物种维持生命繁衍、抵抗疾病和适应环境条件变化的必然结果。1980 年以来，有关直接检测 DNA 序列变化的分子生物学技术获得快速发展，为遗传多样性检测提供了更直接、更精确的方法。在不同的研究方法中，为避免根据表型来推断基因型时可能产生的偏差，DNA 分析方法成为目前最有效的遗传分析方法。

如图 6-19 所示，AFLP 技术可以用来分析生物群体内和群体间的遗传多样性，在茶树的研究中也有应用，如赵超艺等采用 AFLP 技术，选用分辨能力强、多态性高的 5 对引物组合对 34 个凤凰单丛古茶树资源进行遗传多样性分析，结果表明，5 对引物共扩增出 438 条带，平均每对引物扩增 87.6 条带，多态性条带 348 条，多态性频率为 79.3%；Pnal S 等应用 AFLP 检测了印度和肯尼亚茶树群体的遗传差异，在群体间检测出 79% 的多态性，群体内的遗传差异为 21%，通过主成分分析表明，肯尼亚茶树源于印度种，中国类型茶树具有更广泛的遗传差异，采用 RAPD 和 AFLP 两种分子标记，对来源于印度、斯里兰卡、中国、日本、越南、肯尼亚等 48 个茶树品种进行遗传多样性研究，将 48 个品种划分为阿萨姆变种，中国变种和包含栽培型和野生型茶树品种三个类型，个体间的变异程度达 72%。

（二）茶树品种鉴定和亲缘关系鉴定

因为育种方式和遗传背景的复杂性，茶树亲缘关系的鉴定工作存在诸多难题。早

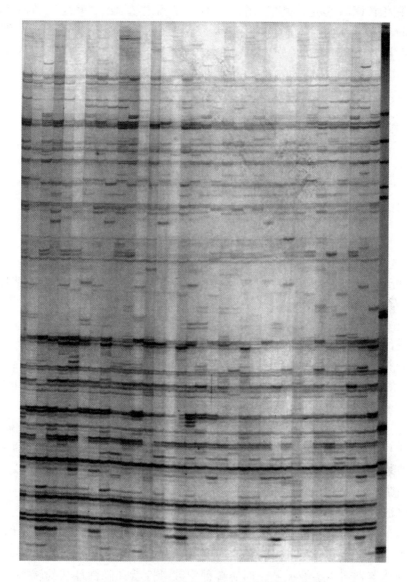

图6-19　AFLP分子标记技术展示的遗传多样性图

期亲本鉴定的方法主要有形态学、细胞生物学、同工酶等。目前，随着分子遗传学的发展，分子标记已经成为亲本鉴定的主要方法，如RAPD、ISSR、AFLP、SSR等分子标记技术均已在茶树亲本鉴定中得到应用。如图6-20所示，利用ISSR分子标记可以进行不同国家茶树亲缘关系的分析，并构建亲缘关系图。

梁月荣等采用RAPD分子标记法对不同类型茶树进行了亲缘关系签别，结果表明，RAPD能有效地区分物种间和茶树种内变种间的差异，阿萨姆和中国型茶树的特异性RAPD分子标记分别为1200bp的WKA-24a和610bp的WKA-24b。日本茶树品种与中国茶树品种具有较近的亲缘关系，部分越南茶树品种为中-印杂种。梁月荣等还用RAPD技术对茶树无性系品种"晚绿"进行亲子关系分析。从中选择6条引物对8份供试材料的基因组 DNA 鉴定，其中 4 个 RAPD 分子标记显示出"晚绿"品种特异性，说明包括"静在 16"在内的 4 个供试品种都不是"晚绿"的真正父本。田中淳一等采用 RAPD 对从生理、形态难以区分的茶树品种"茗绿"与"丰绿"进行亲子关系鉴定。结果显示，"丰绿"不是记载的"朝露"的自交后代；"茗绿"的亲本是"薮北"和 z-1，而非"薮北"和"大和绿"。

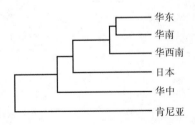

图 6-20　利用 ISSR 进行的不同国家、地区茶树亲缘关系图（Yao M. Z.，2008）

（三）茶树遗传图谱的构建

目标基因的定位是分子标记辅助育种的基础，建立分子标记连锁图谱，可以使目标基因的寻找变得更加容易准确。田中淳一用茶树品种"薮北"及其育成品系"静-印杂 131"的 F_1 集团 46 个个体，使用 166 个引物，用 RAPD 标记法，检出 105 个标记，并绘制了"薮北"与"静-印杂 131"的部分遗传连锁图。之后，田中淳一等根据所绘制的遗传连锁图谱，具体研究了子代遗传标记分别遗传于双亲中的哪个亲本，并检测了这些个体秋季成叶中的茶氨酸含量，证实了"薮北"第一连锁群上的 QpB-20a 及"静-印杂 131"在第一连锁群上的 QpB-2c 与茶叶氨基酸的含量有相关性。Hack-rtt C A 等也研究了茶树遗传图谱的构建。

（四）分子标记辅助育种

利用分子标记与目标性状基因紧密连锁的特点，通过检测分子标记，即可检测到目的基因的存在，达到选择目标性状的目的，具有快速、准确、不受环境条件干扰的优点，可作为鉴别亲本亲缘关系，回交育种中数量性状和隐性性状的转移、杂种后代的选择、杂种优势的预测及品种纯度鉴定等各个育种环节的辅助手段。Junichi Tana-Ka 等基于 RAPD 图谱，研究了茶氨酸、丙氨酸有关的数量性状基因，分析了两者的比例与数量性状基因（QTL）的关系，为揭示茶氨酸合成降解机理开辟了新的途径。徐玲玲等采用同工酶和 RAPD 分析比较的方法，揭示出自然突变株系-大叶乌龙茶某一位点缺少一条谱带，这意味着大叶乌龙与母株相比较，在特定的位点发生了 DNA 的变异，这和酯酶同工酶的研究结果相似，进一步追踪目标基因，将揭示大叶乌龙优质高产的物质基础，为育出该种性状的茶树品种奠定了基础。

四、分子标记在茶树中的应用展望

分子标记技术是直接从 DNA 水平检测基因组的遗传变异的方法，其检测结果不受组织、发育时期、季节等外界环境条件的限制，且数量极多，多态性高，且其变异只源于等位基因 DNA 序列的差异。这种稳定型便于正确地揭示物种的遗传多样性而排除环境变异造成的表型变异，因此，今后 DNA 分子标记技术还将继续在茶树种质资源鉴定、遗传多样性分析与种群分类、遗传稳定性分析、遗传图谱构建、基因定位与辅助育种等方面得到推广应用，为茶树遗传育种研究奠定坚实基础。但茶树分子标记研究还应在以下几方面进行加强：加快茶树 DNA 分子遗传图谱构建、定位分子标记；开发茶树基因定位与功能鉴定新途径；完善分子标记辅助育种技术，有效地开展早期鉴定。

思考题

1. 基因组和基因组学的概念是什么？基因组学研究的内容包括哪些？
2. 研究茶树基因组学的意义是什么？
3. 什么是基因组作图？基因组作图的方法有哪些？
4. 什么是生命起源的"三界学说"？有哪些证据支持该假说？
5. 什么是基因组的多态性？基因组多态性的种类有哪些？
6. 生物芯片和 DNA 芯片的概念是什么？
7. 生物芯片在茶树生物学研究中的应用有哪些？
8. 什么是分子标记？分子标记的种类及在茶树基因组学研究中的应用有哪些？

参考文献

[1] MUELLER U G, WOLFENBARGER L L. AFLP genotyping and fingerprinting [J]. Trends in Ecology & Evolution, 1999, 14 (10): 389 – 394.

[2] ZHANG H B, XIA E H, HUANG H, et al. De novo transcriptome assembly of the wild relative of tea tree (*Camellia taliensis*) and comparative analysis with tea transcriptome identified putative genes associated with tea quality and stress response [J]. Bmc Genomics, 2015, 16: 298 – 311.

[3] ZHANG Y, ZHU X J, CHEN X, et al. Identification and characterization of cold – responsive microRNAs in tea plant (*Camellia sinensis*) and their targets using high – throughput sequencing and degradome analysis [J]. Bmc Plant Biology, 2014, 14: 271 – 288.

[4] 乔小燕, 陈栋, 李家贤, 等. 植物功能基因组研究主要方法在茶树上的应用 [J]. 茶叶科学, 2012 (4): 362 – 368.

[5] 马建强, 姚明哲, 陈亮. 茶树遗传图谱研究进展 [J]. 茶叶科学, 2010 (5): 329 – 335.

[6] KLINGER K, LANDES G, SHOOK D, et al. Rarid detection of chromosome aneuploidies in uncultured amniocytes by using fluorescence insitu hybridization (fish) [J]. American Journal of Human Genetics, 1992, 51 (1): 55 – 65.

［7］JIANG J M, GILL B S. Current status and the future of fluorescence in situ hybridization（FISH）in plant genome research ［J］. Genome, 2006, 49（9）: 1057 – 1068.

［8］GRANT – DOWNTON R T, DICKINSON H G. Epigenetics and its implications for plant biology. 1. The epigenetic network in plants ［J］. Annals of Botany, 2005, 96（7）: 1143 – 1164.

［9］YE X Q, ZHAO Z H, ZHU Q W, WANG Y Y, LIN Z X, YE C Y, FAN L J, XU H R. Entire chloroplast genome sequence of tea（*Camellia sinensis* cv. Longjing 43）: a molecular phylogenetic analysis ［J］. Journal of Zhejiang University（Agric & Life Sci）, 2014（4）: 404 – 412.

［10］TAN L Q, WANG L Y, WEI K, et al. Floral transcriptome sequencing for SSR marker development and linkage map construction in the tea plant（*Camellia sinensis*）［J］. Plos One, 2013, 8（11）: e81611.

［11］李光涛. 茶树的核型及种的分类研究 ［J］. 茶叶, 1983（4）: 11 – 16.

［12］叶大鹏. 三倍体茶树染色体的核型分析 ［J］. 福建茶叶, 1991（4）: 4 – 9.

［13］梁月荣, 田中淳一, 武田善行. 茶树品种资源遗传多态性 RAPD 分析 ［J］. 浙江林学院学报, 2000（2）: 97 – 100.

［14］罗军武, 施兆鹏, 沈程文, 等. 茶树品种资源遗传亲缘关系的 RAPD 分析 ［J］. 茶叶科学, 2002（2）: 140 – 146.

［15］陈亮, 山口聪, 王平盛, 等. 利用 RAPD 进行茶组植物遗传多样性和分子系统学分析 ［J］. 茶叶科学, 2002（1）: 19 – 24.

［16］陈亮, 王平盛, 山口聪. 应用 RAPD 分子标记鉴定野生茶树种质资源研究 ［J］. 中国农业科学, 2002（10）: 1186 – 1191.

［17］陈亮, 杨亚军, 虞富莲. 应用 RAPD 标记进行茶树优异种质遗传多态性、亲缘关系分析与分子鉴别 ［J］. 分子植物育种, 2004（3）: 385 – 390.

［18］赵丽萍, 高其康, 陈亮, 等. 茶树基因芯片的研制和初步应用 ［J］. 茶叶科学, 2006（3）: 166 – 170.

［19］马春雷, 姚明哲, 王新超, 等. 利用基因芯片筛选茶树芽叶紫化相关基因 ［J］. 茶叶科学, 2011（1）: 59 – 65.

［20］SYVANEN A C. Accessing genetic variation: Genotyping single nucleotide polymorphisms ［J］. Nature Reviews Genetics, 2001, 2（12）: 930 – 942.

［21］张成才. 茶树 SNP 标记的开发与应用 ［D］. 北京: 中国农业科学院, 2012.

［22］张成才, 王丽鸳, 韦康, 等. 基于茶树 SNP 的 dCAPS 标记体系研究 ［J］. 茶叶科学, 2012（6）: 517 – 522.

［23］YAO M Z, CHEN L, LIANG Y R. Genetic diversity among tea cultivars from China, Japan and Kenya revealed by ISSR markers and its implication for parental selection in tea breeding programmes ［J］. Plant Breeding, 2008, 127（2）: 166 – 172.

［24］宋方洲. 基因组学 ［M］. 北京: 军事医学科学出版社, 2011: 1 – 7; 86 – 87.

第七章　茶树蛋白质组学

第一节　蛋白质组学概述

一、蛋白质组和蛋白质组学

蛋白质组学（Proteomics）一词源于蛋白质组（Proteome）。蛋白质组由澳大利亚悉尼 Macquarie 大学的 Marc Wilkins 和 Keith Williams 于 1994 年在第一届国际二维电泳会议上首先提出，1995 年 Wasinger 等在电泳法杂志（*Electrohoresis*）上提出蛋白质组的定义：一个基因组编码的全部蛋白质；1997 年 Wilkins 和 Wiliams 编著的《蛋白质组研究：功能基因组学中的新尖端领域》一书中，对蛋白质组定义为：一个基因组或组织表达的全部蛋白质；1999 年进一步完善蛋白质组的定义为：在一个细胞的整个生命过程中由基因组表达的以及表达后修饰的全部蛋白质。2005 年 Englbrecht 等认为蛋白质组学就是理解和鉴定研究对象中全部蛋白质的结构、功能和相互作用；S. R. Pennington 认为蛋白质组学是在基因组学的基础上研究蛋白质表达与功能的科学，是建立在 cDNA 阵列、mRNA 表达谱的基因功能分析，基因组范围的酵母双杂交，蛋白质与蛋白质相互作用分析，蛋白质表达、测序和结构分析等诸多不同实验方法相互融合基础上的科学；Mike Tyers 认为，蛋白质组学就是高通量规模进行研究的蛋白质化学，是后基因组学时代所有研究的综合；现有学者将蛋白质组学定义为：是蛋白质的规模化研究，从蛋白质水平和生命本质层次上研究和发现生命活动的规律和重要生理、病理现象的本质，揭示基因活动的动态表达。人们在获取了基因的全部序列信息后，需要进一步了解这些基因的功能和如何发挥功能，蛋白质组学就是将基因的遗传信息与生命活动之间建立直接联系的关键，在蛋白质水平上探索蛋白质作用模式、功能机理、调节控制以及蛋白质群体内相互作用等。江松敏等将蛋白质组学分成狭义和广义两种，狭义蛋白质组学是利用双向电泳和质谱等高通量技术，鉴定出某一个研究对象中的全部蛋白质，即某一物种、个体、器官、组织、细胞、亚细胞器乃至蛋白质复合体的全部蛋白质；广义蛋白质组学不仅鉴定出某一研究对象中的全部蛋白质，而且了解蛋白质的活性、修饰、定位、降解、代谢和相互作用及其网络等功能与时空变化关系。

二、基因组学、蛋白质组学和系统生物学

人类基因组计划（Human Genome Project，HGP）被誉为 20 世纪的三大科技工程之一，于 2001 年完成了人类基因组序列草图，宣告生命科学进入了一个新的纪元"后基因时代"。功能基因组学（Functional Genomics）是后基因时代的研究重心之一，蛋白质组学是其中的"中流砥柱"，是新世纪最大的战略资源。

基因组（Genome）是指细胞或生物体的一套完整的单倍体遗传物质，是所有不同染色体上全部基因和基因间的 DNA 总和。一个有机体只有一个基因组，但是同一个有机体的不同细胞中的蛋白质组成和它们的数量却随细胞的种类及其功能状态而不同，因此同基因组静态过程相比较，蛋白质组是一个动态过程。基因组学（Genomics）是研究生物基因组的组成，组内各基因的精确结构、相互关系及表达调控的科学。基因组学主要识别、分离、鉴定和克隆所有基因，研究基因的 cDNA、基因的表达谱、调控及其降解机制，基因种类及其在基因组中的定位，基因多态性与功能，基因的异常与疾病之间的关系。基因组学和蛋白质组学的研究是相互协同的，蛋白质组学是基因表达效果的解释，基础组学为蛋白质组学的研究指引方向，推动蛋白质功能研究；有的学者将基因组学和蛋白质组学合称为功能基因组学，基因组学与蛋白质组学关系如图 7 –1所示。

图 7 –1　基因组学与蛋白质组学关系示意图（江松敏，2010）

系统生物学（Systems Biology）是研究生物系统组成成分的构成与相互关系的结构、动态与发生，以系统论和实验、计算方法整合研究为特征的生物学；不同于以往仅仅关心个别的基因和蛋白质的分子生物学，而是研究细胞信号传导和基因调控网路、生物系统组成之间相互关系的结构和系统功能的涌现。系统生物学使生命科学由定性描述转变成定量描述和科学预测；已在预测医学、预防医学和个性化医学方面得到较好的应用，设计和重构植物和微生物新品种，开拓能源、环境和材料生物技术等方面都取得较快发展。系统生物学的主要技术平台包括基因组学、转录组学（Transcriptomics）、RNA 组学（RNAomics）、蛋白质组学、代谢组学（Metabolomics）、相互作用组学（Interactomics）、定位组学（Localizomics）、降解组学（Degradomics）和表型组学（Phenomics）等。广义蛋白质组学包括狭义蛋白质组学、代谢组学、相互作用组学、定位组学、降解组学和表型组学等，故蛋白质组学是系统生物学的最核心内容。

三、蛋白质组学的分类

随着蛋白质组学研究范围的不断完善和扩大，现主要被分为表达蛋白质组学、比较蛋白质组学和临床蛋白质组学。

表达蛋白质组学（Constitution Proteomics）是采用高通量的蛋白质组研究技术分析生物体内的蛋白质，从大规模、系统性的角度展开研究，得到正常生理条件下的机体、组织或细胞的全部蛋白质图谱，"查清"机体基因组所编码的全部蛋白质，建立蛋白质组数据库。比较蛋白质组学又称功能蛋白质组学（Functional Proteomics），着重于寻找或筛选引起2个或多个样本之间的差异蛋白质谱产生的因素，即研究不同时期细胞蛋白质组成的变化或蛋白质在不同环境下的差异表达。临床蛋白质组学（Clinical Proteomics）系统性地运用蛋白质组学方法研究和发现参与疾病发生发展过程中的所有蛋白质，理解疾病如何改变这些蛋白质的表达，以加速发现潜在的药物靶标、诊断和预后标记物等，从而发现新的药物，开发出诊断和预后试剂盒，最终能让医生对疾病进行个性化的治疗。

四、蛋白质组学的研究技术

蛋白质组学的研究目的是实现对一个基因组所编码的全部蛋白质及其相互作用的研究。蛋白质组学的研究是阐明一个未知基因的功能，其研究技术分为实验技术体系和生物信息学两方面的内容，整个蛋白质组研究体系是以质谱为基础的研究与分析方法，包括蛋白质分离与提取、蛋白质鉴定和蛋白质组信息学三个方面。

蛋白质组学研究技术分为以下常用手段。

（1）用于蛋白质和肽分离的技术　大小排阻色谱法（Size - exclusion Chromatography，SEC）、离子交换色谱法（Ion - exchange Chromatography，IEC）、反相高效液相色谱法（Reverse - phase High - performance Chromatography，RP - HPLC）、疏水性相互作用色谱法（Hydrophobic Interaction Chromatography，HIC）、二维凝胶电泳法（2 - dimensional Gel Electrophoresis，2 - DE）、自由流动电泳法（Freeflow Electrophoresis，FFE）、毛细管区带电泳法（Capillary Zone Electrophoresis，CZE）、免疫印迹法（Western Blot）、亲和捕获（Affinity Capture Method）、串联亲和纯化技术（Tandem Affinity Purification，TAP/MS）等。

（2）用于蛋白质鉴定的技术　质谱技术、凝胶图像分析、蛋白质印迹法（Western blot）、蛋白质和多肽的N端Edman降解测序、C端蛋白质测序及氨基酸组成分析、蛋白质芯片等。

（3）用于蛋白质功能研究的技术　Western blot、蛋白质芯片、酵母双杂交（Year Two - hybrid）及大规模酵母双杂交、亲和层析、免疫沉淀、反向杂交系统、免疫共沉淀技术、表面等离子技术、荧光能量转移技术、噬菌体显示技术、蛋白质交联等。

（4）用于蛋白质结构鉴定的技术　X - 射线晶体衍射（X - Ray Diffraction Crystallography，XR）、核磁共振（Nuclear Magnetic Resonance，NMR）等。

（5）蛋白质生物信息学分析技术　数据库（蛋白质序列、EST、cDNA、基因序列、基因组序列等）、分析软件（2－DE 图像分析软件、质谱指纹图谱分析软件等）。

五、蛋白质组学研究的现状和前景

蛋白质组学是应用生物技术、分析技术并结合信息学，通过研究全部基因表达的蛋白质在不同时间与空间的结构与功能，全面地揭示生命活动的本质的学科。自蛋白质组学提出以后，相关的学术论文每年以几何级数递增，2001 年第一本关于蛋白质组学的杂志 *Proteomics* 创刊，2002 年 *Journal of Proteome Research* 创刊，2003 年 *Proteome Science* 创刊，之后陆续创刊的还有 *Applied Genomics and Proteomics*、*Briefings in Functional Genomics and Proteomics*、*Expert Review of Proteomics*、*Molecular & Cellular Proteomics*、*Biochimica et Biophysica*、*Acta－proteins and Proteomics*、*Cancer Genomics & Ptoeomics*、*Journal of Proteomics & Bioinformatics* 和 *Journal of Proteomics* 等。

我国的蛋白质组学的研究机构主要有军事医学科学院蛋白质组学国家重点实验室、高等院校蛋白质组学研究院、中国医学科学院蛋白质组学研究中心、中国科学院蛋白质组学重点实验室、复旦大学蛋白质研究中心和交通大学系统生物学研究所等。"人类重大疾病的蛋白质组学研究"是我国第一个蛋白质组学研究方面的重大课题，经过 5 年的实施，形成了人员队伍、研究基础、实验资源、实验条件和研究成果等方面具有明显优势和特点的北京和上海研究团队。2007 年我国科学家获得了第一张人类器官蛋白质组图谱，即肝脏蛋白质组表达谱。"人类肝脏蛋白质组计划"围绕人类蛋白质组的表达谱等科研任务，我国科学家成功测定出 6788 个高可信度的中国成人肝脏蛋白质，系统构建了国际上第一张人类器官蛋白质组"蓝图"；发现了包含 1000 余个"蛋白质－蛋白质"相互作用的网络图，建立了 2000 余株蛋白质抗体，并将有望用一种与电脑连接的生物芯片，通过验血方式，准确地找出各类肝炎及肝癌的致病原因，既能减轻诊断痛苦又能对症下药。蛋白质组学对植物学、动物学、微生物学和人类医学的研究与发展都有深远而广泛的影响。农业科学方面，蛋白质组学已应用在植物生理（抗旱、植物与环境中菌系共生、突变性状的基因功能）；在医学研究方面，蛋白质组学成为寻找疾病分子标记和药物靶标最有效的方法之一。

蛋白质组学研究方法中双向电泳的通量、灵敏度和规模化有待于进一步改善，二维凝胶电泳法有分离容量的限制、染色转移操作困难、费时，低丰度蛋白质难以辨别，以及和质谱技术连用已经成为瓶颈，因此现开始重视以色谱/电泳－质谱为主的技术平台。同时，酵母双杂技术虽已被用于研究蛋白质连锁群和蛋白质功能网络系统，但仍缺乏快速、高效的手段获取复杂蛋白质相互作用的多维信息。蛋白质组学的研究方法在不断地改进，新技术的补和双向凝胶电泳的新方法已成为蛋白质组学研究技术最主要的目标。其中二维色谱（2D－LC）、二维毛细管电泳（2D－CE）、液相色谱－毛细管电泳（LC－CE）等是新型分离技术的主要方向；以质谱技术为核心的技术是全蛋白质组混合酶解产物鉴定的主要方向。

蛋白质组学的前沿大致分为三大方向：① 针对有基因组或转录组数据库的生物体或组织/细胞，建立其蛋白质组或亚蛋白质组（或蛋白质表达谱）及蛋白质组连锁群，即组成性蛋白质组学研究；② 以重要生命过程或人类重大疾病为对象，进行重要生理/

病理体系或过程的比较蛋白质组学研究，即比较性蛋白质组学研究；③ 蛋白质组学支撑技术平台和生物信息学的研究。

六、茶树蛋白质组学的研究状况

植物蛋白质组学作为蛋白质组学的一个重要分支，是分子生物学的重要组成部分，为未来研究和发展植物生理学提供了基础。植物蛋白质组学研究的开展，能快速分离鉴定与控制植物重要农艺性状的蛋白质，运用逆向遗传学方法鉴定基因功能，再利用基因工程手段将优良的农艺性状基因转化农作物，以进一步提高作物产量、品质和抗逆性。蛋白质组学在茶树抗旱、抗寒、抗病害、品质调控、突变体、亚细胞和花粉等方面都有一定的研究工作积累，但进展较缓，主要是茶树没有完整的基因组，且相较于拟南芥和水稻等模式植物，蛋白质提取过程中干扰物质较多，制备难度大。蛋白质组学在茶树品质调控研究方面的成果可以帮助后期茶树功能性成分的提高提供很多的研究基础和实际应用。林金科等通过外源方式诱导茶树 EGCG 含量提高，并发现诱导出现和消失的特异蛋白质分别有 14 种和 8 种，表达上调和下调相差 10 倍的蛋白质分别有 11 种和 6 种。随着 2D - HPLC、2D - CE 及 LC - CE 等新型分离技术的出现，生物质谱技术及生物信息学工具的进一步完善，茶树蛋白质组学的研究将更加深入和广泛。

第二节　茶树蛋白质工程

一、蛋白质工程

蛋白质工程概念是 20 世纪 80 年代初 Genex 公司 K. Ulmer 第一次提出，并建立了蛋白质工程研究机构和制订了相应的研究开发计划。蛋白质工程对蛋白质已知结构和功能进行了解，并借助计算机辅助设计，利用基因定位诱变等技术改造基因，实现改进蛋白质某些性质的目的，为认识和改造蛋白质分子提供强有力的手段。蛋白质工程的创立和发展很大程度上取决于计算机技术的应用和发展，计算机技术对蛋白质工程的发展起了决定性的作用，因为蛋白质空间结构分析需要处理大量的数据，实现特定功能的结构改变需要把数据转换成图像进行结构预测和分子设计，这些都需要计算机的辅助处理。

广义蛋白质工程，实际上是广泛的蛋白质优质生产和高效利用的方法学研究，包括蛋白质的分离纯化技术，蛋白质结构和功能的分析、设计和预测，通过基因重组或其他手段改造或创造蛋白质，以及蛋白质分子识别和蛋白质光电特性利用工程等。狭义蛋白质工程，指应用基因工程的方法获得蛋白质优质生产和高效利用的方法学研究，是从预期的蛋白质功能出发→设计预期的蛋白质结构→推测应有的氨基酸序列→找到相对应的核糖核苷酸序列（RNA）→找到相对应的脱氧核糖核苷酸序列（DNA），进行基因工程学研究与改进。

二、蛋白质工程学和其他学科的关系

蛋白质工程是20世纪80年代初诞生的一个新兴生物技术领域，其产生和发展与生物化学、生物物理学、分子生物学、分子遗传学、生物工程技术、计算机和化学工程等都息息相关，是多个学科和生物工程技术相互融合、共同发展的结果。生物化学和结构分子生物学的发展为蛋白质工程提供理论基础，计算机辅助设计相关软件的开发与飞速发展为蛋白质工程提供了蛋白质结构模拟预测的设计平台，分子生物学理论基础和基因工程技术以及生物信息学领域技术的迅猛发展则提高了蛋白质分子设计的效率和正确性。

基因工程是通过基因操作把外源基因转入生物体内并表达，只能生产自然界已存在的蛋白质，这些蛋白质的结构和功能不一定符合人类生产和生活的需求。蛋白质工程是根据蛋白质的精细结构与功能之间的关系，利用基因工程的手段，按照人类的需求，定向地改造自然界的天然蛋白质，或创造新的优良特性蛋白质。蛋白质工程与基因工程密不可分，蛋白质工程是通过基因重组技术改造蛋白质或设计合成具有特定功能新蛋白质的新兴研究领域，依赖基因工程获得突变型的蛋白质，是基因工程的深入和延伸；基因工程可将蛋白质工程的改进蛋白质技术提高到理想的状态。酶工程是蛋白质工程应用前途较多的一个分支，是利用酶、细胞或细胞器等具有的特异催化功能，借助生物反应装置和通过一定的工艺手段生产出人类所需要的产品。酶工程的原理派生出蛋白质的分子印迹、蛋白质生物传感器等技术。生物医学工程是运用现代自然科学和工程技术的原理和方法，从工程学的角度多层次研究人体的结构、功能，揭示生命现象及其相互关系。蛋白质作为生物材料应用于生物医学工程产生了蛋白质组织工程，为防病、治病提供了新的研究方法和技术手段。生物和材料科学家正积极探索将蛋白质工程应用于微电子工程，采用蛋白质工程方法制成的电子元件，具有较大的开发和应用前景，如神武传感器，具有体积小、耗电少、效率高等特点。

三、蛋白质工程的设计原理、研究程序和方法

随着基因工程的发展，人们可以运用基因重组等理论和方法设计并制造出预想的各种性能蛋白质，这种改变可以是蛋白质水平或基因水平的。基因水平的改变是在功能基因开发的基础上，对编码蛋白质的基因进行改造，甚至小到可改变一个核苷酸，或大到可以加入或消除某一结构的编码序列。蛋白质水平的改变（蛋白质工程设计）主要是在了解改造的蛋白质结构和功能的基础上，提出蛋白质改造的设计方案，依据设计方案对蛋白质进行加工、修饰（糖基化、磷酸化等）。通过对蛋白质结构的设计，研究者可增进对决定蛋白质折叠状态特征的力和效应的理解，并控制特定折叠结构设计，得到新的具有生物效能和特异性的合成蛋白。蛋白质设计的应用包括在医药、传感器、催化剂和材料等领域，蛋白质分子设计按照被改造部位的多寡分为三种类型：①小改：对已知结构的蛋白质进行几个残基的替换来改善蛋白质的结构和功能；②中改：对天然蛋白质分子进行大规模的肽链或结构域替换以及对不同蛋白质的结构域进行拼接组装；③大改：在了解蛋白质结构和功能的基础上，从蛋白质一级结构出发，

设计自然界不存在的全新蛋白质。

蛋白质工程的研究程序可简述为：①筛选纯化需要改造的目的蛋白，研究其特性常数；②制备结晶，并通过氨基酸测序、X 射线晶体衍射分析、核磁共振分析等研究获得蛋白质结构与功能相关的数据；③采用生物信息学方法对蛋白质的改造进行分析；④根据氨基酸序列及其化学结构预测蛋白质的空间结构，确定蛋白质结构与功能的关系，从而发现可以修饰的位点和途径；⑤根据氨基酸序列设计核酸引物或探针，并从 cDNA 文库或基因文库中获取编码该蛋白质的基因序列；⑥在基因改造方案设计的基础上，改造编码蛋白质的基因序列，并在不同的表达系统中表达；⑦分离纯化表达产物，并对表达产物的结构和功能进行检测。

合理的分子设计是蛋白质改造成功的前提，目前人们已通过突变、重组和功能筛选等技术获得改造的蛋白质分子。常用的基因突变技术主要有寡核苷酸引物介导的定点突变、盒式突变、PCR 突变；易错 PCR 随机突变和 DNA 改组基因突变技术等；蛋白质筛选系统有噬菌体表面展示技术、细菌表面展示技术和体外展示技术等。蛋白质工程目前已经在蛋白质药物、工业酶制剂、农业生物技术、生物代谢途径等研究领域取得了很大的进步。在生物药物开发领域主要应用的蛋白质工程技术方法包括定点突变、体外定向进化和 tRNA 介导蛋白质工程技术。采用蛋白质工程技术可开发出更多的具有新结构、新功能的蛋白药物，推动生物药物的不断创新和发展。

定点突变（Site – directed Mutagenesis）技术是在确定生物药物的功能以及结构的基础上，对某一活性基团进行全新的有目的的改变，或者是在确定 DNA 序列中删除、插入以及取代一定长度的核苷酸片段，在突变基因的过程中可以更好地对生物大分子中的个别结构氨基酸残基进行有目的的改变，可获取比较新颖的含有新性状生物药物的方法。采用 PCR 法进行定点突变可改变核苷酸序列，对蛋白质进行特异性的变性和复性处理，纯化蛋白质、提高其生物活性。定点突变技术较使用自然因素以及化学因素致使其突变的方法，具较好的重复性、易行性和突变率高等优点；且能改变特定的核苷酸序列，并影响其生物性质和功能，便于发现基因改良和高活性的生物药物；但只能对天然蛋白质中少数氨基酸进行替换，蛋白质的高级结构基本保持不变，对蛋白质功能的改造有限。

体外定向进化技术，是一种较定点突变不同的蛋白质工程方法，不需已知的生物药物结构和功能信息，只在实验室模拟自然进化机制，通过易错 PCR（Error – prone PCR）、DNA 改组（DNA Shuffling）等方法，对编码蛋白质工程药物的基因进行随机诱变，再通过高通量筛选或压力选择方法定向筛选出性能更加优良的生物药物或创造出自然界所没有的、性能优良的药物。易错 PCR 指在体外扩增基因时，利用适当条件使扩增的基因出现少量碱基误配，引起突变，是一种简单、快速、廉价的基因随机突变及筛选方法，利用 DNA 聚合酶不具有 3′ – 5′校对功能的性质，在 PCR 扩增待进化酶基因的反应中，使用低保真度的聚合酶，改变 4 种 dNTP 的比例，加入锰离子并增加镁离子浓度，使 DNA 聚合酶以较低比率向目的基因中随机引入突变，并构建突变库。一般来讲，一次易错 PCR 和定向筛选很难获得令人满意的效果，常采用连续易错 PCR 反复进行随机诱变，获得重要的有益突变。DNA 改组克服了随机突变的随机性限制，能将多条基因的有利突变直接重组到一起，是将一群密切相关的序列（如多种同源而有差异的基因或一组突变基因文库）用脱氧核糖核酸酶Ⅰ（DNase Ⅰ）随机切成小片段，利用小片段之间部分重叠的碱基进行随机配对的无外加引物 PCR 扩增，重组成完整全长的核酸序列，最终通过模拟自然界突变实现 DNA 重组。

tRNA 介导蛋白质工程技术指有选择性地对目的蛋白进行功能改造，将人为设计的非天然氨基酸选择性地掺入蛋白质，首先采用化学氨酰化对转运 RNA 进行抑制形成错酰化 tRNA，将错酰化的 tRNA 的反密码子靶向引入目的蛋白的设定位点，合成非天然氨基酸的蛋白质。tRNA 介导蛋白质工程技术与定点突变技术相似，可选择性地对目的蛋白进行定向改良。目前 tRNA 介导蛋白质工程技术可将 20 多种非天然氨基酸掺入蛋白质中，在新功能重组蛋白的研发中具有广阔的应用前景。

四、蛋白质工程的应用状态和前景

蛋白质工程是一种分子生物学水平上对蛋白质结构和功能进行改造的技术方法，目前被应用到蛋白质药物、工业酶制剂、农业生物技术、生物代谢途径等领域。蛋白质工程的应用可提高重组蛋白的活性及稳定性；延长制品在体内的半衰期和降低制品的免疫原性；提高酶的热稳定性；改变酶促反应的 K_m 与 V_{max} 和反应的催化效率；提高蛋白质的抗氧化能力；改变酶的别构调节部位，减少反馈抑制，提高产物产率；增强蛋白对胞内蛋白酶的抗性，简化纯化过程和提高产率；改变酶的底物专一性。

蛋白质工程在农业领域中为了改造农业，在提高粮食产量、改进农药效果、增加饲料特性等方面都开展了研究。植物中固定二氧化碳的酶（核酮糖－1，5－二磷酸羧化酶）经过蛋白质工程改造后，可提高其光合效率，从而实现农作物增产。美国坎布里奇的雷普里根公司采用蛋白质工程技术改造了微生物蛋白质结构，使其微生物农药的杀虫率提高了 10 倍。饲料用酶方面，通过蛋白质工程改造酶结构，获得高比活、耐高温、pH 作用范围广、抗胃肠道蛋白质的酶等。

蛋白质工程在工业领域中的应用成果较多，通过蛋白质工程改变天然酶的结构，大大提高了酶的耐高温、抗氧化能力，提高了酶的稳定性及 pH 范围，获得了应用于食品、化工、洗涤等工业的产品。食品工业中有用于制备高果糖浆的葡萄糖异构酶，用于干酪生产的凝乳酶，用于洗涤的枯草杆菌蛋白酶，用于模仿羊毛、蚕丝、蜘蛛丝生产的蛋白酶等。

蛋白质工程在医药领域中的最大意义在于人们可以利用蛋白质对人类一些疾病进行治疗。通过分子设计和定点突变等蛋白质工程技术获得人胰岛素突变体，降低了胰岛素的聚合作用；蛋白质工程改造的蛋白质（如人的 β－干扰素和白细胞－2）稳定性提高，抗癌效果增加；蛋白质工程将第 47 位的天冬酰胺变成赖氨酸，使其与分子内第4 位或第 5 位苏氨酸间形成氢键，提高水蛭素活性和凝血效率；病毒疫苗的重组研制，获得免疫原性好的重组蛋白，提高疫苗的抗病效果。

蛋白质工程的应用领域极为广泛，对探索环境、保护自然、控制和设计与 DNA 相互作用的调控蛋白，实现控制遗传、改造生物体，创造符合人类需求的新生物类型发挥着不可忽略的作用。蛋白质工程可以带动生物工程进一步发展，推动与人类生产、生活关系密切的科学发展，如抗蛋白质变性延缓衰老、遗传病的防治、农牧业遗传育种、航天科技、新型材料研制等。

五、茶树蛋白质工程的研究状况

茶树的蛋白质工程研究主要展开了纯化目的蛋白、氨基酸序列测定、蛋白质结构分析和定点突变等方面。

在纯化目的蛋白方面，有如下一些研究工作。2011 年骆洋等，优化茶树 *ANR* 基因在大肠杆菌中的表达、分离纯化 ANR 酶蛋白；结果表明，25℃ 的诱导温度，1.0mmol/L作为诱导氨苄青霉素浓度，诱导 5h，可纯化前目的蛋白产量的 48%，纯化后的蛋白纯度接近 100%，并对其初步功能做了一定的分析鉴定工作。2012 年，陈啸天等利用 RACE 技术，克隆出茶树 *F3′5′H* 基因，并获得了其 ORF 框两翼 UTR 区序列，优化大肠杆菌原核表达体系，获得了能高效表达茶树 *F3′5′H* 酶的菌株，在 30℃下蛋白表达量最高，纯化后的蛋白纯度接近 86.4%。2012 年王乃栋等构建 pPICZα – PPO 融合表达载体，并成功将其转入毕赤酵母中，实现了目的蛋白的诱导表达，*PPO* 基因成功重组到酵母基因组中，且能在酵母自身的表达系统中得到有效的诱导表达，其目的蛋白具有酶的生物活性。2013 年仇传慧等成功地将 *CsSCPL* 重组到表达载体 pET32a（+）上进行原核表达，并对诱导时间和温度进行了优化，经 IPTG 诱导、SDS – PAGE 检测，目标蛋白条带分子质量为 70ku。2013 年王云生等采用 RT – PCR 技术获得茶树二氢黄酮醇 4 – 还原酶基因（*CsDFR*）的开放阅读框，编码含 347 个氨基酸的蛋白质，推测分子质量为 38.69ku，等电点为 6.02；成功地将该基因重组到表达载体 SUMO 上，并在大肠杆菌 BL21 中原核表达，优化了原核表达中诱导时间、诱导温度、IPTG 浓度，纯化出目的蛋白。2014 年胡晓婧等利用 RT – PCR 分析 *CsF3H* 基因在茶树不同部位的表达水平，在克隆 *CsF3H* 基因的基础上，成功将该基因整合到 PRSF 表达载体上，并对 *CsF3H* 基因在大肠杆菌中的表达条件进行了优化，初步鉴定了重组蛋白的功能。2015 年林秋秋等利用噬菌体肽库技术及测序，筛选能与茶假眼小绿叶蝉中潜在受体相结合的短肽序列，通过基因克隆与表达，构建短肽 – 增强型绿色荧光蛋白（EGFP）融合蛋白，从而寻找和筛选可与潜在受体蛋白结合的短肽，并证实短肽与受体分子的结合活性。2016 年武鑫等以黄嘌呤核苷为反应底物，通过串联共表达系统中的 CaXMT 和 TMX 的共同作用，进行酶促反应生物合成咖啡碱和可可碱，成功诱导 pMAL – CaXMT – TMX 基因融合蛋白表达后，可合成可可碱，但无咖啡碱合成。

在氨基酸序列测定方面，有如下的一些研究工作。2012 年马春雷等根据筛选到的 MYB 转录因子的部分序列，采用 RT – PCR 和 RACE 技术从茶树中克隆了 2 个茶树转录因子基因 *CsMYB*1 和 *CsMYB*2，并对其进行了全面的生物信息学分析，荧光定量 PCR 技术检测了 2 个转录因子在茶树不同组织中的表达特性和遮阴处理条件下的表达规律。2012 年邓婷婷等应用 cDNA – AFLP 技术分离得到安吉白茶阶段性返白过程中表达上调的泛素活化酶基因片段，通过 SMART – RACE 技术获得该基因 cDNA 全长，并对其序列进行了生物信息学分析，安吉白茶 *UBA*1 基因在白化期的表达量是返绿期的 2.49 倍。2013 年曹红利等采用反转录 PCR 结合 RACE 技术，从茶树中克隆了 *CsCMO*，全长 cD-

NA 序列 1558bp，包含 1350bp 的完整开放阅读框，编码 434 个氨基酸；在低温、NaCl 以及 ABA 处理下甜菜碱积累，*CsBADH* 和 *CsCMO* 上调表达，盐胁迫下表达更明显，表明甜菜碱与茶树抵御低温、NaCl 和 ABA 三种胁迫关系密切。2013 年陈林波等利用 cDNA–AFLP 技术获得"紫鹃"茶树幼嫩叶与成熟叶之间的差异表达片段 TDF，通过 RACE 方法从茶树中克隆了羟甲基戊二酰辅酶 A 合酶基因的全长 cDNA，且发现该基因在成熟叶片中表达量高于幼嫩叶片。2014 年贡年娣等利用 RACE 技术，克隆了两个茶树第 4 亚组 MYB 转录因子，且发现这 2 个基因均在根中高表达，而在茎中低表达。2016 年钱文俊等克隆获得一个全长 ORF 为 1923bp，编码 649 个氨基酸的 A/N–Inv 基因 *CsINV*10，该基因编码的蛋白氨基酸序列无 N–端信号肽，无跨膜结构域，属于亲水性蛋白并定位于叶绿体；茶树 *CsINV*10 的表达具组织表达差异性，受多种逆境胁迫诱导。

在二维／三维结构分析方面，有如下一些研究工作。王新超等于 2011 年和 2012 年分别利用 SMART–RACE–PCR 技术获得了茶树细胞周期蛋白基因（*CsCYC*1）和茶树细胞周期蛋白依赖激酶基因（*CsCDK*1），*CsCYC*1 和 *CsCDK*1 基因在茶树越冬芽休眠期的表达量远低于恢复生长期，在萌发期表达量最高，说明该基因与茶树越冬芽休眠的解除关系密切。2015 年陈琪等采用同源建模法对茶氨酸合成酶基因 *CsTS* 的蛋白三维结构进行预测，找到 3 个谷氨酰胺合成酶的差异位点。2015 年王永鑫等从茶树材料中克隆得到两个 NAC 转录因子基因 *CsNAC*1 和 *CsNAC*2，功能域鉴定分析表明，*CsNAC*1 和 *CsNAC*2 转录因子均含有典型的 NAM 保守结构域，证明二者均属于 NAC 家族；保守域多重性对比分析显示 *CsNAC*1 和 *CsNAC*2 均含有 A、B、C、D、E 五个亚域，且各亚域均有较高的保守型。2016 年钱文俊等通过 SWISS–MODEL 在线软件对 *CsINV*10 三级结构预测后，利用 PhyMol 软件编辑获得 *CsINV*10 的三级结构（有 14 个 α 螺旋、17 个无规则卷曲、第 2 个和第 3 个 α 螺旋之间的 2 个小的 β 折叠）。

在定点突变方面，有如下一些研究工作。2004 年韦朝领等以茶树叶片中克隆的紫黄质脱环氧化酶（VDE）cDNA（AF462269 GenBank）为研究对象，对脂类结合蛋白特征区的保守位点进行定点突变，并将其 cDNA 克隆到大肠杆菌表达和进行体外酶活测定，发现两个突变体的表达产物催化活性很弱，说明脂质运载蛋白特征区是影响茶树 VDE 活力的主要功能区。2012 年金璐等对茶树中咖啡碱合成酶基因（*TCS*1）进行了定点突变及其体外酶活力的比较，找到了可能改变 TCS1 酶活性的 4 个关键位点，成功进行了 4 个相应位点上的定点突变，突变后可可碱产量增加，但咖啡碱产量低。2016 年唐雨薇等以茶树中咖啡碱合成酶为例，建立茶树 CRISPR/Cas9 基因编辑载体的构建方法，成功构建了靶向 *TCS* 的 CRISPR/Cas9 基因组编辑载体。

我国一直非常重视茶树的品种改良、次生代谢产物改善的工作，但由于茶树生长周期长、自交不亲和的特性，使得常规育种技术和代谢产物表达工作难以取得突破性进展。近年来分子育种、基因工程和蛋白质工程等现代分子生物学技术在水稻、番茄、马铃薯等农作物品种改良中发挥了重要作用，也为茶树育种和次生代谢产物量提高提供了新的途径。开展茶树的蛋白质工程研究工作，是后续茶树品种改良和次生代谢产物产量提高改进的一种有利方式。

第三节 双向凝胶电泳

一、双向凝胶电泳概述

双向凝胶电泳（2 – Dimensional Electrophoresis，2 – DE）是由 O'Farrell 1975 年首次建立，并成功得到 *E. coil* 蛋白质提取液的 1100 种不同组分的 5000 个蛋白质点的双向电泳图谱。2 – DE 经历了几个发展阶段：由最初的重复性差、上样量小，到 20 世纪 80 年代初期的固定化 pH 梯度（IPG）等电聚焦电泳技术改善重复性和提高上样量，再到现在的微量鉴定技术和质谱技术的联合应用，使 2 – DE 成为目前最广泛应用的蛋白质组学分离技术。2 – DE 的原理是首先进行第一向等电聚焦（Isoelectric Focusing，IEF），蛋白质沿 pH 梯度分离，聚焦至各自的等电点；然后再沿垂直方向进行第二向 SDS – 聚丙烯酰胺凝胶电泳（SDS – PAGE），根据分子大小不同分离蛋白质，得到点状的电泳图谱。2 – DE 过程可分为 5 个部分：样品制备、等电聚焦、SDS – PAGE、显影和结果分析、质谱鉴定。

双向凝胶电泳被广泛应用于植物、动物和医学等研究领域。在植物科学研究领域，2 – DE 用于研究样品总蛋白、不同样品蛋白质表达差异、蛋白质间相互作用、蛋白质修饰等；在植物群体遗传蛋白质组、植物信号应答蛋白质组、植物组织器官蛋白质组等方面均取得了较大的进展。目前 2 – DE 被广泛应用于水稻、小麦、茶树、沙田柚、柑橘、龙眼、桑树等蛋白质组研究。在动物科学研究领域，双向凝胶电泳被用于小鼠血清蛋白、卵巢蛋白、兔晶状体蛋白质、昆虫离体细胞膜蛋白、户尘螨蛋白、家蚕雌性附腺及其 Ng 突变体蛋白质、大腹园蛛毒素蛋白质、家蚕蛋白质、牛精液蛋白、猪巨噬细胞蛋白等方面。在医学研究领域中，2 – DE 被用于研究人体的组织、器官、细胞，为疾病的诊治和了解发病机制提供了新的研究手段。在肿瘤研究中，寻找与肿瘤发生、发展和抗药性有关的蛋白；利用 2 – DE 技术建立和优化人血清蛋白质图谱，为进一步开展疾病的血清蛋白质组学研究提供基础；应用于临床诊断、病理研究、药物筛选、新药开发、食品检测和物种鉴定等。

2 – DE 以高分辨率、简单、快速的优点成为蛋白质组学研究不可替代的分离方法，但样品制备、电泳和蛋白质的定量、蛋白质检测的可重复性仍是制约 2 – DE 应用的瓶颈。现在膜蛋白样品溶解性、低丰度蛋白质检测、极酸极碱蛋白质、低分子质量和高分子质量蛋白质分离方面，2 – DE 已取得了很大的进展，但还需要进一步完善技术，突破 2 – DE 技术使用的限制，使其在之后的蛋白质组学分离与鉴定研究中发挥更大的作用。

二、茶树蛋白质双向凝胶电泳制备技术

双向凝胶电泳技术作为一种有效的蛋白质分离技术在蛋白质组学研究中广泛应用，其有效地提取、溶解蛋白质以及去除一些非蛋白质成分是双向凝胶电泳成功的关键所在。不同的植物材料有其组织特异性和代谢产物的差异，其双向凝胶电泳体系不尽相

同，目前尚未有一种适用于所有植物样品的蛋白质样品制备方法和技术体系。蛋白质样品的制备是影响双向凝胶电泳分辨率和重复性的重要因素之一，为尽可能多地溶解蛋白质，打断蛋白质之间的非共价键结合，使其以分离的多肽链形式存在，去除非蛋白质组分，避免脂类、核酸、盐等物质的干扰作用，常采取简化提取纯化步骤（避免目标蛋白损失），添加表面活性剂（促进蛋白质溶解）、还原剂（破坏二硫键）、蛋白酶抑制剂（避免蛋白质被酶解）、缓冲液（控制溶液 pH）和核酸酶（去除核酸干扰）。对于不同的蛋白质样品，其活性保存、溶解条件不同，可以采用不同的溶液配方，见表 7 - 1。

表 7 - 1　　　　　　　　　　蛋白质裂解液中的添加剂（江松敏，2010）

类型	例子	目的
缓冲液	Tris、MOPS 等	稳定
盐	KCl、NaCl 等	稳定
去垢剂	SDC 等	稳定和溶解性
表面活性剂	Triton X - 100 等	稳定和溶解性
保护剂	甘油和蔗糖等	稳定
防腐剂	叠氮钠	防止细菌生长
金属螯合剂	ETDA、EGTA	稳定
巯基保护剂	DTT	稳定
配体	Metals、ATP	稳定
蛋白酶抑制剂	PMSF	稳定

茶树 [Camellia sinensis (L.) O. Kuntze] 属山茶科山茶属，为多年生常绿木本植物。茶树叶片含有大量的多糖、多酚及色素等次生代谢产物，且多酚类物质易发生氧化降解，影响蛋白质样品的制备及电泳过程。针对上述因素，研究者们为改善茶树蛋白质双向凝胶电泳的图谱分辨率，从提取方法着手开展了具体的研究工作。

2003 年林金科等针对茶树材料的特异性（色素和多酚含量高），对茶树蛋白质的提取纯化进行了技术改进，比较了人体细胞蛋白质、水稻蛋白质、荔枝蛋白质，并使用林金科等的改良方法提取蛋白质，结果发现各方法所得的蛋白质提取率分别为 5.2、10.3、25.5、33.7mg/g FW；且改良方法提取得到的蛋白组分，在双向电泳二维图谱中能有效分离，斑点可达 500 多个，较均匀分布在凝胶上；蛋白质样品的杂质大大减少，大多数蛋白质斑点呈圆形或椭圆形，清晰可见，分离出的各蛋白质组分基本上没拖尾、纹理和横向扩散；茶树芽叶蛋白质的分子质量在 14.0 ~ 100.0ku 范围内，主要分布在 14.0 ~ 67.0ku；等电点在 4.0 ~ 9.5 范围内，主要分布在 4.0 ~ 6.5。该改良方法针对茶树材料茶多酚和色素含量高的特性，对蛋白质提取的技术做了一定的改进：液氮研磨时加入 PVP 和 DTT（二巯基苏糖醇），并用预冷丙酮（含 0.07% β - 巯基乙醇，体积分数）沉淀至色素去除干净，且该过程样品与丙酮的比例（体积比）由 1:4 提高到 1:

（6～8）。2010 年张立明等比较了 4 种常用的蛋白提取方法［TCA（三醋酸纤维素）、冷丙酮、TCA－丙酮和 Tris－丙酮沉淀法］对茶树鲜叶蛋白的提取效果，结果表明 TCA－丙酮沉淀法的蛋白提取效果最好，蛋白质提取得率高，条带多且清晰，能有效避免茶树鲜叶中的杂物对蛋白的影响。2011 年李勤等探索了一种适用于茶树蛋白质双向电泳的样品制备方法，比较了 TCA－丙酮沉淀法、酚－甲醇/醋酸铵沉淀法、改良的 Tris－HCl 抽提法 3 种植物蛋白质样品制备方法，结果显示改良 Tris－HCl 抽提法所得的蛋白质组信息量最大，达（1117 ± 9.89）个蛋白质点，背景较清晰且没有横纵条纹；酚－甲醇/醋酸铵沉淀法蛋白质点数为（916 ± 11.31）个，背景清晰；TCA－丙酮沉淀法对茶树中次生代谢产物及盐离子的去除能力不强，有横纹和纵纹，干扰了蛋白质点的分离，所得蛋白质点数仅（540 ± 13.43）个，高分子质量区域的蛋白质明显少于其他两种方法所制备的蛋白质样品。传统的三氯乙酸沉淀法提取的蛋白质溶解困难，在蛋白质含量较低且次生代谢产物丰富的植物样品中的应用受到限制；抽提法操作步骤多，蛋白质损失严重，且 Tris－饱和酚毒性较大，易对环境造成污染；改良的 Tris－HCl 抽提法与原方法相比，用含 10% TCA 的丙酮溶液替代原方法中单独的丙酮溶液沉淀蛋白质，并依次用丙酮溶液和 80% 丙酮溶液洗涤蛋白质沉淀，能更有效地沉淀蛋白质和去除非蛋白质物质，且在研磨和提取过程中加入了 5% 的水不溶性 PVPP 能使茶叶中的多酚类物质与水不溶性 PVPP 结合去除。2011 年张立明等采用 Percoll 密度梯度离心法和蔗糖密度梯度离心法纯化茶树叶绿体、涨破法和冻融法破碎茶树叶绿体、TCA－丙酮沉淀法制备茶树叶绿体蛋白，结果表明 Percoll 密度梯度法分离纯化、冻融法破碎、TCA－丙酮沉淀法制备的茶树叶绿体蛋白约有 350 个蛋白质点，斑点均匀、清晰，主要集中在等电点 3～5 之间。茶树鲜叶内含有大量的多酚类物质、水解酶、氧化酶等，在制备叶绿体的过程中极易释放出来破坏叶绿体的结构和活性，采用蔗糖密度梯度法分离的叶绿体中没有微粒体污染，有线粒体污染；而 Percoll 密度梯度法分离的叶绿体中没有线粒体和微粒体的污染，且重复性好；冻融法提取的蛋白含量较涨破法的高，且 SDS－PAGE 电泳的清晰条带较多。2013 年任燕等对茶树雌蕊总蛋白质采用了三种不同的提取方法（TCA－丙酮法、TCA－丙酮－clean up kit 法、酚抽提法），结果表明，TCA－丙酮法获得粗蛋白的量达 0.107g，粗蛋白产率达 19.81%，远高于 TCA－丙酮－clean up kit 法和酚抽提法；TCA－丙酮－clean up kit 法得到的蛋白纯度最高，达 44.50%，分别是 TCA－丙酮法和酚抽提法的 11.2 倍和 6.8 倍。上述三种蛋白质提取方法获得的蛋白质样品经双向电泳后，TCA－丙酮法蛋白质样品获得的图谱非常模糊，分辨率低，横纹竖纹干扰大；酚抽提法蛋白质样品获得的图谱横纹竖纹较少，背景清晰，但蛋白点少，图谱质量不佳；TCA－丙酮－clean up kit 法蛋白质样品获得的图谱蛋白点清晰，呈圆形，在图谱中央分布较均匀，凝胶背景干净，横纹竖纹干扰少，图谱质量佳，可检测到 306 个蛋白点，故 TCA－丙酮－clean up kit 法提取的茶树雌蕊总蛋白质样品纯度高、杂质少，双向电泳分离效果佳。2014 年周琼琼等比较了三氯乙酸－丙酮沉淀法和改良酚抽法提取茶树总蛋白，结果发现改良酚抽法更适合茶树总蛋白质的提取，可获得约 1300 个蛋白点，且蛋白完整性高、纯度高，再溶解性好，所得图谱背景清晰、蛋白点分布均匀，横纵条纹及弥散状蛋白质点较少，质量最佳；三氯乙酸－丙酮沉淀法可有效沉淀蛋白质，但不能彻底清除茶树中酚类、醛类等次生代谢物质及盐离子，导致蛋白质图谱产生纵横条纹，分离效果不佳。

三、茶树蛋白质双向凝胶电泳等电聚焦技术

双向凝胶电泳的第一向是等电聚焦，蛋白质沿 pH 梯度分离，聚焦至各等电点；第二向是 SDS – 聚丙烯酰胺凝胶电泳，根据分子大小不同分离蛋白质，得到点状电泳图谱。

等电聚焦（Isoelectric Focusing，IEF）是利用蛋白质或其他两性分子等电点的不同，在一个稳定的、连续的 pH 梯度中进行分离和分析。IEF 根据建立 pH 梯度的原理不同，分为载体两性电解质 pH 梯度（Carrier Ampholytes pH Gradients）和固相 pH 梯度（Immobilized pH Gradients，IPG），前者是在电场中通过两性缓冲离子建立 pH 梯度，后者是将缓冲基团作为凝胶介质的一部分，分辨率比前者提高一个数量级；目前 2 – DE 普遍采用固相 pH 梯度，增加试验的重复性和上样量。采用 IPG 的 2 – DE 技术是目前为止蛋白质组学中稳定性、分辨率较好的一种。

等电聚焦的时间取决于胶条 pH 范围、胶条长度及使用的电压大小等方面。线性宽 pH 范围的胶条（pH 3 ~ 10）可以在同一块凝胶上显示样品中绝大多数的蛋白质，但大量的蛋白点都集中在胶条的中间，两端的蛋白点较少，从而造成中间的分辨率较低；使用窄范围重叠 pH 梯度的胶条（pH 3 ~ 6、5 ~ 8、7 ~ 10）可大大提高分辨率和灵敏度；在胶条长度不变的情况下，用窄 pH 梯度的胶条代替宽 pH 范围的胶条所获的蛋白点分辨率比宽 pH 范围胶条要高，且上样量多，适合低丰度蛋白的检测。IPG 胶条的长度有多种规格（7、11、17、18、24cm 等），小尺寸的胶条电泳时间短，可用于优化样品制备等预实验；大尺寸胶条电泳时间长，用于复杂样品的蛋白鉴定分析。等电聚焦时，胶条的导电性会随时间的改变而发生变化，IPG 胶条在电场作用下会出现许多载体电荷，导致胶条中产生较高电流；随着聚焦过程的进行，带有电荷的杂质移动到电极处、蛋白质移动到其与 pI 值相同的 pH 点，每个蛋白和载体两性电解质电荷就会减少，电阻逐渐增加，电流逐渐降低。胶条的 pH 范围、长短及所加载的电场都会对等电聚焦的结果产生影响，相邻两蛋白点的分辨率与 pH 梯度的平方根成正比，与电压梯度的平方根成反比；故选择相对窄范围的 pH 胶条、采用高电压可得到较好的聚焦结果。稳定、重复性好的等电聚焦，需要伏特小时数维持一致，一般采用分步升压的方法来达到设定的最终聚焦电压；样品复杂，聚焦的伏特小时数增加。IPG 凝胶的 pH 梯度是固定的，聚焦后的蛋白质在其 pI 值处比常规的 IEF 凝胶稳定，IPG 聚焦后的胶条可在 −20℃长期保存，而不会影响最终的双向电泳图像。鉴于影响双向凝胶电泳第一向电泳（等电聚焦）的各因素，研究者们就茶树蛋白质的等电聚焦工作开展了研究，筛选了不同茶树部位、组织的较佳等电聚焦参数。

2003 年林金科等在 IEF 电泳方面做了一定的研究，在裂解液的两性电解质载体中增加了两种 pH 范围（pH 4 ~ 7 和 pH 6 ~ 9），且其总量在裂解液中比例由 2.5% 降低至 0.5%，水化液中添加 0.5% 的 Triton X – 100。两性电解质载体是等电聚焦的关键试剂。茶树芽叶蛋白质的等电点在 4 ~ 9.5 范围内，主要分布在 4 ~ 6.5，林金科等采用 3 种

pH 范围的两性电解质载体，使其在此等电点范围内重叠，大大提高了二维凝胶电泳图谱的分辨率；且研究发现了一种双向凝胶电泳前判定蛋白质样品纯度的方法，即将茶树芽叶蛋白质样品的裂解液和水化液混合后，出现浑浊现象，则需重新制备蛋白质样品。2009 年郭春芳等分析了铁观音茶树幼苗在聚乙二醇胁迫下叶片蛋白质组的变化，在等电聚焦时采用 pH 4~7、13cm 长的 IPG 胶条，配以主动加样水化［水化液含 8mol/L 尿素、20g/L CHAPS（3－［（3－胆固醇氨丙基）二甲基氨基］－1－丙磺酸）、2% IPG 缓冲液、20mmol/L DTT、0.02g/L 溴酚蓝），水化后上样体积 250μL，按照如下的电压参数进行：20℃ 0.05mA/胶条，30V、10h；100V、2h；500V、1h；1000V、1.5h；2000~8000V、各 0.5h）。2011 年李勤等为得到更好的双向电泳分辨率，使用不同 pH 范围（pH3~10，pH4~7）的 17cm IPG 预制胶条，在相同条件下进行双向电泳比较，结果表明，在不改变胶条长度的条件下，pH 范围 4~7 的 IPG 预制胶条能获得较多的蛋白质组信息。pH 范围 3~10 时，茶树蛋白质大部分集中在 pH5~7 之间的酸性部分，此时的大部分蛋白质点重叠在一起不易区分，极大干扰了双向电泳的分辨率，对后期的图像分析和差异蛋白质点的切取有困难；而 pH 范围 4~7 时，集中在 pH5~7 之间的蛋白质点得到了有效的分离，提高了双向电泳的分辨率。2013 年任燕等研究了茶树雌蕊总蛋白等电聚焦方法，选取了 7cm（pH 范围 3~10 胶条）线性胶条，上样量为 500μg，17cm（pH 范围 3~10）线性胶条，上样量为 1000μg，17cm（pH 范围 4~7 和 pH 范围 5~8）线性胶条，上样量为 2000μg，分别比较其双向电泳效果；结果发现 17cm、pH 范围 5~8 的 IPG 胶条效果最佳。

四、茶树蛋白质双向凝胶电泳 SDS－PAGE 技术

在完成第一向 IPG 等电聚焦后的胶条可马上用于第二向，也可保存于两片塑料膜间于 -80℃存放几个月。在第二向分离前，必须平衡 IEF 胶条，其目的是用含有 SDS 的第二向介质置换含有尿素的第一向介质，使分离蛋白质与 SDS 能完全结合，保持蛋白质的巯基呈还原状态，避免发生重氧化，确保在 SDS－PAGE 过程中正常迁移。胶条平衡过程需要两个步骤：

（1）将 IEF 胶条在 375mmol/L Tris－HCl pH8.8 缓冲液（含 2% SDS、1% DTT、6mol/L 尿素和 30% 甘油）中浸泡 10~15min，其中 SDS 是一种阴离子去污剂，可以与蛋白定量结合；DTT 是为了在蛋白质和 SDS 充分结合的同时还原二硫键；尿素和甘油可用于减缓电渗效应，提高第一向到第二向的蛋白质转移率。

（2）用 5% 碘乙酰胺替代还原剂 DTT 的 375mmol/L Tris－HCl pH8.8 缓冲液，其他组分和浓度不变；碘乙酰胺用于将烷基化巯基变成羟乙酰半胱氨酸残基和烷基化 IEF 胶内的自由 DTT。

第二向的 SDS－PAGE 中的 SDS 是一种阴离子去污剂，可以使蛋白质充分变性而改变原有结构，成为统一的伸展构象；还可以与蛋白质充分结合，使蛋白质带上大量的负电荷，由此可知蛋白质在外加电场中的迁移率仅受蛋白质的分子质量影响，将不同的分子质量的蛋白质组分分开。SDS－PAGE 有垂直和水平两种方式，垂直方式的优点是可以同时跑多张胶、上样量大，缺点是需要大量的缓冲液、电泳时间长、分辨率低

且保存不便；水平电泳的优点是分辨率高、速度快、灵敏度高、可较自由选择凝胶大小和厚度。大规模蛋白质组分析通常需要成批 SDS – PAGE 同时运行以获得最好的图谱重复性。在垂直电泳系统中不需要浓缩胶，IPG 胶条在蛋白质区已经得到浓缩；IPG 胶条固定后，以 10 ~ 20mA 恒流电泳 15 ~ 30min，待样品进入 SDS – PAGE 后再用 30 ~ 40mA 恒流电泳 90 ~ 300min，待指示前沿到凝胶底部时结束电泳，取出凝胶后进行银盐染色及质谱鉴定等。2003 年林金科等探索了适合茶树材料的蛋白质双向电泳技术，在 SDS – PAGE 步骤中提高平衡液总量，使凝胶与平衡液体积由 1∶10 提高到 1∶20。2013 年任燕等分析了不同浓度 SDS – PAGE 分离胶的双向电泳图谱，发现 12% 的分离胶中，蛋白点主要集中于凝胶下部，凝胶上部没有蛋白点，且下端略有堆积，未能较好地分离，而在 13% 的胶中，蛋白均匀地分布在凝胶中央，上下端均有蛋白，也没出现堆积现象，分离效果好。此外，郭春芳、张立明、李勤等也分别展开了茶树蛋白物质的 SDS – PAGE 分离研究工作。

五、茶树蛋白质双向凝胶电泳染色

双向凝胶电泳后的染色技术对蛋白质鉴定有影响，随着检测技术的灵敏度不断提高，使蛋白质显色的地位从简单的蛋白质点呈现转换为集成化的蛋白质微量化学表征过程中的关键步骤。由此，传统的考马斯亮蓝染色和银染在蛋白质组研究中的局限性日益暴露出来，染色技术向高灵敏度和自动化方向发展，新的染色技术（荧光标记、同位素标记技术）在提高灵敏度的同时，也与自动化的蛋白质组平台切胶技术和下游的蛋白质鉴定质谱技术有较好的兼容性。双向凝胶电泳的染色技术除传统的考马斯亮蓝染色、同位素放射自显影和银染外，还发展了胶体考马斯亮蓝染色、胶体银染、锌染、负染和荧光染色技术，具有检测灵敏度高（纳克级）、操作步骤简单、安全、对环境污染小、染色背景低和质谱鉴定相匹配等特点。

考马斯亮蓝染色过程简单，所需配制的试剂少，操作简单，无毒性，染色后的背景及对比度良好，与下游蛋白质鉴定方法兼容；但时间长、染色过程需要 24 ~ 48h，灵敏度较低。银染是非放射性染色方法中灵敏度最高的，可达 200pg，且成本较低；但银染中醛类的特异反应导致凝胶酶切肽谱的提取困难。鉴于考马斯亮蓝染色和银染方法回收的蛋白质产量较低，研究者们发明了一种负染方法，使凝胶表面产生半透明背景，蛋白质以透明的形式被检测出来；负染过程需 5 ~ 10min，蛋白质的生物学活性得到保持，但灵敏度不够。荧光染色开发的前提条件是，荧光试剂对蛋白质无固定作用，与质谱兼容性好，灵敏度高，线性范围高，适合于大规模蛋白质组研究；但标记过程中的共价修饰和荧光探针淬灭作用可能改变样品中蛋白质的某些性质，导致分离后蛋白质的后续分析出现偏差。胶体考马斯亮蓝 R – 250 染色快速、价廉，可达到银染的灵敏度。现在还有不染色进行检测分析的方法，将蛋白转膜后通过免疫印迹的方法，将蛋白质印迹到 PVDF 膜上用 N – 末端 Edman 测序法进行鉴定。

2003 年林金科等对茶树芽叶蛋白质双向电泳技术的染色方法进行了改进，提出凝胶染色采用考马斯亮蓝和银染相结合的方法，并对银染方法稍作改进，缩短时间，提高银染效果。2010 年和 2011 年张立明等对茶树不同儿茶素含量愈伤组织和茶树叶绿体的蛋白进行研究，在染色部分分别使用了考马斯亮蓝与银染方法、银染方法。2011 年李勤等和 2013 年任燕等，分别采用考马斯亮蓝 G－250 和考马斯亮蓝 R－250 对凝胶进行染色，获得较清晰的凝胶图谱。

六、茶树蛋白质双向凝胶电泳鉴定分析技术

经双向凝胶电泳分离、染色后得到生物样品蛋白质表达谱后，需对蛋白质作进一步的分析鉴定，包括各蛋白质的氨基酸组成分析、蛋白质的定量分析、蛋白质的肽序列分析等；采用计算机图像分析技术，对所采集的蛋白质图谱上的蛋白质点进行定位、定量、图谱比较、差异点寻找等。双向凝胶电泳凝胶上蛋白质点的鉴定有两种不同的技术路线：一是将电泳分离开的蛋白质从胶上转印到膜上，然后用 Edman 降解或氨基酸组成分析等传统生物化学方法进行分析，进入特定的数据库检索系统，完成蛋白质的鉴定；二是将胶上的蛋白质直接进行酶解，回收酶切片段，采用质谱技术在数据库检索，实现蛋白质的鉴定。

常用的双向凝胶电泳的图像采集系统有电感耦合装置、光密度扫描仪、激光诱导荧光检测器等。采集系统必须具备透射扫描的功能，因为与发射方式不同，透射扫描时灵敏度较高，可以根据吸收光的大小获得蛋白质点的光密度信息。一般来说，光密度值与蛋白质点的表达丰度成正比，图像分析是在蛋白质点密度值相对大小的基础上进行的，即图像采集质量的好坏直接关系到图像分析结果的可靠性。影响图像采集的主要因素是采集系统中扫描透射功能的强弱（扫描系统的分辨率、灵敏度）、扫描过程中所选择图像的对比度和明亮度。当前应用较为广泛的图像分析软件有 PDQuest、ImageMaster 2D Elite、Melanie、BioImage Ivestigator、Gellab_Ⅱ、Kepler 等。双向凝胶上大约总有 10% 的点未被识别出，或是存在"假点"，或一些距离过近被识别成一个点，需要手工添加、删除或分割；由此发展双向凝胶电泳分析软件的自动化程度还需提高，向智能化方向发展。

双向凝胶电泳将蛋白质分离，对经过分离的目标蛋白质用胰蛋白酶酶解成肽段，对这些肽段用质谱进行鉴定与分析，然后利用质谱测定蛋白质的质量来判别蛋白质的种类，进而对蛋白质逐一进行鉴定。质谱分析法是蛋白质组学中最具潜力的技术之一，是样品分子离子化后，根据不同离子间的质荷比（m/z）的差异来分离并确定相对分子质量。质谱技术通过不同方法分离得到的蛋白质经酶解或酶切后，先由离子化源将样品分子转化成气态离子，由于不同的质荷比离子在电场或者磁场中运动轨迹和速度不同，通过质量分析器，根据不同质荷比进行分离，最后进入离子检测装置，将离子化的原子、分子或是分子碎片按质量或是质荷比大小顺序排列成图谱，并在此基础上，进行各种无机物、有机物的定性或定量分析。

目前网上已公布了部分蛋白质双向凝胶电泳数据库，包括 SWISS－2D PAGE、SIE-NA－2 DPAGE、2－DE DataBase、Human and Mouse 2D PAGE DataBase、HSC－2DPAGE、PDD Protein Disease DataBase、PPDB Phospho Protein DataBase、Washington University Inner Ear Protein Database、Toothprint、Rat Serum Protein、Rat Serum Protein Database、Mito－pick、Human Colon Carcinoma Protein Database、SSI－2DPAGE、Parasite Proteome Maps、COMPLUYEAST 2DPAGE、YPD Yeast Protein Database、ANU－2DPAGE

等。其中瑞士的 SWISS – 2D PAGE 数据库就包括了人、鼠的器官、细胞及酵母、大肠杆菌等不同生物来源的 30 多类双向电泳数据库。

2009 年郭春芳等采用双向电泳研究聚乙二醇胁迫下茶树叶片的蛋白质组，双向电泳获得的凝胶采用 ImageScanner Ⅲ扫描仪采集图像，ImageMaster 2D Platinum 6.0 软件进行图像分析，确定差异表达的蛋白质点；酶解后的蛋白质点采用 4700 串联飞行时间质谱仪（4700 Proteomics Analyzer）进行质谱分析，结果用 GPS（Applied Biosystems, USA）– MASCOT（Matrix Science, London, UK）进行数据库检索。2010 年张立明等采用双向电泳分析茶树不同儿茶素含量愈伤组织的蛋白差异，2 – DE 胶显色结果用 ImageMaster 2 – D Elite 软件分析比对差异，待测样品进行独立试验，寻找差异在 1.5 倍以上的蛋白点作为候选质谱点；将目的蛋白质从凝胶上切下酶解后，采用 LTQ – ESI – MS/MS 开展质谱分析，用 SEQUEST（Thermo, USA）引擎进行数据库搜索，其检索结果再用 Build summary 软件进行比较整合删除冗余信息，保证数据准确性。2011 年李勤等研究安吉白茶新梢生育期间蛋白质组学，双向电泳凝胶经 Quantity one（Bio – Rad）扫描保存图像，图像分析用 PDQuest 8.0.1（Bio – Rad）进行，根据蛋白质分子质量标准品的位置计算蛋白质点的分子质量，得到蛋白质丰度变化在 1.5 倍以上、重复性好的差异表达蛋白质点 60 个，并采用基质辅助激光解吸电离飞行时间质谱仪（MALDI – TOF/TOF – MS）对这些差异蛋白质点进行鉴定，获得的蛋白质点数据文件使用 Mascot 软件中的串级质谱数据搜索功能（MS/MS Ions Search）进行搜索（http：//www. matrixscience. com），依据 NCBInr 数据库（http：//www. ncbi. nlm. nih. gov/pubmed）、FIP 数据库（http：//www. pirgeorgetown. edu/cgi – bin/batch. pl）、GO Ontology 数据库（http：//amigo. geneontology. org/cgi – bin/amigo/go. cgi）提供的注释信息以及相关的文献对蛋白质进行系统分类。2013 年任燕等利用双向电泳研究茶树雌蕊总蛋白质，使用 Bio – Rad VersalDoc 3000 凝胶采集图像，用 PDQuest 8.0.1 分析软件对图像进行背景消减，定义蛋白质点的大小和强弱，检测和统计蛋白质点数目，定义蛋白点的分子质量和等电点。

双向凝胶电泳的通量、灵敏度和规模化有待于进一步加强，且其分离容量的限制和染色转移等环节操作困难费时，低丰度蛋白质难以辨别，以及和质谱技术连用已经成为瓶颈，因此国际上开始重视研究以色谱/电泳 – 质谱为主的技术平台，新技术的补充和双向凝胶电泳的新方法已成为蛋白质组研究技术最主要的目标。譬如，在样品分离过程中对样品预分离以减少样本的复杂性，采用激光捕获显微切割技术精确地分离需要的组织和细胞，固定化 pH 胶条和窄范围的 pH 胶条的使用可以分离得到更多的蛋白质点，荧光染料的使用使得蛋白质的分离更准确可靠，切胶和酶解的自动化减少了样品操作过程中角蛋白的污染等。

第四节　非凝胶分离技术

一、非凝胶分离技术概述

目前，双向凝胶电泳仍是最好的分离复杂蛋白质混合物的技术，可从单份蛋白质样品中解析到 2000 ~ 3000 个蛋白质点，或可以从高通量常规凝胶中解析达 10000 种蛋白质。除双向凝胶电泳用于蛋白质混合物的分离外，还有一些非凝胶分离方法，如离子交换、分子筛、高效液相色谱、亲和层析色谱、毛细管 IEF、毛细管电泳、吸附层析等柱层析系统。

高效液相色谱可为蛋白质和肽类物质的分离提供有利的方法，可以在较短时间内完成蛋白质和肽的分离，且能在制备规模上生产具有生物活性的肽链。在寻找蛋白质和肽类物质分离制备的最佳条件方面，研究者们就肽链活性保持、固定相材料选择、洗脱液种类选择、分析测定等方面开展了大量的工作。毛细管电泳是在高电场强度作用下，对毛细管中的样品根据分子质量、电荷、电泳迁移率等差异进行有效分离的技术，具有分辨率高、分离速度快、可实现在线自动分析、易于与 ESI - MS 在线链接的特点，可用于分子质量范围不适于 2 - DE 的蛋白样品分析。毛细管电泳技术在蛋白质组分析中用于蛋白质肽图的建立与蛋白质鉴定、物化常数分析、蛋白质动力学研究、样品定性定量检测与微量制备；肽图的建立与蛋白质鉴定中，经酶解或化学裂解成肽段的蛋白质用毛细管电泳分离后，分析得到的电泳图称为毛细管电泳肽图，可收集肽图再测定各肽段的氨基酸序列，根据已有的肽图得出整个蛋白质的一级结构。离子交换色谱可在中性条件下，根据肽链带电性的差异分离纯化具有生物活性的肽链；在蛋白质和肽类物质的分离分析研究中，对肽链的性质、洗脱剂、洗脱条件的研究较多。亲和层析是利用连接在固定相基质上的配基与可以和其产生特异性结合的配体之间的特异亲和性而分离物质的层析方法；对蛋白质和肽类物质分离主要应用单抗或生物模拟配基与其亲和。

为弥补 2 - DE/MS 为基础的蛋白质组技术的不足，出现了大规模蛋白质分离鉴定技术，如二维色谱 - 串联质谱技术、亲和色谱 - 串联质谱等多种模式。采用二维色谱分离蛋白质和多肽有可分离多种蛋白质、速度快、分析过程自动化、样品可制备等优点。二维色谱 - 串联质谱技术可以分离和鉴定蛋白质混合物，从组织、细胞或其他生物体获得的蛋白质混合物，用蛋白酶裂解得到的多肽混合物可直接进行二维色谱分离，质谱分析一般采用电喷雾串联质谱，通过测定肽段的序列对蛋白质进行鉴定。同位素编码亲和标签技术利用标记试剂，实现对细胞差异蛋白质的定量分析，还可简化被分析样品的复杂性。采用同位素编码亲和标签技术进行蛋白质的定量分离与鉴定时，首先要对蛋白质进行标记，然后进行蛋白酶切，对蛋白质酶切后的多肽混合物进行亲和色谱分离，混合物中仅仅被同位素标记的肽段能够被色谱柱保留，并进入质谱进行鉴定，其他大量肽段都不被色谱柱保留。通过比较标记了重链和轻链试剂肽段在质谱图中信号的强度，实现对差异表达蛋白质的定量分析，采用串联质谱技术测定肽段的序列，实现蛋白质的鉴定。

二、茶树蛋白质非凝胶分离技术

关于茶树蛋白质非凝胶分离技术的研究较多，主要集中在合成茶关键次生代谢产物的酶（多酚氧化酶、葡萄糖苷酶、茶氨酸合成酶等）。2004 年何晓红等采用 DEAE - 52 离子交换柱分离茶花粉超氧化物歧化酶，收集酶活力峰，并上 Sephadex G - 100 分子筛层析柱纯化收集酶，再上 Phenyl Sepharose™ 6 Fast Flow 疏水层析柱，获得达电泳纯的超氧化物歧化酶纯酶，活力总回收率为27.6%。2005年张正竹等对经 CM – Toyopearl 650M 柱层析分离得到的粗酶 Glc I 和 Glc II，采用合成的亲和层析柱分离 β – 葡萄糖苷酶。2011年陈琪等采用聚苯乙烯层析柱纯化 *E. coli* 表达 pEASY – TS 重组蛋白包涵体，后用截留分子质量30u 透析袋透析洗脱的蛋白质溶液，制备出浓度为2.56mg/mL 的蛋白质。2015年虞昕磊对云南大叶种茶树采用离子交换（DEAE – Sepharose CL – 6B）与凝胶过滤（Sephadex G – 150）柱层析的方式分离纯化多酚氧化酶，结果发现仅离子交换层析不能得到高纯度的单一蛋白，需进一步分离纯化，但可为下一步的凝胶过滤层析打基础，实现较好的凝胶层析结果。

当前蛋白质组学着眼于研究以色谱/电泳质谱为主的技术平台、酵母双杂交技术、蛋白质芯片技术等，力图不仅检测蛋白质分子、蛋白质之间的相互作用，而且在于了解蛋白质与核酸、蛋白质与其他小分子之间的相互作用，发现新的与已知蛋白质相互作用的未知蛋白质。

思考题

1. 简述茶树蛋白质组学研究的主要热点及未来的应用前景分析。
2. 了解茶树主要次生代谢产物的代谢组学对茶树综合开发利用的意义何在。
3. 简述双向凝胶电泳技术和非凝胶分离方法。

参考文献

［1］彭宁顿，邓恩等．蛋白质组学：从序列到功能［M］．北京：科学出版社，2002．

［2］江松敏，李军，孙庆文．蛋白质组学［M］．北京：军事医学科学出版社，2010．

［3］陈执中．蛋白质组学研究的新分析技术及其应用［M］．北京：中国医药科技出版社，2011．

［4］贺福初．蛋白质科学［M］．北京：军事医学科学出版社，2002．

［5］钱小红，贺福初．蛋白质组学：理论与方法［M］．北京：科学出版社，2003．

［6］林金科．茶树高 EGCG 的种质资源及外源诱导研究［D］．福州：福建农林大学，2003．

［7］LIN J K, ZHENG J G, YUAN M, et al. Differential proteomic analysis in normal tea shoot and exogenous induced tea shoot for increasing EGCG content［J］. Tea science, 2005, 25（2）: 109 – 115.

［8］钱文俊，岳川，曹红利，等．茶树中性/碱性转化酶基因 *CsINV*10 的克隆与表达分析［J］．作物学报，2016，42（3）：376 – 388．

［9］唐雨薇，刘丽萍，王若娴，等．茶树咖啡碱合成酶 CRISPR/Cas9 基因组编辑载

体的构建［J］．茶叶科学，2016，36（4）：414－426.

［10］孙毅．蛋白质工程的研究进展及前景展望［J］．科技情报开发与经济，2006，16（9）：162－163.

［11］薄惠，张利娟．蛋白质工程发展的现实意义［J］．信息化建设，2016（3）：406.

［12］张新国，陈文洁，曾艳龙，等．蛋白质工程技术及其在生物药物研发中的应用［J］．药学进展，2011，35（12）：529.

［13］骆洋，王弘雪，王云生，等．茶树花青素还原酶基因在大肠杆菌中的表达及优化［J］．茶叶科学，2011，31（4）：326－332.

［14］陈啸天，高丽萍，赵磊，等．茶树类黄酮3′，5′－羟化酶在大肠杆菌的表达和优化［J］．安徽农业大学学报，2012，39（5）：707－713.

［15］王乃栋，张丽霞，黄晓琴，等．茶树 PPO 融合蛋白真核表达载体的构建与表达［J］．茶叶科学，2012，32（3）：269－275.

［16］仇传慧，李伟伟，王云生，等．茶树丝氨酸羧肽酶基因的克隆及表达分析［J］．茶叶科学，2013（3）：202－210.

［17］王云生，许玉娇，胡晓婧，等．茶树二氢黄酮醇4－还原酶基因的克隆、表达及功能分析［J］．茶叶科学，2013（3）：193－201.

［18］胡晓婧，许玉娇，高丽萍，等．茶树黄烷酮3－羟化酶基因（*F3H*）的克隆及功能分析［J］．农业生物技术学报，2014，22（3）：309－316.

［19］林秋秋，姚祖杰，吴松青，等．假眼小绿叶蝉中肠受体结合短肽的融合表达及其与叶蝉中肠刷状缘膜囊泡（BBMV）互作［J］．农业生物技术学报，2015，23（11）：1494－1500.

［20］马春雷，姚明哲，王新超，等．茶树2个 MYB 转录因子基因的克隆及表达分析［J］．林业科学，2012，48（3）：31－37.

［21］邓婷婷，吴扬，李娟，等．茶树泛素活化酶基因全长 cDNA 克隆及序列分析［J］．茶叶科学，2012，32（6）：500－508.

［22］曹红利，岳川，郝心愿，等．茶树胆碱单加氧酶 CsCMO 的克隆及甜菜碱合成关键基因的表达分析［J］．中国农业科学，2013，46（15）：3087－3096.

［23］陈林波，刘本英，汪云刚，等．茶树 *HMGS* 基因的克隆与序列分析［J］．西北农业学报，2013，22（5）：72－76.

［24］贡年娣，郭丽丽，王弘雪，等．茶树两个 MYB 转录因子基因的克隆及功能验证［J］．茶叶科学，2014（1）：36－44.

［25］王新超，杨亚军，马春雷，等．茶树细胞周期蛋白基因的克隆与表达［J］．西北植物学报，2011，31（12）：2365－2372.

［26］陈琪，江雪梅，孟祥宇，等．茶树茶氨酸合成酶基因的酶活性验证与蛋白三维结构分析［J］．广西植物，2015（3）：384－392，377.

［27］王永鑫，刘志薇，吴致君，等．茶树中2个 NAC 转录因子基因的克隆及温度胁迫的响应［J］．西北植物学报，2015，35（11）：2148－2156.

[28] 韦朝领，江昌俊，陶汉之，等．茶树紫黄素脱环氧化酶基因的体外定点突变及其突变体的表达和活性鉴定 [J]．中国生物化学与分子生物学报，2004，20（1）：73－78．

[29] 金璐．茶树咖啡碱生物合成途径研究及其分子调控 [D]．合肥：安徽农业大学，2012．

[30] 李维平．蛋白质工程 [M]．北京：科学出版社，2016．

[31] 汪世华．蛋白质工程 [M]．北京：科学出版社，2008．

[32] K. M. 阿恩特．现代蛋白质工程实验指南 [M]．苏晓东，曾宗浩，杨娜，译．北京：科学出版社，2011．

[33] 刘志昕．蛋白质工程及其应用前景 [J]．华南热带农业大学学报，1999（1）：40－43．

[34] 潘淑媛．生物药物研发应用蛋白质工程技术的分析 [J]．生物技术世界，2015（10）：19－21．

[35] 宋鹏辉．生物药物研发应用蛋白质工程技术探讨 [J]．科学中国人，2016（24）：69．

[36] 武鑫，李萌萌，邓骋，等．CaXMT 和 TCS1 突变体基因串联共表达及体外酶活检测分析 [J]．广西植物，2015（9）：1－12．

[37] 李强，施碧红，罗晓蕾，等．蛋白质工程的主要研究方法和进展 [J]．安徽农学通报，2009，15（5）：47－48；51．

[38] 孙博，王捷．蛋白质分子体外定向进化研究进展 [J]．实用医学杂志，2006，22（11）：1335－1336．

[39] 丁益，华子春．生物化学分析技术实验教程 [M]．北京：科学出版社，2015．

[40] 张少斌，刘慧．双向电泳技术在植物蛋白质组研究中的应用 [J]．安徽农业科学，2006，34（10）：2049－2050．

[41] 冯海燕，景志忠，房永祥，等．双向凝胶电泳技术及其应用 [J]．生物技术通报，2009（1）：59－63．

[42] 赵肃清，蔡燕飞，张焜．双向电泳技术进展及在动物和植物科学研究中的应用 [J]．生物技术通报，2005（5）：43－45．

[43] 钟小兰，吕志平，钱令嘉，等．肝郁证模型大鼠血清蛋白质组的差异表达研究 [J]．中华中医药杂志，2006，21（7）：399－401．

[44] 王治东，陈肖华，董波，等．急性放射损伤小鼠血清蛋白质组分析 [J]．辐射研究与辐射工艺学报，2005，23（1）：53－56．

[45] 马翔，钱云，谢满鑫，等．小鼠卵巢蛋白质双向凝胶电泳蛋白谱系的初步建立及其功能分析 [J]．北京大学学报：医学版，2004，36（6）：581－586．

[46] 刘奕志，张敏，柳夏林，等．兔晶状体蛋白质组的双向电泳和质谱鉴定研究 [J]．中华眼科杂志，2004（2）：113－117．

[47] 柳亦松，谢锦云，梁宋平．大腹园蛛（*Araneus ventricosus*）粗毒双向电泳及质

谱分析 [J]. 生命科学研究, 2004, 8 (2): 117 – 121.

[48] 靳远祥, 徐孟奎, 姜永煌, 等. 家蚕茧色限性品种雌雄绢丝腺组织蛋白质组双向凝胶电泳分析 [J]. 农业生物技术学报, 2004, 12 (4): 431 – 435.

[49] JOBIM M M, OBERST E, SALBEGO C, et al. Two – dimensional polyacrylamide gel electrophoresis of bovine seminal plasma proteins and their relation with semen freezability [J]. Theriogenology, 2004, 61 (2): 255 – 266.

[50] NUSSBAUM K, HONEK J, CADMUS C M, et al. Trypanosomatid parasites causing neglected diseases [J]. Current medicinal Chemistry, 2010, 17 (15): 1594 – 1617.

[51] 周琼琼, 孙威江. 茶树总蛋白质提取方法及双向电泳体系的建立 [J]. 热带作物学报, 2014, 35 (8): 1517 – 1522.

[52] 林金科, 郑金贵, 袁明, 等. 茶树蛋白质提取及双向电泳的改良方法 [J]. 茶叶科学, 2003, 23 (1): 16 – 20.

[53] 张立明, 王云生, 高丽萍, 等. 茶树不同儿茶素含量愈伤组织的蛋白差异分析 [J]. 中国农业科学, 2010, 43 (19): 4053 – 4062.

[54] 张立明, 王云生, 高丽萍, 等. 茶树叶片蛋白的 SDS – PAGE 分析 [J]. 茶业通报, 2010 (4): 161 – 165.

[55] 李勤, 黄建安, 刘硕谦, 等. 茶树蛋白质双向电泳样品制备技术研究 [J]. 茶叶科学, 2011, 31 (3): 173 – 178.

[56] 张立明, 刘亚军, 王云生, 等. 茶树叶绿体及其蛋白的分离研究 [J]. 激光生物学报, 2011, 20 (6): 802 – 808.

[57] 任燕, 陈暄, 房婉萍, 等. 茶树雌蕊总蛋白质双向电泳分离体系的建立 [J]. 茶叶科学, 2013 (5): 420 – 428.

[58] 邹瑶, 齐桂年, 陈盛相, 等. 蛋白质组学关键技术及其在茶树研究中的应用 [J]. 生物技术通报, 2012 (7): 60 – 64.

[59] Jorg reinders, Albert sickmann. 蛋白质组学: 研究方法与实验方案 [M]. 北京: 科学出版社, 2015.

[60] 叶妙水, 钟克亚, 胡新文, 等. 双向凝胶电泳的实验操作及进展 [J]. 生物技术通报, 2006 (3): 5 – 10.

[61] 郭春芳, 孙云, 赖呈纯, 等. 聚乙二醇胁迫下茶树叶片的蛋白质组分析 [J]. 茶叶科学, 2009, 29 (2): 79 – 88.

[62] 李勤. 安吉白茶新梢生育期间蛋白质组学及茶氨酸体外生物合成的研究 [D]. 长沙: 湖南农业大学, 2011.

[63] 何晓红. 茶花粉超氧化物歧化酶的分离提纯及表征 [D]. 长春: 吉林大学, 2004.

[64] 陈琪. 茶树体内茶氨酸合成酶的克隆与异源表达及一氧化氮信号对其调控的研究 [D]. 合肥: 安徽农业大学, 2011.

[65] 张正竹, 宛晓春, 坂田完三. 茶叶 β – 葡萄糖苷酶亲和层析纯化与性质研究

［J］. 茶叶科学, 2005, 25（1）: 16 – 22.

　　［66］虞昕磊. 云南大叶种茶树多酚氧化酶的分离纯化与性质研究［D］. 武汉: 华中农业大学, 2015.

第八章　茶叶生物信息学

第一节　生物信息学的定义与发展历程

生物信息学（Bioinformatics）是生命科学和计算机信息科学紧密结合形成的一门新兴学科，已经大规模渗透到科学研究各个角落，成为一门用途广泛的工具学科。生物信息学是在生命科学的研究中，借助计算机技术对生命体生物信息进行采集、存储、检索和分析的科学。21世纪是生命科学的时代，其大踏步的前进离不开生物信息学的发展。

综合多方面对生物信息学的认识，生物信息学的定义可以从广义和狭义两个范畴来做相关解析。生物信息学的研究涉及生命科学各个领域，包括细胞分子生物学、生物物理学、生态学、农林学、脑神经学和医药学等学科。

一、生物信息学的定义

1. 广义生物信息学

广义的生物信息学是以核酸和蛋白质序列为起点，解释蕴含在序列信息中的内在规律，阐述庞杂信息的生物学内涵，在此基础上检索、分析转录组和蛋白质组的数据，最后得出生命体发育、进化和代谢等方面的规律。广义的生物信息学不仅包括数据的管理，而且注重数据的利用，包括核酸、蛋白质、细胞、组织、器官和生命体的信息数据。

2. 狭义生物信息学

狭义生物信息学即分子生物信息学（Molecular Bioinformatics），即以基因组DNA序列为研究对象，采集、分析基因组DNA序列数据，从而得出未知的生命体知识。随着分子生物学及其技术的不断发展，生物学数据已大大超出基因组序列范畴，基因本体注释、微阵列、分子图谱等具有广阔内涵的生物学数据急速增加。后基因组时代将从系统角度探究生命周期的各个环节，包括序列、结构、功能和应用部分。

二、生物信息学的发展阶段

1. 生物信息学的产生

生物信息学的萌生是建立在分子生物学发展的基础上的。很多分子生物学的里程式发现对生命科学的发展具有重大的推动作用，从另一个方面也促进了生物信息学的萌生。从孟德尔的基因存在假设，到 DNA 双螺旋结构、DNA 的半保留复制，再到遗传物质传递规律的中心法则（Central Dogma）建立，近几年如火如荼发展的基因工程技术，无一不在生物信息学发展中起着指导作用。人类基因组计划在 1990 年正式启动，其主要任务是 DNA 测序，包括遗传图谱、物理图谱、序列图谱及转录图谱的绘制，产生的大量数据存储，促进了生物信息学的形成。

随后伴随的计算机科学、应用数学、电子信息技术及互联网技术的飞速发展和普及，利用计算机来对生物学数据进行观测、储存和分析的意识越来越受到科学家的重视，生物信息学这门学科就这样自然而然产生，并快速地发展了。

2. 生物信息学数据库的建立

生物信息学的发展主要依赖于海量数据及大量数据库的建立。世界上有影响力的生物信息学数据库主要有以下几个：①Genbank 数据库：有来自于 70000 多种生物的核苷酸序列的数据库；②欧洲分子生物学实验室 EMBL（European Molecular Biology Laboratory）数据库：领域包括结构、分化、物理仪器、生化仪器、生物仪器、计算机和应用数学；③日本核酸序列数据库 DDBJ（DNA Data Bank of Japan）：建立了简便且易操作的 SOAP（Simple Object Aeeess Protocol）服务器，来搜索基因或蛋白质中短链碱基或氨基酸序列区域。目前，GenBank 与 DDBJ 和 EMBL 一起，成为国际核苷酸序列数据库的主要成员，并且这三大数据库每日都会交换更新数据信息，达到资源共享。

第一节　核酸及蛋白质数据库的应用

核酸是许多核苷酸聚合而成的生物大分子，依据化学组成不同，核酸可分为核糖核酸（RNA）和脱氧核糖核酸（DNA）。核酸序列分析，包括序列检索、组分分析、序列变换等，是生物信息学基础应用的一个最具代表性的标准操作。数据库（Database）是用来储存、检索、分析和调用数据的计算机文档集合，开发完善生物学数据库是生物信息学研究的一项根本任务。

一、核酸序列分析

对实验中得到的核酸序列进行生物信息学分析是实验深入进行的前提操作。核酸序列分析包括常规分析、比对分析和基因结构识别等。

（一）常规分析

核酸序列的常规分析包括核酸序列组分分析、序列变换、限制性酶切分析等。

1. 核酸序列组分分析

一般包括分子质量、碱基数及碱基组成，应用一些常用的生物学分析软件即可获得这些信息，如 DNAstar、BioEdit、DNAMAN 等。

2. 序列变换

根据实验设计需要，对核酸序列进行各种变换，如互补序列、反向序列的查找等。应用一些常用的生物学软件即可实现序列自由变换，如 DNAstar、BioEdit、

DNAMAN 等。

3. 限制性酶切分析

在基因工程试验中，对基因序列的限制性酶切位点进行分析是很普遍的操作。应用一些常用的生物学分析软件即可实现酶切位点综合分析，如 Vector NTI、BioEdit、DNAMAN 等。

（二）比对分析

基因序列的数量近几年随着测序技术的飞速发展呈现爆炸式增长的现象。序列比对（Sequence Alignment）也称序列对排，是生物信息学中最经典的研究手段之一。根据比对序列的数量不同，序列比对可分为双序列比对和多序列比对。通过序列比对分析，可以推测基因的结构和功能，及基因的进化演变规律。

BLAST（Basic Local Alignment Search Tool）比对，是一种序列类似性检索工具。NCBI 提供的网络版搜索在线服务（http：//www. ncbi. nlm. nih. gov/BLAST），使用方便、操作简单，是生物信息学工作者常用的 BLAST 服务。BLAST 采用统计学计分系统，将配对的序列同随机产生的干扰序列区别开来，BLAST 算法首先找出数据库中与目的序列匹配程度超过设定阈值的序列片段，然后对此片段进行相似性阈值延伸，得到一定长度的相似性片段。

BLAST 比对得到一些相似序列后，目的序列与待查序列进行双序列比对（Pairwise Alignment），可查找出两序列间最大相似性匹配，从而判断两序列是否具有同源性。

多序列比对（Multiple Alignment），可以找出这些序列的保守区域，为分子进化分析及系统发育分析提供基础数据。可用 Clustal X 或 Clustal W 等软件进行多序列比对。

二、蛋白质序列分析

蛋白质序列分析，一般包括蛋白质的理化性质、疏水性、跨膜区、亚细胞定位、蛋白质三级结构预测等方面的分析。

1. 理化性质分析

蛋白质是由 20 多种氨基酸组成的，蛋白质的理化性质分析可以对分子质量、分子式、理论等电点（pI）、氨基酸组成、消光系数、稳定性等理化特性进行分析确定。可以应用 Protparam 等分析工具得出蛋白质的理化性质。

2. 疏水性分析

组成蛋白质的 20 种氨基酸有不同的物理和化学性质，也带有不同极性的基团，其中疏水性氨基酸在保持蛋白质三级结构的稳定性上起着重要作用。使用 Protscale 程序在线分析蛋白质的疏水性。

3. 跨膜区分析

膜蛋白是一类具有重要细胞生物学功能的结构独特的蛋白质。蛋白质序列若含有跨膜区，会使分离纯化困难，所以膜蛋白的螺旋预测是生物信息学的重要应用。一些在线网络工具可以进行跨膜区的分析，如 TMP（http：//www. mbb. ki. se/tmap/）、TMHMM（http：//www. cbs. dtu. dk/services/TMHMM）等在线网络工具。

4. 亚细胞定位分析

蛋白质的生物学功能与其亚细胞定位存在紧密的联系。亚细胞定位预测包括下列几个方面：亚细胞定位数据库的建立；数据信息的抽取；算法的建立；结构评价的检验。一些常用的亚细胞定位在线工具，有 TargetP（http：//www. cbs. dtu. dk/services/TargetP/）、PSORT Ⅱ（http：//psort. nibb. ac. jp）等。

5. 蛋白质三级结构预测

蛋白质的生物学功能与其空间结构的关系很大，对未知结构的蛋白质序列进行三级结构模型预测，对于理解蛋白质的功能具有重要的意义。

同源建模（Homology Modeling）是利用一个或多个同源蛋白结构，经多重序列比对确定保守区域与主链框架结构的预测方法。一般可通过 SWISS – MODEL（http：//www. expasy. ch/swissmod/SWISS – MODEL. html）进行目的蛋白的三级结构同源建模。

第三节　基因芯片微阵列数据分析

自 1953 年 DNA 双螺旋被发现后，科研工作者利用分子生物学技术研究生物的生长、发育等现象。随着人类全基因组序列测序的成功，基因相关的研究迅速发展，并且越来越多生物的基因组完成测定。因此，对于能大规模处理生物样品并解析其信息的技术亟需开发。20 世纪 90 年代，基因芯片技术作为一项融合了生物学、物理学、化学、计算机科学为一体的前沿生物技术，因其快速、高效、简易等优点成为基因研究的主要技术平台之一，同时对基因组学和后基因组学的研究产生了显著影响。

一、基因芯片定义及分类

基因芯片（Gene Chip），又可称为 DNA 芯片、DNA 阵列、DNA 微阵列、DNA 微芯片等，其主要原理为分子生物学中的核酸分子原位杂交技术，即利用核酸分子碱基之间互补配对的原理，通过在固相支持物表面有序地固定排列上千万条基因片段或寡核苷酸片段形成 DNA 微阵列，随后将荧光标记过的 DNA 或 RNA 样品再加探针与其进行杂交，通过杂交信号的检测对生物遗传信息进行高效、快速的分析，只需一次实验即可实现对所测样品基因的大规模检验。基因芯片技术的运用，需要综合运用大规模集成电路制造技术，结合计算机、半导体、激光共聚焦扫描、寡核苷酸合成、荧光标记探针杂交和分子生物学技术等。基因芯片的基本步骤包括：芯片设计制备、样品制备、杂交实验以及荧光信号采集与分析。

肖翔报道，目前，基因芯片有多种分类标准，根据探针成分可将芯片分成基因组DNA 芯片、cDNA 芯片以及寡聚核苷酸芯片三类，其三种主要类型芯片优缺点如表8 – 1所示。袁文龙报道，根据制作方法分类，基因芯片可分为合成后交联法和原位合成法；根据载体材料分类，则可分为玻璃芯片、尼龙膜芯片、硅芯片和陶瓷芯片。

表 8 – 1　　　　基因组 DNA 芯片、cDNA 芯片、寡核苷酸芯片优缺点比较

方法	基因组 DNA 芯片	cDNA 芯片	寡核苷酸芯片
探针来源	PCR 扩增，产物纯化	PCR 扩增，产物纯化	根据已知序列合成
探针长度	较短，40 ~ 70 个碱基	较长，一般 300 ~ 1000 个碱基	较短，几十个碱基
杂交温度	杂交条件均一	杂交条件难以均一	探针结构简单，杂交条件均一
特异性	低，对低表达的基因研究有限	较低	高，能分辨同源基因表达差异
灵敏度	较低	低，大于 30μg	高，5 ~ 20μg
假阳性率	较低	较高	低
实验操作	制备烦琐，需 PCR 纯化扩增	较为烦琐，人工筛选 PCR 产物	简单，无需 PCR 纯化扩增
实验成本	高	一般较低	寡聚核苷酸合成成本高

二、基因芯片在植物研究中的应用

随着相关技术的不断进步，基因芯片技术应用范围也不断扩大。目前基因芯片在植物研究中的应用主要集中在以下几项：基因表达水平检测；基因多态性分析及突变型检测；新基因的发现；预测植物杂种优势及种子纯度检测；转基因植物检测及植物检疫。

1. 基因表达水平检测

植物基因的表达受各方面因素的影响，例如遗传、环境（温度、湿度、重金属、土壤等）或者生化信号等，植物不同组织器官基因的表达时间及表达量也存在显著差异，即基因表达具有时空特异性。目前，基因芯片可以帮助我们了解植物功能基因的表达情况，从而揭示基因功能及其代谢途径。早在 2005 年，Güimil 等就利用基因芯片对微生物入侵水稻后的基因表达谱进行了研究和分析。随后，研究人员将基因芯片技术在油菜、拟南芥、水稻、冬小麦、柽柳、茶树等植物上大规模地检测植物功能基因表达水平，快速高效地获得基因表达谱。其中，马春雷等采用基因芯片技术对龙井群体紫芽和绿芽种质资源进行分析，检测出显著差异表达基因 43 个，并对其进行功能注释，通过实时荧光定量方法对基因芯片结果进行验证，筛选出两个可能调控花青素合成的转录因子 MYB 蛋白和 WD40 蛋白，为深入研究茶树芽叶紫化机理打下了基础。

2. 基因多态性分析及突变型检测

单核苷酸多态性（Single Nucleotide Polymorphisms，SNP）是指在基因组中广泛存在的单个核苷酸的转换、颠换、插入和缺失引起的 DNA 序列多态性。Vignal、Brookes 报道，一般而言，上述形式中最少 1 种等位基因在群体中的频率不小于 1%，但在某种特殊情况下（如 cDNA 中）也可以小于 1%，所以近年来基于 SNPs 检测的基因芯片受到广泛的关注。

Tsuchihashi 等报道，目前至少有 20 种不同的 SNP 基因分型方法，随着各项相关技

术的迅速发展，目前运用最为广泛的为高通量 SNP 检测方法，即使用 SNP 芯片检测，一次实验可同时检测百万个 SNP，可用于大规模分析。近年来，随着基因组数据的增加，基因各种原理的 SNP 芯片已被开发，以适应不同目的、规模和条件的基因分型。根据 SNP 芯片反应原理，可分为 8 种：①基于核酸杂交反应原理的 SNP 芯片；②基于单碱基延伸反应原理的 SNP 芯片；③基于等位基因特异性引物延伸反应原理的 SNP 芯片；④基于一步法反应原理的 SNP 芯片；⑤基于引物连接反应原理的 SNP 芯片；⑥基于限制性内切酶反应原理的 SNP 芯片；⑦基于蛋白 – DNA 结合反应原理的 SNP 芯片；⑧基于荧光分子 – DNA 结合反应原理的 SNP 芯片。目前，基因芯片已被用于多种植物的 SNP 研究，包括水稻、玉米、菜豆、可可以及茶树等。

3. 基因芯片其他应用

Ouyang 报道，随着世界环境的变化，高产、抗病虫、耐旱、耐盐、抗逆品种已成为重要植物的育种目标，因此利用基因芯片分析不同生长发育阶段、逆境下基因的表达差异，筛选出耐寒、抗寒、耐高盐等种质资源已成为近几年的研究热点。近年来，基因芯片技术也被广泛地应用于植物遗传多态性、品种鉴定、种子鉴定、植物检疫等方面。

三、基因芯片数据分析基本流程

基因芯片数据分析大致包括：芯片扫描与图像识别；原始数据的预处理；数据分析；生物学验证。

1. 芯片扫描与图像识别

杂交实验后，芯片上各个反应点的荧光位置、荧光强弱经过芯片扫描仪和相关软件可以分析图像，并将荧光转换成数据，即可获得有关生物信息。其大致流程为：扫描仪读取芯片结果生成图像文件，经过划格（Griding）、确定杂交点范围（Spot Identifying）、过滤背景噪音（Noise Filtering）等图像识别过程，最终得到基因表达的荧光信号强度值，并以列表格式输出。其中图像的风格对于芯片数据的准确性影响最大，是芯片图像处理中研究最多的环节。

芯片扫描与图像识别系统，因芯片公司不同而异。在 Fang W P 等的研究中，使用基因芯片对茶树品种进行鉴定，采用 Fluidigm EP1 System 的 SNP Genotyping Analysis Software 分析软件开展基因分型。采用 FAM 和 HEX 荧光素进行标记。强度值均用 ROX 荧光进行标准化的设置，基因分型结果如图 8 – 1 所示。而马春雷等则采用玻片型的基因芯片筛选茶树芽叶紫化相关基因，用 LuxScan 10KA 双通道激光扫描仪对芯片进行扫描，采用 LuxScan 3.0 图像分析软件对扫描图进行分析，其导出结果如图 8 – 2 所示。

2. 原始数据的预处理

在对芯片数据进行聚类、分类等分析之前需对原始数据进行预处理，通常的做法是进行背景校正、去除干扰的信号点、缺失值的处理以及数据的归一化。

由于基因芯片数据每个点的信号值都是使用前景信号值减去背景信号值得到的，因此有时会出现负值或者很小的数值。因此在原始数据预处理时，会使用一个标准过滤掉一些表达水平是负值或很小的数据，或由于污染等原因导致的不可靠数据。此外，基因

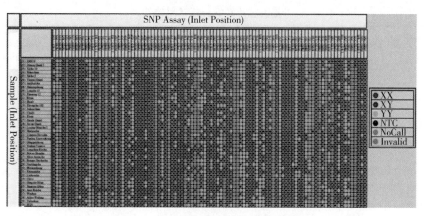

图 8 – 1　Fluidigm EP1 系统基因分型图

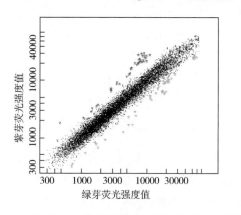

图 8 – 2　紫芽资源和绿芽资源的杂交结果散点图

芯片数据会因为图像的损坏、低信号强度、灰尘等因素导致数据缺失，而后续统计分析中特征基因提取奇异值分解、一些聚类分析方法等要求数据满足完整性，因此需要对缺失数据进行处理。基因芯片数据的标准化，目前常采用的方法有：总值归一化法、中值归一化法、均值归一化法、参考点或参考点阵列归一化法等，以消除由系统变异引起的误差。对于缺失数据的处理方法，则有使用重复数据点对缺失数据进行填充、奇异值分解法、行平均值法、中位数法以及 k – 最佳逼近相邻数值加权。其中 k – 最佳逼近相邻数值加权法（Weighted k – nearest Neighbours，KNN）简单且实用，适用于处理大规模数据。

3. 数据分析

数据分析主要包括差异表达基因的筛选、共表达基因的筛查以及聚类、分类分析。除此之外，还有更深入的 pathway 分析、基因表达调控网络分析、分子互作网络分析等。基因芯片的数据分析，可将信息数据与生命活动相联系，从而阐明基因功能、生命特征和规律等。基因芯片探针设计以及图像分析设备软件一般都由芯片公司开发，在数据处理过程中，相关软件的开发和应用是基因芯片数据分析方法实现的主要手段，据 Sturn、Saeed 报道，现已有很多软件被投入使用。目前常用的基因芯片数据分析软件如表 8 – 2 所示。

表 8 - 2　　　　　　　　　　　　基因芯片数据分析常用软件

软件名称	功能描述	网址链接
MicroHelper	数据预处理	http：//www. changbioscience. com/microhelperinfo. html
R	数据分析平台	http：//www. r - project. org/
BASE	数据深度分析	http：//base. thep. lu. se/
TM4	数据深度分析	http：//www. tm4. org/
BRB - ArrayTools	数据深度分析	http：//brb. nci. nih. gov/BRB - ArrayTools/
Mayday	数据深度分析	http：//it. inf. uni - tuebingen. de/? page_ id = 248
Cluster	聚类分析、主成分分析	http：//rana. lbl. gov/
TreeView	Cluster 软件结果可视化	http：//taxonomy. zoology. gla. ac. uk/rod/treeview. html
XCluster	聚类分析、SOM	http：//web. stanford. edu/group/sherlocklab/cluster. html
Java Treeview	聚类结果的可视化	http：//jtreeview. sourceforge. net/
KNNimpute	缺失值的估计	http：//smi - web. stanford. edu/projects/
PAM	基因表达数据分类	http：//www - stat. stanford. edu/ ~ tibs/PAM/
SAM	差异表达数据分类	http：//www - stat. stanford. edu/ ~ tibs/SAM/
PaGE	差异表达数据分析	http：//www. cbil. upenn. edu/PaGE/
Cyber - T	差异表达数据分析	http：//cybert. microarray. ics. uci. edu/

随着数据量不断增加，为解决芯片分析过程中繁琐复杂的统计计算，目前研究人员已开发了多种专用芯片分析软件，常用的软件如下。

（1）Bioconductor　Gentleman 报道，Bioconductor 是基于 R 的一个用于分析高通量基因组数据的开源工具，提供各种基因组数据分析和注释工具，其中多数工具可用于基因芯片数据的处理、分析、注释及可视化。Bioconductor 的开发起始于 2001 年，主要由美国 Fred Hutchinson 肿瘤研究中心、哈佛医学院以及哈佛公共健康研究院开发。目前，Bioconductor 支持几乎所有主流芯片数据格式，其中包括 Affymetrix 公司的单色寡核苷酸芯片，以及用户自己定制的双色 cDNA 芯片。Bioconductor 可用于数据预处理、差异表达基因识别以及聚类等常用数据分析。

（2）dChip　DNA - Chip Analyzer（dChip）是由哈佛大学 Cheng Li、Wing Wong 联合开发的综合性芯片分析软件。dChip 在 Windows 平台上即可运行，主要功能有：①针对 Affymetrix 芯片、基于 Model - based expression indexes 的数据预处理及归一化；②基于样本比较差异基因识别；③主成分分析（PCA）；④方差分析（ANOVA）；⑤时间序列分析；⑥层次聚类；⑦连锁分析；⑧SNP array 的 LOH、拷贝数。dChip 由于基于 Windows 的图形用户界面开发，因此界面更易于初学者操作和使用，但与 Bioconductor 相比，其定制型较弱。目前，dChip 既用于 Affymetrix 的单色寡核苷酸芯片分析，也对双色 cDNA 芯片的数据分析提供支持。

（3）TM4　Saeed（2003）报道，TM4 是由 TIGR 公司设计开发的用于基因芯片数据分析的软件包，它同时支持单、双通道 cDNA 芯片，也可用于 Affymetrix 的寡核苷酸芯片，另外还提供对芯片数据分析流程的全面支持。TM4 主要由四个模块以及一个后台数据库组成：①芯片数据管理工具（Microarray Data Manager，MADAM）；②图像分析软件 Spotfinder；③数据预处理模块（Microarray Data Analysis System，MIDAS）；④进行聚类和分类，以及结果可视化显示工具 MeV（MultiExperiment Viewer）。

（4）BASE BASE 是一个基于 Web 的芯片数据管理与分析平台，并且是一个可供多人协同工作的平台。目前，BASE 的用户可以通过浏览器方便地查询实验进度、观察实验结果，并及时和其他相关人员分享信息。此外，BASE 也提供了一组简单的工具，供科研工作者对数据进行快速分析。BASE 中还包含了一个基于 Java Applet 的三维可视化工具，可供用户从多个角度查看数据分析结果。

（5）Matlab Bioinformatics Toolbox Henson 等（2005）报道，Matlab 是由美国 MathWorks 公司开发的经典的科学计算软件，其集数值运算、符号运算及图形处理于一体，广泛应用于工程和科学计算。目前 Matlab 工具箱中 Bioinformatics Toolbox，是 Matlab 第一个专门针对生物信息应用而开发的工具箱，包含了蛋白和核酸分析、系统发育分析以及基因芯片分析等功能。Bioinformatics Toolbox 为芯片数据处理提供了归一化和聚类分析，包括层次聚类和 K - mean 聚类。通过与统计工具箱配合使用，科研工作者还可通过经典的 t - 检验及 ANOVA 等方法寻找差异表达基因。

4. 生物学验证

为了确保实验结果的可靠性，可利用 RT - PCR、Western blotting 等分子手段对基因芯片结果进一步地验证。例如，马春雷等在研究茶树芽叶紫化机理时，为了验证芯片数据的可靠性，提取相同批次实验材料的总 RNA，反转录 cDNA 后，对其进行实时定量 PCR 验证，结果显示 5 个基因表达模式与芯片结果一致，反映了紫芽和绿芽资源基因表达的差异性，证明了芯片数据具有生物学意义上的可重复性，可用于进一步的研究和分析。

四、基因芯片发展的前景与限制

目前，基因芯片技术迅速发展，并已成功广泛应用于各预防医学、环境保护、军事、农业等研究领域。在未来的发展中，随着实验技术的革新，基因芯片的发展趋势主要为：探针阵列集成度将提高，而成本将大幅降低，并且其操作将更趋于高自动化，方法趋于标准化和简单化。

虽然目前基因芯片应用已十分广泛，但基因芯片的检测结果并非是 100% 可靠。目前基因芯片数据误差来源主要分为两类：生物学差异和实验技术误差。生物学差异受物种、遗传和环境因素影响。李瑶等认为，实验系统误差为：①芯片制作带来的误差；②样本检测过程的误差。

生物学上的差异主要由以下几方面引起：①RNA 的不稳定。在生物体内，RNA 的降解和合成维持着相对平衡的状态；在细胞内 RNA 的半衰期为 2 ~ 5h，而常温下 RNA 则在几个小时内就会降解，因此实验过程中取样方法、时间以及过程影响着 RNA 的质量。②组织种类的差异。不同组织或器官中，RNA 的质量存在着差异。例如对于植物而言，不同叶位的叶子中的 RNA 质量存在差异，因此对照组和实验组尽可能选择一致，从而减小组织种类差异。③生物个体差异。不同的个体在基因序列结构上不同，并且在基因表达谱的表现上也不同。生物个体的差异受遗传因素、环境因素以及不可预知的因素所影响，目前可通过尽可能地增加个体数重复试验来克服这些因素产生的误差。在动物实验中，细胞周期不同步以及样本来源的差异也是实验误差的原因。体外培养的细胞很难保持细胞生长的同步性，并且其生长状况会因培养环境的不同而改变；组织样品在离体之前受到各种环境刺激比体外培养细胞多得多，并且体外培养的细胞组成也相对纯得多，据邱浪波报道，芯片实验结果显示组织的基因表达差异比体外培养细胞的基因表达差异大。

实验技术上的误差主要包括以下几个方面：

（1）芯片制备　基因芯片的制备主要有两种基本方法——片合成法、点样法。片合成法制备DNA芯片的关键是高空间分辨率的模板定位技术和固相合成化学技术的精巧结合。点样法则先按常规方法制备cDNA（或寡核苷酸）探针库，然后通过特殊的针头和微喷头，分别把不同的探针溶液，逐点分配在玻璃、尼龙或者其他固相基底表面上不同位点，并通过物理和化学方法的结合使探针被固定于芯片的相应位点。无论哪种芯片制备方式，都需要在小面积上尽可能多地包含探针，而寡核苷酸探针、RNA探针都不稳定，容易破坏或降解，这些因素都会导致实验结果产生误差。

（2）样品准备过程　目前，对于阵列密度较小的基因芯片采用同位素检测法，采用^{32}P标记技术，则运用现在普通使用的同位素显影技术和仪器。但是，在使用同位素靶基因标记法过程中，一些表达量高、杂交信号强的点阵，容易在其周围产生光晕，当其周围点阵的杂交信号较弱时，其杂交信号容易受到强杂交信号的掩盖。

（3）杂交过程。

（4）图像的扫描和处理　图像扫描设备的精密程度决定着数据的准确性、稳定性。

目前，基因芯片已在动植物的各项研究中起着重要作用。随着研究的深入和发展，基因芯片技术将会不断地完善和成熟，并在基因诊断、基因表达研究、基因组研究、新基因发现、病原体诊断以及植物检疫等研究领域发挥越来越大的作用。同时，随着该技术的发展和完善，对于海量数据的快速合理分析，对数据进行充分挖掘，对于科研工作者是一项极其重要和艰巨的工作，仍需要不断地探索和完善。

第四节　生物信息学与基因组学技术

随着第二代测序技术的飞速发展，测序成本极大降低，测序能力提高很快，越来越多的植物基因组被测序。"基因组学"（Genomics）这个领域的划分，是研究对象"基因组"（Genome）决定的，因此只要是和基因组相关的知识和研究问题就属于这一范畴，例如我们常常听到的基因组测序、单核苷酸多态性、DNA甲基化和去甲基化等。基因组学研究涉及多个相关领域，主要包括结构基因组、比较基因组、功能基因组等。

一、生物信息学在结构基因组学中的应用

结构基因组学（Structural Genomics）是基因组学的一个重要组成部分和研究领域，是一门通过基因作图、核苷酸序列分析确定基因组成、基因定位的科学。结构基因组

学研究内容主要包括基因作图的分子标记、基因组作图方法、基因组序列的组装。

结构基因组学主要研究 DNA 碱基序列水平上的基因结构。一些模式植物基因组全序列测序已经完成，基因组中信息的分析与鉴定，组织结构及相关调控序列的鉴定是全基因组测序后的重要工作。

1. 研究目的

在生物体的整体水平上（全基因组、全细胞或完整生物体）测定出全部蛋白质分子、核酸－蛋白质、蛋白质－蛋白质等复合体的精细三维结构，能得到一幅完整的、能够在细胞中定位及在各种代谢途径、信号转导中发挥作用的蛋白质的三维结构全息图。

结构基因组学的研究目标主要是以下三个：①测定一些经过认真选择可能代表所有的折叠类型的蛋白；②测定一定数量的蛋白质结构；③蛋白质表达谱的建立。

2. 遗传图绘制

遗传图绘制主要有两种方式：①遗传作图（Genetic Mapping）：采用遗传学分析方法将基因或其他 DNA 序列标定在染色体上构建连锁图；②物理作图（Physical Mapping）：采用分子生物学技术直接将 DNA 分子标记、基因或克隆标定在基因组实际位置。

遗传作图理想的分子标记应具备以下几个特点：①具有高的多态性；②共显性遗传，即杂合和纯合基因型可鉴定；③明确辨别等位基因；④分子标记均匀遍布整个基因组；⑤无基因多效性；⑥开发使用成本低廉；⑦检测手段简单快速、重复性好。

3. 序列组装

基因组的每条染色体长度可达到数百万碱基对以上，将链终止法阅读的小片段 DNA 组装成真实的排列序列称为序列组装。DNA 序列的组装主要有鸟枪法（Shotgun）、克隆重叠群法（Clone Contig）、引导鸟枪法（Directed Shotgun）。

鸟枪法的顺序组装是直接从已测序的小片段中寻找彼此重叠的测序克隆，然后依次向两侧邻接的序列延伸。这一方法不需要预先了解任何基因组的情况，即使缺少遗传图谱和物理图谱，也可以完成整个基因组的组装。但是对于结构复杂的大基因组而言，鸟枪法的序列组装起始时期工作量巨大，基因组中普遍存在的重复序列是十分棘手的问题，在序列组装时可能会出现错误连接，使某些片段从原位置跳到另一无关位置。

先将基因组 DNA 分解为若干个较大的 DNA 片段，构建基因组文库，每个大片段克隆可以独立进行鸟枪法测序，称为克隆重叠群测序法。高等植物拟南芥、水稻采用此方法测序。

引导鸟枪法是建立在基因组图谱基础上的鸟枪法，是对随机鸟枪法的改良和发展。

二、生物信息学在比较基因组学中的应用

比较基因组学（Comparative Genomics）是在基因组图谱和测序技术基础上，对已知的基因和基因组结构进行比较以了解基因的功能、表达调控机制及物种进化过程的学科。

比较基因组学主要研究两个部分内容：种间比较基因组学和种内比较基因组学。种间比较比较基因组学可以研究全基因组的比较，以及系统发生的进化关系分析。种内比较基因组学可以研究单核苷酸多态性（SNP），以及拷贝数多态性分析。

比较基因组学研究的方法与思路：一是序列的比对分析（相似性、同源性）；二是基因组序列的进化关系（共线性）；三是基因组结构的分析（转座、插入和缺失、染色体重排）。

比较基因组学将在揭示非编码序列功能、发现新基因、发现功能性 SNP 以及阐述物种的进化史方面有广阔的应用。

油茶虽同属于山茶科植物，但油茶与茶树相比，缺少三大次生代谢产物成分（茶多酚、茶氨酸和咖啡碱）。通过比较转录组学和代谢产物的测定，Tai Yuling 等研究发现合成这些产物的关键酶基因表达存在差异，造成了儿茶素、咖啡碱和茶氨酸在茶树（*Camellia sinensis*）与油茶（*Camellia oleifera*）上的含量差异。

三、生物信息学在功能基因组学中的应用

功能基因组学（Functional Genomics）又称后基因组学（Post Genomics），它利用结构基因组所提供的信息和产物，发展和应用新的实验手段，通过在基因组或系统水平上全面分析基因的功能，使得生物学研究从对单一基因或蛋白质的研究转向多个基因或蛋白质同时进行系统的研究。

功能基因组学的研究方法主要有单核苷酸多态性分析、表达序列标签分析、基因表达的序列分析、DNA 芯片、RNA 干扰等。

单核苷酸多态性（SNP）是指基因组 DNA 中某一特定核苷酸位置发生了转换、缺失或插入等变化而引起的序列多态性，而且任一等位基因在群体中的频率不低于 1%。SNP 与表型的关系主要有以下三种：一是编码区内 SNP 可能改变氨基酸残基种类，直接影响蛋白质功能；二是外显子和内含子相连部位的 SNP 可能改变剪切，从而影响蛋白质修饰；三是调控区域内的 SNP 可能改变 RNA 的表达和稳定性。

表达序列标签（EST）是从已建好的 cDNA 文库中随机选出一个克隆，从末端对插入的片段进行一轮单向测序，所获得的 60~500bp 的一段 cDNA 序列。EST 主要应用在构建遗传图谱、分离鉴定新基因、基因的定位克隆以及制备 cDNA 芯片等方面。

基因表达的序列分析（Serials Analysis of Gene Expression），先鉴定一小段寡核苷酸序列作为区别转录物的标签（Tag），通过标签串联形成大量多连体（Concatemer）并测序，软件分析表达基因的种类，最后根据标签出现的频率确定基因的表达丰度（Abundance）。

RNA 干扰（RNA Interference）是通过反义 RNA 与正链 RNA 形成双链 RNA 特异性抑制靶基因的转录后表达现象。RNA 干扰技术是研究转录后调控的有效工具，应用于功能基因组学研究及基因治疗等临床应用。

第五节 生物信息学与蛋白质组学技术

生物学中心法则指出 DNA 编码的蛋白质序列能决定其立体结构，而立体结构的蛋白质赋予其生物学功能。蛋白质组（Proteome）来源于蛋白质（Protein）与基因组（Genome）的结合，是指从整体的角度出发来探究基因组所表达的全部蛋白质，最早由澳大利亚学者 Wilkins 在 1995 年提出。从蛋白质组学的角度，对蛋白质的表达、翻译及相互作用进行时间和空间上的动态研究，是探索生命活动规律和本质的必要条件。

一、生物信息学在蛋白质数据库的应用

（一）蛋白质组数据库

蛋白质组数据库的构建，主要是运用在不同环境条件下组织的全部蛋白质数据来研究蛋白质表达的差异。蛋白质组数据库都有以下几个方面的特点：①蛋白质组相关数据种类繁多，有双向电泳数据库、基于蛋白序列的数据库、蛋白质一级或高级结构数据库、蛋白质相互作用数据库等；②蛋白质组数据库利用率高；③蛋白质组数据库更新速度快。

将生物信息学的实验思路引入蛋白质组学的科学研究后，科学家可通过互联网上的信息设计实验方案，避免诸多重复性劳动，能少走不少弯路。大多数蛋白质数据库都能实现数据接收、在线查询和空间结构的可视化浏览等功能。而且，蛋白质数据库几乎都是免费的，提供免费下载或服务，使得蛋白质组学可以在生物信息学的辅助下快速发展。

1. 基于双向电泳图谱的数据库

基于双向电泳图谱的数据库是蛋白质组学研究中的主要内容。目前主要的双向电泳图谱的数据库有二维电泳图谱库（2DWG）（http：//www. lccb. nciferf. gov/2dwgDB）、水稻蛋白质组数据库（The Rice Proteome Database）、SWISS－2DPAGE（http：//www. expase. ch/ch2d/ch2d－top. html）、酵母蛋白质组数据库（Yeast－2D PAGE）（http：//www. yeast－2dpage. gmm. gu. sc）、国际 2D PAGE 库的完整索引（WORLD－2D PAGE）（http：//www. expasy. ch/ch2d－index. html）等。

水稻蛋白质组数据库 The Rice Proteome Database（http：//gene64. dna. affrc. go. jp/PD/），由从双向电泳过程中分离出水稻组织的蛋白质点，经鉴定分析后获得相关蛋白质信息并进行综合整合而来。此数据库可以从以下几个方面为需求者提供服务：一是在数据库的 2－D 参考胶上选择相应的蛋白点，并获得该蛋白点的各种信息；二是查询蛋白相关信息，包括名字、序列号、分子质量和 p*I* 等；三是由蛋白质的氨基酸序列查询相似蛋白质的信息。

2. 基于蛋白质序列信息的数据库

基于蛋白质序列信息的数据库以氨基酸残基序列为基本内容，并附有注释信息。基于蛋白质序列的数据库主要有蛋白质信息资源数据库（PIR）（http：//pir. georgetown. edu/）、SWISS－PROT 数据库（http：//www. ebi. ac. uk/swissport/）、蛋

白质数据仓库（http：//rcsb. org/pdb）和 PROSITE（http：//www. expasy. ch/prosite）等。

SWISS - PROT 是经过注释的蛋白质序列数据库，由欧洲生物信息学研究所（EBI）维护。数据库由蛋白质序列条目构成，每个条目包含蛋白质序列、引用文献信息、分类学信息、注释等，注释中包括蛋白质的功能、转录后修饰、特殊位点和区域、二级结构、四级结构、与其他序列的相似性、序列残缺与疾病的关系、序列变异体和冲突等信息。

PROSITE 数据库收集了有显著生物学意义的蛋白质位点和序列模式，并能根据这些位点和模式快速和可靠地鉴别一个未知功能的蛋白质序列应该属于哪一个蛋白质家族。

PIR 提供三类序列搜索服务：基于文本的交互式检索；标准的序列相似性搜索，包括 BLAST、FASTA 等；结合序列相似性、注释信息和蛋白质家族信息的高级搜索，包括按注释分类的相似性搜索、结构域搜索 GeneFIND 等。

（二）应用生物信息学进行蛋白质分析

生物信息学的作用在蛋白质组学分析中，不仅在于数据库的查阅整合中，更重要的在于蛋白质分析和预测，包括序列分析、结构域预测、等电点等性质的检测。这部分具体内容参见本章第二节中的蛋白质序列分析。

二、蛋白质组学研究的新进展

从近几年公开发表的蛋白质组学相关论文来看，蛋白质组学及其相关技术已大规模应用于蛋白质鉴定、蛋白质翻译修饰及蛋白质互作等科研领域，并取得重要进展。

1. 蛋白质分离鉴定技术

双向电泳技术（Two - dimension Electrophoresis，2 - DE）是蛋白质组学研究中最重要的实验技术之一，其原理是第一相根据蛋白质的等电点采用固相化 pH 梯度胶条（Immobilized pH Gradient，IPG）进行等电聚焦，再根据蛋白质分子质量的差异采用 SDS - 聚丙烯酰氨凝胶电泳（SDS - PAGE）进行第二相再次分离。获得数量众多的蛋白质点图谱后，对分离的蛋白质点鉴定也是重要的研究内容。生物质谱技术主要有两种离子化方法来鉴定蛋白质点，即基质辅助激光解吸电离法（Matrix - assisted Laser Desorption Ionization，MALDI）和电喷雾电离法（Electro - spray Ionization，ESI）。MALDI 是样品在激光激发下从基质中挥发并离子化，通常与飞行时间（Time of Flight，TOF）质量分析器联用，从而得出肽段的精确质量。ESI 则与离子阱（Ion Trap，IT）或四级杆（Quadrupole）质谱联用得到肽段的信息。

Zhou Lin 等为了验证外源 ABA 缓解茶树遭受干旱胁迫的程度，经 2 - DE 分离后应用 MALDI - TOF 质谱联用技术分离鉴定出相关蛋白点，证实了一些转运蛋白、碳代谢蛋白及胁迫耐受蛋白的耐旱生理学作用。

同位素标记相对和绝对定量（Isobaric Tags for Relative and Absolute Quantitation，iTRAQ）技术利用多种同位素试剂标记蛋白多肽 N 末端或赖氨酸侧链基团，经高精度质谱仪串联分析，可同时比较多达 8 种样品之间的蛋白表达量，是近年来定量蛋白质组学常用的高通量筛选技术。Li Qin 等以高效液相色谱联合 iTRAQ 技术，在茶树幼芽形成嫩叶的发育过程中鉴定出 223 个差异蛋白，并发现茶多酚生物合成及光合作用相关蛋白调控茶树的次生代谢产物含量。Wang Lu 等以白化茶树品种"中黄 1 号"为材料，应用 iTRAQ 技术解释了苯丙氨酸合成途径、类黄酮合成途径、光合作用等相关蛋白表达是该品种叶绿体变异表型形成的主要原因。

2. 蛋白质翻译后的修饰分析

蛋白质在完成翻译步骤后，有一个功能基团的共价修饰的生物学过程，称为蛋白质翻译后修饰（Posttranslational Modification，PTM）。蛋白质翻译后修饰的常见类型，包括磷酸化、糖基化及乙酰化等，蛋白质翻译后修饰能影响蛋白质的定位及蛋白质互作的过程。

3. 蛋白质互作研究

蛋白质在时空中的相互作用是细胞进行生命活动的本质，其大部分功能由蛋白质和蛋白质互作来执行。研究蛋白质互作对于我们认知信号转导、蛋白质结构鉴定及蛋白质生物学功能有着重要的作用。

最经典的蛋白质互作研究方法是酵母双杂交系统（Yeast Two Hybrid，Y2H），其建立采取了转录因子才能激活的报告基因表达系统。转录激活因子在结构上是组件式的（Modular），即转录因子由两个或两个以上相互独立的结构域构成，其中有 DNA 结合结构域（DNA Binding Domain，BD）和转录激活结构域（Activation Domain，AD），它们是转录激活因子发挥功能所必需的结构域。单独的 BD 虽然能和启动子结合，但是不能激活转录，而不同转录激活因子的 BD 和 AD 形成的杂合蛋白仍然具有正常的激活转录的功能。酵母双杂交系统具有非常高的灵敏度，弱小的蛋白质互作也可以通过报告基因快速地检测到。在酵母双杂交系统中，"诱饵"蛋白（Bait Protein）X 克隆至 DNA – BD 载体中，表达 DNA – BD/X 融合蛋白；待测试蛋白 Y 克隆至 AD 载体中，表达 AD/Y 融合蛋白。一旦 X 与 Y 蛋白间有相互作用，则 DNA – BD 和 AD 也随之被牵拉靠近，恢复行使功能激活报告基因的表达。

植物蛋白质互作研究主要集中于拟南芥、水稻、烟草、小麦等模式植物和重要农作物上，关于茶树蛋白质互作的相关研究报道较少。随着茶树基因组学和分子生物学研究的不断深入，开展有关茶树蛋白质互作的课题，将为解析茶树相关基因功能提供有力的支撑。

思考题

1. 什么是蛋白质组及蛋白质组学？
2. 生物信息学的主要应用有哪些？
3. 蛋白质双向电泳的原理是什么？
4. 基因芯片技术在植物功能基因组学中将会有哪些应用？

参考文献

［1］陈忠斌．生物芯片技术［M］．北京：化学工业出版社，2005.

［2］李瑶．基因芯片与功能基因组［M］．北京：化学工业出版社，2004.

［3］李瑶．基因芯片表达数据分析与处理［M］．北京：化学工业出版社，2006.

［4］马春雷，姚明哲，王新超，等．利用基因芯片筛选茶树芽叶紫化相关基因［J］．茶叶科学，2011，31（1）：59 - 65.

［5］邱浪波．基因芯片表达数据分析相关问题研究［D］．长沙：国防科学技术大学，2007.

［6］沈俊儒，吴建勇，张剑，等．甘蓝型油菜华油杂 6 号及其亲本的基因差异表达研究［J］．中国农业科学，2006，39（1）：23 - 28.

［7］肖翔，官春云，尹明智，等．基因芯片技术在农业中应用的研究进展［J］．中国农学通报，2012，28（33）：187 - 193.

［8］杨传平，王玉成，刘桂丰，等．基因芯片技术研究柽柳 $NaHCO_3$ 胁迫下基因的表达［J］．生物工程学报，2005，21（2）：220 - 226.

［9］袁文龙，康占海，陶晡，等．基因芯片技术及其在植物中的应用［J］．安徽农业科学，2010，38（26）：14279 - 14280，14297.

［10］BANSAL U，BARIANA H，WONG D，et al. Molecular mapping of an adult plant stem rust resistance gene Sr56 in winter wheat cultivar Arina［J］．Theor Appl Genet，2014，127：1441 - 1448.

［11］BROOKES A J. The essence of SNPs［J］．Gene，1999，234：177 - 186.

［12］FANG W，MEINHARDT L W，MISCHKE S，et al. Accurate determination of genetic identity for a single cacao bean，using molecular markers with a nanofluidic system，ensures cocoa authentication［J］．J Agr Food Chem，2013，62：481 - 487.

［13］FANG W P，MEINHARDT L W，TAN H W，et al. Varietal identification of tea (*Camellia sinensis*) using nanofluidic array of single nucleotide polymorphism（SNP）markers［J］．Horticulture Res，2014（1）：14035.

［14］GENTLEMAN R C，CAREY V J，BATES D M，et al. Bioconductor：open software development for computational biology and bioinformatics［J］．Genome Biol，2004，5（10）：1.

［15］GÜIMIL S，CHANG H S，ZHU T，et al. Comparative transcriptomics of rice reveals an ancient pattern of response to microbial colonization［J］．Proceedings of the National Academy of Sciences，2005，102（22）：8066 - 8070.

［16］HENSON R，CETTO L. Encyclopedia of Genetics，Genomics，Proteomics and Bioinformatics［M］．Wiley，2005.

［17］HILL T A，ASHRAFI H，REYES - CHIN - WO S，et al. Characterization of *Capsicum annuum* genetic diversity and population structure based on parallel polymorphism discovery with a 30K unigene Pepper GeneChip［J］．PLoS One，2013，8：e56200.

[18] JI K, ZHANG D, MOTILAL L A, et al. Genetic diversity and parentage in farmer varieties of cacao (*Theobroma cacao* L.) from Honduras and Nicaragua as revealed by single nucleotide polymorphism (SNP) markers [J]. Genet Resour Crop Ev, 2013, 60: 441 –453.

[19] LI C, WONG W H. DNA – chip analyzer (dChip) [M]//The Analysis of Gene Expression Data. New York: Springer, 2003: 120 – 141.

[20] LI Q, LI J, LIU S, et al. A comparative proteomic analysis of the buds and the young expanding leaves of the tea plant (*Camellia sinensis* L.) [J]. Int J Mol Sci, 2015, 16: 14007 – 14038.

[21] LIVINGSTONE D, ROYAERT S, STACK C, et al. Making a chocolate chip: development and evaluation of a 6K SNP array for *Theobroma cacao* [J]. DNA Res, 2015: dsv009.

[22] LU Y, XU J, YUAN Z, et al. Comparative LD mapping using single SNPs and haplotypes identifies QTL for plant height and biomass as secondary traits of drought tolerance in maize [J]. Mol Breeding, 2012, 30: 407 –418.

[23] NACHAPPA P, MARGOLIES D C, NECHOLS J R, et al. Tomato spotted wilt virus benefits a non – vector arthropod, Tetranychus urticae, by modulating different plant responses in tomato [J]. PloS one, 2013, 8: e75909.

[24] OUYANG B, YANG T, LI H, et al. Identification of early salt stress response genes in tomato root by suppression subtractive hybridization and microarray analysis [J]. J Exp Bot, 2007, 58: 507 –520.

[25] PINA C, PINTO F, FEIJÓ J A, et al. Gene family analysis of the Arabidopsis pollen transcriptome reveals biological implications for cell growth, division control, and gene expression regulation [J]. Plant Physiol, 2005, 138: 744 –756.

[26] SAEED A I, SHAROV V, WHITE J, et al. TM4: a free, open – source system for microarray data management and analysis [J]. Biotechniques, 2003, 34: 374.

[27] SINGH N, JAYASWAL P K, PANDA K, et al. Single – copy gene based 50 K SNP chip for genetic studies and molecular breeding in rice [J]. Sci Rep – UK, 2015: 5.

[28] SONG Q, JIA G, HYTEN D L, et al. SNP Assay Development for linkage map construction, anchoring whole – genome sequence, and other genetic and genomic applications in common bean [J]. G3: Genes| Genomes| Genetics, 2015, 5: 2285 –2290.

[29] STURN A, QUACKENBUSH J, TRAJANOSKI Z. Genesis: cluster analysis of microarray data [J]. Bioinformatics, 2002, 18: 207 –208.

[30] TAI Y, WEI C, YANG H, et al. Transcriptomic and phytochemical analysis of the biosynthesis of characteristic constituents in tea (*Camellia sinensis*) compared with oil tea (*Camellia oleifera*) [J]. BMC Plant Biology, 2015, 15: 190.

[31] TSUCHIHASHI Z, DRACOPOLI N C. Progress in high throughput SNP genotyping methods [J]. Pharmacogenomics J, 2002 (2): 103 –110.

[32] VIGNAL A, MILAN D, SANCRISTOBAL M, et al. A review on SNP and other types of molecular markers and their use in animal genetics [J]. Genetics Selection Evolution, 2002, 34: 275 - 306.

[33] WANG L, CAO H, CHEN C, et al. Complementary transcriptomic and proteomic analyses of a chlorophyll - deficient tea plant cultivar reveal multiple metabolic pathway changes [J]. J Proteomics, 2016, 130: 160 - 169.

[34] WILKINS M R, SANCHEZ J C, GOOLEY A, et al. Progress with proteome projects: why all proteins expressed by genome should be identified and how to do it [J]. Biotech Genet Eng Rev, 1995, 13: 19.

[35] ZHOU L, MATSUMOTO T, TAN H W, et al. Developing single nucleotide polymorphism markers for the identification of pineapple (*Ananas comosus*) germplasm [J]. Horticulture Res, 2015 (2): 15056.

[36] ZHOU L, XU H, MISCHKE S, et al. Exogenous abscisic acid significantly affects proteome in tea plant (*Camellia sinensis*) exposed to drought stress [J]. Horticulture Res, 2014 (1): 14029.

第九章　茶叶生物技术安全性评价

现代生物技术突飞猛进，被广泛应用于农业生产、医疗保健、食品生产、生物加工、资源开发利用和环境保护等方面，为人类解决了粮食短缺、疾病防治、环境污染、能源匮乏等一系列问题，对农牧业、制药业等许多相关产业的发展产生了深刻的影响。但是，生物技术如果使用不当，也会对生物多样性、生态环境和人类健康等方面造成潜在的不利影响，有时甚至具有不可逆转性，因此，对生物技术及其产品的安全性应引起足够的重视，并采取适当的法律规制。

第一节　茶叶生物技术安全性

随着生物技术在农业领域的迅速发展和日益广泛应用，与此相关的农业转基因生物安全争论也愈加突出和激烈。转基因生物安全的科技问题与政治、经济、贸易和宗教伦理等复杂问题相互交织，已成为各国政府和公众十分关注的社会热点问题。近年来，以基因工程、细胞工程、酶工程、蛋白质工程和发酵工程为代表的现代生物技术已应用于茶叶的相关研究，为茶叶创新发展提供了技术支撑，虽然很多研究和应用尚处于起步阶段，但其影响不断扩大。正视生物技术安全问题，因势利导，趋利避害，才能保障我国茶叶生物技术健康发展，跟上世界科技发展前沿与主流。

一、生物技术安全性

1. 生物技术的含义

生物技术是以现代生命科学理论与成就为基础，利用生物体及其细胞的、亚细胞的和分子的组成部分，结合工程学、信息学等手段开展研究及制造产品，或改造动物、植物、微生物等，并使其具有所期望的品质、特性，从而为社会提供商品和各种服务的综合性技术体系。因此，生物技术不仅仅是一门与生命科学相关的技术，还包含工艺、设备等工程学内容，也称其为生物工程（Bioengineering）。

1992 年《生物多样性公约》第 2 条将生物技术定义为利用生物系统、活生物体或者其衍生物为特定用途而生产或改变产品或过程的任何技术应用。这一定义一般指广义生物技术，它包括传统生物技术和现代生物技术。狭义的生物技术仅指现代生物技术。现代生物技术又称生物工程技术，是 20 世纪 70 年代初在分子生物学、遗传学、细胞学、微生物学、生物化学和计算机学科的基础上发展起来的一门新兴的、跨学科的应用技术科学，是以生命科学的理论和成就为基础，运用基因重组、细胞融合、固定化酶以及细胞或组织培养和生物传感器等新技术和工程技术原理，加工生物材料或定向地组建具有特定性状的新物种或新产品系，为人类提供所需的产品和服务。现代生物技术的范围和领域十分广泛，目前主要包括基因工程（又称转基因技术）、细胞工程、酶工程、蛋白质工程和发酵工程。其中，基因工程是核心，运用 DNA 重组技术，可以按照人类的意志改造和组建新生物物种，赋予细胞工程、酶工程和微生物工程等以新的内容。

从 1972 年构建第一个 DNA 重组分子以来，现代生物技术突飞猛进，为人类解决了粮食、医药短缺及环境等问题，具有广阔的发展前景。通过应用现代生物技术，对农作物、畜禽品种和水产品的遗传基因进行修饰，可改良品种、增加产量、提高品质、增强抗性，特别是运用转基因生物技术，可以使农作物具有抗寒、抗旱、抗热、抗涝、抗病虫害、耐除草剂，改善作物的经济性状和品质，延长其保鲜期。对提高农作物产量和品质，减少化学肥料和杀虫剂的使用，解决发展中国家粮食短缺和营养不良问题具有重大意义，堪称第二次"绿色革命"。

2. 对生物技术的态度

单就转基因技术来讲，不同国家的态度不同。国际社会对转基因技术和转基因产品安全性问题的态度主要有三种：一是持肯定态度和赞成态度，二是持反对态度，三是持谨慎态度。以美国、阿根廷和巴西为代表的农产品输出国，对转基因技术持比较积极和开放的态度。美国是转基因技术研究最为先进、应用最为广泛的国家。美国的转基因产业在世界上占据主导地位，并能够从转基因产品中获取巨额商业利润。据有关报道，仅转基因玉米一种产品就可为美国带来 51 亿美元的利润，调查显示，80% 以上的民众对转基因食品持"肯定"和"较为肯定"的态度，50% 的消费者表示不歧视转基因食品。以欧盟为代表的农产品进口国，则持反对态度。在欧洲，由于 2001 年后半期发生的与转基因食品无关的若干次食品恐慌，消费者对食品供应安全性的信心已显著下降。调查显示，在英国，只有 25% 的人对转基因食品表示接受，88% 的公众反对在英国国内种植转基因作物。大多数发展中国家认为，对转基因技术和转基因食品的安全性问题需要进一步探讨。印度对转基因作物的安全性有很大争议，环保组织和其他一些非政府组织提出转基因作物的安全性问题，认为转基因作物将会极大地破坏自然生态系统。同时，一些发展中国家担心，一些发达国家很可能将本国不能接受的转基因食品出口到经济不发达或转基因食品研究能力较弱的国家或地区。

3. 生物安全的含义

生物安全问题是指在一个特定的时空范围内，由于自然或人类活动引起的外来物种迁入，并由此对当地其他物种和生态系统造成改变和危害；人为造成环境的剧烈变化而对生物多样性产生影响和威胁；在科学研究、开发、生产和应用中造成对人类健康、生存环境和社会生活有害的影响。

生物安全的科学含义就是要对生物技术活动本身及其产品（主要是遗传操作的基因工程技术活动及其产品）可能对人类和环境的不利影响及其不确定性和风险性进行科学评估，并采取必要的措施加以管理和控制，使之降低到可接受的程度，保障人类的健康和环境的安全，促进生物技术健康、有序和可持续发展。

生物安全问题主要体现在转基因食品（Genetically modified organisms，GMOs，遗传修饰生物）上。转基因食品指在转基因技术的基础上以转基因生物原材料加工制成的食品。依据原料的不同，转基因食品可划分为转基因植物食品、转基因动物食品和转基因微生物食品三类。

转基因生物及其产品作为食品对人体健康有可能存在潜在的影响，将会产生某些过敏反应和毒理作用。产生致敏的原因是导入的基因片段，由于导入基因的来源及序列或表达的蛋白质的氨基酸序列可能与已知的致敏源存在同源性，导致过敏发生或产生新的过敏源。即目的基因的产物如果是潜在的过敏原，如花生、大豆、鱼等，那么该转基因食品就有可能引起人体的过敏反应。许多食品本身含有大量的毒性物质和抗营养因子，如蛋白酶抑制剂、神经毒素等用以抵抗病原菌的侵害。生物进化过程中，自身的代谢途径在一定程度上抑制毒素表现，即所谓的沉默代谢。在转基因食品加工过程中，由于基因的导入使得病毒蛋白发生过量表达，产生各种毒素。同时，为促进细胞、组织和转基因植物的转化，在基因转移过程中大量使用抗生素标记基因。抗生素抗性标记基因的安全性考虑之一是，转基因植物中的标记基因是否会在肠道中水平转移至微生物，目前尚无基因从植物转移至肠道微生物的证据，也无在人类消化系统中细菌转化的报告，主要原因可能是抗生素基因在肠道中转入微生物是一个复杂过程，这种基因水平转移的可能性极小。只有当标记基因转入发生，其特性威胁健康时，才有必要收集该基因转入的信息、数据。但是，在评估任何潜在健康问题时，都应该考虑人体或动物抗生素的使用以及胃肠道微生物对抗生素产生的抗性。关于转基因食品安全的讨论在全球范围内展开，有些国家通过转基因食品的标识制度赋予公众知情权和选择权，这也是应对生物技术引发的食品安全问题的一项重要措施。

二、安全性评价的意义

一种新技术的出现对人类历史的发展和社会的进步往往产生前所未有的推动作用和深远影响，同时也可能产生未知的后果或风险，尤其是当人类不能确保对技术的正确、有效运用时，可能造成难以想象的灾难。因此，任何一种新技术出现以后，都要求对其安全性进行彻底研究和检验。生物技术作为一种迅速发展的高新技术，也不例外地存在着安全问题。

生物技术从研究、开发、生产到实际应用整个过程都存在着生物安全问题，基因工程技术的出现，使人类对有机体的操作能力大大加强，基因可以在动物、植物和微生物之间相互转移，甚至可以将人工设计合成的基因转入到生物体内进行表达，创造出许多前所未有的新性状、新产品甚至新物种，这就有可能产生人类目前的科技知识水平所不能预见的后果，危害人类健康、破坏生态平衡和污染自然环境。尤其是当人类不能确保正确合理操作和运用这项技术时，这种影响可能是灾难性的，因此生物技术安全问题逐渐成为国际社会关注的焦点问题。我国 2001 年发布了国务院第 304 号《农业转基因生物安全管理条例》，2002 年发布了农业部令第 8 号《农业转基因生物安全评价管理办法》，第 9 号《农业转基因生物进口安全评价管理办法》，第 10 号《农业转基因生物标识管理办法》，以及《关于贯彻执行＜农业转基因生物安全管理条例＞及配套规章的通知》。

三、生物安全控制措施的类别

生物安全控制措施是针对生物安全所采取的技术管理措施。为了加强生物技术工作的安全管理，防止基因工程产品在研究试验、开发以及商品化生产、贮运和使用中涉及对人体健康和生态环境可能发生的潜在危险所采取的有关防范措施。通过这些防范措施，将生物技术工作中可能潜在的危险降低到最低程度。生物安全性评价是生物安全控制措施的前提，其核心是安全性评价和风险控制。任何一项新的技术都不可能是绝对安全的，对生物安全性的不同理解和要求就会形成不同的管理政策和控制措施。过严控制安全性，会妨碍生物技术的发展；对安全性要求过低，可能使人类健康和生态环境遭受严重威胁。这就要求对生物技术的管理必须在保障人类健康、生态平衡和环境安全的同时推动生物技术的发展，使之为人类创造最大的利益。制定生物安全政策与法规的目的就是使这两个目标达到高度和谐，因此受到各国政府的高度重视。按照权威部门对某项基因工程工作所给予的公正、科学的安全等级评价，在相关的基因工程工作进程中采取相应的安全控制措施，即在开展基因工程的试验研究、中间试验、环境释放和商品化生产之前，都应进行安全性评价，并采取相应的安全措施。

生物安全控制措施具有很强的针对性。按照控制措施的性质可分为五种：①物理控制措施，是指利用物理方法限制基因工程体及其产物在控制区外的存活和扩散，如设置栅栏、网罩、屏障等；②化学控制措施，是指利用化学方法限制基因工程体及其产物在控制区外的存活和扩散，如对生物材料、工具和有关设施进行化学药品消毒处理等；③生物控制措施，是指利用生物措施限制基因工程体及其产物在控制区外的生存、扩散或残留，并限制向其他生物转移，如设置有效的隔离区及控制区，消除试验区或控制区附近可与基因工程体杂交的物种，以阻止基因工程体开花授粉或去除其繁殖器官；④环境控制措施，是指利用环境条件限制基因工程体及其产物在控制区外的繁殖，如控制温度、水分、光周期等；⑤规模控制措施，是指尽可能地减少用于实验的基因工程体及其产物的数量，或减少试验区的面积以降低基因工程体及其产品迅速广泛扩散的可能性，在出现预想不到的后果时，能比较彻底地将基因工程体及其产物消除，包括控制其试验的个体数量或减少试验面积、空间等。

生物安全控制措施按照工作阶段可分为六种：①实验室控制措施，要求采取相应安全等级的实验室装备和相应安全等级的操作要求；②中间试验和环境释放控制措施，要求采取相应安全等级的安全控制措施；③商品贮运、销售及使用控制措施，要求采取相应安全等级的包装、运载工具，商品的贮存条件、销售、使用符合公众要求的标签说明；④应急控制措施，要求针对基因工程体及其产物的意外扩散、逃逸、转移，所采取的紧急措施，包含报告制度、扑灭、销毁设施等；⑤废弃物处理控制措施，要求采取相应安全等级，采取防污处置的操作要求；⑥其他控制措施，要求采取长期或定期的监测记录和报告制度。

四、转基因植物各阶段安全性评价申报要求

1. 中间试验的报告

中间试验的报告包括试验项目名称、转基因植物材料数量、试验地点、试验规模和试验年限等，报告中间试验一般应当提供相关附件资料。

2. 环境释放的申报

环境释放申报材料与中间试验报告基本相同，还需有试验研究和中间试验总结报告。

3. 生产性试验的申报

生产性试验申报与中间试验的报告基本相同，还需有环境释放阶段审批书的复印件、各试验阶段结果及安全性评价试验总结报告，以转基因植物为亲本与常规品种（或其他转基因品种或品系）杂交获得的含有转基因成分的植物，应当提供亲本名称及其选育过程的有关资料，并提供证明其基因来源的试验数据和资料。

4. 安全证书的申报

一个转基因植物品系（或品种）应当在已批准进行过生产性试验的一个省级行政区域申请一个安全证书，一次申请安全证书的使用期限一般不超过 5 年。申请安全证书应当提供的资料除了中间试验报告应当提供的相关附件资料，还需各试验阶段审批书的复印件，各试验阶段的安全性评价试验总结报告，转基因植物对生态环境安全性的综合评价报告，食品安全性的综合评价报告，该类转基因植物国内外生产应用概况，田间监控方案等。申请转基因生物安全证书的转基因植物应当经农业部批准进行生产性试验，并在试验结束后方可申请安全证书，转基因植物在取得农业转基因生物安全证书后方可作为种质资源利用。用取得农业转基因生物安全证书的转基因植物作为亲本，与常规品种杂交得到的杂交后代，应当从生产性试验阶段开始申报安全性评价。

五、茶叶生物技术安全性

（一）茶叶生物技术

茶叶生物技术研究，最早始于 20 世纪 60 年代末，英国剑桥大学化学系采用茶树幼茎小块为材料，探讨离体咖啡碱的生物合成。50 多年来，国内外有关茶树生物技术进行了较深入的研究。生物技术在茶树快繁、遗传改良、种质保存、次生物质生产等方面应用前景广阔。

1. 茶树组培快繁

利用组培进行茶树快繁，可大大提高繁殖系数，并能最大限度地保持品种的遗传稳定性，对加速良种推广有重要价值，茶树的组培快繁技术也逐渐达到实用化阶段。Sarathchandra 等以田间植株的茎节为外植体，建立了实用的茶树体外繁殖方法，一年中从 50 个外植体得到 36153 个小植株；印度 Tata 茶叶有限公司利用组培快繁技术培育出的高产优质茶树，田间成活率达 90％；日本将通过组织培养获得的无性系胚胎包埋在海藻酸钠中制成人工无性种子，是生物技术应用于茶树良种繁殖的一项重要突破。

2. 茶树遗传改良

（1）体细胞杂交　利用原生质体融合进行体细胞杂交，可打破有性杂交不亲和的生殖障碍，将不同品种甚至不同种属的优良性状集于一体，可创造常规育种所无法获得的新种质或新品种。特别是茶树有不少品种为自然三倍体，很难进行有性杂交，利用原生质体遗传操作技术可克服这一障碍；同时还可以获得远缘杂种，充分利用近缘种属或野生资源的有益基因。

Kuboi T 等采用"二步法"从茶树叶片上分离获得了原生质体。为提高原生质体收获量，以温室水培植株的幼叶为材料，且在培养液中含有 Al^{3+}，混合酶液以 0.6 mol/L 甘露醇溶液中（pH5.8~6.0）附加 0.1% 果胶酶 +1% 崩溃酶（Rs）+0.5% 硫酸糖苷，从而可使原生质体收获量达最高。赖钟雄等从铁观音花粉中分离并纯化得到亚原生质体，可为生物工程提供大量的胞质体及单倍性亚原生质体。

（2）基因克隆与转移　功能基因的分离与克隆是茶树生物技术的重要研究内容，也是茶树种质资源改良和利用以及茶树生物反应器研究的基础。茶树基因组研究基础比较薄弱，重要功能基因的分离和克隆以茶树儿茶素类代谢相关基因、咖啡碱代谢相关基因、茶叶芳香物质代谢相关基因、茶树抗逆性相关基因、细胞复制、光合作用、呼吸作用、能量代谢等茶树基础代谢相关基因克隆为主，目前尚未有通过图位克隆方式获得全长基因的研究报道。

基因工程是植物遗传改良的强有力新手段，应用于茶树遗传改良，可从根本上改变茶树育种的面貌。利用转基因技术将抗病虫基因导入茶树，从根本上提高茶树抗病虫能力，获得抗病虫的转基因茶树新品种；将固氮生物的固氮基因导入茶树，可使茶树本身具有固氮能力；增加或减少某些产物的表达，培育出特异性状的茶树新种质，如将咖啡碱生物合成有关的转移酶——黄嘌呤 $-N-7-$ 甲基转移酶的反义基因导入茶树，可望得到不含咖啡碱的转基因植株，从而获得不含咖啡因的茶树新品种等。

（3）辅助育种　传统的杂交手段，存在育种年限长、胚败育等弊端，对于多倍体品种，种子的萌发率低。应用胚培养技术，可克服种子休眠，缩短育种周期，提高种子能育率，在茶树育种上有广泛应用前景。远缘杂交中，将杂交胚在适宜时期取出，于分化培养基上培养，能使胚发育成正常的植株，从而克服了远缘杂交中由于胚发育不全而败育或胚不能萌发而使远缘杂交不能成功的问题。

通过花药培养育成单倍体植株，经染色体加倍处理，可获得纯合二倍体，加速茶树的育种进程。同时，单倍体植株对研究茶树的遗传机理，具有重要价值。日本胜尾清最早开始从事茶树花药培养，但只分化出根。陈振光等于 1980 年在国内外首次从福云 7 号的花药培养中获得了完整植株。郭玉琼等采用 RAPD 技术进行了花培植株若干混倍体与单倍体株系的遗传差异分析，发现株系之间 RAPD 带型有所不同，特别是单倍体株系与混倍体株系之间存在明显的差异。中国农业科学院茶叶研究所也进行了花药培养，并诱导出愈伤组织。下门久等通过茶树花药培养获得了 1000 多株由体细胞胚途径再生的单倍体植株，并得出基因型对单倍体再生植株的成功率有很大的影响的结论。

3. 种质资源保存

种质资源是培育优良品种的物质基础，也是理论研究的重要材料。我国是茶树原产地，种质资源丰富，成为世界各国开展育种工作和发展茶叶生产的珍贵宝库。应用生物技术解决茶树种质资源保存具有很大的潜力。郭玉琼等以代表性乌龙茶品种铁观音成年新梢茎段为外植体，进行了福建乌龙茶种质离体保存研究，建立了福建乌龙茶成年茎段离体培养无菌系，并探讨了无菌系的继代增殖和生根。

4. 次生物质生产

茶树次生代谢产物丰富，利用细胞培养生产有用次生代谢物茶多酚、咖啡碱、茶氨酸等，是茶树生物技术研究的一个重要方面。

Matsuura T 等用茶树愈伤组织培养生产茶氨酸。钟俊辉、陈文沂等以碧云嫩叶为诱导材料，系统分析了摇床转速、接种量、装液量和培养基主要成分对茶树细胞悬浮培养生长及茶氨酸生产的影响，并提出了茶树悬浮细胞生产茶氨酸的最佳工艺为：三角瓶（100mL）装培养液 30mL，接种量为含原液 1/3，原液中含茶细胞约 0.23g/mL，在转速 90~110r/min，温度（26±1）℃的摇床上培养 3 周后收获，培养液含 NH_4^+/NO_3^- 4/40mmol/L，K^+ 104mmol/L，Mg^{2+} 3.0mmol/L，$H_2PO_4^-$ 3.9mmol/L，盐酸乙胺 25mmol/L，IBA 2mg/L，BA 4mg/L，其余同 MS 培养基，其茶氨酸含量可达233.25mg/g 干物质。

Zaprometov M N 等在茶树组织培养时把激动素（KT）应用到含有植物生长素的培养基中，促进了酚类化合物的合成、细胞的分化和木质化。Strekova V Y 等延长光合混合培养时间增加了细胞生长率，使酚类化合物主要是黄烷醇的合成提高。Zagoskina N V 等研究得出茶树培养物倍性增加，苯丙氨酸解氨酶活力降低，致使酚类化合物合成能力降低的结论。Shervirgton A 等将诱导的茶树叶片愈伤组织转移到 MS + 2，4 - D 4.5μmol/L + BA 0.45μmol/L 的液体培养基中培养，检测到了咖啡碱和可可碱。研究认为在培养基中加入一定浓度的乙胺，可增加细胞中氨基酸的含量。郭玉琼等以铁观音茶树品种的花药为外植体，进行愈伤组织诱导，研究表明所诱导的花药愈伤组织已具有合成酚类化合物的能力。

（二）茶叶生物技术的安全性

茶是我国的传统饮品，培育抗病虫转基因茶树品种的最终目的是使无农药残留的转基因茶叶进入市场，实现产业化生产，因此必须保证转基因茶树对环境和消费者是无害的和安全的。目前对转基因茶叶安全性的担忧主要集中在两个方面，即环境安全性和食品安全性。转基因茶树是人工创造的新物种，释放到任何一个生态系统中都可能对原有物种的正常繁衍造成一定程度的干扰和破坏，因此在环境释放前必须对其进行严格的环境安全性评价。对于转基因茶叶的食品安全性评价，包括有无毒性、有无过敏性、抗生素抗性标记基因的安全性等。目前普遍公认的食品安全性分析原则是经济合作与发展组织（OECD）1993 年提出的"实质等同性"原则，即如果转基因植物生产的产品与传统产品具有实质等同性，则可认为是安全的；若转基因植物生产的产品与传统产品不存在实质等同性，则应进行严格的安全性评价。

随着茶树生物技术研究的深入，转基因技术会为茶树品种改良和产品创新提供广阔的应用前景，实现茶叶生产的高产、优质和无污染。

第二节 茶树转基因技术

由于常规茶树育种技术的局限性，如连锁性状遗传难以分开、有益突变频率低、选育优良品种周期长、远缘杂交困难、花期不遇等，制约了茶树优质资源的利用，使得品种的选育难以取得突破性进展。转基因技术能够实现茶树的定向育种，缩短育种周期，获得优异性状的品种，因此对于茶树育种来说，转基因技术具有非常重要的现实意义。

基因转移技术包括农杆菌介导法的外源基因转化系统、种质转化系统和直接基因转移系统三类。种质转化系统包括花粉管通道法、生殖细胞浸泡法等。直接基因转移系统包括脂质体包埋法、聚乙二醇（PEG）介导法、显微注射技术、电激法、离子束法、激光微束法、基因枪法等。茶树遗传转化研究中主要采用农杆菌转化体系和基因枪转化技术。

一、茶树转基因技术研究现状

1. 农杆菌介导技术研究现状

农杆菌是一种天然有效的转基因载体。自然界中存在的农杆菌包括根癌农杆菌（*Agrobacterium tumefaciens*）和发根农杆菌（*Agrobacterium rhizogenes*），属于革兰阴性土壤杆菌，质粒中有一段可转移的 DNA，称 TDNA，可作为外源 DNA 载体。农杆菌转化植物细胞涉及一系列复杂的反应，基本程序包括受体系统的建立、转化载体的构建和目的基因的转化。农杆菌介导转化法是一种能实现 DNA 转移和整合的天然系统。

Mondal 等利用根癌农杆菌（EHA105 和 LBA4404）感染茶树体细胞胚，将双元质粒上携带的 npt II 和具有内含子的 *gus* 基因导入到茶树体细胞胚的核基因组中，筛选出既有 Kan 抗性又有 GUS 活性的体细胞胚，转入分化培养基中长出嫩梢，再将转基因嫩梢微嫁接到同种茶树的茎上，获得了转基因植株，这是第一个有关转基因茶树的成功报道。20 世纪 90 年代重光雄等和 Matsumoto 等以叶盘为外植体，采用根癌农杆菌转化得到抗性愈伤组织以来，陆续开展了有关茶树转基因的研究，见表 9 - 1。茶树转基因研究多集中于对农杆菌转化体系的优化，包括外植体预培养、农杆菌菌液浓度、侵染时间以及共培养的时间、温度、光照条件等。赵东等通过检测 GUS 瞬时表达，对影响根癌农杆菌侵染茶树叶子效果的若干因素进行了研究，结果表明，茶树较为适宜的农杆菌转化系统是 OD_{600} 为 0.5～0.8 的 LBA4404 侵染 10min 左右，暗中 28℃共培养 2～3d。有关添加物、抑制剂、抗生素等因素对提高转化率影响的研究：Matsumoto 等将茶树叶片外植体与携带 pBI121 质粒的农杆菌 LBA4404，在不同浓度的乙酰丁香酮中进行共培养，侵染后，再将外植体移至含 200mg/L 卡拉霉素的培养基中培养，以选择抗性愈伤组织。在以 100、500μmol/L 乙酰丁香酮处理的外植体上得到了抗性愈伤组织，后者能促进抗性愈伤组织的产生，并证实了抗性愈伤组织具有活性且为转化体；硝酸银对农杆菌生长有抑制作用，不宜在共培养阶段添加；茶树外植体对潮霉素非常敏感，对卡拉霉素的敏感性差，不同茶树品种对卡拉霉素的敏感程度有非常大的差异，且以卡拉霉素作为抗生素容易造成假阳性。张广辉等用含携带 *Bt* 基因的双元载体质粒 pCAM-BIA2301 的发根农杆菌 15834，侵染茶树外植体诱导出发根，PCR 和 GUS 组织化学染色证实外源基因已经插入到基因组 DNA 中并获得表达。

表 9－1   茶树（*Camellia sinensis*）遗传转化

外植体	农杆菌菌株	转化结果	研究者
子叶	AtLBA4404	抗性愈伤组织	重光雄等，1994
叶盘	AtLBA4404	抗性愈伤组织	Matsumoto 等，1998
叶愈伤组织	AtEHA105	抗性愈伤组织	吴姗等，2003
愈伤	AtLBA4404，EHA101，PC2760，GV3101，MP90	GUS 蓝斑	吴姗等，2005
叶盘，愈伤组织	AtLBA4404，EHA105，Ar1583	GUS 蓝斑	骆颖颖等，2000
叶盘	AtLBA4404，pGV3850，EHA105	GUS 蓝斑	赵东等，2001
子叶体胚	AtEHA105，LBA4404	转基因植株	Monda 等，2001
叶盘	AtLBA9402	发状根	奚彪等，1995
愈伤组织、芽	At	发状根	Konwar 等，1998
叶片	At	发状根	彭正云等，2006
叶盘	At	发状根	高秀清等，2004

2. 基因枪技术研究现状

基因枪转化法又称生物弹法，是目前除农杆菌介导法之外应用最广泛的方法，基本原理是将外源 DNA 包被在微小的金粒或钨粒表面，利用火药爆炸或其他动力作用微粒被高速射入受体细胞或组织，在金属粒子射入植物细胞时也把 DNA（RNA 或其他生物大分子物质）带入植物细胞。微粒上的外源 DNA 进入细胞后，整合到植物染色体上得到表达，实现基因转化。因为颗粒的体积非常细小，再加上射击的速度非常快，所以外源基因进入细胞后仍能保持正常生物活性，发育不受太大影响。通过细胞和组织培养技术，再生出植株，筛选出其中转基因阳性植株即为转基因植株。

基因枪法转化是目前转基因研究中应用较为广泛的一种方法。与农杆菌转化相比，基因枪法转化具有以下优点：克服了农杆菌转化的寄主限制，简化了质粒构建，并且不需要把不同的目的基因克隆到一个大质粒中，可以用两个或两个以上质粒进行共转化而简化了转化方法，避免了农杆菌污染造成的假阳性等问题。此外，在对报告基因、启动子的研究，某些基因表达调控的研究，细胞间物质传递、植物根际微生物利用等研究中也起了重要的作用。在茶树转基因研究中，可利用基因枪技术将一些已经较成熟的抗虫基因，如 *Bt* 基因、蛋白酶抑制剂基因等同时导入茶树，实现多基因转化。

20 世纪 90 年代，奚彪将基因枪作为介导转化的工具应用到茶树遗传转化研究上，研究了基因枪不同发射压力、入射次数对体胚再生频率的影响，结果显示，单枪入射时，发射压力 1100～1300psi（7.6～9.0MPa）时，再生频率为 20%～30%；轰击 2h 时，1300psi（9.0MPa）会造成过多的伤口，不易再生新的体胚，同时对转化体进行高渗处理，不仅使 GUS 瞬间表达频率下降，而且新体胚再生困难。吴姗等通过比较基因枪转化参数对转化效果的影响，对茶树基因枪转化体系进行优化，构建了制弹程序：60mg/mL 钨粉悬浮液 10μL 中加入 1.6μL 质粒 DNA（1μg/μL），再分别加入 0.1mol/L 的亚精胺 4μL，2.5mol/L 的 CaCl$_2$ 15μL，最后定容至 48μL；每次轰击上样量为 8~10μL。基因枪转化后抗性筛选 2 个月，抗性愈伤组织存活率为 5.0%~12.1%。在轰击压力 7MPa、射程 5cm 的条件下轰击一次，对 GUS 表达和愈伤的再生都是较为适合的轰击条件。

基因枪转化具有农杆菌介导转化不可比拟的优点，但还有不少要解决的问题，如价格昂贵，转化效率偏低，导入的外源基因拷贝数较高，在后代中容易出现缺失，对片段较大的基因难以导入且嵌合体不易排除等，因此需要进一步完善。

农杆菌介导法、基因枪法及农杆菌与基因枪相结合等方法对茶树遗传转化效率的影响研究表明，虽然优化基因枪转化程序各阶段的外植体状态有所差异，但总体上基因枪系统得到的 GUS 表达频率比农杆菌转化系统高。瞬间表达的结果及抗性愈伤筛选的结果显示，农杆菌介导与基因枪转化结合使用比两种方法单独使用更有助于提高茶树转化的效率。

二、茶树转基因技术存在的问题

茶树是一种较难被农杆菌侵染的植物，转化频率较低。茶树富含儿茶素等多酚类物质，多酚类物质一方面作为一种抑菌剂，直接杀死农杆菌而影响转化率；另一方面作为蛋白质的沉淀剂，拮抗 *Vir* 基因产物（一种结合在膜上的受体蛋白），阻塞发根农杆菌的 T-DNA 向茶树细胞运转的通道，从而间接影响茶树遗传转化。因此，茶树富含多酚类是制约农杆菌介导法进行茶树遗传转化的关键因子，农杆菌介导茶树进行遗传转化成功率低、转化率低，主要原因之一是缺乏一套稳定完善的农杆菌介导的茶树遗传转化培养体系。

高效的遗传转化体系依赖于高频的芽再生体系。茶树再生成活比较困难，离体再生难度大，特别是器官发生途径的植株再生。除子叶容易产生体细胞胚外，茶树的各种器官都不容易再生，如茶树叶片的再生非常困难，仅有 0~7.1%；茶树芽再生频率也很低，这些均会影响茶树的遗传转化。此外，以体细胞胚为转化受体有一定优势，但也存在一些缺点：一些优良的茶树品种（系）不产生种子，且子叶是杂合体，遗传背景与母体之间有较大差异；体胚的诱导、成熟和萌发需要较长时间，转化也需要非常长的时间。

基因枪技术不受基因型影响，然而，在茶树遗传转化方面的工作起步迟，缺乏全面系统的研究，还有不少问题有待解决，如仪器的可控性、准确性、精确性以及基因枪轰击后进入受体细胞 DNA 的生物学变化及其调控机理等。

三、茶树转基因技术发展前景

茶树转基因技术研究处于起步阶段，但有着广阔的前景，大量工作有待于进一步研究，包括功能成分的合成代谢研究、基因分离与克隆、基因功能鉴定、目的基因的转化技术、转基因植物的鉴定技术等。要使基因工程应用于茶树遗传改良，从根本上改变茶树育种面貌，应加强以下研究：

（1）解决转化效率低、再生难、基因枪技术不成熟的问题　茶树转基因技术转化效率低主要可通过抗酚菌株筛选来解决，另外通过降低农杆菌与茶树外植体接触部位的多酚浓度也有效果；解决基因枪技术不成熟的问题则要进一步挖掘基因枪潜力，开展更深层次的研究，充分利用基因枪技术在茶树遗传转化中的应用。

（2）加大转基因技术在提高茶叶产量，改良茶叶品质以及提高茶树抗性的应用　利用转基因技术将抗寒、抗旱等抗逆基因导入茶树中，提高茶树的抗逆能力；将抗病虫基因（如 *Bt* 基因等）导入茶树，可提高茶树抗病虫能力，获得抗病虫转基因新种质，减少农药施用，有效降低茶叶的农残问题。

（3）茶树品质成分的调控与改良　克隆并研究影响茶叶功能性成分的基因，利用转基因技术增加或减少某些代谢产物的表达，从而培育出具有高品质、高产量、适宜当地环境的新型茶树种质。如通过基因工程技术克隆功能性成分的目的基因如儿茶素、茶氨酸、咖啡碱、黄酮等合成代谢基因，将其转入某些工程菌，采用微生物发酵技术高效生产这些有效成分。利用反义 RNA 技术或 RNA 干扰技术可以沉默咖啡碱生物合成途径中关键酶基因，从而抑制咖啡碱的生物合成。随着茶树转化体系的日渐成熟，转基因技术可为茶树育种提供广阔的应用前景，解决常规育种中很多难题，使茶树育种目标符合生产和市场的需求成为可能。

此外，采用农杆菌介导转化和基因枪转化法配合使用的基因导入方法，提高茶树外源基因的转化效率以及目的基因整合到茶树基因组后，如何避免基因沉默，使多基因协同表达，增强基因表达的强度和稳定性等还需作进一步的研究。

第三节　茶叶生物技术专利与法规

一、茶叶生物技术专利

（一）生物技术专利

专利权（Patent Right），简称"专利"，是发明创造人或其权利受让人对特定的发明创造在一定期限内依法享有的独占实施权，是知识产权的一种。生物技术专利是指针对某项具体的生物技术发明成果由特定专利机构授予其发明者的、在一定期限内对其发明成果所依法享有的独占实施权。除了拥有一般专利所拥有的特性以外，生物技术专利还具有自己的独特特性：①与其他技术领域不同，各类生物技术主题引发的专利性问题各不相同。美国专利法规虽然规定对符合新颖性、创造性和使用条件的生物技术领域的发明就可以授予专利，但对各类生物技术专利主题的可专利性评价基准差异很大，如对多核苷酸分子发明和动植物发明的可专利性评价在实用性、创造性方面的要求就差异很大，前者对实用性、创造性要求很高，而后者则基本没人讨论。另外，对生物技术药物的可专利性几乎没有人反对，但对是否给予人类克隆技术以专利保护却争议很大。②权力要求过于宽泛，很多上游生物技术专利的权力要求大多是"类权力"要求，而且大都撰写得极为宽泛，这常常是引发国际社会对生物技术专利制度进行强烈批评的主要原因，因为过于宽泛的权利要求往往给其他利益主体带来某种权力伤害，凸显了现代生物技术专利制度的不公平性或非正义性。③大量生物技术授权专利主要用于科学研究，而非商业活动。如美国专利商标局（United States Patent and Trademark Office，USPTO）关于基因片段的专利授权。据统计，USPTO已授权了大量基因片段专利，每年受理的基因片段专利数以百万计。这种针对基础研究成果的专利授权也引发众多争论，如这类生物技术专利是否会侵害科学研究活动等。

（二）生物技术专利的保护范围

生物技术专利的保护范围和其他技术领域的专利权范围一样，产品专利享有制造、使用、销售、许诺销售和进口该专利等权利；方法专利则享有使用该方法和使用、销售、许诺销售、进口依照该方法直接获得产品等权利。在此基础上，针对生物技术专利的特点，生物技术专利范围一般包括以下几项：

（1）对于生物材料专利而言，权利应延伸包括从这种生物材料出发通过相同的或不同的形式繁殖或增殖得到的且与这些生物材料拥有相同特征的任何生物材料。

（2）对于生物技术方法专利而言，权利应延伸包括通过此种生物技术方法直接得到的生物材料和从该生物材料出发通过相同的或不同的形式繁殖或增殖得到的且与该生物材料拥有相同特征的任何生物材料。

（3）对于包含遗传信息或由遗传信息组成的产品的专利保护，应延伸包括含有遗传信息、执行该信息的功能且与该产品结合在一起的任何材料；但是不同形式和发育阶段的人体（因此包括人类胚胎），或对人体的任何因素的简单发现（包括一个基因的序列或部分序列），都构成例外。例如，对于一个植物目的基因的专利保护，需要延伸包括含有目的基因的植物细胞、培养组织或植物个体。因为只有如此，对于该基因的保护才有独占的意义，否则专利权保护没有起到真正的保护作用甚至根本没有意义。基于道德伦理方面的考虑，人体（包括胚胎）及其组成部分（包括基因）排除在外。

（三）我国生物技术领域专利保护制度的发展

1985年4月1日，第一部《中华人民共和国专利法》（以下简称《专利法》）颁布实施。经过1992年、2000年和2008年三次的修订和完善，其中涉及生物技术领域的专利保护制度也在修改中不断完善，逐步扩大了生物技术的保护范围，提高了专利保护水平，同时增加了生物资源的法律保护，并就遗传资源的保藏等做出了具体规定。到目前为止，我国在该领域的专利保护制度水平与发达国家之间差距越来越小。我国生物技术领域专利保护制度的变化如下。

1985年4月1日至1993年1月1日期间，《专利法》第二十五条规定：对"动物和植物品种"以及"药品和用化学方法获得的物质"均不授予专利权。根据当时专利的分类规则，生物技术属于化学领域，因此按照该规定，采用生物学方法得到的生物制品不能够获得专利保护；但对于采用微生物学方法、遗传工程学方法和一定条件下获得生物体的生物学方法的发明创造授予专利。

1993年1月1日，全国人大常委会第一次修改后的《专利法》开始实施，此《专利法》第二十五条删除了不授予专利权的"药品和用化学方法获得的物质"，增加了生物技术专利保护的范围，生物制品发明、微生物及遗传物质发明均可受到生物技术专利法的保护。经过修改，我国生物技术领域专利保护范围为："遗传工程学方法发明、获得生物体的生物学方法、生物制品发明、微生物学方法的发明创造和微生物及遗传物质发明"。

1994 年 1 月 1 日，中国加入了专利合作条约，1995 年 7 月 1 日成为《国际承认用于专利程序的微生物保存布达佩斯条约》成员国，同时，中国典型培养物保藏中心（China Center For Type Culture Collection，CCTCC）和中国微生物菌种保存管理委员会普通微生物中心（China General Microbiological Culture Collection Center，CGMCC）也成为专利申请程序中认可的国际菌种保藏单位，这为国内外生物技术发明人在国内外申请和获得专利保护提供了极大方便。1997 年 10 月 1 日，《中华人民共和国植物新品种保护条例》（以下简称《植物新品种保护条例》）正式实施，该条例对属于专利保护盲区的植物新品种提供品种权保护。

2000 年 8 月 25 日，《专利法》进行了第二次修订，生物技术的专利保护范围扩大到了生物材料。为方便专利法的实际操作和与国际接轨，此次修改首次引入了生物材料的新概念，指导入含有遗传信息并能够自我复制或者能够在生物系统中被复制的材料，包括微生物、质粒、基因、动植物细胞系等；拓展了微生物的范围，修改前的微生物包括如真菌、细菌、放线菌、原生动物、藻类、病毒等传统生物学意义上的微生物，修改后的微生物还包括与这些微生物具有相似特性的生命实体，如杂交瘤、质粒、动植物细胞系等。

2008 年 12 月 27 日，《专利法》进行了第三次修订，首次对遗传资源作如下规定：如果发明创造的完成依赖于中国境内的遗传资源，其获得该遗传资源的途径、方式等必须符合中国法律、行政法规的规定，否则不能在中国获得专利权。对此类发明，根据修改后《专利法》第二十六条第五款，还要求申请人在专利申请文件中说明遗传资源的直接来源和原始来源，申请人无法说明原始来源的，应当陈述理由。《专利保护实施条例》草稿中也增加了有关生物材料的样品提交以及分类保藏的具体要求。修改后的《专利法》及《专利法实施条例》以遗传资源保护的形式将遗传物质（如基因、DNA、染色体等）予以专利保护，并通过要求专利申请人在申请文件中披露发明创造所利用遗传资源的来源等措施，规范和监督发明人以合法手段获取和利用遗传资源，保护遗传资源，维护国家利益。

我国生物技术领域的专利法经过逐步的修订完善，已经在许多方面接近发达国家的专利保护水平。专利法的修订为有效利用专利法律工具提供保障依据。我国《专利法》中关于生物技术专利保护的相关法律实施细则见表 9 - 2。

表 9 - 2   **中国《专利法》关于生物技术专利的法律规定**

法律条款	法律规定内容	解释说明
第五条二款	对违反法律、行政法规的规定获取或者利用遗传资源，并依赖该遗传资源完成的发明创造，不授予专利权	落实《生物多样性公约》的具体体现

续表

法律条款	法律规定内容	解释说明
第二十五条	对下列各项，不授予专利权：（一）科学发现；（二）智力活动的规则和方法；（三）疾病的诊断和治疗方法；（四）动物和植物品种；（五）用原子核变换方法获得的物质；（六）对平面印刷品的图案、色彩或者二者的结合作出的主要起标识作用的设计。对前款第（四）项所列产品的生产方法，可以依照本法规定授予专利权	动植物品种不受专利保护
第二十六条五款	依赖遗传资源完成的发明创造，申请人应当在专利申请文件中说明该遗传资源的直接来源和原始来源；申请人无法说明原始来源的，应当陈述理由	为落实《专利法》第五条第二款服务
细则第二十四条	申请专利的发明涉及新的生物材料，该生物材料公众不能得到，并且对该生物材料的说明不足以使所属领域的技术人员实施其发明的，除应当符合专利法和本细则的有关规定外，申请人还应当办理下列手续：（一）在申请日前或者最迟在申请日（有优先权的，指优先权日），将该生物材料的样品提交国务院专利行政部门认可的保藏单位保藏，并在申请时或者最迟自申请日起4个月内提交保藏单位出具的保藏证明和存活证明；期满未提交证明的，该样品视为未提交保藏；（二）在申请文件中，提供有关该生物材料特征的资料；（三）涉及生物材料样品保藏的专利申请应当在请求书和说明书中写明该生物材料的分类命名（注明拉丁文名称）、保藏该生物材料样品的单位名称、地址、保藏日期和保藏编号；申请时未写明的，应当自申请日起4个月内补正；期满未补正的，视为未提交保藏	新生物材料专利申请应当提交保藏

（四）我国茶树品种权保护

科技的迅猛发展和经济全球化进程的加快，使得知识产权在经济和社会生活中的作用日益重要，知识产权保护受到国际社会的广泛关注。良种是发展现代农业的基础，良种的应用与推广推动产业迅速发展，随着科学技术的发展，优良品种对农业生产发挥着越来越重要的作用，品种选育成为农业科研工作与技术创新的热点。国际上农业植物品种具有很强的可垄断性，将逐步取代农产品竞争。

茶树品种是茶产业中最重要的生产资料之一，关乎茶叶产量、品质和茶树良种推广，而且与茶叶新产品开发和技术革命成功与否密切相关。茶树育种在茶叶科学研究和产业发展中具有重要地位。中国是茶树原产地，茶树种质资源丰富，拥有世界上遗传多样性最丰富的种质资源。截至2014年，中国已有国家审（认、鉴）定茶树良种134个，多数为新选育品种，少数为农家品种，为茶产业发展做出了巨大贡献。

据中国茶叶流通协会专业统计：2014 年中国茶叶干毛茶总产量 209.2 万 t，同比增加 19.5 万 t，同比增产 10.33%；干毛茶总产值达到 1349 亿元，同比增加 261 亿元，同比上涨 19.07%。可见，茶产业在我国农业产业中占有越来越重要的地位。随着人们生活水平不断提高，茶树育种目标趋于多元化，近年来特异性状育种受到越来越多关注。为了提升茶产业的竞争力，世界各产茶国都在茶树新品种选育方面开展了大量的工作，选育出了更多更好更具特色的优良新品种，如何对茶树品种进行知识产权保护也受到各产茶国的日益重视。因此，加强茶树新品种权的保护，对规范茶叶品种市场，提高茶叶产量，提升茶叶品质和增强茶叶市场竞争力有着极为重要的意义。

1. 我国植物品种权保护现状

植物新品种保护，一般也称植物新品种权，是通过专门法律授予植物新品种权所有人在一定时间内对授权品种享有的独占权，是知识产权的一种。任何单位或者个人未经品种权所有人许可，不得为商业目的生产或者销售该授权品种的繁殖材料，不得为商业目的将该授权品种的繁殖材料重复使用于生产另一品种的繁殖材料。各国的植物新品种保护都是在"国际植物新品种保护联盟"（International Union for the Protection of New Varieties of Plants，UPOV）协调下，依据本国法律进行。我国从 1993 年开始进行深入、系统的研究和制定农业植物新品种保护制度，1997 年 3 月颁布了《植物新品种保护条例》，1999 年 4 月加入了 UPOV，成为第 39 个成员国，1999 年 6 月农业部发布《中华人民共和国植物新品种保护条例实施细则（农业部分）》，标志着农业植物新品种保护在我国开始正式实施。

2. 我国茶树品种权保护现状

我国《植物新品种保护条例》规定，只要新培育的植物品种具有新颖性、特异性、一致性和稳定性，即可申请获得品种权，培育新品种的方法可以申请方法发明专利权，也可以采取技术秘密的方法保护。茶树育种周期长，更有必要利用这一法律武器有效保护育种工作者的辛勤劳动成果。

（1）茶树已被列入我国植物品种保护名录　我国申请保护的植物新品种必须在国家植物新品种保护名录内。1999 年颁布了《中华人民共和国植物新品种保护名录（第一批）》，新品种权受理由国家林业局和农业部共同承担。山茶属（*Camellia*）植物被列入我国首批实施新品种保护的 18 个种属之一（国家林业局公布的林业植物新品种保护名录 8 个，农业部公布的农业植物新品种保护名录 10 个，茶属植物由国家林业局公布并受理）。2008 年，茶组［*Camellia sinensis*（L.）O. Kuntze］植物被列入农业部颁发的《中华人民共和国农业植物新品种保护名录（第七批）》，同年茶树新品种权的受理由国家林业局移交至农业部。

（2）茶树新品种 DUS 测试　植物新品种经审查合格后方能授予保护权。审查一个植物新品种要证明其具有特异性（Distinctness）、一致性（Uniformity）、稳定性（Stability）及新颖性（Novelty），其中特异性、一致性和稳定性（简称 DUS）是实质审查的主要内容。植物新品种 DUS 测试，是植物新品种保护的技术基础和授权的科学依据，是审批机关审查 DUS 的技术标准。新品种保护审批机关委托指定的测试机构进行 DUS 测试。UPOV 茶树新品种 DUS 测试指南的制定，由中国农科院茶叶研究所陈亮研究员主持，历时三年完成，2007 年被 UPOV 技术委员会正式采纳并发布，这也是我国为 UPOV 制定的第一个植物 DUS 测试指南。2012 年，《植物新品种 DUS 测试指南：茶树》通过我国农业部组织的审定，2013 年正式发布。该指南阐述了茶树 DUS 测试指南的适用对象、测试性状的选择与确定、性状分级与标准品种的选用、茶树 DUS 判定标准。

（3）茶树品种权申请及授权概况

①茶树品种权申请情况：农业部植物新品种保护办公室网站（http：// www. cnpvp. cn）发布品种权授权公告内容主要包括品种名称、申请日、申请号、授权日、品种权号、公告日、公告号、培育人、品种权人、品种权人地址 10 个方面。虽然我国 1999 年就已经开始实施植物新品种保护，但自 2004 年才有茶树品种申请保护，根据国家植物新品种保护办公室公布的统计数据，截至 2016 年 5 月 30 日，茶树迄今共 68 件申请，主要公告内容汇总见表 9 - 3。第一个申请茶树品种在茶树纳入新品种保护名录范围以前，2004 年 6 月 1 日，由个人周天相向国家林业局申请龙顶 8 号茶树新品种保护权，当年申请茶树品种权保护的品种还有云茶 1 号和紫鹃。申请日确定了提交申请时间的先后，因而龙顶 8 号茶树成为我国第一个申请茶树品种权保护的品种。

表 9 - 3　　　　　　　　　　茶树品种申请植物品种保护情况

申请号	品种名称	申请日期	申请/品种权人	公告号
20160888. 5	中黄 4 号	2016 - 05 - 30	中国农业科学院茶叶研究所	CNA016007E
20160889. 4	中紫 1 号	2016 - 05 - 30	中国农业科学院茶叶研究所	CNA016008E
20160414. 8	龙源 1 号	2016 - 03 - 25	华南农业大学	CNA016005E
20160415. 7	龙源 2 号	2016 - 03 - 25	华南农业大学	CNA016006E
20151733. 1	社安茶	2015 - 12 - 03	福建省农业科学院茶叶研究所	CNA015662E
20151732. 2	0309B	2015 - 12 - 03	福建省农业科学院茶叶研究所	CNA014756E
20151734. 0	茗铁 0319	2015 - 12 - 03	福建省农业科学院茶叶研究所	CNA014757E
20151673. 3	杭茶 11 号	2015 - 11 - 30	杭州市农业科学研究院	CNA014755E
20151656. 4	早春翠芽	2015 - 11 - 27	云南滇红集团股份有限公司	CNA015265E
20151578. 9	径山 1 号	2015 - 11 - 09	杭州市余杭区农业技术推广中心	CNA014754E
20151367. 4	中黄 3 号	2015 - 10 - 09	中国农业科学院茶叶研究所	CNA014749E
20151372. 7	中茶 140	2015 - 10 - 09	中国农业科学院茶叶研究所	CNA014750E
20151373. 6	中茶 141	2015 - 10 - 09	中国农业科学院茶叶研究所	CNA014751E
20151374. 5	中茶 142	2015 - 10 - 09	中国农业科学院茶叶研究所	CNA014752E
20151375. 4	径山 2 号	2015 - 10 - 09	中国农业科学院茶叶研究所	CNA014753E
20151398. 7	中茗 1 号	2015 - 10 - 09	中国农业科学院茶叶研究所	CNA014425E
20151399. 6	中茗 6 号	2015 - 10 - 09	中国农业科学院茶叶研究所	CNA014426E
20151400. 3	中茗 7 号	2015 - 10 - 09	中国农业科学院茶叶研究所	CNA014427E

申请号	品种名称	申请日期	申请/品种权人	公告号
20151347.9	探春	2015 – 10 – 06	云南滇红集团股份有限公司	CNA014424E
20151256.8	皖黄 1 号	2015 – 09 – 08	安徽省广德泰和祥茶叶销售有限公司	CNA014423E
20150859.1	北茶 36	2015 – 06 – 18	张续周	CNA014085E
20150215.0	韩冠茶	2015 – 02 – 07	福建省农业科学院茶叶研究所	CNA013479E
20150216.9	皇冠茶	2015 – 02 – 07	福建省农业科学院茶叶研究所	CNA013894E
20141404	贵绿 2 号	2014 – 12 – 05	贵州省茶叶研究所	CNA012761E
20141405.9	贵绿 3 号	2014 – 12 – 05	贵州省茶叶研究所	CNA012762E
20141406.8	高原绿	2014 – 12 – 05	贵州省茶叶研究所	CNA012763E
20141407.7	格绿	2014 – 12 – 05	贵州省茶叶研究所	CNA012764E
20141408.6	一味	2014 – 12 – 05	贵州省茶叶研究所	CNA012765E
20141409.5	流芳	2014 – 12 – 05	贵州省茶叶研究所	CNA012766E
20141410.2	千江月	2014 – 12 – 05	贵州省茶叶研究所	CNA012767E
20141411.1	贵绿 1 号	2014 – 12 – 05	贵州省茶叶研究所	CNA012768E
20141369.3	杭茶 21 号	2014 – 11 – 24	杭州市农业科学研究院	CNA012758E
20141370	杭茶 22 号	2014 – 11 – 24	杭州市农业科学研究院	CNA012759E
20141371.9	磐茶 1 号	2014 – 11 – 24	金华市磐安县农业局	CNA012760E
20140554	中茶 134	2014 – 05 – 10	中国农业科学院茶叶研究所	CNA012303E
20140555.9	中茶 135	2014 – 05 – 10	中国农业科学院茶叶研究所	CNA012304E
20130586.3	中茶 126	2013 – 07 – 01	中国农业科学院茶叶研究所	CNA010768E
20130587.2	中茶 127	2013 – 07 – 01	中国农业科学院茶叶研究所	CNA010769E
20130588.1	中茶 128	2013 – 07 – 01	中国农业科学院茶叶研究所	CNA010770E
20130589	黄叶宝	2013 – 07 – 01	吕才宝	CNA010984E
20130064.4	栗峰	2013 – 01 – 17	杭州市农业科学研究院	CNA010339E
20121112.5	陕茶 1 号	2012 – 11 – 30	陕西省安康市汉水韵茶业有限公司	CNA009993E
20120455.2	紫嫣	2012 – 05 – 16	四川农业大学	CNA009307E
20110657.9	金茗 1 号	2011 – 09 – 11	湖北省农业科学院果树茶叶研究所	CNA008417E
20110151	花欲容	2011 – 02 – 24	吴宣东	CNA007872E
20100657	中茶 125	2010 – 08 – 18	中国农业科学院茶叶研究所	CNA007106E
20100658.9	中茶 211	2010 – 08 – 18	中国农业科学院茶叶研究所	CNA007107E
20100659.8	中茶 251	2010 – 08 – 18	中国农业科学院茶叶研究所	CNA007108E
20100447.5	云茶奇蕊	2010 – 06 – 10	云南省农业科学院	CNA006978E

续表

申请号	品种名称	申请日期	申请/品种权人	公告号
20100448.4	云茶银剑	2010 – 06 – 10	云南省农业科学院	CNA006979E
20090403	酸茶	2009 – 07 – 18	杨煜炜	CNA006167E
20090366.5	罗浮山可可茶	2009 – 07 – 02	广东罗浮药谷有限公司	CNA005829E
20090203.2	云茶普蕊	2009 – 04 – 08	云南省农业科学院	CNA005593E
20090204.1	云茶香1号	2009 – 04 – 08	云南省农业科学院	CNA005594E
20080568.1	黔茶7号	2008 – 10 – 24	贵州省茶叶研究所	CNA005082E
20080569.X	黔湄809号	2008 – 10 – 24	贵州省茶叶研究所	CNA005275E
20080570.3	苔选03 – 10	2008 – 10 – 24	贵州省茶叶研究所	CNA005276E
20080571.1	苔选03 – 22	2008 – 10 – 24	贵州省茶叶研究所	CNA005277E
20080572.X	黔茶8号	2008 – 10 – 24	贵州省茶叶研究所	CNA005083E
20080573.8	贵茶育8号	2008 – 10 – 24	贵州省茶叶研究所	CNA005278E
20080574.6	黔辐4号	2008 – 10 – 24	贵州省茶叶研究所	CNA005279E
20080575.4	黔茶大花1号	2008 – 10 – 24	贵州省茶叶研究所	CNA005280E
20080576.2	黔茶大花2号	2008 – 10 – 24	贵州省茶叶研究所	CNA005281E
20070023	可可茶1号	2007 – 05 – 28	中山大学生命科学学院 广东省农业科学院茶叶研究所	—
20070024	可可茶2号	2007 – 05 – 28	中山大学生命科学学院 广东省农业科学院茶叶研究所	—
20040030	云茶1号	2004 – 11 – 30	云南省农业科学院茶叶研究所	—
20040030	紫鹃	2004 – 11 – 30	云南省农业科学院茶叶研究所	—
20040005	龙顶8号茶树	2004 – 06 – 01	周天相	—

自2008年茶组植物被列入农业部颁发的《中华人民共和国农业植物品种保护名录（第七批）》开始，当年申请量达到9件。之后每年都有茶树新品种权的申请，其中2014年申请13件，2015年申请19件。这体现了我国茶树育种事业的稳步发展，另一方面也表明政府的品种保护知识宣传培训提高了广大茶树育种者对品种权的认识，保护意识日益增强。然而，根据农业部植物新品种保护办公室数据，茶树列入保护名录的8年时间里，68件申请数量占植物申请量的0.30%，比例较低，与茶树种植面积和总产量是不相适应的，今后应大力提升育种创新能力，加快育种进程，增加品种权拥有量。

②茶树品种权授权情况：2004—2016年茶树新品种授权专利共6件，见表9 – 4。云茶1号和紫鹃在2005年获得授权，可可茶1号和可可茶2号在2008年获得授权，云茶银剑和云茶奇蕊在2016年获得授权。从已授权品种的特异性

看，云茶1号表现为嫩梢茸毛特密；紫鹃表现为紫茎、紫叶、紫芽，采制的干茶和茶汤皆为紫色，是非常稀有和特异性强的品种；可可茶1号、可可茶2号表现为芽叶含可可碱，不含咖啡碱的特点。云茶银剑抗旱能力强，采制绿茶外形肥壮显毫，汤色淡绿黄明亮，香气浓郁，滋味醇和，回甘持久。云茶奇蕊扦插和移栽成活率高，抗病虫能力强，采制绿茶呈花蜜香，汤色淡绿明亮，滋味醇和、甘甜，是高产、优质绿茶新品种。授权品种体现茶树育种主攻方向是茶树特异生理特征、优异品质、特异生化成分。

表9-4　　　　　　　2004—2016 茶树品种获植物新品种保护授权基本情况

品种名称	品种权号	品种权人	申请日期　　授权公告日期	品种特异性
云茶1号	20050030	云南省农业科学院茶叶研究所	2004-11-30 2005-11-28	叶色深绿、有光泽，嫩梢茸毛特密
紫鹃	20050031	云南省农业科学院茶叶研究所	2004-11-30 2005-11-28	紫茎、紫叶、紫芽、紫汤；含较高黄酮类、锌和超常量的花青素
可可茶1号	20080020	中山大学生命科学学院 广东省农业科学院茶叶研究所	2007-05-28 2008-12-02	芽叶含可可碱，不含咖啡碱；芽叶的毛被、花部的毛被皆为浅黄色
可可茶2号	20080021	中山大学生命科学学院 广东省农业科学院茶叶研究所	2007-05-28 2008-12-02	芽叶含可可碱，不含咖啡碱，芽叶的毛被、花部的毛被皆为浅黄色
云茶银剑	20167540	云南省农业科学院	2010-06-10 2016-05-01	抗旱能力强，采制绿茶香气浓郁，滋味醇和，回甘持久
云茶奇蕊	20167539	云南省农业科学院	2010-06-10 2016-05-01	抗病虫能力强，采制绿茶呈花蜜香，滋味醇和、甘甜

③品种审定时间与品种保护时间比较：根据茶树品种授权时间，从申请至授权最快的为1年多，而云茶银剑和云茶奇蕊从申请至授权历时近6年。选育的品种在审定或认定前后均可提出保护，未经审定或认定就申请保护的有利于尽早取得品种权，但保护后又没有审定或认定的不能在生产上推广销售；通过审定或认定后，再提出品种权申请的，虽然得到推广许可，但能否获得保护还要受两方面因素的影响：一是有时间界限，时间界限是指植物新品种申请品种权的申请日；二是有可能申请所需材料准备不足，易延误保护时间。因此，获得品种权与通过品种审定或认定对育种者来说同样是有利的。

3. 我国茶树品种权保护的发展建议

（1）将分子生物学技术运用于茶树 DUS 测试　随着 DNA 指纹技术的不断成熟，在品种纯度和真实性鉴定、遗传图谱构建和 QTL 定位、种质资源遗传多样性研究等方面已得到广泛应用。尽管已经开展了有关 DNA 指纹图谱技术在品种权测试中的应用研究，但是尚未进行大规模的实际应用。利用分子技术构建已知品种 DNA 指纹数据库辅助筛查申请品种的近似品种，然后将筛查出的近似品种与申请品种进行田间种植形态性状 DUS 测试。这种方式可以提高特异性测试的针对性，减轻田间测试的工作量，大大缩短审查周期。

（2）建立品种审定和品种保护相结合的体制　加强品种审定与植物新品种保护工作的有机结合，有利于对茶树新品种进行兼具品种审定与植物新品种保护功能的统一测试，减少人力、物力、财力及其他社会资源的不必要浪费，有效缩短品种审定与植物新品种保护的审批时间，提高审批效率。同时，茶树新品种进入市场时，不仅要具有丰产性、适应性、抗逆性，还应具有创新性。

（3）建立规范的品种权交易平台　加强科研院所立项过程中知识产权状况的分析和评估，建立规范的品种权评估机构，对茶树品种权的市场价值进行科学评估，为茶树品种权交易提供参考依据。加强品种权代理人及代理机构的管理和培训，实施品种权代理机构认证制度。制定品种权交易法规，加强品种权交易合同管理，推行品种权交易的规范合同文本，健全交易规则等，保护交易双方的合法权益。

（4）加大对品种权侵权的惩处力度　茶树品种权作为一种财产权，用财产权解决方法解决其侵权行为，有赔偿、制裁和警戒等作用，同时应提高赔偿金额，建议按所获利润的 3 倍以上进行赔偿，这样既能加大对侵权者处罚力度，又能激励被侵权者的维权动力。另一方面，种植户作为受害者，在不知情的情况下，种植侵权茶树品种，甚至假冒品种，对生产造成损失的，应该获得合理的赔偿，以此降低或避免由于侵权造成的社会危害。

（5）鼓励院校企合作，加速成果转化步伐　出台相应优惠政策，建立合理机制，鼓励茶叶企业与科研院校合作，充分发挥科研院校的研发优势和企业资金、管理运作模式的优势相结合。一方面可减轻国家财政投入，改善科研条件，提高研发人员的工作积极性，避免科研院校分散精力用于品种保护与推广，另一方面可增强企业的研发实力，加快茶树新品种的推广和成果转化速度，提升我国茶叶企业在国际上的竞争力。

（五）茶树生物技术专利

随着科技的迅速发展，生物技术在育种进程中扮演着越来越重要的角色。育种工作者为了获得更全面的品种保护的相关权利，也越来越重视专利权，尤其当新品种并非局限于品种本身，而是必须使用特定育种方式才能获得时，育种工作者在申请新品种权的同时也申请相关专利，以获得最广泛的保障范围，已有多项与茶树生物技术、品种相关的技术被国内外科研工作者在中国申请了专利，见表9-5。

表9-5 茶树生物技术、品种相关的专利申请

申请专利号	专利名称	申请（专利权）人
CN201310177923	茶树β-葡糖苷酶基因bGlu及其应用	浙江大学
CN201310424931	茶树多聚半乳糖醛酸酶抑制蛋白基因CamPGIP及其应用	浙江大学
CN201310428023	茶树过氧化物酶体生物合成因子CsPEX11基因及其应用	浙江大学
CN201210035977	胶东地区安吉白茶的繁育方法	青岛沅禾茶业有限公司
CN201210439728	无性系茶树良种龙井43在胶东地区的繁育方法	青岛金天柱山绿茶专业合作社
CN201210431738	可可茶扦插快速繁殖方法	江苏省中国科学院植物研究所
CN201110123261	一种鉴定茶树无性系品种的分子标记方法	刘本英
CN200810030089	可可茶五指毛桃饮品	广东罗浮药谷有限公司
CN200710030068	一种可可茶大砧嫁接繁育方法	中山大学；广东省农业科学院茶叶研究所
CN200710069136	一种培育低咖啡因茶树的方法	浙江大学
CN200610053346	白化茶树品种"洒金"特异DNA分子标记及其鉴定方法	浙江大学
CN200510033826	可可茶提取物用于制备抗动脉硬化、抗衰老药物、食品及化妆品的应用	暨南大学
CN200580013240	植物发根诱导剂	日本资生堂株式会社
CN01137099	强化组织培养产生的茶树的方法	印度生物技术部；喜马拉雅环境与发展研究院
CN01109920	一种用于来自叶外植体的茶树植物的微体繁殖的方法	印度科学与工业研究委员会
CN01109826	由茶树叶生产微体芽的一步法	印度科学与工业研究委员会

涉及基因工程领域的茶树生物技术专利有茶树β-葡糖苷酶基因bGlu及其应用、茶树多聚半乳糖醛酸酶抑制蛋白基因CamPGIP及其应用和茶树过氧化物酶体生物合成因子CsPEX11基因及其应用等。其中，茶树β-葡糖苷酶基因bGlu及其应用涉及一种新的茶树β-葡糖苷酶基因bGlu及其编码蛋白，同时还涉及β-葡糖苷酶基因bGlu在促进植物叶片挥发性物质释放上的应用。bGlu基因用于构建转基因植物，可提高转基因植物叶片的顺-3-己烯醇、芳樟醇、水杨酸甲酯、香叶醇、苯甲醇、反-2，4-庚二烯醛等挥发性物质含量。茶树多聚半乳糖醛酸酶抑制蛋白基因CamPGIP及其应用涉及一种茶树叶片多聚半乳糖醛酸酶抑制蛋白基因CamPGIP及其编码蛋白，同时还涉及利用诱导调节多聚半乳糖醛酸酶抑制蛋白基因CamPGIP表达强度在茶树病害防御中的应用。CamPGIP基因用于构建转基因植物，可提高转基因植物的抗病性（主要指炭疽

病或云纹叶枯病）。茶树过氧化物酶体生物合成因子 *CsPEX*11 基因及其应用涉及一种茶树叶片过氧化物酶体生物合成因子 *CsPEX*11 基因及其编码蛋白，同时还涉及利用调节过氧化物酶体生物合成因子 *CsPEX*11 基因表达强度在茶树低温防御中的应用。*CsPEX*11 基因用于构建转基因植物，可增强转基因植物的抵御低温胁迫能力。涉及茶树新品种育种方法的专利如"一种培育低咖啡因茶树的方法"，利用 RNA 干扰技术培育低咖啡因茶树品种。涉及品种鉴定的专利如"白化茶树品种'洒金'特异 DNA 分子标记及其鉴定方法"，该发明专利属于生物技术领域，涉及茶树品种的生物技术鉴定，公开了一种光照诱导型白化茶树品种"洒金"的特异 DNA 分子标记及其鉴定方法，该特异 DNA 分子标记的核苷酸序列为 285bp。具体的鉴定方法：从茶树鲜叶中提取 DNA，进行 PCR 扩增；扩增产物进行电泳鉴定、带型分析，出现 450～500bp 条带的被测茶树判定为"洒金"品种。将此为 450～500bp 电泳条带凝胶回收，并对凝胶回收产物扩增和测序；用该发明公开的大小为 285bp 的核苷酸序列对照测序结果判定"洒金"品种。该发明专利提供的光照诱导型茶树品种"洒金"的特异 DNA 分子标记及鉴定方法稳定可靠，不受生长季节和环境条件差异的影响。涉及组织培养的专利有"一种用于来自叶外植体的茶树植物的微体繁殖的方法"，该发明专利涉及用于来自外植体的茶树植物的微体繁殖的新方法，通过在不同的培养基中培养该外植体，外植体可以是由完全合拢的、半开放的或全张开的经过愈伤组织而获得的。具体步骤如下：①切除来自体外培养的茶树植物的完全合拢的、半开放的或全张开的叶的外植体；②在温度为 20～40℃、至少 52μmol/（m² · s）的白色冷光存在且光照 16h 光周期下，在用于愈伤组织诱导的 1 号培养基中培养外植体 6～10 周，培养基为 MS 培养基附加维生素、1～3mg/L 甘氨酸和 2.5～10.0mg/L 2，4 - D；③将诱导的愈伤组织转移至用于生根的 2 号培养基中培养 6～10 周，生根培养基为 MS 培养基附加细胞激动素如 0.5～8mg/L 6 - BA 和生长素如 0.1～0.8mg/L IBA 或 IAA；④将生根愈伤组织转移至用于诱导幼芽的 3 号培养基中培养 4～10 周，培养基中附加 0.5～8mg/L 6 - BA；⑤将培养物转移至 4 号培养基中培养 4～6 周，得到生根的幼芽，培养基为 MS 培养基附加 5μmol/L 苯基噻二唑基脲；⑥切取 3cm 长的幼芽，用 IBA 对其进行处理 20～30min，并在含 1∶1 比例的沙、土混合物的广口瓶中培养幼芽 60～75d；⑦转移至田间，使生根的幼芽生长，得到有活力且健壮的茶树植物。涉及品种内含成分应用的专利有"可可茶提取物用于制备抗动脉硬化、抗老化药物、食品及化妆品的应用"等。涉及品种繁育方法的有"胶东地区安吉白茶的繁育方法"等。专利申请者除国内机构和个人外，产茶国印度和日本也有机构参与我国专利申请，并获得授权。暨南大学申请了可可茶提取物在食品、医药、化妆品等应用相关的 10 项专利并获得授权，还与企业共同申请了罗浮山可可茶的新品种权，后因新品种申请权转让，终止了这 10 项专利。

二、茶叶生物技术法规

生物技术的应用是人类科学研究发展历程中不可逆转的潮流。转基因生物技术存在科学上的不确定性和不安全性，为了人类共同的长远利益，就不能给予这些领域法律管制的豁免。审慎对待转基因技术可能的风险，对转基因生物技术所引发的安全问题进行法律规制，是人类社会生存发展的客观需要，也是世界各国的共识。生物安全的核心是安全评估和风险控制。对安全性的不同理解和要求必然形成不同的管理政策和控制措施。选择怎样的法律规制模式取决于各国的法律体系，以及各国文化、伦理等诸多方面。但对转基因生物技术安全的法律规制的目的却是相同的，都是在转基因生物技术的发展与保障人类健康和环境安全之间寻求一种高度的和谐。

（一）转基因生物技术安全的国际法规制

1. 《生物多样性公约》

《生物多样性公约》（Convention on Biological Diversity，CBD）是目前在全世界影响最大的有关生物技术的国际公约。该公约于 1992 年在巴西里约热内卢召开的联合国环境与发展会议上通过，1993 年 12 月 29 日生效，为生物安全的保护做出了框架性的规定。它涵盖的范围及内容十分广泛，为保护生物多样性、可持续利用自然资源、公平获益和分享遗传资源提供了一个综合而全面的法律框架，是生物安全规范的基本法律文件。该公约的目标是"按照公约的有关条款从事保护生物多样性、可持续利用其组成部分以及公平合理分享由利用遗传资源而产生的惠益；实施手段包括遗传资源的适当取得及有关技术的适当转让，但需顾及对这些资源和技术的一切权利，以及提供适当资金"。中国于 1992 年 6 月 11 日签署该公约。

公约对生物技术的安全问题作了规定，具体体现在公约的第 8 条和第 19 条。根据公约第 8 条（g）款，"每一缔约国应尽可能并酌情制定或采取办法管制、管理或控制由生物技术改变的活生物体在使用及释放时可能产生的危害，即可能对环境产生的不利影响，从而影响到生物多样性的保护和持久使用，也要考虑到对人类健康的危害"。公约第 19 条第 3 项规定："缔约国应考虑是否需要一项议定书，规定适当程序，特别包括事先知情协议，适用于可能对生物多样性的保护和持久使用产生不利影响的由生物技术改变的任何活生物体的安全转让、处理和使用，并考虑议定书的形式"。上述规定从法律角度赋予各缔约国规范生物安全的义务，同时敦促各缔约国在《生物多样性公约》框架下尽快制定一项以生物安全为规范内容的国际协议。

2. 《卡塔赫纳生物安全议定书》

《卡塔赫纳生物安全议定书》（以下简称《议定书》）是迄今为止生物安全国际保护领域最重要的国际法。《议定书》于 2000 年 1 月 29 日在加拿大缔结，是在《生物多样性公约》下为解决转基因生物安全问题而制定的有法律约束力的国际文件。《议定书》共规定有 40 个条款和 3 个技术附件，包括议定书的目标、适用范围、事先知情同意程序、风险评估和风险管理、标识、国家主管部门和国家联络点、生物安全信息交换所、能力建设、赔偿责任和补救、公众参与、财务机制等。我国于 2000 年 8 月 8 日签署了《议定书》。

《议定书》主要内容包括：①生物安全的意义及范围；②越境转移的具体制度，其核心是事先知情程序。该程序要求改性活生物体的出口缔约方在特定情形下将议定书所规定的资料通知进口缔约方的国家主管部门，进口缔约方应依一定的程序就出口缔约方的通知作适当回应；③关于风险评估。《议定书》第 15（2）条规定，进口缔约方应确保对拟进口的转基因生物进行风险评估，进口方可要求出口方进行此种风险评估。

并规定：如果进口缔约方要求由出口方发出通知者承担风险评估的费用，发出通知者应承担此种费用。《议定书》技术附件2规定了风险评估的原则和步骤；④改性活生物体的标识问题。对于一般引入环境的改性活生物体，议定书规定须明确标识其为"改性活生物体"，封闭使用的改性活生物体亦然。而对于"拟直接用作食物或饲料或用于加工的改性活生物体"用途的基因改造产品应附有标识，明确说明其"可能含有"改性活生物体且无意将它引入环境之中；⑤关于赔偿责任和补救。《议定书》首次提出适当拟定因转基因生物的越境转移而造成损害的赔偿责任和补救方法的国际规则和程序问题。

（二）转基因生物技术安全的国外法规制

生物安全管理政策表明了政府对生物技术安全性的理解以及由此产生的管理原则，并通过相应的管理法规得到体现。各国的生物技术安全法规、条例和准则各不相同，但通常都能包括生物安全等级、控制措施和管理体系三个主要部分。对生物安全的管理主要分为两个大类：一类是以产品为基础的管理模式，以美国、加拿大等国为代表，其管理原则是，以基因工程为代表的现代生物技术与传统生物技术没有本质区别，管理应针对生物技术产品，而不是生物技术本身；另一类是以技术为基础的管理模式，以欧洲共同体等为代表，认为重组DNA技术本身具有潜在的危险性，因此只要与重组DNA相关的活动，都应进行安全性评价并接受管理。

1. 美国生物安全法

美国是全球生物技术的起源地，也是率先在生物安全领域立法的国家。在生物技术大国中，美国因未批准《生物多样性公约》，而无法成为《卡塔赫纳生物安全议定书》的缔约方，但不等于美国对生物技术安全不加以法律管制。美国的生物技术在国际上占有领先地位，也是最早开展生物安全研究和立法工作的国家。1974年美国国家卫生研究院（又称国立卫生研究院）成立了生物安全委员会，1975年在美国加利福尼亚召开的重组DNA分子国际会议就讨论了重组DNA的安全问题，还通过了一项不向某些生物技术开发项目投资的法律。1976年7月7日美国国立卫生研究院首先公布了有关实验室重组DNA安全操作的一套规则——《重组DNA分子研究准则》，这也是世界上第一个有关生物技术的安全管理规定。该准则是对转基因生物技术及制品进行建构和操作实践的详细说明，包括一系列安全措施和限制性、禁止性条款，建立重组DNA技术研究试验的组织管理体制和严密的生物和物理保护制度，来对这类研究试验加以严格控制与管理，预防其对人类健康与生态环境造成不可逆转的消极后果。为了保护科研人员的身体健康和环境安全，准则将重组DNA试验按照潜在危险性程度分为四个级别，分级管理。其中，危险性较大的重组DNA试验在开始前就须经重组DNA咨询委员会进行特别评估，并由生物安全委员会、项目负责人和国立卫生研究院批准；危险性较小的试验无须批准，仅在开始时向生物安全委员会通报即可。此外，准则还规定了转基因生物制品运输和转移的条件与程序。在条件不成熟、程序不合法的情况下禁止其在研究机构间转移。

1986年6月26日，美国政府颁布了《生物技术管理协调大纲》（*Coordinated Frame Work*），这是美国生物安全管理政策的开端，规定了美国在生物安全管理方面的部门协调机制和基本框架，即由美国农业部（USDA）、环境保护局（EPA）、食品与药品管理局（FDA）、职业安全与卫生管理局（OSHA）和国立卫生研究院（NIH）5个部门协调管理，各部门的管理范围由转基因生物产品的最终用途而定。其中，农业部主要是管理转基因植物的安全种植。其职能主要是防止病虫害的引入和扩散，并负责对转基因植物的研制与开发过程进行管理，评估转基因植物对农业和环境的潜在风险，并负责发放转基因作物田间试验和转基因食品商业化释放许可证。环保局对转基因农药进行管理。根据《联邦食品、药品与化妆品法》制定了食品和饲料残留杀虫剂法定容许标准，以及在新的耐除草剂作物中除草剂残留容许标准。在美国《有毒物质控制法》的授权下，环保局管理那些用于商业化应用的、含有或表达新的特性组合的微生物，包括利用转基因技术开发的转基因微生物。而且，任何抗虫和抗除草剂转基因作物的田间释放都必须向环保局提出申请。食品与药品管理局依据《联邦食品、药品与化妆品法》负责食品和食品添加剂的安全管理，确保利用转基因所产生的蛋白质对人类健康的安全，还负责食品标签管理。职业安全与卫生管理局负责在生物技术领域保护雇员的安全和健康，没有另外制定管理条例，但制定了本部门的生物技术准则。国立卫生研究院主要负责管理实验室阶段涉及重组DNA的活动，同时为治疗的管理活动提供咨询和建议，国立卫生研究院制定的准则是美国各主管部门制定生物技术管理条例的基础和范本，其核心内容还被世界其他国家参照采用。

2. 欧盟生物安全法

欧盟的生物安全立法和政策采取方法主义的模式，以技术为基础，与美国有很大的不同，认为生物技术对不同的产品和过程有重大的影响，本身具有潜在的危险性。欧盟生物安全的立法起步较晚，从20世纪90年代才开始，随着欧盟一体化的进程，欧盟理事会会同欧洲自由贸易协会，制定了有关生物安全的法规，主要包括两大类：一类是水平系列的法规，包括转基因生物体的目的释放、从事基因工程工作人员的劳动保护；另一类是与产品有关的法规，包括涉及医药产品、动物饲料添加剂、植保产品、新食品和植物种子等方面的内容。

关于水平系列的法规，包括1990.4委员会指令（90/219/EEC）《转基因生物体的隔离使用指令》，1990.4委员会指令（90/220/EEC）《转基因生物体的目的释放指令》，1990.12委员会指令（90/679/EEC）、1993.10委员会指令（93/88/EEC）《从事基因工程工作人员的劳动保护指令》。1990年的《转基因生物体的隔离使用指令》规定了有关转基因微生物封闭利用的管理措施。根据该指令，转基因生物分为小规模试验应用、大规模试验应用及工业应用，并据此作了相应的规定。1998年欧盟对此指令进行了修订，明确规定了遗传修饰的法律定义，不受该指令控制的遗传操作技术，以及实验室、温室、实验动物等科研工作中动物控制的要求等。

1990年的《转基因生物体的目的释放指令》（90/219/EEC）适用于研究开发和投放市场的转基因生物体的目的释放，包括24个条款和4个附件。适用于涉及转基因生物的实验和商业化活动，其中包括转基因生物释放的研究和开发工作。该指令是欧盟在有意环境释放方面的最重要的立法之一。要求转基因生物体的目的释放必须进行环境评估和逐步的审查批准。在转基因生物体释放到环境和投放市场之前，必须逐例进行环境、人类健康和生物安全的风险评估。该指令规定了为研究和开发目的将转基因生物引入环境，以及为商业目的将转基因生物投向市场的管理措施；规定了成员国应成立有法定资格的权威管理机构，并承担审查和实施的责任。2001年欧盟议会和理事会发布了关于转基因生物有意环境释放的第2001/l8/EC号指令，同时宣布废止第90/220/EEC号指令。2001/l8/EC号指令对附件充实了大量的内容，这些附件对正文提及的相关技术作了进一步说明，并就正式通告所需的信息以及其他信息作了相关规定，同时还明确了环境风险评估的原则和评估通告的指导原则，此外还包括使用不同程序的标准、监控计划及相关表格。

1993年10月的委员会指令（93/88/EEC）《从事基因工程工作人员的劳动保护指令》规定了确保接触生物制剂的工作人员职业安全的最低要求。这一指令适用于非国际化的使用或运输，包括潜在的毒性和过敏性。涉及或将要涉及转基因生物制品的每一项由工人进行的工作都要由其雇主进行安全评估，以确保工作人员的职业安全。

关于与产品有关的法规，包括含有GMOs及其产品进入市场的决定，GMOs或病原生物体的运输、饲料添加剂、医药用品以及新食品方面的法规。1997年欧洲会议和委员会通过的《新食品和新食品成分管理条例》是管理转基因食品的另一重要法律，主要规定了新食品的定义、新食品和新食品成分上市前安全评估机制和强制性标签要求。

所谓"新食品和新食品成分"包括转基因食品和转基因成分，以及虽然产品中已经不含有转基因成分，但是在食品的生产和加工过程中使用了转基因产品或成分。这种对新食品的定义说明欧盟是以加工方法而不是产品的特性异同来区分产品的，即使最终的产品是类似的或相同的，但生产和加工方法不同，就可能是不同产品。

申请转基因食品上市许可的程序与此指令的规定略有不同，要求申请者必须向所在国的有关管理部门提交申请并提供必要的信息，表明新食品或食品成分满足下面的标准或材料：①对消费者无害；②没有误导消费者；③与它们可能代替的食品或食品成分相比，没有给消费者带来营养方面的不利影响。有关管理部门再把申请送交欧盟委员会和各成员国。同时，有关管理部门应在3个月以内向欧盟委员会和所有欧盟成员国提交一份初步评估报告。60d内如果各成员国无异议，允许该食品或食品成分进入欧盟市场。若该食品包含转基因生物，则必须经过欧盟食品常务委员会等组织的审议程序。

该条例对含有转基因生物或由转基因生物制成的食品和食品成分进行强制性标签。对于那些由转基因生物制成但在最终产品中已不再含有（不能被检测出）转基因生物的食品，标识的情况较为复杂，只能视之为"实质等同"于对应的常规食品。

另外，欧洲议会还于2001年推出了新的法令，要求转基因作物在进入批准程序前，应对其可能带来的危险进行检测，在2004年前将含有抗菌素基因的转基因作物逐步逐出市场，并在2008年前停止该类转基因作物的种植试验。同年还制定了新的转基因食品法规。新的法规主要涉及转基因生物技术的食品上市实行许可和标签制度。

3. 日本生物安全法

日本也是世界上较早进行生物安全立法的国家之一，具有一定的代表性。它既不同于美国对生物技术产品的管理，也不同于欧盟生物技术的管理，而是在参照美国和欧盟管理模式的基础上，结合自身国情制定的基于生产过程的管理措施，即在转基因食品生产过程中参照欧盟严格的立法模式进行管理，而对生产出来的转基因食品，则参照美国的宽松立法管理模式，对转基因技术以及转基因食品进行最终的安全管理。

1979 年，日本制定了《重组 DNA 实验管理条例》；1987 年，日本科学技术厅颁布了适用于在封闭设施内重组 DNA 研究的《重组 DNA 实验准则》；1992 年，颁布了《农林渔业及食品工业应用重组 DNA 准则》，并于 1995 年进行了修订。2003 年，制定了《规制转基因生物保护生物多样性法》及其《实施细则》；2004 年，经济产业省、厚生劳动省和农林水产省分别发布了有关《规制转基因生物保护生物多样性法》第 32 条规定的省令；财务省、厚生劳动省、农林水产省、经济产业省、环境省发布了《对转基因生物等进行第二类使用中的工业使用时必须执行的防止扩散措施进行规定的省令》；内阁根据《规制转基因生物保护生物多样性法》第 24 条第 1 款规定也发布了政令。此外，日本还颁布了其他方面的相关立法，1989 年，日本科学技术厅颁布了《转基因生物野外试验管理准则》；1991 年，厚生劳动省又颁布了《转基因食品管理准则》等。其中，《规制转基因生物保护生物多样性法》最为重要。

根据生物技术工作的不同，日本制定了如下的管理模式：依据法律法规不同的分工，由科学技术厅负责审批生物技术实验室阶段的工作，由通产省负责推动生物技术在化学药品、化学产品和化肥生产方面的应用，由农林水产省负责审批重组生物向环境中的释放，由厚生劳动省负责药品和食品审批。

（三）构建我国转基因生物技术安全的立法体系

在参考和借鉴国际、国外生物安全立法的基础上，建立与国际接轨而又适合中国国情的生物安全立法体系，对于保护我国的生物安全、维护国家和人民的利益，具有十分重要的意义。

1. 我国转基因生物安全的立法现状

我国已先后签署并批准了《生物多样性公约》和《卡塔赫纳生物安全议定书》，正式成为公约的缔约方，同时我国又是 WTO 的成员国，故承担着多项国际法义务。我国政府十分重视生物安全问题。已颁布 6 部环境保护法律，9 部自然资源法律，30 多部环境保护与资源管理行政法规，30 多部与可持续发展相关的其他法律和行政法规，395 项各类环境标准，600 多部地方环境保护、资源管理法规。我国的第一个有关生物安全的标准是 1990 年制定的《基因工程产品质量控制标准》，该标准规定了基因工程药物的质量必须满足安全性要求，但对基因工程试验研究、中间试验及应用过程等的安全性未做具体规定，因此只有有限的指导价值。1993 年 12 月 24 日，我国第一部生物技术管理法规——《基因工程安全管理办法》（以下简称《办法》）正式颁布实施。该办法分总则、安全等级和安全性评价、申报和审批、安全控制措施、法律责任与附则六个部分。《办法》根据潜在的风险程度，将基因工程工作分为四个安全等级，同时阐明了基因工程从实验室研究、中试到商业化生产和遗传工程体向环境释放 4 种不同工作阶段的安全性评价要点，从事基因工程工作的单位应根据安全性评价结果，确定相应的生物控制和物理控制等级。1996 年 7 月 10 日农业部发布了《农业生物基因工程安全管理实施办法》（已废止），2001 年 6 月国务院发布了《农业转基因生物安全管理条例》（以下简称《条例》），2003 年农业部颁布了《农业转基因生物标识管理办法》《农业转基因生物进口安全管理办法》和《农业转基因生物安全评价管理办法》3 部生物安全管理办法。《条例》与 3 部《管理办法》配套的操作性比较强，基本上体现了对农业生物基因工程工作进行全过程管理和控制的理念，标志着我国对农业转基因生物的研究、试验、生产、加工、经营和进出口活动开始实施全面的管理和监督。

《条例》对农业生物转基因工程的试验研究、中间试验、环境释放和商品化生产等各个阶段的进行条件、安全性等级、立项申报及审批、安全控制措施、安全性评审乃至转基因植物种子、种畜禽、水产苗种的生产和经营主体的资质及管理要求等均做出了明确规定。

在农业转基因生物的管理体制方面，《条例》做了相关规定：国务院农业行政主管部门负责全国农业转基因生物安全的监督管理；县级以上地方各级人民政府农业行政主管部门负责本行政辖区内的农业转基因生物安全的监督管理工作（第 4 条）。国务院成立农业转基因生物安全管理联席会议制度，联席会议由农业、科技、环境保护、卫生、外经贸、检验检疫等有关部门的负责人组成，负责研究、协调农业转基因生物安全管理工作中的重大问题（第 5 条）。

在农业转基因生物的科学研究与试验上，《条例》提出了以下要求：从事农业转基因生物的研究与试验单位，应当具备与安全等级相符合的安全设施和措施，确保农业转基因生物研究与试验的安全，并成立农业转基因生物安全小组，负责本单位农业转基因生物研究与试验的安全工作（第 11 条）；农业转基因生物试验，应当经过中间试验、环境释放和生产性试验三个阶段（第 13 条）；农业转基因生物试验需要从上一试验阶段转入下一试验阶段的，试验单位应当向国务院农业行政主管部门提出申请；经农业转基因生物安全委员会进行安全评价合格的，由国务院农业行政主管部门批准转入下一试验阶段（第 15 条）；从事农业转基因生物试验的单位在生产性试验结束后，可以向国务院农业行政主管部门申请领取农业转基因生物安全证书（第 16 条）。

农业转基因生物的生产、加工和经营具有极其重要的作用，《条例》对此也做了规定：单位和个人从事农业转基因生物生产、加工，应当由国务院农业行政主管部门或者省、自治区、直辖市人民政府农业行政主管部门批准（第 21 条）；从事农业转基因生物生产、加工的单位和个人，应当按照批准的品种、范围、安全管理要求和相应的技术标准组织生产、加工，并定期向所在地县级人民政府农业行政主管部门提供生产、加工、安全管理情况和产品流向的报告（第 23 条）；经营转基因植物种子、种畜禽、水产苗种的单位和个人，应当取得国务院农业行政主管部门颁发的相应的经营许可证（第 26 条）。

三部"管理办法"则分别对农业转基因生物的标签制度、进口安全管理和安全性评价规程等作了较明确的规定。其中，《农业转基因生物标识管理办法》规定了标识对象、标识方法、标识审查机构和监督机构，标识目录制定、调整和发布程序。《农业转基因生物进口安全管理办法》是以安全评价为前提，对进口农业转基因生物按照用于研究与试验、用于生产、用作加工原料三种类型实施安全管理，对进口农业转基因生物的安全评价申请，由农业部委托技术检测机构进行环境安全和食用安全检测，并经国家农业转基因生物安全委员会安全评价，在 270 日内做出批准或不批准的决定。引进单位或境外机构凭农业部颁发的农业转基因生物安全证书和相关批准文件，向口岸出入境检验检疫机构和海关申请办理有关手续。《农业转基因生物安全评价管理办法》要求，凡在中国境内从事农业转基因生物的研究、试验、生产、进口活动必须进行安全评价。安全评价按照植物、动物、微生物 3 个类别，4 个安全等级，试验研究、中间试验、环境释放、生产性试验和申请安全证书 5 个阶段进行报告或审批。该管理办法还规定了申报程序、技术规范、技术检测以及各级农业行政主管部门的监管责任。

国家质检总局于 2004 年 5 月 24 日发布了《进出境转基因产品检验检疫管理办法》。上述关于农业转基因产品的规定，初步构建了我国农业转基因生物安全管理的法规体系，使农业转基因生物的研发、产业化发展以及转基因农产品的进出口都进入了制度化、法制化和规范化管理的轨道。

2. 立法建议

我国应确立以安全为核心的生物技术立法指导思想，对生物技术的研发、生产过程、产品及使用进行全程法律规制，突破部门界限，由全国人大常委会制定法律层次的《生物技术安全法》，统一生物技术安全法的效力体系。将生物技术安全系统制度化，具体制度应当包括转基因生物技术的研发制度、对生态环境和生命健康安全的评估制度、统一的检测制度、健全的标识制度、畅通的国际国内信息交换制度、严格的生物技术及产品交换制度、完善的司法救济制度等。切实履行我国承担的国际义务，树立我国生物技术大国的形象。

（四）茶叶转基因生物技术应用的法律规制

有关茶叶转基因科技研究国内科研工作者已开展相关试验并取得一些成果，主要包括提高茶树抗性（抗病虫害、抗寒），改良与调控茶叶品质成分等。然而，转基因技术在茶叶上的应用目前或在将来一段时间内仍然处于试验研究阶段，国内并没有大规模推广转基因技术在茶产业上的应用，一方面因为转基因技术应用仍处于观察试验阶段，另一方面与相关法规有很大关联。遵循转基因生物技术的国际法规，以美国、欧盟、日本等为代表国家发布的国外生物安全法以及我国发布的《农业转基因生物安全管理条例》《农业转基因生物标识管理办法》《农业转基因生物进口安全管理办法》《农业转基因生物安全评价管理办法》和《进出境转基因产品检验检疫管理办法》等相关法规，经大量科学试验研究论证，按照"非食用→间接食用→食用"的步骤，科学有序地推进茶叶生物技术的可持续发展。

思考题

1. 简述生物安全的含义及生物安全问题。
2. 简述生物安全性评价的意义。对转基因植物各阶段安全性评价的申报有何要求？
3. 简述国际社会对转基因技术和转基因产品安全性问题的态度。
4. 简述转基因技术在茶叶上的应用及其前景。

5. 简述茶树转基因技术存在的问题及其解决方法。

6. 简述生物技术专利的含义及其保护范围，以及茶树生物技术专利申请现状。

7. 简述茶树品种权保护的意义及我国茶树品种权保护现状。

8. 简述转基因生物技术安全的国际法规制。

9. 简述美国、欧盟、日本转基因生物技术安全法规及其对构建我国转基因生物技术安全立法体系的影响。

参考文献

［1］KATO M, KATO M, WATANABE M, et al. *Agrobacterium tumefaciens* – mediated transformation tea embryogenic callus ［C］//Proceedings of 2001 International Conference O – cha（tea）Culture and Science. Shizuoka, Japan：JARO, 2001：125 – 127.

［2］KONWAR B K, DAS S C, BORDOLOI B J, et al. Hairy root development in Tea through *Agrobacterium rhizogenes* – mediated genetic transformation ［J］. Two and a Bud, 1998, 45（2）：12 – 20.

［3］LEHR A, KIRSCH M, VIERECK R, et al. cDNA and genomic cloning of sugar beet V – type H $^+$ – ATPase subunit A and Cisoforms：evidence for coordinate expression during plant development and coordinate induction in response to high salinity ［J］. Plant Mol Biol, 1999, 39（3）：463 – 475.

［4］MATSUMOTO S, FUKUI M. *Agrobacterium tumefaciens* – mediated genes transfer to tea plant（*Camellia sinensis*）cells ［J］. JARO, 1998, 32（4）：287 – 291.

［5］MONDAL T K, BHATTACHARYA A, AHUJA P S. Transgenic tea ［*Camellia sinensil*（L.）O. Kuntze cv. Kangral Jat］plants obtained by *Agrobacterium* – mediated transformation of somatic embryos ［J］. Plant Cell Rep, 2001, 20：712 – 720.

［6］SALGUEIRO S, PIGNOCCHI C, PARRY M A J. Intron – mediated *gusA* expression in tritordeum and wheat resulting from particle bombardment ［J］. Plant MolBiol, 2000, 42（4）：615 – 622.

［7］SCHWEIZER P, POKORNY J, ABDERHALDEN O, et al. A transient assay system for the functional assessment of defense – related genes in wheat ［J］. MPMI, 1999, 12（8）：647 – 654.

［8］STOGER E, WILLIAMS S, KEEN D, et al. Constitutive versus seed specific expression in transgenic wheat：temporal and spatial control ［J］. Transgenic Res, 1999, 8（2）：73 – 82.

［9］YOUICHI A, MASUMI T. Efficient application of tissue culture technique to high expression of useful physiological functions of tea ［C］. Proceedings of 2001 International Conference O – cha（tea）Culture and Science. Shizuoka, Japan：JARO, 2001：50 – 53.

［10］ZHANG S, CHO M J, KOPERK T, et al. Genetic transformation of commercial cultivars of oat（*Avena sativa* L.）and barley（*Hordeum vulagare* L.）using *in vitro* shoot meristematic cultures derived from germinated seedlings［J］. Plant Cell Reports, 1999, 18（12）: 959 - 966.

［11］蔡永民. 论转基因生物技术的安全性及其法律规制［J］. 江南大学学报: 人文社会科学版, 2006, 5（6）: 16 - 21.

［12］陈大明, 毛开云, 江洪波. 转基因生物技术领域专利发展态势分析［J］. 生物产业技术, 2013（3）: 75 - 78.

［13］陈亮, 虞富莲, 姚明哲, 等. 国际植物新品种保护联盟茶树新品种特异性、一致性、稳定性测试指南的制订［J］. 中国农业科学, 2008, 41（8）: 2400 - 2406.

［14］川田真佐枝, 早津雅仁, 近藤真昭, 等. チャカルスのカナマイッソ感受性［J］. 茶业研究报告, 1989, 70（别册）: 7 - 8.

［15］杜路. 浅议国外的生物安全立法［J］. 法制与经济, 2014（5）: 4 - 5.

［16］方卫国, 张永军, 杨星勇. 根癌农杆菌介导真菌遗传转化的研究进展［J］. 中国生物工程杂志, 2002, 22（5）: 40 - 44.

［17］郭玉琼, 陈财珍, 赖钟雄, 等. 茶树花药愈伤组织诱导及茶多酚含量测定［J］. 福建茶叶, 2001（4）: 7 - 10.

［18］郭玉琼, 赖钟雄, 郭志雄. 茶树花药培养植株若干株系的 RAPD 分析［J］. 江西农业大学学报: 自然科学版, 2002, 24（6）: 820 - 823.

［19］郭玉琼, 赖钟雄, 吕柳新, 等. 福建乌龙茶种质离体保存研究 I——成年茎段无菌系建立［J］. 福建农林大学学报: 自然科学版, 2008, 37（6）: 587 - 591.

［20］郭玉琼, 赖钟雄, 吕柳新, 等. 福建乌龙茶种质离体保存研究 II——无菌系继代增殖与生根［J］. 中国农学通报, 2008, 24（10）: 390 - 395.

［21］郭玉琼, 赖钟雄, 郭志雄, 等. 茶树生物技术研究进展［J］. 福建农林大学学报: 自然科学版, 2002, 31（4）: 470 - 475.

［22］胡燕. 转基因技术在茶树抗病虫育种中的应用前景［J］. 安徽农业科学, 2011, 39（32）: 19692, 19862.

［23］李绩, 颜丛, 郭晓迪. 我国生物技术的专利保护及策略和建议［J］. 中国发明与专利, 2012（8）: 19 - 23.

［24］李玲玲, 江昌俊, 房婉萍, 等. 花粉管通道法对茶树进行 $dsTCS$ 基因转化的初步研究［J］. 安徽农业大学学报, 2007, 34（1）: 20 - 22.

［25］李宁. 生物安全的法律研究［D］. 青岛: 山东科技大学, 2009.

［26］刘春田. 知识产权法［M］. 北京: 中国人民大学出版社, 2002.

［27］刘谦, 朱鑫泉. 生物安全［M］. 北京: 科学出版社, 2001.

［28］刘长秋, 刘迎霜. 基因技术法研究［M］. 北京: 法律出版社, 2005: 69.

［29］陆建良, 林晨, 骆颖颖. 茶树重要功能基因克隆研究进展［J］. 茶叶科学, 2007, 27（2）: 95 - 103.

［30］罗玉中. 科技法学［M］. 武汉: 华中科技大学出版社, 2005.

［31］骆颖颖, 梁月荣. Bt 基因表达载体的构建及对茶树遗传转化的研究［J］. 茶叶科学, 2000, 20（2）: 42 - 47.

［32］全国人大环境保护委员会办公室．国际环境与资源保护条约汇编［M］．北京：中国环境科学出版社，1993．

［33］谭和平，周李华，钱杉杉，等．茶树转基因技术研究进展［J］．植物科学学报，2009，27（3）：323-326．

［34］万霞．生物安全的国际法律管制——《卡塔赫纳生物安全议定书》的视角［J］．外交学院学报，2003（1）：68-74．

［35］王从丽，张学成．农杆菌——植物间基因转移的分子基础［J］．生命科学，2002，14（1）：1-5．

［36］王鹏，王海之，钱旻．农业生物技术的安全性问题研究［J］．农业现代化研究，2002，23（1）：41-43．

［37］王思浩．生物技术专利保护研究［D］．济南：山东大学，2012．

［38］王渊．论我国生物技术专利保护［D］．长沙：湖南大学，2010．

［39］吴姗，梁月荣，陆建良，等．茶树农杆菌转化和基因枪转化系统的优化［J］．茶叶科学，2003，23（1）：6-10．

［40］吴姗，梁月荣，陆建良．基因枪及其与农杆菌相结合的茶树外源基因转化条件优化［J］．茶叶科学，2005，25（4）：55-64．

［41］武小霞，张彬彬，王志坤，等．转基因作物的生物安全性管理及安全评价［J］．作物杂志，2010（4）：1-4．

［42］奚彪，刘祖生，梁月荣．发根农杆菌介导的茶树遗传转化［J］．茶叶科学，1997，17（增刊1）：155-156．

［43］奚彪．茶树再生系统及其遗传转化的研究［D］．杭州：浙江农业大学，1995．

［44］尹军团，李绩，李政．我国生物技术专利制度发展和专利保护策略［J］．生物产业技术，2012（1）：87-90．

［45］张广辉，梁月荣，陆建良．发根农杆菌介导的茶树发根高频诱导与遗传转化［J］．茶叶科学，2006（1）：1．

［46］张金良，宋兆杰．生物技术研究及其安全性评价［J］．现代化农业，2006（2）：4-7．

［47］赵东，刘祖生，陆建良，等．根癌农杆菌介导茶树转化研究［J］．茶叶科学，2001，21（2）：108-111．

［48］赵东．茶树多酚氧化酶基因的克隆和转化体系系统研究［D］．杭州：浙江大学，2001．

［49］赵洋，杨阳，刘振．我国茶树品种知识产权保护现状及分析［J］．茶叶通讯，2013，40（4）：17-20．

［50］郑大明．生物技术食品的安全性及其评价方法［J］．食品科学，2004，25（3）：195-198．

［51］重光雄，山ノ内宏昭，平野久．アケロヲク介入レたチャ子菜への外来遣坛子尊入［J］．茶叶研究报告，1994（别册）：30-31．

［52］周带娣．生物技术在茶树上应用的进展［J］．茶叶通讯，1993（3）：26 - 29.

［53］朱守一．生物安全与防止污染［M］．北京：化学工业出版社，1999.